Wi-Fi
par la pratique

CHEZ LE MÊME ÉDITEUR

G. Pujolle, et al. – **Sécurité des réseaux sans fil.**
N°11528, 200 pages environ, à paraître.

P. Mühlethaler. – **802.11 et les réseaux sans fil.**
N°11154, 2002, 304 pages.

G. Pujolle. – **Cours réseaux et télécoms.**
N°11330, 2004, 570 pages.

G. Pujolle. – **Les Réseaux.**
N°11086, 4e édition, 2002, 1118 pages.

K. Al Agha, G. Pujolle, G. Vivier. – **Réseaux de mobiles et réseaux sans fil.**
N°11018, 2001, 490 pages.

H. Holma, A. Toskala. – **UMTS : réseaux de mobiles de 3e génération.**
N°25380, 2e édition 2001, 460 pages.

F. Ia, O. Ménager. – **Optimiser et sécuriser son trafic IP.**
N°11274, 2004, 396 pages.

L. Levier, C. Llorens. – **Tableaux de bord de la sécurité réseau.**
N°11273, 2003, 360 pages.

N. Agoulmine, O. Cherkaoui. – **Pratique de la gestion de réseau.**
N°11259, 2003, 280 pages.

J.-L. Mélin. – **Qualité de service sur IP.**
N°9261, 2001, 368 pages.

J.-F. Bouchaudy. – **TCP/IP sous Linux.**
Administrer réseaux et serveurs Internet/intranet sous Linux.
N°11369, 2003, 920 pages.

C. Hunt. – **Serveurs réseau Linux.**
N°11229, 2003, 650 pages.

D. L. Shinder, T. W. Shinder – **TCP/IP sous Windows 2000.**
N°11184, 2001, 540 pages.

D. L. Shinder, T. W. Shinder, T. Hinckle – **Administrer les services réseau sous Windows 2000.**
N°11183, 2000, 474 pages.

lutions
és@aux

OR MALES
PUJOLLE

Wi-Fi par la pratique

la contribution de
ivier Salvatori

Deuxième édition

EYROLLES

ÉDITIONS EYROLLES
61, bd Saint-Germain
75240 Paris Cedex 05
www.editions-eyrolles.com

Schémas réalisés par Marie-Hélène Phuong.

Remerciements

Ce livre est le fruit de nombreuses expérimentations effectuées dans le cadre du Laboratoire d'informatique de l'Université Pierre et Marie Curie, le LIP6. Nous remercions tous nos collègues et amis pour leur participation à ces projets et leur apport technique.

Nous souhaitons également remercier notre éditeur pour avoir compris l'importance du sujet et nous avoir apporté toute l'aide nécessaire pour mener à bien cette entreprise dans un laps de temps limité. Enfin, nous remercions très chaleureusement Olivier Salvatori, qui aurait pu être un des auteurs de ce livre tant son expertise, à la fois littéraire et technique, nous a été utile lors de sa rédaction et de sa réalisation.

Table des matières

PREMIÈRE PARTIE

Théorie de Wi-Fi

CHAPITRE 2

CHAPITRE 3

CHAPITRE 4

CHAPITRE 5

PARTIE II

Pratique de Wi-Fi

Avant-propos

Wi-Fi est une technologie de réseau sans fil issue du standard IEEE 802.11, qui utilise les ondes radio pour recouvrir entreprises et habitations mais aussi villes et bientôt pays. Si Internet a mis une vingtaine d'années à transformer nos façons de vivre et de travailler, les réseaux Wi-Fi et leurs dérivés vont bousculer nos existences beaucoup plus rapidement.

Grâce à Wi-Fi, Internet devient utilisable dans tous les contextes de la vie. Dans un cadre domestique, un particulier peut installer un réseau Wi-Fi afin de partager sa connexion Internet et de se connecter librement sans l'inconvénient d'une connexion physique. Dans le cadre d'une entreprise, Wi-Fi permet de s'affranchir des problèmes de câblage des réseaux locaux tout en apportant de nouveaux services, comme la mobilité des employés. Les lieux de passage, tels que aéroports, gares, etc., appelés hotspots, permettent à toute personne disposant d'une carte Wi-Fi sur son ordinateur portable ou son PDA de bénéficier d'un accès Internet haut débit.

Wi-Fi est un standard en constante évolution. Depuis la première édition de ce livre, l'environnement Wi-Fi s'est fortement diversifié, faisant apparaître un certain nombre de tendances, concernant aussi bien les marchés visés (particulier, entreprise et hotspot) et les types de déploiement possibles que les fonctionnalités proposées.

Wi-Fi n'a toutefois pas atteint sa pleine maturité, et de nombreux défis, qui sont présentés en détail dans cette deuxième édition, sont encore à relever. Parmi ces défis, citons la qualité de service, qui, combinée à la gestion de la mobilité, pourrait permettre d'offrir un service de téléphonie sans fil à faible coût, mais aussi le renforcement de la sécurité, afin d'éviter toute tentative de piratage du réseau, ou l'augmentation du débit, une variable bien souvent oubliée qui devient pourtant de plus en plus importante au vu du succès que connaît Wi-Fi.

De nombreux changements sont donc à prévoir. D'ici deux ans devrait voir le jour la future référence des réseaux Wi-Fi sous la forme du standard 802.11n, fruit de la longue maturation de Wi-Fi sous les standards 802.11, 802.11b et 802.11g.

Organisation de l'ouvrage

Le présent ouvrage vise à apporter au lecteur toutes les réponses aux questions qu'il se pose, aussi bien techniques que pratiques, pour installer un réseau Wi-Fi adapté à ses besoins, depuis l'acquisition des équipements et leur configuration jusqu'à leur mise en œuvre dans un réseau.

Les auteurs ont souhaité présenter de la manière la plus pédagogique possible les techniques utilisées dans Wi-Fi et les éléments nécessaires à sa mise en œuvre en les illustrant de nombreuses études de cas.

Le livre est découpé en douze chapitres regroupés en deux parties.

- **Chapitre 1. Introduction.** Ce premier chapitre passe en revue les réseaux sans fil et situe par rapport à ces derniers la norme d'interopérabilité Wi-Fi (Wireless-Fidelity).

Première partie. Théorie de Wi-Fi. Cette partie considère l'aspect théorique de Wi-Fi en proposant une étude approfondie de l'ensemble des fonctionnalités apportées par le standard 802.11 et ses différentes améliorations :

- **Chapitre 2. Architecture.** Ce chapitre replace la technologie Wi-Fi dans le contexte des réseaux hertziens et décrit en détail les différentes architectures des réseaux Wi-Fi, ainsi que les protocoles qui en forment l'ossature.
- **Chapitre 3. Fonctionnalités.** Les principales fonctionnalités des réseaux Wi-Fi sont définies dans le standard IEEE 802.11, qui constitue le socle sur lequel sont bâties toutes les infrastructures Wi-Fi.
- **Chapitre 4. Sécurité.** La problématique de la sécurité, point faible actuel de ces réseaux, est abordée en détail dans ce chapitre. Y sont notamment analysées les failles potentielles et les moyens de les contourner.
- **Chapitre 5. Trames.** Ce chapitre décrit la structure des trames Wi-Fi, ou blocs d'information, qui transitent sur l'interface radio des réseaux Wi-Fi.

Partie II. Pratique de Wi-Fi. Cette partie est consacrée à l'aspect pratique de Wi-Fi et présente les applications disponibles, les contraintes d'installation et la configuration de réseaux Wi-Fi dans un cadre aussi bien domestique que d'entreprise :

- **Chapitre 6. Applications.** Ce chapitre présente les grandes applications qui devraient assurer le succès des réseaux Wi-Fi. Ces applications sont principalement l'accès à Internet en tout point du globe, à tout moment et avec un débit important, que l'on appelle l'Internet ambiant, le transport de la parole et les applications multimédias, notamment vidéo.

- **Chapitre 7. Équipements.** Les équipements qu'il faut assembler pour réaliser un réseau Wi-Fi comprennent les différentes cartes à introduire dans le portable ou l'organisateur de poche que l'on veut connecter, les points d'accès, les ponts et les antennes, ainsi que les éléments des réseaux Ethernet qui les complètent parfois et les serveurs de gestion et de contrôle qu'on peut leur associer. Ce chapitre fournit les critères permettant d'effectuer le meilleur choix d'acquisition en fonction des différentes contraintes d'installation.
- **Chapitre 8. Installation.** Ce n'est que lorsque les équipements sont correctement configurés que le réseau Wi-Fi peut être installé. Ce chapitre présente les différentes problématiques d'installation aussi bien au niveau radio, en montrant la difficulté du plan fréquentiel de Wi-Fi, qu'au niveau réseau, en insistant sur les problèmes de débit et de sécurité.
- **Chapitre 9. Configuration.** Une fois les équipements achetés (cartes, points d'accès, etc.), il faut les configurer. Ce chapitre détaille tous les aspects de ces paramétrages sous Windows, Windows Mobile et Linux selon les deux grands modes de fonctionnement des réseaux Wi-Fi, le mode infrastructure (avec point d'accès) et le mode ad-hoc (sans point d'accès).
- **Chapitre 10. Wi-Fi domestique.** L'installation d'un réseau Wi-Fi dépend de son cadre d'application. Ce chapitre fournit des conseils d'installation dans le cas d'une utilisation domestique, où le partage de la connexion Internet est l'élément à privilégier.
- **Chapitre 11. Wi-Fi d'entreprise.** Comme le chapitre précédent, ce chapitre livre toutes les informations nécessaires à la mise en place réussie d'un réseau Wi-Fi d'entreprise en mettant l'accent sur la sécurité.
- **Chapitre 12. Perspectives.** Ce chapitre clôt le livre en présentant les autres grands standards présents et futurs des réseaux sans fil potentiellement destinés à assurer la relève de Wi-Fi.

À qui s'adresse l'ouvrage

Cet ouvrage s'adresse évidemment à tous ceux qui souhaitent en savoir plus sur Wi-Fi mais concerne plus particulièrement quatre catégories de lecteurs, les particuliers, les architectes ou administrateurs réseau, les étudiants et les décideurs :

- Les particuliers qui souhaitent mettre en œuvre chez eux un réseau Wi-Fi trouveront les réponses à de nombreuses questions pratiques, telles que : quel équipement choisir, comment le mettre en place, comment démarrer dans les meilleures conditions possibles et en conformité avec la réglementation, etc. ?
- Les architectes réseau, ingénieurs ou administrateurs, trouveront tous les éléments techniques nécessaires à la réalisation d'un réseau Wi-Fi et à son installation dans une entreprise, qu'elle soit grande ou petite. La sécurité, la configuration et l'installation de ces réseaux Wi-Fi d'entreprise y sont traitées en détail.

- Les étudiants trouveront rassemblées et présentées de la façon la plus pédagogique possible un condensé des connaissances techniques disponibles sur les différents standards 802.11.
- Les décideurs trouveront matière à réflexion pour effectuer leurs choix et établir leurs stratégies de développement de réseaux sans fil Wi-Fi.

Parcours de lecture

Ce livre a été conçu en deux parties : une partie théorique, destinée à satisfaire ceux qui veulent comprendre dans ses moindres détails le standard 802.11 dont est issu Wi-Fi, et une partie pratique, pour ceux qui souhaitent monter un réseau Wi-Fi, que ce dernier soit domestique ou destiné à une utilisation en entreprise.

Suivant le profil du lecteur, plusieurs parcours sont possibles :

- Un particulier s'intéressera surtout aux aspects pratiques du livre, développés aux chapitres 7 pour les critères de choix des équipements, 8 et 9 pour l'installation et la configuration des cartes Wi-Fi sous Windows et Linux, et 10 pour l'installation d'un réseau domestique et la configuration des points d'accès.
- L'architecte et l'administrateur réseau pourront également se reporter aux chapitres 6, 7, 8 et 9 ainsi qu'au chapitre 11 pour la mise en place d'un réseau Wi-Fi d'entreprise ou dans un hotspot (gare, hôtel, campus universitaire, etc.). Le chapitre 4 leur donnera une vue d'ensemble, à la fois théorique et pratique, des nombreuses solutions disponibles pour sécuriser un réseau Wi-Fi au moins aussi bien qu'un réseau Ethernet. Les chapitres 1 à 5 leur donneront en outre les compléments théoriques nécessaires pour approfondir leur compréhension de la technologie Wi-Fi.
- L'étudiant en réseaux et télécoms trouvera aux chapitres 1 à 5 un cours théorique complet sur les réseaux sans fil et les standards 802.11.
- Le décideur lira en priorité le chapitre 1 pour une vision d'ensemble des réseaux sans fil et de Wi-Fi. Le chapitre 7 lui permettra de découvrir l'ensemble des produits Wi-Fi disponibles et à quels coûts, tandis que les chapitres 6 et 11 lui apporteront de premiers retours d'expérience de déploiements de réseaux Wi-Fi en entreprise et un aperçu prospectif des champs d'application de Wi-Fi les plus prometteurs.

Les auteurs espèrent grâce à ce livre apporter leur pierre à l'édifice qui se construit d'un réseau haut débit, accessible de partout et à tout moment, à partir de terminaux simples et peu coûteux. Il reste encore de la route à faire pour y parvenir, mais la voie est tracée. C'est du moins ce qu'ils souhaitent avoir démontré.

1

Introduction

Les réseaux sans fil définissent des systèmes dans lesquels les machines terminales se connectent les unes aux autres, directement ou par l'intermédiaire d'une borne de connexion, par la voie hertzienne.

Cette définition est très large, et l'on a tendance à séparer les réseaux de mobiles des réseaux sans fil de la façon suivante : les réseaux de mobiles forment la catégorie de réseaux qui permettent à une communication de se maintenir, même en cas de déplacement rapide du terminal. Les réseaux sans fil quant à eux ne permettent pas d'être fortement mobile, le terminal devant rester dans une zone précise. Un exemple classique de ces derniers est le téléphone sans fil : le combiné est relié à une base par la voie hertzienne, et l'utilisateur ne peut pas trop s'éloigner de sa base.

Pour réaliser un réseau de mobiles, il faut déployer un environnement cellulaire, dans lequel les mobiles se rattachent à la station de base, matérialisée par l'antenne, d'une cellule. Au cours du déplacement de l'utilisateur, il est possible que le terminal sorte de sa cellule et entre dans une cellule voisine. Pour qu'il n'y ait pas d'interruption de la communication, un changement de cellule doit s'effectuer sans que le client s'en aperçoive. Ce changement s'appelle un handover, ou handoff.

Les réseaux sans fil peuvent être considérés comme des réseaux cellulaires, mais ils ne supportent pas les handovers. Cette distinction entre les deux types de réseaux va aller en s'atténuant, et les réseaux sans fil se transformeront peu à peu en réseaux de mobiles, mais avec une moindre mobilité.

Dans tous ces réseaux, la taille de la cellule, liée à la station de base, appelée point d'accès dans Wi-Fi, est extrêmement variable, induisant des utilisations très différentes. Si la cellule est toute petite, l'utilisation est tournée vers l'utilisateur individuel. Si elle est plus grande, on se dirige vers une utilisation domotique ou pour petite entreprise.

Lorsque le nombre de points d'accès devient important, on atteint des réseaux de la taille d'une entreprise. On parle enfin de réseau ambiant lorsque le réseau est capable de recouvrir de cellules une ville entière, voire un pays.

Les réseaux locaux sans fil

Avant de décrire en détail ces différents types de réseaux sans fil, examinons le cas qui nous intéresse le plus dans ce livre : les réseaux locaux sans fil, qui s'adaptent à la taille d'une entreprise.

Ces réseaux sont en pleine expansion du fait de la flexibilité de leur interface, qui permet à un utilisateur de changer de place dans l'entreprise tout en restant connecté. Plusieurs gammes de produits sont actuellement commercialisées avec succès, et plusieurs tendances se dégagent, déterminées principalement par la surface recouverte par la cellule. Ces réseaux peuvent atteindre des débits de plusieurs mégabits par seconde, voire de plusieurs dizaines de mégabits par seconde. C'est là une autre différence importante avec les réseaux de mobiles, qui offrent des débits très inférieurs pour assurer la continuité de la communication durant un handover.

Dans les réseaux sans fil, deux configurations générales sont possibles :

- Les clients se connectent à une borne, que l'on appelle point d'accès, ou AP (Access Point). À partir de ce point, la communication passe par un système câblé pour aller vers un autre point d'accès permettant d'atteindre le destinataire. Bien sûr, d'autres connexions avec l'extérieur sont possibles.
- Chaque station sert de routeur, et, pour aller d'une station à une autre, il faut transiter par plusieurs stations intermédiaires. Dans cette configuration, appelée réseau ad-hoc, toutes les stations sont mobiles, et le chemin suivi par la communication change en fonction des mouvements des stations.

Un autre classement des réseaux sans fil peut s'effectuer en fonction de la distance, ou portée, entre points d'accès et stations, comme l'illustre la figure 1.1 :

- Les tout petits réseaux sans fil, ou WPAN (Wireless Personal Area Network), d'une portée d'une dizaine de mètres.
- Les réseaux d'entreprise sans fil, ou WLAN (Wireless Local Area Network), d'une portée de l'ordre de quelques centaines de mètres.
- Les réseaux à la taille d'une métropole, ou WMAN (Wireless Metropolitan Area Network), d'une portée de quelques kilomètres. On parle plutôt dans ce cas de boucle locale radio, ou BLR.
- Les réseaux étendus sans fil, ou WWLAN (Wireless Wide Local Area Network), d'une portée de plusieurs centaines de kilomètres. Il s'agit là de la taille globale du réseau plutôt que de la distance entre le terminal et l'antenne. Un tel réseau est obtenu par un ensemble de cellules qui recouvrent la surface que souhaite desservir un opérateur.

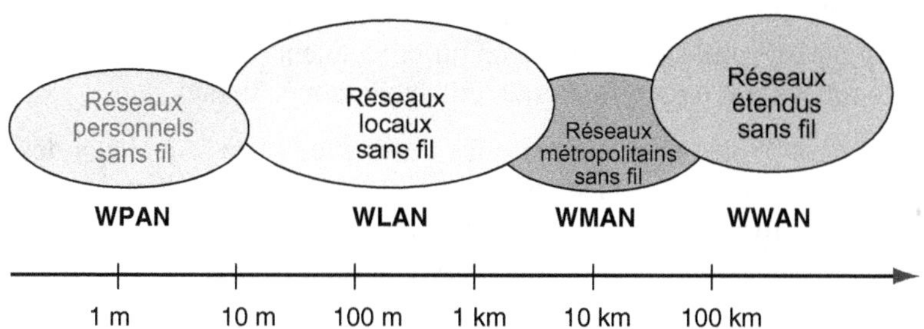

Figure 1.1
Classement des réseaux sans fil selon la portée

La standardisation devrait avoir un fort impact sur les réseaux locaux sans fil WLAN. Aux États-Unis, c'est principalement le groupe de travail 802.11 de l'IEEE (Institute of Electrical and Electronics Engineers) qui est en charge de cette standardisation, tandis que le groupe HiperLAN (High Performance Radio LAN) s'en occupe en Europe. Des groupes d'intérêt font de leur côté avancer la standardisation de fait sous la pression des industriels. Le nombre de propositions est impressionnant et risque de perturber la compatibilité des cartes de connexion. Wi-Fi est le nom officiel des produits commercialisés issus du standard 802.11.

Pour les réseaux à la taille d'une métropole, ou BLR (boucle locale radio), les standardisations ne sont pas moins nombreuses, mais nous n'en faisons pas état dans ce livre, qui se concentre sur les réseaux utilisés pour connecter directement les équipements terminaux, que ce soit à la maison ou au sein d'une entreprise. Nous ne discutons pas non plus des réseaux de mobiles, qui forment un domaine assez différent.

Une autre caractéristique intéressante des réseaux sans fil vient du spectre de fréquences utilisé. Les deux bandes de fréquences disponibles, dites sans licence pour indiquer que l'utilisateur n'a pas besoin d'acquérir une licence pour mettre en place son réseau, sont les suivantes :

- 2,4-2,483 5 GHz, soit une bande passante de 83,5 MHz ;
- 5,15-5,35 et 5,725-5,825 GHz, soit une bande passante de 300 MHz.

Ces bandes ne sont pas très larges, mais comme les cellules sont toutes petites, d'une taille avoisinant 100 m, la réutilisation de ces bandes de fréquences est excellente. En effet, pour une cellule donnée, une certaine largeur de bande, appelée canal, lui est affectée. Étant donné que la taille des cellules est relativement petite et que la largeur de bande totale disponible est faible, les cellules disjointes peuvent utiliser la même largeur de bande, c'est-à-dire le même canal. Cela définit le concept de *réutilisation*. Les cellules qui se recouvrent doivent utiliser des canaux différents afin d'éviter les interférences. Cela permet d'atteindre des débits importants, qui peuvent parfois égaler ou dépasser ceux d'un modem ADSL mais parfois aussi rester très inférieurs.

Dans les réseaux locaux d'entreprise, les terminaux servent essentiellement à se connecter à des bases de données de type Web. L'utilisation d'une fréquence par une même personne est donc faible, même si les débits crêtes sont élevés. D'où l'idée de partager les fréquences entre plusieurs utilisateurs, de façon qu'elles soient utilisées à tour de rôle, mais suffisamment rapidement pour que chaque utilisateur soit satisfait.

Pour partager la bande passante entre les différentes cartes coupleurs des utilisateurs, il faut des techniques d'accès au support hertzien adaptées. Ces techniques sont différentes de ce que l'on trouve dans les réseaux filaires, car il n'est pas possible d'écouter et d'émettre simultanément sur une même fréquence.

Une dernière caractéristique des réseaux locaux sans fil est la nature de la trame utilisée pour transmettre les données. Les trames ATM et Ethernet semblent pour le moment dominer. L'IEEE a retenu le format de la trame Ethernet dans de nombreux contextes, notamment pour les réseaux 802.11, tandis que l'ETSI (European Telecommunications Standards Institute) a retenu celui de la trame ATM pour son standard HiperLAN. Au niveau paquet, le paquet IP est devenu omniprésent, et même la parole et la vidéo transiteront à l'avenir dans des paquets IP.

En conclusion, un nouvel environnement est né avec les réseaux locaux sans fil, qui devrait continuer sa percée dans les entreprises et déborder largement le cadre professionnel. Ces réseaux deviendront la technique de référence partout où un débit important sera nécessaire, notamment dans les hotspots *(voir plus loin dans ce chapitre)*. La parole passera sans problème en sans-fil, ce qui pourrait concurrencer les réseaux de mobiles de troisième génération.

La technique 802.11 est en outre à l'origine du concept d'Internet ambiant (Imbedded Internet), où l'accès à Internet est disponible partout, dans la rue, au bureau et à la maison, à tout moment et à un débit important.

Les avantages des réseaux locaux sans fil

Après avoir connu un énorme succès avec la téléphonie mobile, les technologies sans fil s'appliquent désormais aux réseaux locaux, ou LAN, avec les WLAN (Wireless Local Area Network).

Dans un réseau local sans fil, les stations ne sont plus reliées entre elles physiquement par à un câble mais par l'intermédiaire d'un support sans fil. Même s'il n'existe plus de lien physique entre les différentes stations, le réseau garde les mêmes fonctionnalités qu'un réseau local, à savoir l'interconnexion de stations capables de se partager des informations, telles que données, services et applications.

Jusqu'à une date récente, les WLAN ne visaient nullement à concurrencer les LAN filaires mais venaient plutôt en complément de ces derniers. Le prix de revient des WLAN et leurs limitations techniques les cantonnaient à un rôle subalterne. La situation change peu à peu du fait des avancées techniques réalisées, conjuguées à la baisse des prix des équipements.

On commence aujourd'hui à s'approcher des performances des réseaux filaires de première génération, performances suffisantes dans bien des cas. Même si la mise en œuvre d'un

WLAN reste encore plus coûteuse que celle d'un LAN filaire, et pour des performances inférieures, la baisse des prix et les nombreux avantages qu'apporte une solution sans fil améliorent sans cesse la compétitivité des WLAN.

Si les caractéristiques actuelles d'un réseau local sans fil lui permettent de rivaliser avec un réseau filaire, les réseaux locaux sans fil ne visent toutefois pas à remplacer les réseaux locaux mais plutôt à leur apporter les nombreux avantages découlant d'un nouveau service : la mobilité de l'utilisateur.

Les principaux avantages offerts par les réseaux locaux sans fil sont les suivants :

- **Mobilité et nomadisme.** C'est évidemment le principal avantage qu'offre un réseau local sans fil. Contrairement au réseau fixe, un utilisateur peut accéder à des informations partagées ou se connecter à Internet sans avoir à être relié physiquement au réseau. Dans le cadre des réseaux locaux sans fil, on parle plutôt de nomadisme que de mobilité. En effet, le concept de mobilité tel que nous le connaissons dans la téléphonie mobile n'existe pas dans les réseaux locaux sans fil car il n'y a pas de continuité de la communication lors du passage d'une cellule à une autre. L'utilisateur d'un réseau local sans fil, qui est déjà limité par son terminal assez encombrant, doit se connecter à une cellule initiale puis, lors de son déplacement, se déconnecter afin de se connecter à une autre cellule, et ainsi de suite. L'utilisateur n'est donc pas mobile mais nomade.
- **Simplicité d'installation.** L'installation d'un réseau local sans fil est relativement simple et rapide, comparée à celle d'un réseau local, puisqu'on élimine le besoin de tirer des câbles dans les murs et les plafonds. Les réseaux locaux sans fil peuvent de surcroît être installés là où les câbles ne peuvent être déployés facilement, par exemple pour couvrir un événement limité dans le temps, comme un salon, une conférence ou une compétition sportive.
- **Topologie.** La topologie d'un réseau local sans fil est particulièrement flexible, puisqu'elle peut être modifiée rapidement. Cette topologie n'est pas statique, comme dans les réseaux locaux filaires, mais dynamique. Elle s'édifie dans le temps en fonction du nombre d'utilisateurs qui se connectent et se déconnectent.
- **Coût.** L'investissement matériel initial est certes plus élevé que pour un réseau filaire, mais, à moyen terme, ces coûts se réduiront. Par ailleurs, les coûts d'installation et de maintenance sont presque nuls, puisqu'il n'y a pas de câbles à poser et que les modifications de la topologie du réseau n'entraînent pas de dépenses supplémentaires.
- **Interconnexion avec les réseaux locaux.** Les réseaux locaux sans fil sont compatibles avec les réseaux locaux existants, à l'image des réseaux Wi-Fi et Ethernet, qui peuvent coexister dans un même environnement.
- **Fiabilité.** Les transmissions sans fil ont prouvé leur efficacité dans les domaines aussi bien civil que militaire. Bien que les interférences liées aux ondes radio puissent dégrader les performances d'un réseau local sans fil, elles restent assez rares. Une bonne conception du réseau local sans fil ainsi qu'une distance limitée entre les différents équipements radio (stations et point d'accès), permettant au signal radio d'être transmis correctement, autorisent des performances similaires à celles d'un réseau local.

Les techniques de transmission

Dans les standards actuels, deux types de support de transmission sont utilisés : les ondes radio et l'infrarouge.

La grande majorité des réseaux locaux sans fil utilisent comme support de transmission les ondes radio, qui ont pour principal avantage de traverser différents types d'obstacles, à commencer par les murs. Les premiers réseaux sans fil utilisant les ondes radio offraient un débit de l'ordre de 1 à 2 Mbit/s. Actuellement, des débits de l'ordre de 800 Mbit/s peuvent être atteints.

Différentes techniques de transmission radio sont utilisées dans le cadre des réseaux locaux sans fil :

- **Étalement de la bande (Spread Spectrum).** Développée à l'origine par l'armée américaine, cette technique large bande est la plus utilisée. Elle permet de transmettre des données de manière fiable et sécurisée mais à faible débit. Deux méthodes d'étalement de bande sont utilisées à l'heure actuelle : FHSS (Frequency Hopping Spread Spectrum) et DSSS (Direct-Sequence Spread Spectrum).
- **OFDM (Orthogonal Frequency Division Multiplexing).** Déjà utilisée dans la télévision numérique avec DVB (Digital Video Broadcasting) et DAB (Digital Audio Broadcasting) et pour l'accès à Internet de type ADSL (Asymetric Digital Subscriber Line), cette technique s'applique désormais aux réseaux locaux sans fil. OFDM offre de meilleurs débits que l'étalement de bande.

Le principal inconvénient des ondes radio est que leur utilisation est soumise à une réglementation stricte, propre à chaque pays. L'allocation des bandes de fréquences et la puissance du signal émis, par exemple, peuvent différer d'un pays à un autre.

L'infrarouge utilisé pour la transmission de données se situe dans les très hautes fréquences. Le problème des faisceaux infrarouge est que, contrairement aux ondes radio, ils ne peuvent traverser des objets opaques comme les murs. Le seul obstacle qu'ils tolèrent sont les vitres, pour autant que l'angle entre le faisceau et la vitre soit d'au moins 30°. Même si elles ne peuvent traverser les murs, les ondes infrarouge possèdent certaines propriétés de réflexion qui les rendent appropriées à une utilisation dans un espace restreint, tel qu'une pièce, à la manière des télécommandes de télévision.

L'infrarouge peut être utilisé à la place des ondes radio lorsque l'endroit où l'on veut installer le réseau sans fil est soumis à de fortes interférences, lesquelles ne l'affectent en rien. L'autre avantage de l'infrarouge est qu'il n'est pas soumis à une réglementation aussi stricte que les ondes radio.

Il existe deux types de modes de transmission des faisceaux infrarouge :

- **Les faisceaux en diffusion.** Le réseau ne peut être situé que dans un espace correspondant à celui d'une pièce, et le débit n'excède pas 2 Mbit/s.
- **Les faisceaux directifs.** Les faisceaux infrarouge ne doivent rencontrer aucun obstacle, sachant que les perturbations météorologiques, telles que le brouillard, la pluie ou la neige, n'affectent pas la transmission. La portée d'un tel système peut atteindre 2 km, avec des débits oscillant de 2 à 155 Mbit/s. Cette technique n'entre pas dans le cadre

des réseaux locaux sans fil mais dans celui des réseaux sans fil fixes, pour relier des bâtiments entre eux, car elle ne permet pas aux utilisateurs d'être mobiles.

Actuellement, peu de produits utilisent l'infrarouge comme support de transmission. La seule offre disponible concerne les produits destinés à relier des bâtiments entre eux. L'offre pour le déploiement d'un réseau local infrarouge est quasiment inexistante.

Les contraintes des réseaux locaux sans fil

Idéalement, les réseaux sans fil devraient avoir les mêmes propriétés que les réseaux fixes. Toutefois, pour satisfaire ces propriétés, ces réseaux doivent faire face aux contraintes suivantes :

- **Débit.** Même si le débit des réseaux sans fil est maintenant proche de celui des réseaux locaux, il peut être affecté par le standard utilisé, la topologie du réseau et la congestion, du fait d'un trop grand nombre d'utilisateurs. D'autres facteurs, inhérents aux réseaux sans fil du fait de l'utilisation des ondes radio, peuvent affecter le débit, notamment la portée et les interférences.
- **Zone de couverture.** La distance maximale permettant aux ondes radio et à l'infrarouge de communiquer dépend de la conception du produit (standard utilisé et puissance du signal), ainsi que du chemin de propagation, notamment en milieu intérieur. En effet, l'interaction avec les murs ou les personnes peut affecter la puissance du signal et entraîner une diminution de la zone de couverture du réseau.

  Les réseaux sans fil utilisent principalement comme moyen de communication les ondes radio parce qu'elles peuvent pénétrer différents types de surfaces, comme les murs, ce qui permet d'avoir une zone de couverture plus vaste qu'avec l'infrarouge.

  La portée d'un réseau sans fil radio peut varier de 10 à 100 m, selon l'environnement et la puissance du signal utilisé, une portée de 100 m étant obtenue dans un environnement vide sans interférence. La portée d'un réseau sans fil infrarouge est limitée à 10 m.
- **Interférences.** Les réseaux sans fil radio peuvent être soumis à des interférences provoquées par des équipements tels que les fours micro-ondes dans le cas de Wi-Fi, qui sont situés dans la zone de couverture du réseau et émettent dans la même bande de fréquences. Aujourd'hui, les réseaux sans fil sont conçus pour pallier ces problèmes d'interférences avec la plupart des équipements du quotidien, mais il existe toujours un risque. Une autre source d'interférences peut venir de la localisation de plusieurs réseaux sans fil au sein d'une même zone. Dans le pire des cas, c'est-à-dire si les réseaux utilisent tous la même bande de fréquences, ils peuvent interférer les uns avec les autres, mais une bonne allocation des bandes de fréquences doit leur permettre de coexister sans interférence.
- **Réglementation.** L'utilisation des ondes radio pour la transmission de l'information pose un problème juridique, car chaque pays possède une réglementation qui lui est propre, surtout en ce qui concerne l'allocation des bandes de fréquences. En France, les principaux utilisateurs de fréquences sont l'armée et l'aviation civile. Comme les

bandes de fréquences de l'aviation civile ne peuvent être cédées ou modifiées, c'est l'armée qui en a cédé certaines, comme une partie de la bande des 2,4 GHz, dite bande ISM (Industrial, Scientific and Medical). Ce problème se posera bien sûr à nouveau si de nouvelles bandes sont utilisées. Un autre problème de réglementation concerne la puissance du signal émis, ou PIRE (puissance isotropique rayonnée effective), qui est autorisée à 1 W aux États-Unis et à 100 mW en Europe.

- **Batteries.** Les stations mobiles d'un réseau sans fil utilisent des batteries comme principale source d'énergie. Comme la durée de vie des batteries est assez courte, les réseaux sans fil doivent incorporer des mécanismes d'économie d'énergie efficaces de façon à minimiser la consommation d'énergie.
- **Sécurité.** On pourrait croire que les réseaux sans fil sont assez difficiles à sécuriser du fait que le support utilisé, généralement les ondes radio, est ouvert à n'importe quelle personne située dans la zone de couverture du réseau. Pour pallier ce problème, des systèmes de chiffrement de données alliés à des techniques d'authentification empêchent toute écoute clandestine et interdisent l'accès aux personnes non autorisées. Ainsi, et contrairement à une idée reçue, les réseaux sans fil sont beaucoup mieux sécurisés que les réseaux locaux tels qu'Ethernet, qui ne possèdent aucun mécanisme de sécurité spécifique. Le problème est qu'il existe encore de nombreuses failles dans ces systèmes de sécurité, qui permettent des intrusions dans le réseau. La mise en œuvre de solutions de sécurité de remplacement induira bien évidemment un coût supplémentaire non négligeable, transformant cet avantage (le coût) en inconvénient majeur.
- **Santé.** La puissance du signal d'un réseau sans fil est assez faible, de l'ordre de 100 mW au maximum, plus faible en tout cas que celle utilisée dans la téléphonie mobile, qui atteint 2 W. Comme les ondes radio s'affaiblissent en fonction de la distance parcourue, les personnes qui se trouvent dans la zone de couverture n'ont qu'un faible temps d'exposition aux ondes radio. Les réseaux sans fil doivent par ailleurs respecter toutes les réglementations émises par l'industrie et les divers organismes gouvernementaux. Aucun effet indésirable sur la santé ne leur a encore été attribué. En ce qui concerne les réseaux sans fil infrarouge, la seule contrainte à respecter est que la puissance des transmetteurs optiques prévienne tout trouble de la vision.

État de la standardisation

Il existe actuellement trois standards de réseaux locaux sans fil, issus de trois organismes différents de standardisation, et donc incompatibles entre eux : HiperLAN (High Performance Radio LAN), HomeRF (Home Radio Frequency) et IEEE 802.11, avec ses diverses extensions, telles que 802.11b, 802.11a, 802.11g, etc.

HiperLAN est un standard issu du comité RES-10 du projet BRAN (Broadband Radio Access Networks) de l'ETSI (European Telecommunications Standards Institute). Le standard actuel définit deux types de réseaux HiperLAN, HiperLAN 1 et HiperLAN 2, qui utilisent tous deux la bande des 5 GHz ratifiée par la CEPT (Conférence européenne des Postes et Télécommunications). Ces deux standards n'en sont qu'au stade du prototype, et il n'existe pas à ce jour de produit HiperLAN commercialisé.

HomeRF est un standard pour les réseaux sans fil qui utilise, comme Wi-Fi, la bande de fréquences des 2,4 GHz (ISM) et propose des débits allant de 1 à 10 Mbit/s. HomeRF a connu un certain succès outre-Atlantique sans toutefois percer sur les autres marchés. Depuis janvier 2003, le groupe de travail en charge de la standardisation de ce standard a cessé toute activité et ne donne pas suite à une nouvelle version à 20 Mbit/s.

802.11 est issu de l'IEEE (Institute of Electrical and Electronics Engineers), un organisme américain qui a établi les principaux standards des réseaux locaux. Le rôle du standard 802.11 est d'offrir une connectivité sans fil à des stations fixes ou mobiles qui demandent un déploiement rapide au sein d'une zone locale grâce à l'utilisation de différentes bandes de fréquences.

Le standard 802.11 d'origine utilise comme supports de transmission l'infrarouge et les ondes radio situées dans la bande ISM. Le débit offert, relativement faible, est compris entre 1 et 2 Mbit/s.

Trois améliorations, portant essentiellement sur l'augmentation du débit *via* de nouvelles techniques de transmission radio, ont été apportées au standard de base 802.11 :

- 802.11b, qui offre un débit maximal de 11 Mbit/s, comparable à un Ethernet 10baseT, toujours dans la bande ISM, avec une compatibilité descendante avec 802.11 DSSS.
- 802.11a, qui offre un débit maximal de 54 Mbit/s, mais dans une bande située dans les 5 GHz, la bande U-NII (Unlicensed-National Information Infrastructure).
- 802.11g est défini comme un compromis entre 802.11b et 802.11a. Il offre un débit maximal de 54 Mbit/s dans la bande ISM, avec une compatibilité descendante avec 802.11b uniquement.

Normes et standards

Il existe une différence entre une norme et un standard. Une norme correspond à tout document issu d'une organisation internationale, telle que l'ISO (International Standardization Organization), à ne pas confondre avec l'ISO (interconnexion des systèmes ouverts), traduction française de l'acronyme OSI (Open Systems Interconnection). Un standard est issu d'une organisation nationale — l'IEEE est un organisme américain — ou d'une communauté d'États, comme l'ETSI, un organisme de l'Union européenne. 802.11, HomeRF et HiperLAN sont donc des standards et non des normes.

802.11 et Wi-Fi

L'IEEE (**www.ieee.org**) s'occupe de la standardisation de systèmes électroniques et informatiques afin d'offrir une compatibilité à des produits issus de constructeurs différents. En février 1980, l'IEEE a créé un comité, baptisé 802 en raison de sa date de création, dont la principale tâche a consisté à standardiser les réseaux locaux. Comme il existait à l'époque de nombreux produits incompatibles, l'un des objectifs du comité 802 a été de créer un standard commun afin de les unifier.

Depuis les années 80, ce comité à mis en œuvre les principaux standards des réseaux locaux, comme Ethernet ou Token-Ring. Chacun de ces standards porte un numéro du type 802.x, où le x est attribué en fonction de la date de création du standard. Ethernet est ainsi l'autre nom du standard 802.3.

Le tableau 1.1 recense les différents standards issus du comité 802.

Tableau 1.1 Standards du comité 802

Nom du groupe	Description
802.1	Interface de haut niveau
802.2	LLC (Logical Link Control)
802.3	Ethernet (CSMA/CD)
802.4	Token Bus
802.5	Token-Ring
802.6	Réseau métropolitain DQDB (Distributed Queue Dual Bus)
802.7	Réseau large bande
802.8	Fibre optique
802.9	Réseau à intégration voix et données
802.10	Sécurité des réseaux
802.11	Réseau local sans fil
802.12	100VG AnyLAN
802.14	Réseau sur câble télévision CATV
802.15	Réseau local personnel
802.16	Réseau métropolitain sans fil BWA (Broadband Wireless Access)
802.17	RPR (Resilient Packet Ring)
802.18	Réglementations radio pour 802.11, 802.15, 802.16 et 802.20
802.19	Coexistence des réseaux
802.20	Réseau large bande mobile MBWA (Mobile Broadband Wireless Access)
802.21	Gestion des handovers verticaux entre les standards sans fil du comité 802 (802.11, 802.15, 802.16 et 802.20)

Les travaux du comité 802 se focalisent essentiellement sur la couche physique et la couche liaison du modèle de référence ISO pour l'interconnexion des systèmes ouverts, ou modèle OSI (Open Systems Interconnection).

Dans le modèle IEEE, la couche 2 a dû être divisée en deux sous-couches, la couche LLC (Logical Link Control) et la couche MAC (Medium Access Control).

La figure 1.2 illustre les différences entre le modèle OSI et le modèle IEEE.

L'avantage de cette architecture est qu'elle spécifie une couche LLC commune pour toutes les couches MAC. C'est ce qui permet l'interopérabilité entre les standards issus du comité 802. Ainsi, 802.11 n'est compatible avec Ethernet qu'au niveau de la couche 2, et plus précisément de la couche LLC, comme l'illustre la figure 1.3.

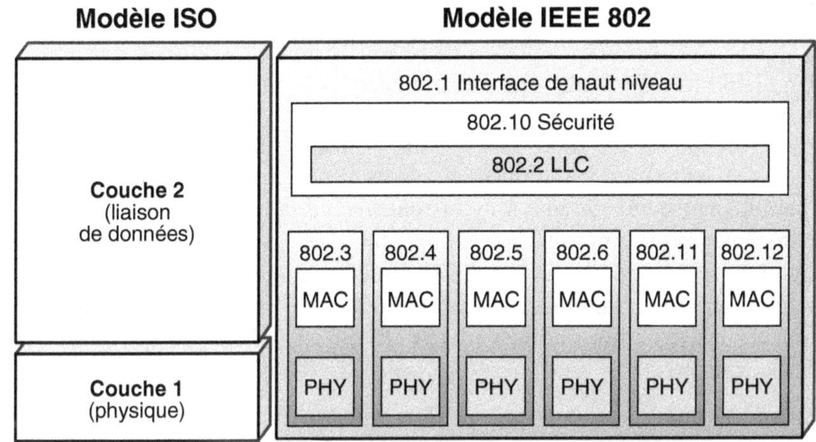

Figure 1.2

Différences entre le modèle OSI et le modèle IEEE

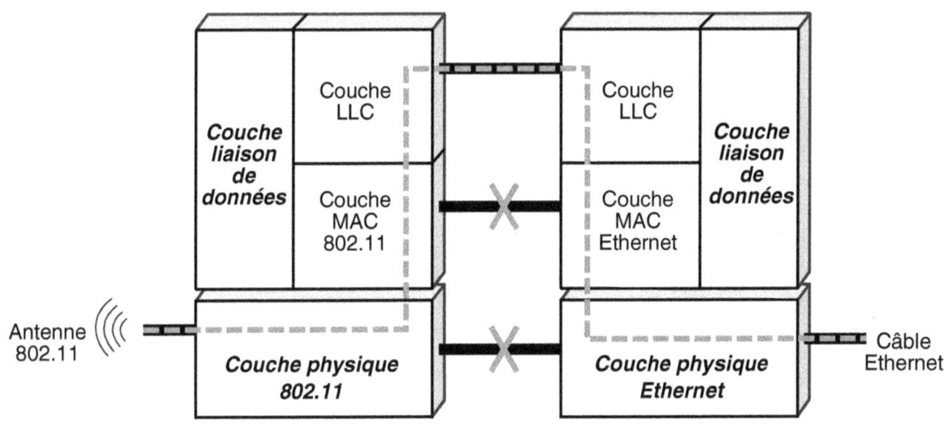

Figure 1.3

Compatibilité entre 802.11 et Ethernet au niveau de la couche LLC

Le standard 802.11

Le groupe 802.11 a été initié en 1990, et le standard 802.11 définissant les réseaux locaux sans fil en 1997.

Le standard d'origine définit trois couches physiques pour une même couche MAC, correspondant à trois types de produits 802.11 :

- 802.11 FHSS (Frequency Hopping Spread Spectrum), qui utilise la technique d'étalement de spectre basé sur le saut de fréquence.

- 802.11 DSSS (Direct-Sequence Spread Spectrum), qui utilise aussi la technique d'étalement de spectre mais sur une séquence directe.
- 802.11 IR (InfraRed), de type infrarouge.

802.11 FHSS et 802.11 DSSS sont des réseaux radio sans fil émettant dans la bande ISM.

Étant donné leurs caractéristiques, ces trois types de produits ne sont pas directement compatibles entre eux. Même s'ils offrent une certaine interopérabilité au niveau LLC, celle-ci ne se retrouve pas au niveau physique. Ainsi, une carte 802.11 FHSS ne peut pas dialoguer avec une carte 802.11 DSSS, et réciproquement. De même, 802.11 IR ne peut dialoguer avec un réseau 802.11 FHSS ni 802.11 DSSS. Pour obtenir cette compatibilité, il faudrait des produits multistandards (FHSS et DSSS), ce qui n'est pas le cas des produits existants.

Comme Ethernet, le standard 802.11 n'est pas resté figé, et de nombreuses améliorations, aussi appelées amendements, ont été apportées au standard d'origine et vont continuer de l'être. Le tableau 1.2 récapitule les différents amendements définis par le groupe 802.11.

Tableau 1.2 Amendements des groupes de travail 802.11

Amendement	Description	Statut
802.11a	Définition d'une nouvelle couche physique : jusqu'à 54 Mbit/s dans la bande U-NII	Finalisé
802.11b	Définition d'une nouvelle couche physique : jusqu'à 11 Mbit/s dans la bande ISM	Finalisé
802.11c	Incorporation des fonctionnalités de 802.1d	Finalisé
802.11d	Travaux sur la couche physique permettant d'étendre l'utilisation de 802.11 dans de nouveaux pays	Finalisé
802.11e	Travaux sur la QoS (Qualité de Service)	En cours
802.11f	Définition de l'interopérabilité entre les points d'accès au moyen du protocole de gestion des handovers IAPP (Inter-Access Point Protocol)	En cours
802.11g	Définition d'une nouvelle couche physique : jusqu'à 54 Mbit/s dans la bande ISM	Finalisé
802.11h	Harmonisation de 802.11a avec la réglementation européenne	En cours
802.11i	Amélioration des mécanismes de sécurité	En cours
802.11j	Harmonisation de 802.11a avec la réglementation japonaise pour la bande comprise entre 4,9 et 5,25 GHz	En cours
802.11k	RRM (Radio Resource Measurement), une fonctionnalité facilitant la gestion des terminaux (localisation et configuration) par le biais des informations radio fournies par les équipements du réseau sans fil	En cours
802.11m	Amélioration du standard 802.11 et des amendements finalisés	En cours
802.11n	Définition d'une nouvelle couche physique, avec un débit utile de 100 Mbit/s	En cours

802.11l

L'amendement 802.11l n'a pas été défini par le groupe de travail 802.11 afin d'éviter toute confusion avec 802.11i.

Comme le montre le tableau 1.2, les amendements 802.11b, 802.11a, 802.11g et 802.11n ont ajouté quatre nouvelles couches physiques :

- 802.11b utilise la même bande ISM que 802.11, mais avec des débits pouvant atteindre 11 Mbit/s. 802.11b est en réalité une amélioration de 802.11 DSSS. L'une des caractéristiques de 802.11b est de rester compatible avec 802.11 DSSS.
- 802.11a utilise une nouvelle bande, appelée bande U-NII, dans les 5 GHz. Le débit de 802.11a peut atteindre 54 Mbit/s, mais en perdant la compatibilité avec 802.11 DSSS et 802.11b, du fait de l'utilisation d'une bande différente.
- 802.11g utilise la bande ISM mais avec un débit pouvant atteindre 54 Mbit/s. Contrairement à 802.11a, 802.11g est compatible avec 802.11 DSSS et 802.11b.
- 802.11n, dont les travaux viennent de commencer, a pour principal objectif de fournir un débit utile, et non théorique, à la différence des autres amendements, de 100 Mbit/s. La standardisation de 802.11n ne devrait pas voir le jour avant 2005-2006.

Les autres grands travaux de ce groupe de travail sont l'ajout de la qualité de service, l'amélioration des mécanismes de sécurité et la gestion de la mobilité de l'utilisateur.

La norme d'interopérabilité Wi-Fi (Wireless-Fidelity)

Wi-Fi (Wireless-Fidelity) est une norme d'interopérabilité attribuée par la Wi-Fi Alliance, anciennement WECA (Wireless Ethernet Compatibility Alliance), aux produits issus des standards 802.11 certifiés et testés par cet organisme.

Fondée en 1999, la Wi-Fi Alliance regroupe les principaux acteurs du marché du sans-fil et du monde informatique, soit plus de 250 entreprises actuellement, mais ce nombre ne cesse d'augmenter.

L'objectif de la Wi-Fi Alliance est de promouvoir Wi-Fi comme standard international pour les réseaux sans fil dans les différents secteurs du marché. Afin d'atteindre cet objectif, la Wi-Fi Alliance a diversifié ses efforts. Elle s'est attelée dans un premier temps à définir une campagne de certification visant à garantir sous le nom de Wi-Fi l'interopérabilité des équipements issus des standards 802.11b, 802.11a et 802.11g.

Les travaux de la Wi-Fi Alliance ne se sont pas arrêtés là, et deux nouvelles certifications ont été définies, WPA (Wi-Fi Protected Access), pour la sécurité, un aspect très critique de Wi-Fi, et Wi-Fi Zone, pour les hotspots, un marché en pleine expansion.

La certification Wi-Fi

En 1999, date de création de la WECA, appelée désormais Wi-Fi Alliance, le marché des équipements sans fil a commencé à proposer de nombreux produits 802.11 et 802.11b. Par son débit maximal supérieur mais aussi grâce à sa compatibilité avec certains équipements issus du standard 802.11, 802.11b s'est imposé facilement. Vu le nombre d'équipements existants, ces derniers ne sont hélas pas toujours compatibles entre eux, bien qu'issus théoriquement d'un même standard IEEE.

En mars 2000, la WECA a lancé sous le nom de Wi-Fi une campagne de certification visant à garantir l'interopérabilité entre tous les équipements ayant validé ses tests. Les équipements 802.11 étant devenus obsolètes du fait des faibles débits proposés, seuls ceux fondés sur le standard 802.11b ont été certifiés.

Aujourd'hui, la certification Wi-Fi concerne les équipements issus des standards 802.11b, 802.11a et 802.11g.

Certification Wi-Fi et extensions

Auparavant, Wi-Fi désignait les équipements issus du standard 802.11b, et Wi-Fi5 ceux issus du standard 802.11a, sans que ce dernier fût intégré à un quelconque programme de certification issu de la WECA. Vu le nombre d'amendements apportés au standard 802.11 *(voir le tableau 1.2),* la WECA a décidé fin 2002 d'homogénéiser sa certification Wi-Fi en y incluant tous les extensions apportées à 802.11 et a changé son nom en Wi-Fi Alliance, plus évocateur que WECA. Depuis, les termes Wi-Fi s'appliquent à tous les produits issus du standard 802.11, qu'ils soient présents, comme 802.11b, 802.11a et 802.11g, ou futurs, comme 802.11f, 802.11i et 802.11e. Il est laissé à la charge des constructeurs d'indiquer sur leurs équipements de quel standard leurs produits sont issus.

Une campagne de certification pour un standard donné ne peut se faire que s'il existe au moins deux produits, issus de constructeurs différents. De plus, le chip, ou microprocesseur, qui contient toutes les fonctionnalités du standard, ne doit pas être issu du même constructeur. En effet, afin de valider une interopérabilité, il est nécessaire de tester deux produits totalement différents. Il aura fallu attendre, par exemple, plus d'un an pour voir apparaître une campagne de certification Wi-Fi fondée sur le standard 802.11a, qui n'était l'apanage, jusqu'en 2003, que du seul constructeur Atheros.

Les équipements visés par la campagne de certification sont repartis en deux familles : les cartes et les points d'accès. L'équipement testé doit impérativement implémenter, sous peine d'échouer, les diverses fonctionnalités primaires définies par le standard 802.11, tels le mode ad-hoc pour les cartes, l'association, la fragmentation, les mécanismes de réservation, le mode d'économie d'énergie ou encore la sécurité.

La campagne ne vise à certifier qu'un seul et unique équipement, tel que carte ou point d'accès, issu d'un constructeur et non une gamme de produits, comme on pourrait l'imaginer, garantissant ainsi une compatibilité beaucoup plus fine.

La certification Wi-Fi n'est pas gratuite. Pour un équipement donné, elle coûte quelque 15 000 dollars au constructeur. Ce dernier doit par ailleurs être membre de la Wi-Fi Alliance pour la passer, ce qui lui coûte en supplément une souscription de 25 000 dollars/an. Depuis 2000, plus de 1 000 équipements ont été labellisés Wi-Fi.

Les tests définis par la campagne de certification portent sur la mise en condition de l'équipement selon des scénarios de fonctionnement définis par le standard. Lors des tests, l'équipement est configuré avec des paramètres corrects et incorrects de sorte à valider son fonctionnement dans n'importe quel contexte. Si les tests sont réussis, la Wi-Fi

Alliance labellise l'équipement par l'attribution du logo Wi-Fi, comme l'illustre la figure 1.4 pour une carte PCMCIA de marque Orinoco.

Figure 1.4
Carte PCMCIA de marque Orinoco labellisée Wi-Fi

Wi-Fi est à l'évidence une dénomination plus élégante que 802.11, comme Ethernet l'était en son temps vis-à-vis de son standard de référence 802.3.

WPA (Wi-Fi Protected Access)

La sécurité est le principal point faible de Wi-Fi. Reposant essentiellement sur le mécanisme WEP (Wired Equivalent Privacy) et l'utilisation d'une clé statique à la fois pour l'authentification et le chiffrement des données, elle comporte un certain nombre de failles.

Consciente de ces failles de sécurité, la Wi-Fi Alliance a défini sous le nom de WPA (Wi-Fi Protected Access) une nouvelle certification définissant les mécanismes de sécurité à utiliser afin d'avoir un réseau Wi-Fi complètement sécurisé. L'utilisation conjointe des mécanismes TKIP (Temporal Key Integrity Protocol), qui comble les principales failles du WEP, et 802.1x, l'architecture d'authentification définie par le groupe de travail 802 de l'IEEE, est à la base de cette certification.

La certification WPA évoluera avec le temps et aura une compatibilité ascendante avec le futur 802.11i (WPA2), qui remplacera le WEP par l'utilisation de nouveaux mécanismes tels que TKIP, 802.1x, déjà défini dans WPA, et AES (Advanced Encryption Standard), le nouvel algorithme de chiffrement de 802.11.

Comme Wi-Fi, la certification WPA garantit l'interopérabilité entre les équipements issus de différents constructeurs afin d'assurer une sécurité de bout en bout.

Certification WPA

La certification WPA définit les éléments à utiliser pour sécuriser un réseau Wi-Fi. Il ne s'agit donc pas d'un nouveau mécanisme ou d'un nouveau protocole de sécurité apporté à Wi-Fi, comme on le croit souvent.

La Wi-Fi Alliance n'est pas le seul organisme à proposer une certification de sécurité. Cisco Systems, par exemple, a développé sous le nom de CCX (Cisco Compliant eXtension) une certification de sécurité Wi-Fi reposant sur des mécanismes propriétaires.

La sécurité dans Wi-Fi et les certifications WPA et CCX sont présentées en détail au chapitre 4, consacré à la sécurité.

Wi-Fi Zone et les hotspots

Un hotspot est un lieu de passage où un accès Internet est disponible. Aéroports, gares, hôtels, centres de conférence, bars et restaurants rassemblent la grande majorité des hotspots.

Du fait de la disparition des câbles et de la simplification de l'accès à Internet, Wi-Fi est devenu le standard de référence pour les hotspots. Depuis 2000, le nombre de hotspots Wi-Fi n'a cessé d'augmenter, jusqu'à dépasser aujourd'hui les 40 000 à travers le monde.

Compte tenu des problèmes de sécurité mais aussi d'installation et de configuration des hotspots, que nous décrivons en détail dans la suite de ce livre, la Wi-Fi Alliance s'est dotée d'une nouvelle certification, baptisée Wi-Fi Zone.

Le label Wi-Fi Zone indique la présence d'un hotspot Wi-Fi et donc d'une connexion Internet payante ou non dans les environs. Cette certification indique en outre à l'utilisateur que l'installation et la configuration du réseau Wi-Fi sont optimisées et que les dernières solutions de sécurité standardisées sont utilisées afin de faciliter la connexion du client par des communications fiables et au meilleur débit.

Le site Wi-Fi Zone *(www.wi-fizone.org)* répertorie tous les hotspots certifiés par la Wi-Fi Alliance.

Première Partie

Théorie de Wi-Fi

Cette partie traite essentiellement du standard 802.11, dont est issu Wi-Fi. Comme tout standard de l'IEEE (Institute of Electrical and Electronics Engineers), 802.11 se focalise sur deux axes principaux : la couche physique, qui s'occupe de la transmission de l'information sur le support radio, et la couche liaison de données, qui définit l'architecture et les mécanismes à mettre en œuvre pour permettre cette transmission sur le réseau dans les meilleures conditions possibles.

Depuis sa finalisation, le standard 802.11 a subi de multiples modifications par le biais d'amendements destinés à améliorer une ou plusieurs fonctionnalités, comme la vitesse de transmission, la sécurité ou encore la qualité de service.

Pour la transmission, la couche physique utilise des mécanismes de codage, de modulation et de correction d'erreur afin d'assurer une connectivité au réseau continue à une vitesse de transmission acceptable. Les amendements 802.11b, 802.11a et 802.11g ont permis d'augmenter la vitesse de transmission respectivement à 11 Mbit/s (802.11b) et 54 Mbit/s (802.11a et 802.11g), permettant à Wi-Fi d'entrer en concurrence avec les réseaux Ethernet et de connaître le succès.

La couche liaison de données met en œuvre un ensemble de mécanismes permettant l'envoi des données sous forme de paquets IP dans les meilleures conditions tout en optimisant les performances. Comme dans n'importe quel réseau, les techniques d'accès au support définies dans cette couche régissent la performance globale du réseau. De nombreuses fonctionnalités, souvent optionnelles, garantissent les performances dans un environnement soumis à de fortes interférences, comme la fragmentation, le mécanisme de réservation ou encore le mécanisme d'économie d'énergie. Ce dernier évite de gaspiller trop de batterie lorsque le terminal Wi-Fi est un ordinateur portable ou un agenda de poche.

Des amendements en cours de finalisation du standard 802.11 visent à modifier cette couche pour lui permettre de prendre en charge la qualité de service (802.11e) et la gestion des déplacement intercellulaires (802.11f). La qualité de service est un élément essentiel à la transmission de trafic temps réel, tel que la voix ou la vidéo. Associée à la gestion des déplacements intercellulaires, elle définit l'architecture de base de la téléphonie IP sur Wi-Fi, qui devrait remplacer la téléphonie classique en entreprise.

La sécurité est une des fonctions les plus importantes de tout réseau. Le mécanisme de sécurité WEP (Wired Equivalent Privacy) de 802.11 présentant des failles, de nouvelles solutions ont vu le jour ou sortiront à l'occasion de prochains amendements. 802.1x, TKIP (Temporal Key Integrity Protocol) et 802.11i devraient répondre à toutes les attentes. Sans attendre ces améliorations, il est possible d'établir une sécurité dans Wi-Fi à l'aide de mécanismes éprouvés, comme les réseaux privés virtuels.

2

Architecture

Wi-Fi (Wireless-Fidelity) désigne une norme d'interopérabilité définie par la Wi-Fi Alliance pour les produits de réseau sans fil utilisant les voies hertziennes issus du standard 802.11 et de ses différents amendements (802.11b, 802.11a et 802.11g).

Le rôle de ces produits est de raccorder, sans fil, simplement et à un coût très bas, des terminaux. Ces terminaux, éventuellement mobiles, peuvent être des ordinateurs de bureau ou portables, des terminaux plus compacts, comme des PDA, ou des combinés téléphoniques.

802.11 a été le premier standard de réseau sans fil à offrir un débit partagé compris entre 1 et 2 Mbit/s. L'arrivée de ce standard a engendré des mécanismes inédits pour raccorder des équipements mobiles, que nous allons détailler de manière approfondie dans ce chapitre. L'architecture de tels réseaux n'est pas comparable à celle des réseaux filaires et s'apparente davantage au monde de la téléphonie mobile.

Une autre caractéristique du standard 802.11 est qu'il n'est pas resté figé et qu'il évolue constamment. Comme expliqué au chapitre précédent, de nombreuses améliorations sous forme d'amendements lui ont été apportées, en matière aussi bien de débit, toujours partagé, que de fonctionnalités supplémentaires, avec les apports de la qualité de service, de la gestion des handovers ou encore de la sécurité.

Ce chapitre ne se limite pas à la présentation de l'architecture générale des réseaux Wi-Fi mais détaille les différentes couches de cette architecture, la couche physique et la couche liaison de données, elle-même subdivisée en une couche LLC (Logical Link Control) et une couche MAC (Medium Access Control).

L'architecture cellulaire

Wi-Fi est fondé sur une architecture cellulaire. Cette architecture peut s'apparenter à celle utilisée dans la téléphonie mobile, où des téléphones mobiles utilisent des stations de base pour communiquer entre eux.

Toutefois, le standard 802.11 duquel est issu Wi-Fi définit deux types d'architectures : un mode infrastructure et un mode ad-hoc. Un réseau Wi-Fi en mode infrastructure est composé de un ou plusieurs points d'accès, auxquels un certain nombre de stations s'associent pour échanger des informations. Le rôle du point d'accès est d'unifier le réseau et de servir de pont entre les stations du réseau Wi-Fi et un réseau extérieur.

Un réseau Wi-Fi en mode ad-hoc correspond à un ensemble de stations qui communiquent entre elles sans passer par un point d'accès ou une quelconque infrastructure. Le mode infrastructure est toutefois la topologie la plus utilisée.

La taille du réseau en mode infrastructure dépend de la zone de couverture du point d'accès, aussi appelée cellule. Cette zone peut varier dans le temps, car le fait d'utiliser les ondes radio ne permet pas de couvrir constamment une même zone. Un grand nombre de facteurs peuvent faire varier la taille de la zone de couverture du point d'accès, tels les obstacles, murs ou personnes situés dans l'environnement ou les interférences liées à des équipements sans fil utilisant les mêmes fréquences ou encore la puissance du signal.

En mode ad-hoc, la taille du réseau dépend du nombre de stations qui s'associent pour former cette topologie. La taille du réseau correspond à la somme des zones de couverture de chaque station qui le compose.

Cette unique cellule constitue l'architecture de base de Wi-Fi, appelée BSS (Basic Service Set), ou ensemble de services de base.

D'après cette architecture, il existe deux types de topologie :

- le mode infrastructure, avec BSS (Basic Service Set) et ESS (Extended Service Set) ;
- le mode ad-hoc, ou IBSS (Independent Basic Set Service).

Que le réseau Wi-Fi soit en mode infrastructure (BSS ou ESS) ou en mode ad-hoc (IBSS), la cellule Wi-Fi est caractérisée par les éléments suivants :

- **SSID (Service Set ID).** Analogue à un nom de réseau attribué à une ou plusieurs cellules Wi-Fi, le SSID est configuré au niveau du ou des points d'accès et des stations en mode infrastructure et seulement au niveau des stations en mode ad-hoc. En plus de caractériser le réseau par un nom, le SSID permet de contrôler l'accès au réseau. Toute station voulant se connecter à un réseau Wi-Fi doit spécifier ce SSID sous peine d'être rejetée par le réseau. Le SSID est cependant facilement récupérable, étant donné qu'il est envoyé en clair sur l'interface air, simplifiant ainsi l'accès au réseau. Pour des raisons de sécurité, visant à limiter l'accès au réseau, le SSID peut être caché. La station doit en ce cas être configurée avec le bon SSID pour se connecter. Dans le cas où le SSID du réseau est « any », le réseau accepte toutes les connexions des stations, que ces dernières n'aient pas spécifié de nom de réseau ou qu'elles aient fourni un nom de réseau erroné.

- **Topologie.** Comme expliqué précédemment, il existe deux types de topologie Wi-Fi, le mode infrastructure et le mode ad-hoc. Avant toute connexion, la station doit connaître la topologie du réseau auquel elle souhaite se connecter et la spécifier dans sa configuration. Par défaut, une station se connecte en mode infrastructure.
- **Sécurité.** La sécurité est une fonctionnalité optionnelle proposée par Wi-Fi. Elle repose sur l'utilisation d'une clé secrète partagée entre le point d'accès et les stations en mode infrastructure ou entre les stations en mode ad-hoc. Cette sécurité repose sur deux mécanismes, l'authentification des stations et le chiffrement des données transmises sur le réseau. Si un réseau Wi-Fi définit de tels mécanismes — les deux ou l'un d'eux seulement —, la station doit être configurée avec la bonne clé secrète pour pouvoir accéder au réseau.
- **Canal de transmission.** Le canal de transmission correspond au support permettant la communication des stations. Pour communiquer, le point d'accès en mode infrastructure ou les stations en mode ad-hoc doit définir un canal particulier parmi ceux proposés par le standard utilisé, à savoir 14 pour 802.11b et 802.11g et 8 pour 802.11a. Dans un réseau d'infrastructure, seul le point d'accès doit définir le canal de transmission, les stations le détectant automatiquement lorsqu'elles s'y connectent. Le choix du canal de transmission est crucial dans le cas d'un réseau 802.11b ou 802.11g composé de plusieurs points d'accès *(voir le chapitre 8)*. Dans un réseau en mode ad-hoc, la première station du réseau doit spécifier ce canal pour permettre à toutes les autres stations de la trouver automatiquement. Il peut arriver que certaines configurations demandent à toutes les stations en mode ad-hoc de spécifier le canal de transmission.

L'ensemble de ces caractéristiques de base définissent une cellule Wi-Fi. Elles sont indispensables à la connexion d'une station à un réseau Wi-Fi, que ce dernier soit en mode infrastructure ou en mode ad-hoc.

D'autres fonctionnalités, plus spécialisées, peuvent caractériser une cellule Wi-Fi, notamment les suivantes :

- **Débit.** La caractéristique du débit de Wi-Fi est d'être variable. Pour 802.11b, par exemple, le débit peut être de 1, 2, 5,5 ou 11 Mbit/s, suivant la qualité de l'environnement radio. Lorsqu'une station s'éloigne du point d'accès, son débit chute. Plus le débit est faible, plus la zone de couverture est importante. L'affectation d'un débit fixe élevé au point d'accès, par exemple 11 Mbit/s, permet de limiter la zone de couverture de la cellule, ce qui constitue un paramètre de sécurité non négligeable. Le débit est tout autant un facteur de performance. Par exemple, si une seule station du réseau se connecte à bas débit, par exemple 1 Mbit/s, elle fait chuter le débit global de la cellule à son niveau.
- **Puissance.** Les ondes radio utilisées dans Wi-Fi ont pour caractéristique principale la puissance, laquelle définit la portée en émission de ces ondes. À une puissance élevée correspond une portée importante. Directement liée à la taille de la cellule Wi-Fi, la

puissance des équipements Wi-Fi est limitée par la réglementation française à 100 mW, voire 10 mW dans certains cas. Une baisse de puissance limite la portée et réduit la taille de la cellule. Associée à un débit élevé, une puissance minimale évite tout débordement de la cellule dans des zones non contrôlées et potentiellement accessibles par une personne mal intentionnée. En cas de liaison directive entre bâtiments, une baisse de puissance de l'émetteur permet d'utiliser des antennes plus directives, à puissance élevée, tout en respectant la réglementation.

- **Fragmentation-réassemblage.** Ce mécanisme permet de fragmenter l'information envoyée en réduisant la probabilité de perte de données liée au support sans fil. Cela s'effectue toutefois au détriment du débit. Ce mécanisme optionnel courant dans les réseaux filaires est aussi utile dans les environnements sans fil, où le taux de perte d'information est assez important.
- **Mécanisme de réservation RTS/CTS.** Optionnel, ce mécanisme permet de réserver le support pour fiabiliser la transmission d'information et éviter toute tentative de retransmission qui aurait pour conséquence une chute de performance du réseau.
- **Préambules courts et longs.** Lorsqu'un réseau Wi-Fi est soumis a de fortes interférences, du fait, par exemple, de la présence d'autres équipements situés dans la même bande de fréquences ou d'une infrastructure peu propice à la propagation des ondes radio, l'utilisation de préambules longs peut faciliter la transmission.

Le mode infrastructure

Le mode infrastructure définit un réseau dans lequel l'infrastructure, c'est-à-dire le point d'accès, permet l'échange d'information entre les stations connectées.

À un point d'accès peuvent être associées jusqu'à 30 stations. Dans ce cas limite, le support de transmission est partagé entre toutes les stations, de même que le débit. Le débit maximal de Wi-Fi est de 11 Mbit/s pour 802.11b et de 54 Mbit/s pour 802.11g et 802.11a. Comme expliqué précédemment ce débit est cependant variable. Il peut être de 1, 2, 5,5 ou 11 Mbit/s pour 802.11b et de 6, 9, 12, 18, 24, 36, 48 ou 54 Mbit/s pour 802.11g et 802.11a. Ces débits sont théoriques. Il s'agit des vitesses à laquelle sont envoyées les données sur l'interface air. Le débit utile associé est beaucoup plus bas et dépend de la nature des données de l'application utilisée, encapsulées dans les trames Wi-Fi *(voir le chapitre 8)*.

De plus, dans un même BSS (Basic Service Set), ou cellule, le débit est partagé entre toutes les stations connectées. Pour 802.11b, au débit théorique de 11 Mbit/s, le débit utile est de 5 Mbit/s. Si une seule station est connectée dans la cellule, le débit utile de cette station est donc de 5 Mbit/s. Si une deuxième station se connecte au réseau, le débit utile des deux stations est divisé par deux, soit 2,5 Mbit/s. On considère dans cet exemple que les débits théoriques des deux stations sont de 11 Mbit/s. Lorsque les débits théoriques des stations sont différents, le débit utile d'une station correspond au débit utile minimal divisé par le nombre de stations présentes dans la cellule.

La figure 2.1 illustre le fonctionnement d'une cellule, ou BSS, d'un réseau Wi-Fi. Le BSS est composé d'un point d'accès, ou AP (Access Point), et de stations, fixes ou mobiles, dotées d'une carte Wi-Fi.

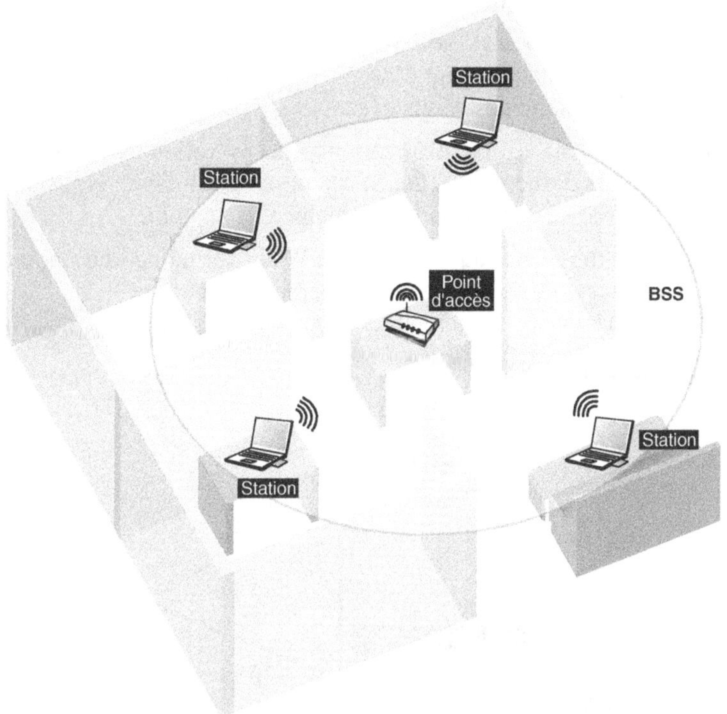

Figure 2.1
Fonctionnement d'un BSS

Au sein d'un BSS, les communications passent obligatoirement par le point d'accès. Supposons deux stations A et B relativement proches connectées à un BSS et voulant s'échanger des informations. La communication de A vers B se décompose en une communication entre A et le point d'accès puis d'une autre entre le point d'accès et B. Le point d'accès est donc l'élément central du BSS puisque toute communication passe par lui.

Un ESS (Extended Service Set) définit un réseau Wi-Fi en mode infrastructure comportant plusieurs points d'accès. Un ESS est donc constitué d'un ensemble de BSS connectés entre eux par l'intermédiaire d'un système de distribution, ou DS (Distribution System).

Le DS est une sorte de dorsale, ou backbone, responsable du transfert des trames entre les différents BSS de l'ESS. Dans les spécifications du standard, le DS est implémenté de manière indépendante. Le DS le plus utilisé est Ethernet, mais il peut aussi être un autre réseau Wi-Fi.

Dans le cas où le DS est un autre réseau Wi-Fi, les points d'accès connectés à ce DS Wi-Fi sont considérés comme des stations. Le débit utile du DS Wi-Fi est de ce fait partagé avec les points d'accès connectés au DS. Si le débit utile du DS Wi-Fi est de 5 Mbit/s (débit théorique de 11 Mbit/s) et qu'il y a deux points d'accès connectés au DS, le débit par point d'accès équivaut à 2,5 Mbit/s.

Le débit utile de chaque point d'accès connecté à un DS dépend de surcroît du nombre de stations connectées à chaque point d'accès. Une telle architecture est donc difficilement applicable si l'on souhaite des débits décents.

L'ESS peut fournir aux différentes stations l'accès vers un autre réseau, par exemple Internet, par le biais d'une passerelle. Si cet autre réseau est de type 802, tel Ethernet ou Token-Ring, la passerelle fonctionne à la manière d'un pont.

La figure 2.2 illustre un réseau d'entreprise Wi-Fi formé de deux points d'accès reliés entre eux par un système de distribution Ethernet. Sur ce réseau de distribution se trouve la passerelle permettant de s'interconnecter avec l'extérieur.

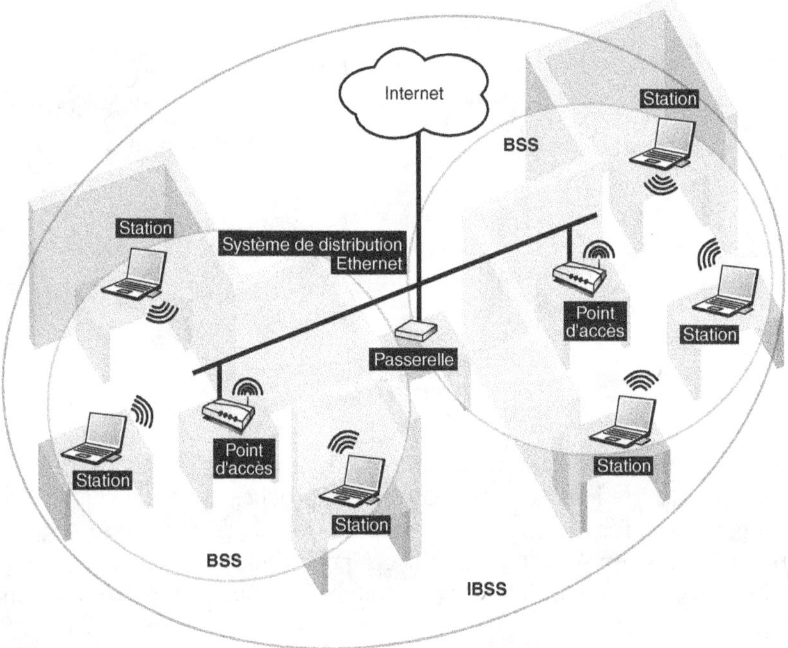

Figure 2.2
Un réseau Wi-Fi en mode infrastructure

La topologie d'un ESS peut varier. En effet, l'ESS étant composé de plusieurs cellules BSS, ces dernières peuvent soit être disjointes, soit se recouvrir.

Le recouvrement de plusieurs cellules permet au réseau d'être beaucoup plus dense que dans le cas où les cellules sont disjointes. L'avantage du recouvrement est de fournir à un utilisateur du réseau un service de mobilité lui évitant de subir des pertes de connexion lors d'une transmission, ce que ne peut offrir un réseau composé de cellules disjointes, comme l'illustre la figure 2.3.

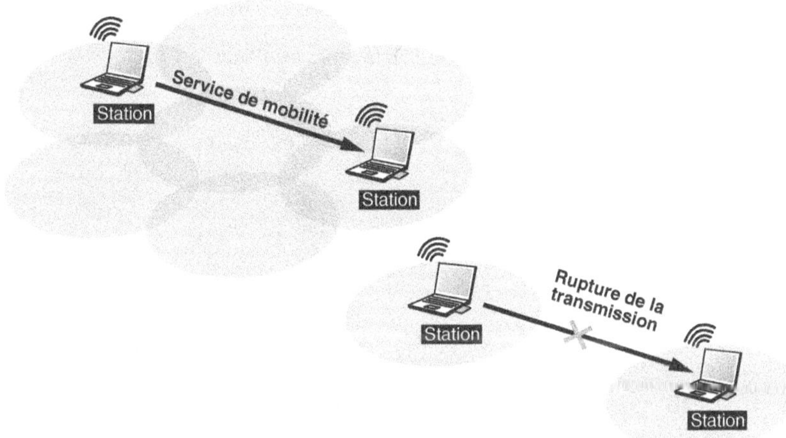

Figure 2.3
Réseaux Wi-Fi avec recouvrement de cellules (gauche) et cellules disjointes (droite)

Wi-Fi n'apporte pas pour l'instant de service de mobilité, mais un tel service sera instauré avant la fin de l'année 2004 avec l'amendement 802.11f . Ce service de mobilité est toutefois déjà offert par certains constructeurs comme 3Com, Alvarion, Avaya, Cisco Systems, Proxim, etc., selon des protocoles propriétaires.

Un autre avantage du recouvrement de cellules est de permettre la connexion d'un grand nombre d'utilisateurs. Chaque cellule ne peut comporter qu'un certain nombre d'utilisateurs (une trentaine au maximum). Si ce nombre devient trop grand dans l'espace occupé par la cellule, les performances du réseau se dégradent rapidement. Une solution à ce problème consiste à placer un autre point d'accès et à créer de la sorte une nouvelle cellule dans l'espace occupé par la précédente. Deux cellules sont donc complètement recouvertes et disponibles dans un même espace, permettant de connecter davantage d'utilisateurs.

Comme nous le verrons par la suite, le recouvrement de cellules est soumis à certaines règles, qu'il faut respecter scrupuleusement sous peine de connaître des pertes de performances.

Le mode ad-hoc

Le mode ad-hoc, ou IBSS (Independent Basic Set Service) ou encore point-à-point (peer-to-peer), ne fait pas appel à une infrastructure. Un réseau Wi-Fi en mode ad-hoc ne comporte pas de point d'accès, et ce sont les stations elles-mêmes qui entrent en communication les unes avec les autres sans aucune aide extérieure. L'avantage d'une telle topologie est sa simplicité de mise en œuvre, notamment là où l'on ne peut déployer rapidement de réseau Wi-Fi.

Un réseau en mode ad-hoc permet, entre autres choses, d'échanger des informations là où aucun point d'accès n'est disponible. Si, durant une réunion, par exemple, deux personnes veulent s'échanger des informations, il leur suffit de configurer leurs stations en mode ad-hoc, une opération relativement simple. Un réseau en mode ad-hoc ne demande, dans le cas le plus simple, que deux stations équipées de cartes Wi-Fi.

La figure 2.4 illustre un réseau de quatre stations en mode ad-hoc.

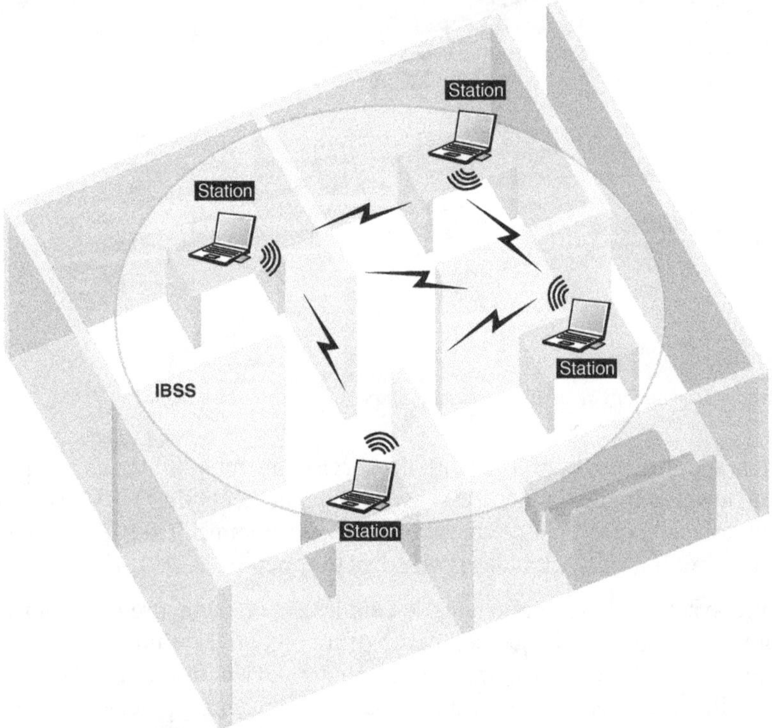

Figure 2.4
Un réseau Wi-Fi en mode ad-hoc

L'architecture d'un réseau en mode ad-hoc permet de se passer de point d'accès, et ce quel que soit le type de communication envisagé. Il est possible, par exemple, de monter un réseau en mode ad-hoc dans lequel une des stations est fixe et connectée à Internet. En partageant la connexion, ce réseau fonctionne comme un BSS.

La figure 2.5 illustre un réseau en mode ad-hoc utilisant une connexion Internet partagée.

L'inconvénient d'un réseau en mode ad-hoc est que les stations ne peuvent faire office de routeur. Comme le montre la figure 2.5, la connexion Internet ne peut être partagée qu'avec les stations qui se trouvent dans la zone de couverture de la station connectée à Internet, qui joue, dans cette architecture, le rôle de point d'accès.

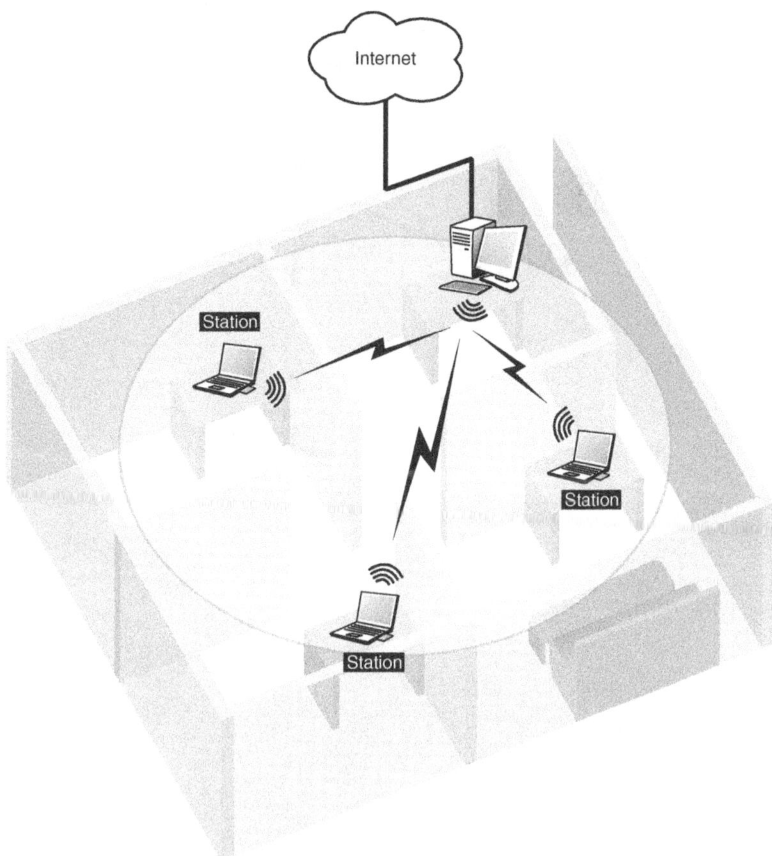

Figure 2.5
Un réseau Wi-Fi en mode ad-hoc avec connexion Internet partagée

Mode ad-hoc et réseau ad-hoc

Un réseau en mode ad-hoc est différent d'un réseau ad-hoc dans la mesure où il ne propose pas de protocole de routage permettant à une station de faire transiter les données qui ne lui sont pas destinées.

La figure 2.6 illustre trois stations, A, B et C, qui forment un même réseau en mode ad-hoc dans lequel chaque station possède une adresse IP pour pouvoir communiquer.

La zone de couverture de la station A est recouverte par celle de la station B qui elle-même est recouverte par celle de la station C. Les zones de couverture des stations A et B ne sont pas recouvertes. Le fait que deux ou plusieurs zones de couverture se recouvrent permet l'instauration d'une communication entre les stations présentes dans ces zones. A peut ainsi communiquer avec B, et B avec C. En revanche, A et B ne peuvent communiquer entre elles. Si A veut envoyer des données à C, elle doit passer par B. Or, comme le mode ad-hoc ne permet pas d'effectuer de routage entre les différentes stations, B ne peut

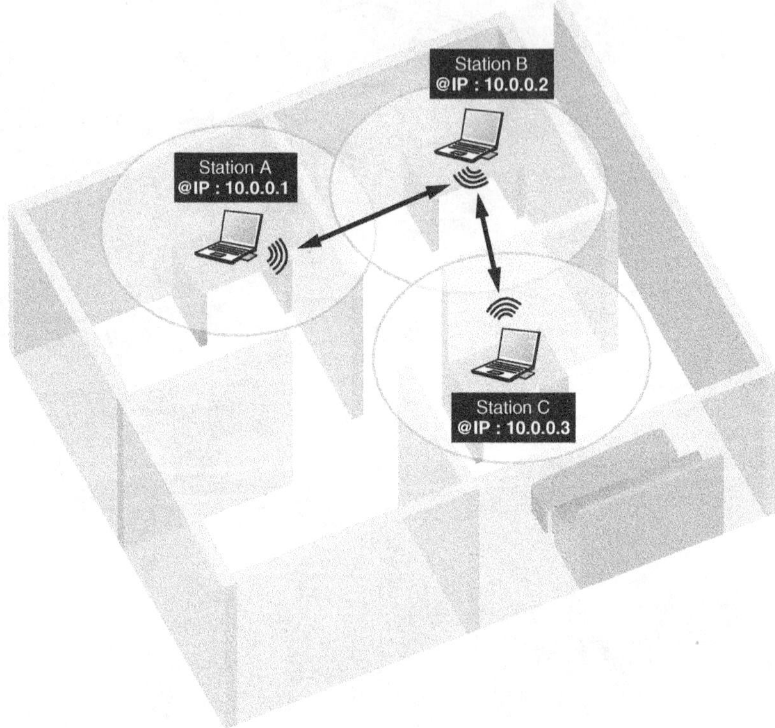

Figure 2.6
Trois stations en mode ad-hoc

relayer les informations provenant de A pour C. Si cette topologie correspondait à un réseau ad-hoc, la station C pourrait recevoir des données de la station A et réciproquement par l'intermédiaire de la station B.

Il est assez facile de vérifier par la pratique le fonctionnement du mode ad-hoc d'un réseau Wi-Fi. Il suffit de respecter la topologie illustrée à la figure 2.6 et d'assigner aux stations une adresse IP avec une même adresse de réseau, telle que 10.0.0.1 pour la station A, 10.0.0.2 pour la station B et 10.0.0.3 pour la station C. Le test consiste à lancer des requêtes ping entre les différentes stations.

Requête ping

Le ping est une commande qui consiste à envoyer un message Echo ICMP (Internet Control Message Protocol) afin de connaître la connectivité d'une station à un réseau donné.

Pour déterminer l'accessibilité d'une station, il suffit de saisir **ping** dans un shell sous Linux ou dans une fenêtre MS-DOS sous Windows puis d'entrer l'adresse IP de la station, par exemple **ping 10.0.0.1**. Si aucune réponse n'est donnée, c'est que la station n'est pas connectée au réseau. Dans le cas contraire, la station répond, et le temps aller-retour s'affiche.

Dans le cas du réseau en mode ad-hoc de la figure 2.6, la station A pingue la station B, la station B pingue la station C, mais la station C ne pingue pas la station A, et réciproquement. Dans le cas d'un réseau ad-hoc pur, chaque station peut se pinguer.

L'architecture de réseau ambiant

Un réseau ambiant est un réseau qui permet de se connecter à Internet de partout, à tout moment et à un coût aussi bas que possible. Les réseaux Wi-Fi sont à la base de cette solution. En effet, les coûts de déploiement d'un réseau Wi-Fi étant très faibles, il est possible de recouvrir une ville, une métropole ou même un pays de cellules Wi-Fi. Dans une agglomération dense, il est relativement facile de recouvrir la surface concernée par des cellules Wi-Fi. Dès que la densité de population diminue, le passage vers d'autres solutions doit être envisagé, et nous verrons à la fin de cette section que les réseaux ad-hoc prennent le relais pour réaliser des architectures Wi-Fi complexes.

L'architecture d'un réseau ambiant Wi-Fi est constituée de nombreuses cellules Wi-Fi qui recouvrent la surface désirée par l'opérateur. La figure 2.7 donne une illustration de cette couverture, qui est composée de nombreuses cellules qui se recouvrent pour offrir une meilleure couverture et une augmentation de la capacité globale du réseau.

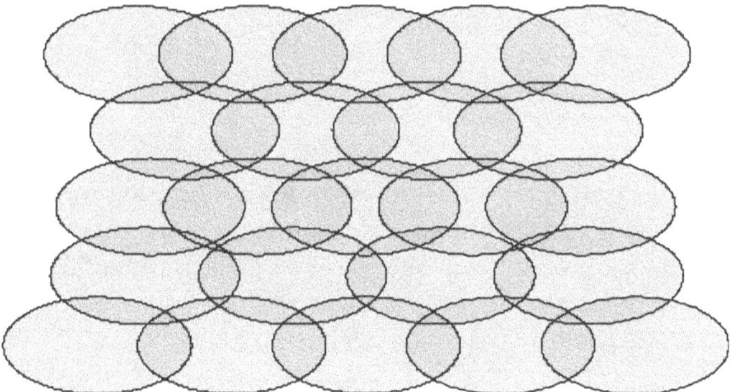

Figure 2.7
Un réseau ambiant Wi-Fi

Chaque cellule du réseau possède un point d'accès. Ces points d'accès sont reliés entre eux par un réseau d'infrastructure, par exemple Ethernet, puisque les technologies Ethernet s'étendent désormais vers les réseaux métropolitains et même les réseaux étendus, avec le Gigabit Ethernet, ou 1GigE (Ethernet à 1 Gbit/s), voire le 10GigE (10 Gbit/s). On peut également citer la technologie 802.17, qui est un Ethernet pour réseaux métropolitains doté de fonctions de reconfiguration.

La figure 2.8 illustre l'architecture d'un réseau ambiant Wi-Fi dans lequel tous les points d'accès sont reliés par une dorsale Gigabit Ethernet, elle-même connectée à Internet.

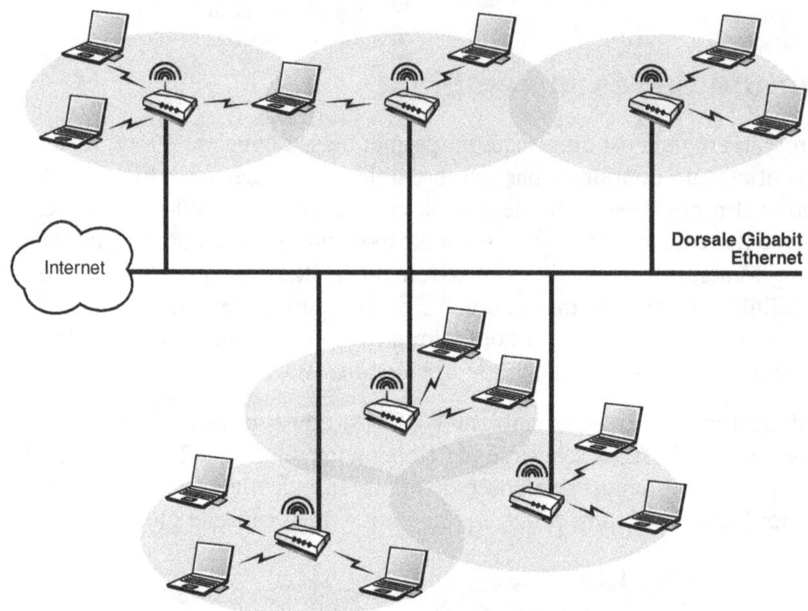

Figure 2.8
Exemple de réseau ambiant Wi-Fi avec dorsale Gigabit Ethernet

Dans le cas où l'installation de câble est problématique ou trop coûteuse à mettre en place, comme dans les zones rurales, les connexions satellite deviennent de plus en plus souvent utilisées. La problématique de pose de câbles disparaît, mais au prix de débits réduits à une dizaine de mégabits par seconde pour une connexion satellite contre quelques gigabits par seconde dans le cas d'une connexion filaire.

La figure 2.9 illustre une architecture fondée sur l'utilisation d'une connexion satellite. La pose de câble est toujours nécessaire afin de relier les réseaux Wi-Fi aux paraboles.

Les cellules d'un réseau ambiant peuvent aussi être reliées par des systèmes hertziens dotés d'antennes directives. Dans ce cas, deux points d'accès éloignés de plusieurs centaines de mètres peuvent se connecter par du Wi-Fi directif, c'est-à-dire une liaison réalisée par un réseau Wi-Fi équipé d'antennes émettant dans une direction donnée, comme l'illustre la figure 2.10.

L'équipement utilisé dans un tel scénario peut être soit un point d'accès équipé d'une antenne directive, soit un pont Wi-Fi équipé d'une antenne directive et relié à un réseau filaire ou à un autre réseau Wi-Fi. En cas de liaison directive, un mécanisme de sécurité est nécessaire.

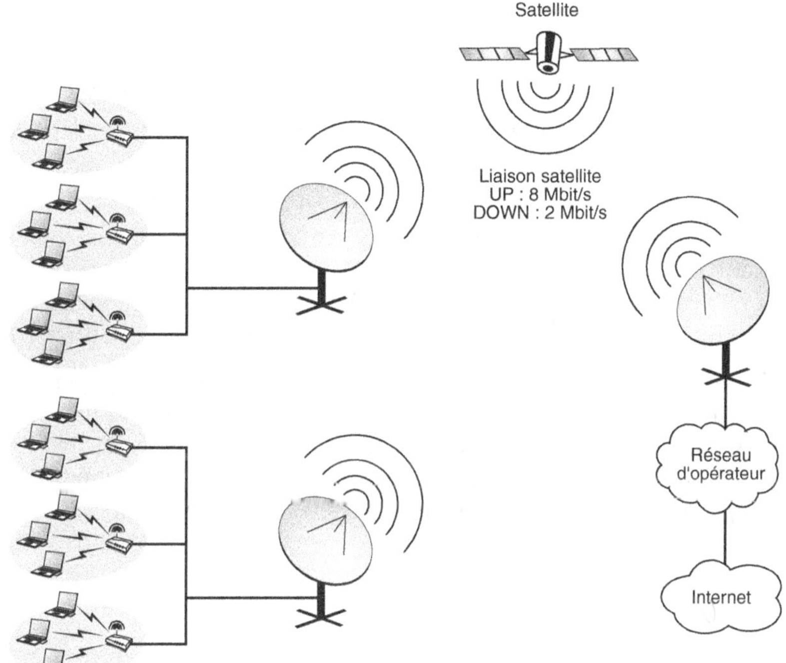

Figure 2.9

Réseaux ambiants Wi-Fi reliés par des liaisons satellite

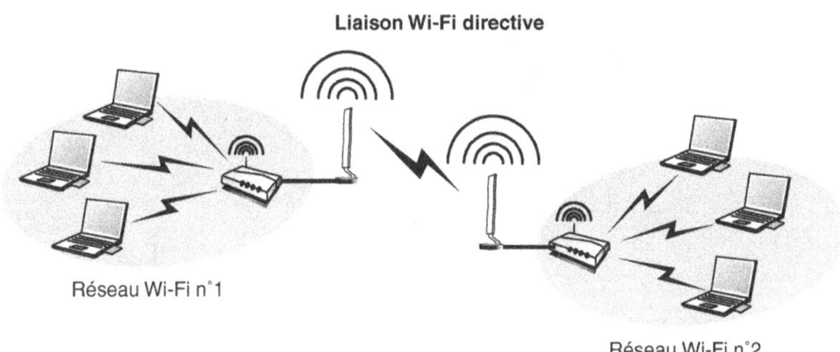

Figure 2.10

Deux réseaux Wi-Fi reliés par une liaison Wi-Fi directive

L'architecture de réseau ad-hoc

Les réseaux ad-hoc sont des réseaux spontanés, qui peuvent se mettre en place sans le secours de stations fixes ou de points d'accès et dans lesquels tout est mobile. À peine initialisés, leurs nœuds sont capables, en l'espace de quelques instants, d'échanger de l'information en fonction de leur localisation

L'introduction des réseaux ad-hoc dans le concert des réseaux Wi-Fi est récente, bien que cette technique soit depuis longtemps testée par les fabricants d'équipements militaires. Du fait de l'absence de structure fixe, le coût de mise en œuvre de ces réseaux est relativement faible, même si le logiciel de contrôle des machines participantes est complexe. Aucune infrastructure n'est nécessaire, si ce n'est un terminal par utilisateur.

En règle générale, la mis en place de systèmes de télécommunications demande beaucoup de temps. Il n'en va pas de même des réseaux ad-hoc, qui s'appuient sur une infrastructure minimale et ne requièrent pas d'intervention d'administrateur, que ce soit pour leur mise en place ou pour leur gestion. Ils peuvent donc être installés très rapidement, par exemple pour couvrir des événements comme les spectacles sportifs, les conférences ou les festivals *(voir le chapitre 6)*.

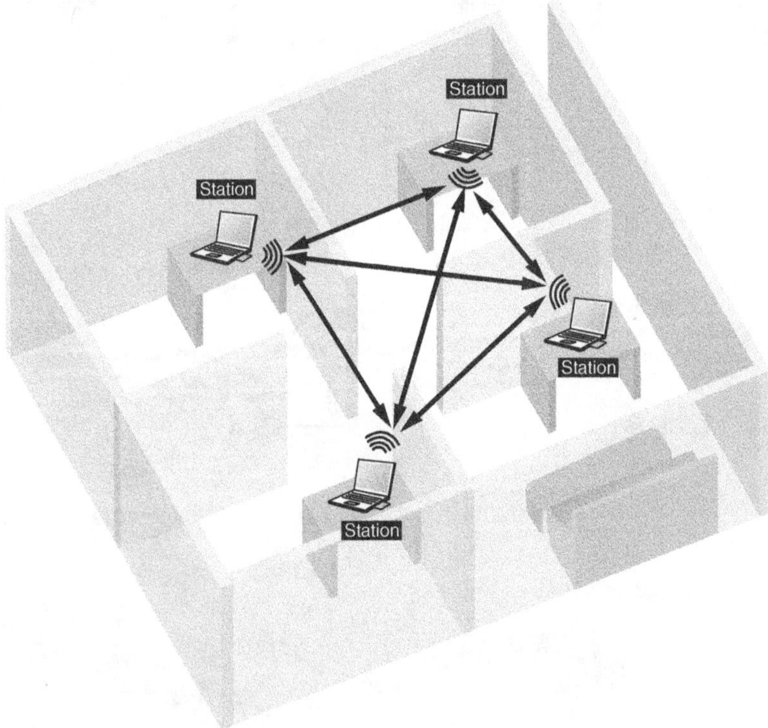

Figure 2.11

Routage direct entre stations d'un réseau ad-hoc Wi-Fi

Un autre exemple d'application de ce type de réseau est fourni par les catastrophes naturelles, comme les tremblements de terre, où les moyens de communication sont inexistants ou détruits.

Le routage dans les réseaux ad-hoc

La particularité d'un réseau ad-hoc est que le logiciel de routage doit être présent dans chaque nœud du réseau, de façon à assurer le routage des paquets IP. La solution la plus simple pour obtenir un logiciel de routage est évidemment d'avoir un routage direct, comme celui illustré à la figure 2.11, dans lequel chaque station du réseau peut atteindre directement une autre station sans passer par un nœud intermédiaire. Ce cas ne peut toutefois convenir qu'à de petites cellules, d'un diamètre inférieur à 100 m.

Dans le cas le plus classique des réseaux ad-hoc, l'information transite par des nœuds intermédiaires dotés de tables de routage. Toute la problématique de tels réseaux consiste à optimiser ces tables de routage par des mises à jour plus ou moins régulières.

Si les mises à jour sont très régulières, le routage des paquets est rapide mais risque de surcharger le réseau. Si les mises à jour ne sont effectuées que lors de l'arrivée de nouveaux flots, cela restreint la charge d'information de supervision circulant dans le réseau mais rend plus délicate la recherche d'une route.

La figure 2.12 illustre le cas d'un réseau ad-hoc dans lequel, pour aller d'un nœud à un autre, il est parfois nécessaire de traverser des nœuds intermédiaires.

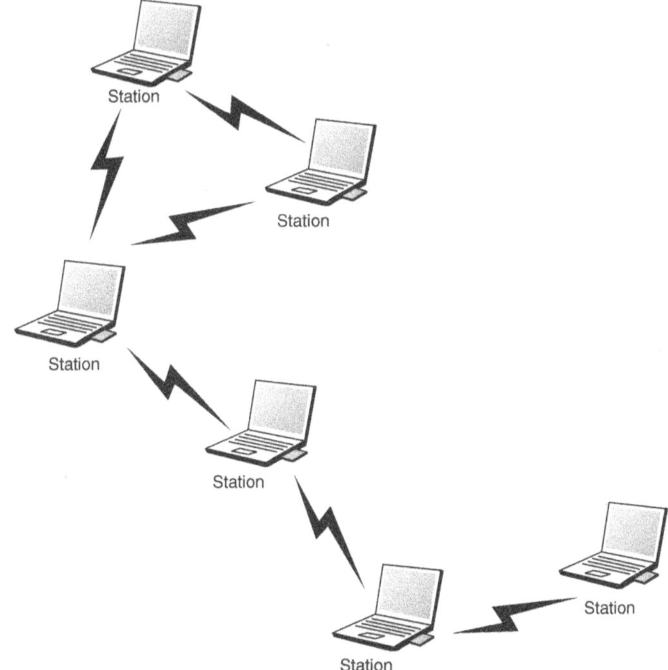

Figure 2.12
Un exemple de routage ad-hoc avec nœuds intermédiaires

De nombreux écueils peuvent compliquer la construction de la table de routage. La liaison peut être asymétrique, par exemple, un sens de la communication étant acceptable et l'autre pas. De plus, les signaux peuvent être soumis à des interférences, comme c'est souvent le cas dans les espaces hertziens. L'asymétrie des liens complique la gestion et le contrôle de l'environnement lors de l'évanouissement de liaisons.

Pour toutes ces raisons, les routes du réseau doivent être sans cesse modifiées, d'où l'éternelle question débattue : faut-il maintenir ou non les tables de routage dans les nœuds mobiles d'un réseau ad-hoc ? En d'autres termes, vaut-il la peine de maintenir à jour des tables de routage qui changent sans arrêt, et n'est-il pas plus judicieux de déterminer la table de routage au denier moment ?

Deux grandes familles de protocoles ont été constituées à partir de la standardisation des réseaux ad-hoc, les protocoles réactifs et les protocoles proactifs :

- **Protocoles réactifs.** Ces protocoles travaillent par inondation pour déterminer la meilleure route à suivre lorsqu'un flot de paquets est prêt à être émis. Il n'y a pas d'échange de paquets de contrôle, à l'exception des paquets de supervision, qui permettent, par inondation, de déterminer le chemin pour émettre le flot. Le paquet de supervision qui est diffusé vers tous les nœuds voisins est de nouveau diffusé par ces derniers jusqu'au récepteur. Il est de la sorte possible d'emprunter soit la route déterminée par le premier paquet de supervision arrivé au récepteur, soit d'autres routes en cas de problème sur la route principale. AODV (Ad-hoc On demand Distance Vector) est le standard des protocoles réactifs (RFC 3561).

- **Protocoles proactifs.** Ces protocoles émettent sans arrêt des paquets de supervision afin de maintenir la table de routage en ajoutant de nouvelles lignes et en en supprimant certaines. Les tables de routage sont ici dynamiques. Elles sont modifiées chaque fois qu'une information de supervision influe de façon substantielle sur le comportement du réseau. Une difficulté de cette catégorie de protocoles provient du calcul de tables de routage cohérentes. OLSR (Optimized Link State Routing) est le standard des protocoles proactifs (RFC 3626).

L'utilisation de réseaux ad-hoc dans le cadre des réseaux Wi-Fi est tout indiquée dès que la densité de population baisse et que l'on ne peut plus avoir une surface totalement recouverte par les cellules de base. On peut alors étendre l'accès à une cellule d'un réseau Wi-Fi suivant le schéma illustré à la figure 2.13. Un terminal — la station de droite — qui ne peut se connecter du fait qu'il se trouve hors de portée d'une cellule Wi-Fi peut se connecter à des stations faisant office de routeur intermédiaire, autrement dit de nœud, capable de prendre des décisions de routage pour acheminer les paquets vers d'autres nœuds ou vers des points d'accès. Selon ce scénario, les stations disposent de deux cartes Wi-Fi, une pour se connecter au point d'accès et l'autre pour se connecter au réseau ad-hoc.

À l'instar d'un réseau en mode ad-hoc, un réseau ad-hoc Wi-Fi utilisant un protocole proactif ou réactif permet de se passer de point d'accès. Comme l'illustre la figure 2.14, une station fixe connectée à Internet fait office de point d'accès, et chaque station du réseau partage la connexion.

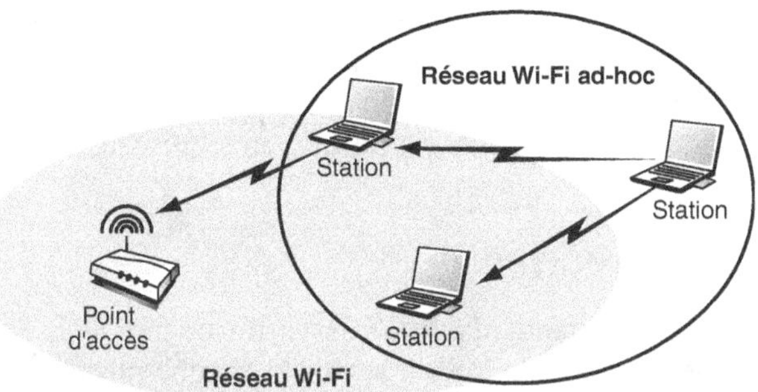

Figure 2.13
Exemple d'extension de couverture apportée par un réseau ad-hoc

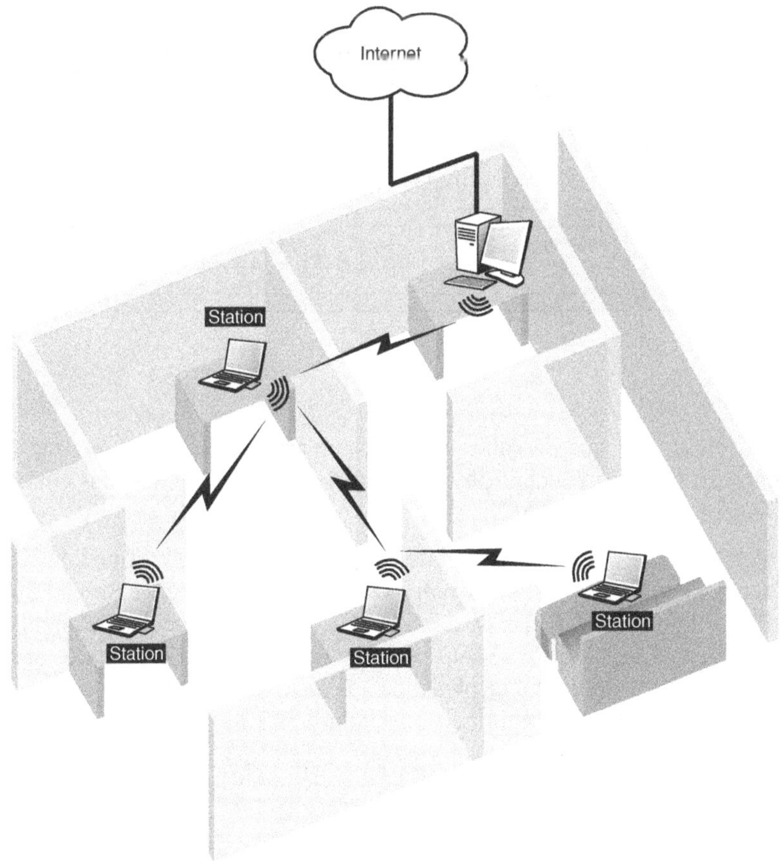

Figure 2.14
Réseau ad-hoc Wi-Fi

Contrairement à ce qui se passe dans un réseau en mode ad-hoc, la taille du réseau ne dépend pas de la zone de couverture de la station connectée mais du nombre de stations mobiles composant le réseau. La distance entre les stations est limitée à environ 50 m, selon l'environnement dans lequel est installé un tel réseau.

L'architecture en couches

Comme pour tous les standards IEEE issus du comité 802, 802.11 couvre les deux premières couches du modèle OSI, à savoir la couche physique et la couche liaison de données. Cette dernière est elle-même subdivisée en deux sous-couches, la couche LLC (Logical Link Control) et la couche MAC (Medium Access Control).

La figure 2.15 illustre l'architecture du modèle proposé par le groupe de travail 802.11 comparée à celle du modèle OSI.

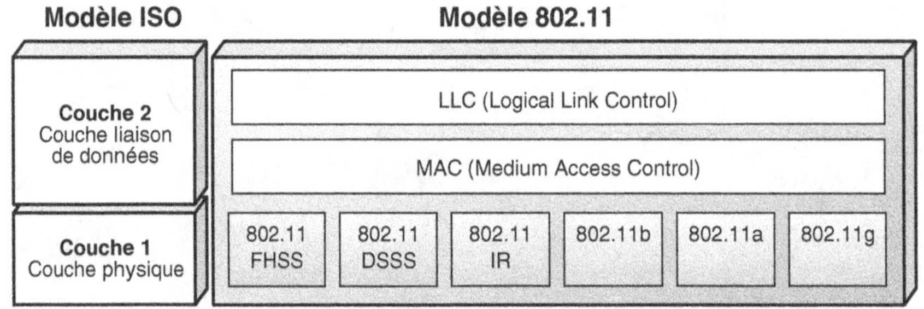

Figure 2.15
Le modèle en couches de 802.11

Une des caractéristiques essentielles du standard est qu'il définit une couche MAC commune à toutes les couches physiques. Cela permet d'ajouter des couches physiques sans toucher à la couche MAC.

Bien que la norme 802.11 ne définisse que trois couches physiques, les couches FHSS (Frequency Hopping Spread Spectrum), DSSS (Direct-Sequence Spread Spectrum) et IR (InfraRed), l'ajout de 802.11b, 802.11a et 802.11g n'entraîne pas de changement radical dans la structure de la couche MAC. 802.11n apportera, en 2005-2006, des changements aussi bien au niveau de la couche physique que de la couche MAC, le rendant incompatible avec tous les amendements apportés au standard 802.11.

La couche physique

La couche physique, ou PHY, du standard 802.11 est l'interface située entre la couche MAC et le support qui permet d'envoyer et de recevoir des trames.

Comme expliqué précédemment, le standard d'origine définit trois couches physiques différentes. Les deux premières, FHSS et DSSS, utilisent les ondes radio et s'appuient sur la technique dite d'étalement de bande (Spread Spectrum), comme expliqué au chapitre 1. La troisième couche utilise l'infrarouge, ou IR.

> **DHSS et FHSS**
>
> Même si les couches DSSS et FHSS sont fondées sur l'étalement de bande, leur mécanisme différent ne leur permet pas d'être compatibles entre elles.

Chaque couche physique est divisée en deux sous-couches, comme illustré à la figure 2.16.

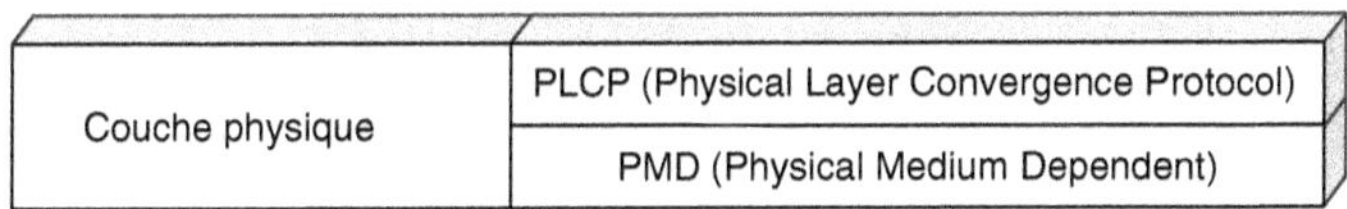

Figure 2.16
Les deux sous-couches physiques

La sous-couche PMD (Physical Medium Dependent) gère l'encodage des données et la modulation, tandis que la sous-couche PLCP (Physical Layer Convergence Protocol) s'occupe de l'écoute du support et fournit un CCA (Clear Channel Assessment) à la couche MAC pour lui signaler que le support est libre.

Les bandes de fréquences

Dans 802.11, cinq couches physiques sur six s'appuient sur l'utilisation d'ondes radio, lesquelles émettent sur certaines bandes de fréquences. L'utilisation de ces bandes est régie par des organismes propres à chaque pays.

Pour éviter qu'une licence ne soit demandée pour chaque type de réseau 802.11, les cinq couches radio du standard utilisent des fréquences situées dans des bandes dites sans licence. Il s'agit de bandes libres, qui ne nécessitent pas d'autorisation de la part d'un organisme de régulation dans un contexte privé.

Les deux bandes sans licence utilisées dans 802.11 sont la bande ISM (Industrial, Scientific and Medical) et la bande U-NII (Unlicensed-National Information Infrastructure). Ces deux bandes ainsi que celle du GSM sont illustrées à la figure 2.17.

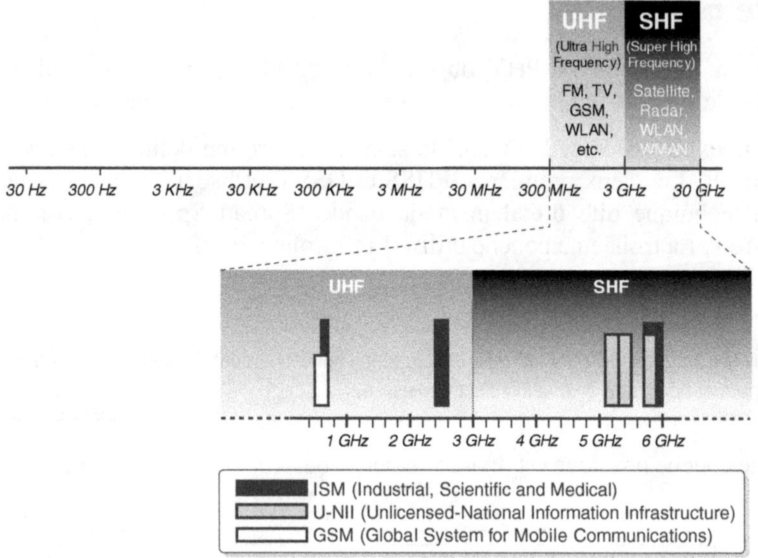

Figure 2.17
Les bandes utilisées dans Wi-Fi

La bande ISM

La bande ISM correspond à trois sous-bandes de fréquences, 902-928 MHz, 2,4-2,483 5 GHz et 5,725-5,825 GHz, qui ont été cédées en 1985 par l'armée américaine. En Europe, seules les deux dernières sous-bandes sont utilisées, la première correspondant à une partie de la bande utilisée par la téléphonie mobile GSM (Global System for Mobile Communications), comprise entre 890 et 915 MHz. La bande ISM utilisée dans 802.11 correspond donc à la bande des 2,4 GHz, avec une largeur de bande de 83,5 MHz.

Cette bande ISM est reconnue par les principaux organismes de réglementation, tels que la FCC (Federal Communications Commission) aux États-Unis, l'ETSI (European Telecommunications Standards Institute) en Europe et l'ART (Autorité de régulation des télécommunications) en France. Malheureusement, même si la bande ISM est reconnue par ces organismes, la largeur de cette bande varie suivant les pays. À l'heure actuelle, tous les pays essayent de libérer la totalité de la bande.

En France, la largeur de la bande ISM autorisée pour un réseau 802.11 dépend de la puissance utilisée et des conditions d'utilisation, comme le rappelle le tableau 2.1.

Tableau 2.1 La bande ISM en France

Condition d'utilisation	Bande de fréquences	Puissance maximale autorisée	Autorisation préalable
À l'intérieur des bâtiments	2,400-2,483 5 GHz	100 mW	Aucune
À l'extérieur des bâtiments	2,400-2,454 GHz	100 mW	Aucune
	2,454-2,483 5 GHz	10 mW	Aucune

> **Faible puissance**
>
> Comme le montre le tableau 2.1, l'utilisation d'une largeur de bande oblige l'utilisateur à respecter la puissance maximale autorisée. Moins la puissance d'émission est importante, plus la zone de couverture du signal est réduite. Par exemple, avec une puissance d'émission de 10 mW, un émetteur de réseau sans fil 802.11 ou Bluetooth ne couvre qu'une zone de quelques mètres.

En plus des problèmes de réglementation, la bande ISM est utilisée par de nombreux standards, comme 802.11b, 802.11g ou Bluetooth, et par de nombreux équipements, comme certaines caméras de surveillance radio, ce qui provoque d'importants conflits de fréquences et une dégradation de la qualité des communications.

Un autre inconvénient lié à cette bande vient des interférences avec les fours à micro-ondes. Lorsqu'un tel four est en fonctionnement, il émet des ondes sur le même spectre que la bande ISM dans une zone de quelques mètres et risque de perturber les équipements réseau situés dans cette bande.

La bande U-NII

La bande sans licence U-NII (Unlicensed-National Information Infrastructure) est située dans les 5 GHz. Elle a pour principaux avantages d'être beaucoup moins encombrée que celle des 2,4 GHz et d'offrir une largeur de bande plus importante, de 300 MHz au lieu des 83,5 MHz de la bande ISM.

La bande U-NII est non pas continue mais divisée en trois sous-bandes distinctes, de 100 MHz chacune, qui utilisent une puissance de signal différente, comme l'illustre la figure 2.18.

Figure 2.18
Le découpage en sous-bandes de la bande U-NII

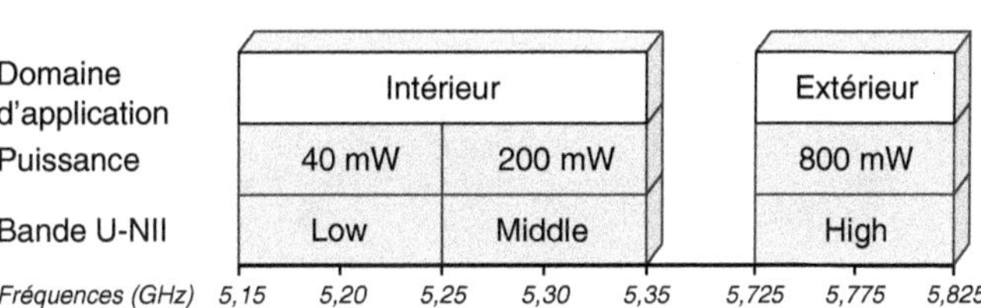

Les première et deuxième sous-bandes, d'une puissance respective de 40 et 200 mW, sont utilisées à l'intérieur des bâtiments, tandis que la troisième, d'une puissance de 800 W, est dédiée à une utilisation à l'extérieur des bâtiments, pour connecter des immeubles entre eux, par exemple.

Comme pour l'ISM, la disponibilité de ces trois bandes dépend de la zone géographique. Les États-Unis utilisent la totalité des sous-bandes, tandis que l'Europe n'utilise que les deux premières et le Japon la première.

Pour la France, seules les sous-bandes Low et Middle sont réglementées pour une utilisation exclusive à l'intérieur des bâtiments. À l'extérieur, leur utilisation est interdite. Le cas de la sous-bande High est actuellement en cours d'examen. Comme l'illustre le tableau 2.2, les bandes Low et Middle peuvent être utilisées avec une puissance maximale de 200 mW.

Tableau 2.2 Allocation des bandes de fréquences U-NII en France

Condition d'utilisation	Bande de fréquences	Puissance maximale autorisée
À l'intérieur des bâtiments	5,150-5,250 GHz	200 mW
	5,250-5,350 GHz	200 mW avec DCS et TPC 100 mW avec DCS uniquement

Le DCS (Dynamic Channel Selection) et le TPC (Transmit Power Control) sont deux mécanismes définis par l'amendement 802.11h permettant d'éviter tout conflit entre un réseau 802.11a et un réseau HiperLAN.

Rappels sur les transmissions radio

L'onde radio est une onde électromagnétique soumise à un champ électrique (E) et à un champ magnétique (B). Une onde, ou signal, est un phénomène vibratoire défini par l'équation suivante :

$$x(t) = A \sin(2 \Pi ft + \Phi)$$

La figure 2.19 illustre les caractéristiques d'un signal radio.

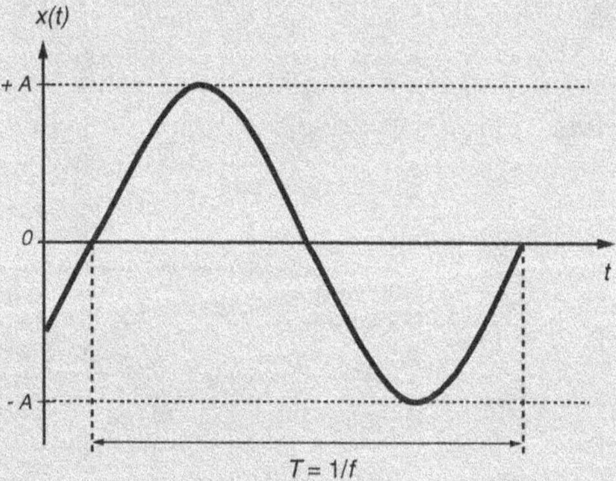

Figure 2.19
Caractéristiques d'un signal radio

Les caractéristiques du signal sont les suivantes :

- *x(t)* : amplitude ;
- *f* : fréquence, ou période, exprimée en Hz ;
- Φ : phase, ou décalage ;
- *t* : temps en seconde (s) ;
- *T* : période du signal exprimée en seconde (s).

.../...

Il s'agit là d'un cas d'école. Dans la réalité, les caractéristique du signal, comme l'amplitude, la fréquence ou la phase, sont modifiées au cours de la transmission. L'équation précédente devient alors :

$$x(t) = [A0 + A(t)]\sin[2\Pi(f0 + f(t) + (\Phi 0 + \Phi(t)]$$

La puissance est une autre caractéristique importante d'un signal. Dans le cadre de Wi-Fi, la puissance est plutôt exprimée en milliwatt (mW) ou décibel milliwatt (dBm). On parle alors de gain et non de puissance.

La relation entre la puissance et le gain s'obtient par les formules suivantes :

$$P = 10^{G/10} \text{ et } G = \log P$$

où G correspond au gain (en dBm) et P à la puissance (en mW). La puissance d'un signal influe directement sur l'amplitude du signal, qui est elle-même liée à la portée. Plus la puissance d'un signal est importante, plus sa portée est grande.

L'affaiblissement

L'affaiblissement, ou fading, est un phénomène qui affaiblit le signal lors de sa transmission. Cet affaiblissement se traduit par une baisse de l'amplitude et donc par une perte de puissance du signal.

L'affaiblissement peut avoir diverses causes. Le premier facteur d'affaiblissement vient de l'atténuation résultant de la distance qui sépare les équipements radio. Cette atténuation, ou path loss, exprimée en dB, peut être calculée par la formule heuristique suivante :

$$Path\ loss = 92,5 + 20 \log f + 20 \log d$$

où f est la fréquence en GHz et d la distance entre les deux équipements en km.

L'atténuation n'est qu'une des propriétés liées à l'affaiblissement. Il en existe d'autres, qui affectent aussi bien la puissance du signal que son trajet, notamment les suivantes :

- absorption
- réfraction
- réflexion
- diffraction
- diffusion

Ces phénomènes absorbent une partie de l'énergie du signal et limitent sa puissance, laquelle influe directement sur la portée.

Le chemin de propagation des ondes radio dépend de ces différents phénomènes. Lorsqu'une station Wi-Fi émet une information vers un point d'accès, cette information est contenue dans d'innombrables signaux transmis sur l'interface air. Certains signaux vont directement vers le point d'accès (vue directe), s'il n'y pas d'obstacle, tandis que d'autres sont réfléchis et voient leur trajet se modifier. Le point d'accès doit traiter des signaux possédant la même information mais arrivant à des instants différents à cause de leurs chemins de propagation différents. Ce phénomène est connu sous le nom d'effet multitrajet.

C'est pour cette raison que, dans un environnement sans fil, le taux d'erreur dit BER (Bit Error Rate), de l'ordre de 10^{-3}, est beaucoup plus important que dans un environnement filaire, protégé de toutes interférences par le câble, où il est de l'ordre de 10^{-9}.

L'affaiblissement par les différentes propriétés énoncées précédemment est un phénomène extrêmement difficile à modéliser compte tenu du nombre de paramètres à prendre en compte. C'est pour cette raison que l'on ne peut prédire à l'avance, lors de l'installation d'un réseau Wi-Fi, tous les phénomènes liés à l'environnement susceptibles de perturber le signal. L'installation ne peut se faire que de manière empirique, en essayant toutes les combinaisons possibles et en choisissant la meilleure.

.../...

Le bruit

En plus de l'affaiblissement, un autre phénomène, le bruit, peut perturber le signal radio. Le bruit est un signal parasite, présent de manière naturelle ou artificielle dans un environnement, qui influence les caractéristiques du signal radio, comme l'illustre la figure 2.20. Les sources du bruit peuvent être l'équipement radio lui-même, d'autres équipements présents dans l'environnement, des infrastructures urbaines ou rurales mais aussi l'atmosphère, voire le bruit de fond de l'univers.

Figure 2.20
Modification d'un signal par le bruit

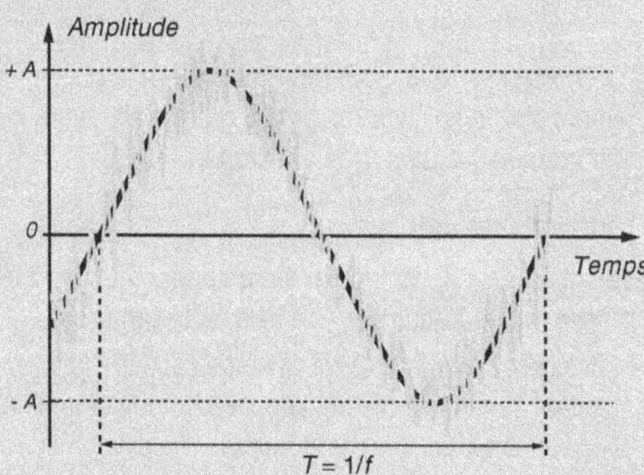

Étant donné que le bruit dégrade le signal, on détermine la qualité d'un signal radio par le rapport signal sur bruit, ou SNR (Signal-to-Noise Ratio).

La modulation

Figure 2.21
Les différents types de modulation

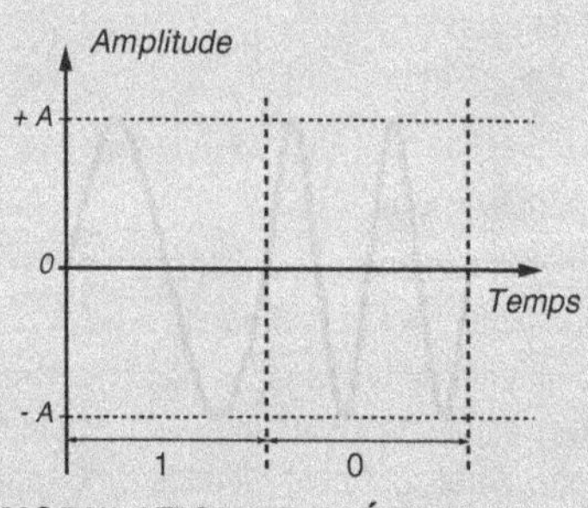

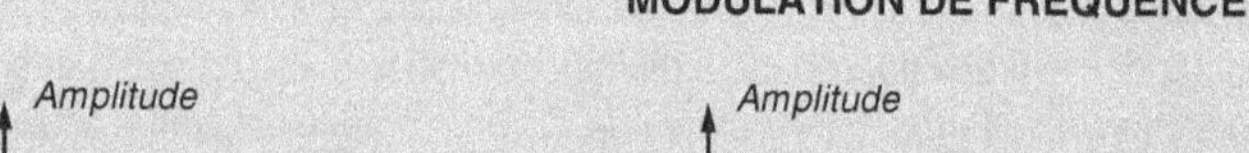

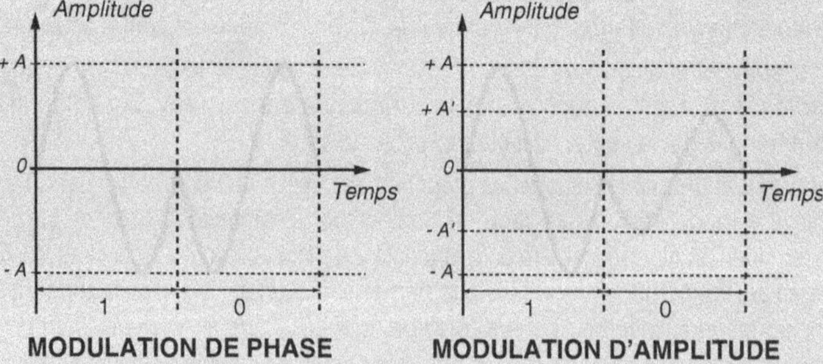

La variation de l'amplitude, de la fréquence ou encore de la phase constitue la base de la transmission numérique, qui consiste à envoyer des « 0 » et des « 1 ». Par la modification de certaines caractéristiques du signal connues sous le nom de modulation, il est possible d'associer un ou plusieurs bit à un signal donné.

Les modulations utilisées dans le cadre de Wi-Fi sont généralement des modulations de phase, ou PSK (Phase Shift Keying), et des modulations d'amplitude et de phase combinées, ou QAM (Quadrature Amplification Modulation). La modulation de fréquence, ou FSK (Frequency Shift Keying), gourmande en bande passante et ne proposant que de faibles débits, n'est plus utilisée.

La figure 2.21 ci-dessus donne des exemples de modulation de fréquence, de phase et d'amplitude.

Les couches physiques de 802.11

La couche physique est la couche responsable de la transmission des données sur le support. Dans le cas de 802.11, il s'agit d'un support sans fil, dont le principal inconvénient est la faible largeur de la bande allouée (20 MHz). La couche physique doit donc définir des techniques de transmission particulières afin d'atteindre des débits de l'ordre de la dizaine de mégabits par seconde et rivaliser avec les réseaux fixes.

Le taux d'erreur étant important dans un environnement sans fil, du fait principalement des interférences, un mécanisme de correction d'erreur est de surcroît nécessaire pour éviter toute retransmission à un niveau supérieur, qui dégraderait les performances globales du réseau.

Le standard 802.11 définit trois couches physiques de base, FHSS, DSSS et IR, auxquelles ont été ajoutées trois nouvelles couches physiques, 802.11b, 802.11a et 802.11g. D'ici 2005-2006, une nouvelle couche physique associée à une nouvelle couche MAC devrait être finalisée avec l'amendement 802.11n.

FHSS (Frequency Hopping Spread Spectrum)

FHSS désigne une technique d'étalement de bande fondée sur le saut de fréquence, dans laquelle la bande ISM des 2,4 GHz est divisée en 79 canaux ayant chacun 1 MHz de largeur de bande. Pour transmettre des données, l'émetteur et le récepteur s'accordent sur une séquence de sauts précise qui sera effectuée sur ces 79 sous-canaux.

La couche FHSS définit trois ensembles de 26 séquences, soit au total 78 séquences de sauts possibles.

La transmission de données se fait par l'intermédiaire de sauts d'un sous-canal à un autre, sauts qui se produisent toutes les 300 ms, selon une séquence prédéfinie. Celle-ci est définie de manière optimale de façon à minimiser les probabilités de collision entre plusieurs transmissions simultanées. Si une station ne connaît pas la séquence de sauts des canaux, elle ne peut récupérer les données car elle ne reçoit qu'un bruit de fond.

Cette technique est utilisée depuis la Seconde Guerre mondiale par les militaires pour sécuriser leurs transmissions. Lors de la libération de la bande ISM, en 1985, ces derniers ont rendu libre l'usage du FHSS.

Pour transmettre les données, le FHSS les transforme en un ensemble de signaux, appelés symboles, représentant chacun un ou plusieurs bits de données. Ces signaux sont ensuite modulés par le biais de la technique de modulation GFSK (Gaussian Frequency Phase Keying), grâce à laquelle des débits compris entre 1 et 2 Mbit/s peuvent être atteints.

L'un des avantages du FHSS est qu'il permet, théoriquement, de faire fonctionner simultanément 26 réseaux 802.11 FHSS dans une même zone, chaque réseau utilisant une des séquences prédéfinies, comme illustré à la figure 2.22. En pratique, pour des raisons de recouvrement de canaux, seuls 15 réseaux peuvent fonctionner sur une même cellule. La figure 2.22 indique les fréquences utilisées par 3 stations durant 7 intervalles de temps. On voit bien que les 3 stations émettent en même temps mais pas sur la même fréquence.

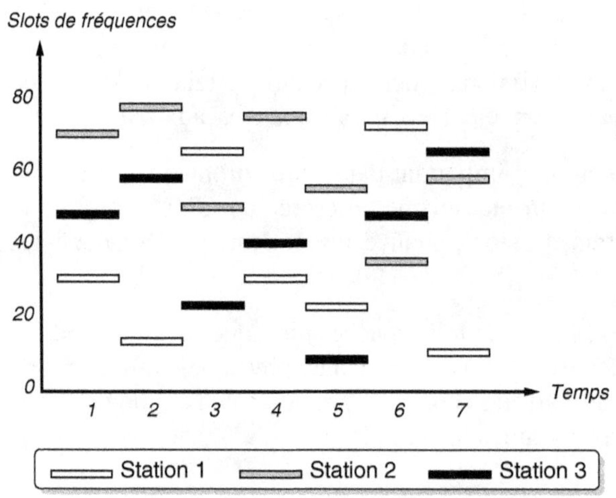

Figure 2.22

Exemple de transmissions simultanées de plusieurs stations

Un autre avantage du FHSS est son immunité face aux interférences. Comme le système saute toutes les 300 ms d'un canal à un autre sur la totalité de la bande, si des interférences surviennent dans la bande ISM, cela n'engendre pas d'importante perte de performance. Si un canal correspondant à une fréquence est perturbé, celui-ci est temporairement inutilisable, et aucune communication n'a lieu pour la station utilisant cette fréquence. Cette interruption ne dure qu'un seul intervalle de temps, n'empêchant pas la communication de se poursuivre ensuite.

Le principal inconvénient du FHSS vient de son débit, limité à 2 Mbit/s. Cette limitation est due à la FCC (Federal Communications Commission), qui a limité la bande passante de ces canaux à 1 MHz. Le FHSS doit donc utiliser toute la largeur de la bande des

2,4 GHz pour effectuer ses sauts, entraînant les différentes stations à effectuer un nombre de sauts important, qui engendre une charge supplémentaire dans le réseau.

Le FHSS est aussi utilisé dans Bluetooth. La seule différence entre le FHSS de Bluetooth et celui de 802.11 vient des séquences de sauts, qui ne sont pas les mêmes, de façon à éviter les interférences entre les deux.

DSSS (Direct-Sequence Spread Spectrum)

Comme le FHSS, le DSSS divise la bande des 2,4 GHz, mais cette fois en 14 canaux de 20 MHz chacun, la transmission ne se faisant que sur un canal donné. La largeur de la bande ISM étant de 83,5 MHz, il est impossible d'y placer 14 canaux adjacents de 20 MHz. Les 14 canaux se recouvrent donc, comme illustré à la figure 2.23.

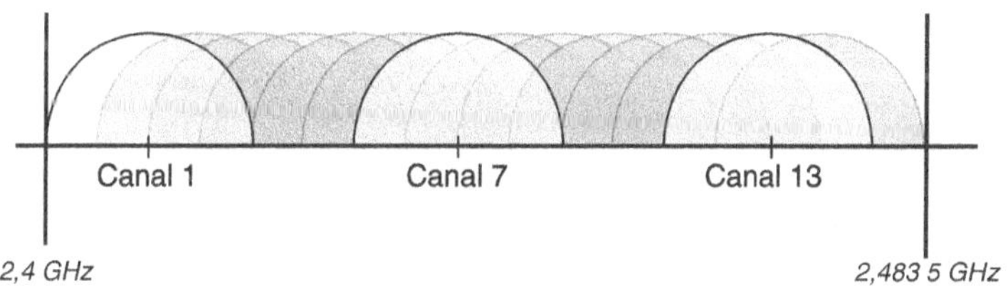

Figure 2.23
Découpage de la bande des 2,4 GHz

En fait, comme le montre le tableau 2.3, les fréquences crêtes de chaque canal sont espacées de 5 MHz.

Tableau 2.3 Fréquences des canaux dans un système DSSS

Canal	Fréquence (en GHz)
1	2,412
2	2,417
3	2,422
4	2,427
5	2,432
6	2,437
7	2,442
8	2,447
9	2,452
10	2,457
11	2,462
12	2,467
13	2,472
14	2,477

Comme la transmission ne s'effectue que sur un canal, les systèmes DSSS sont beaucoup plus sensibles aux interférences que les systèmes FHSS, qui utilisent toute la largeur de bande. De plus, vu le faible nombre de canaux utilisés, cette technique ne permet pas d'utiliser le saut de fréquence.

L'utilisation d'un seul canal pour la transmission est un inconvénient si différents réseaux 802.11 DSSS se superposent. Les fréquences utilisées par ces réseaux doivent être espacées d'une valeur de 25 à 30 MHz.

La figure 2.24 illustre la puissance du signal pour une émission sur le canal 6. On voit que la bande passante utilisée s'étale sur l'ensemble des canaux adjacents, voire davantage, ce qui explique qu'un autre utilisateur serait obligé d'émettre sur une fréquence assez éloignée de celle du canal 6. Cet éloignement correspond à une valeur de 25 à 30 MHz.

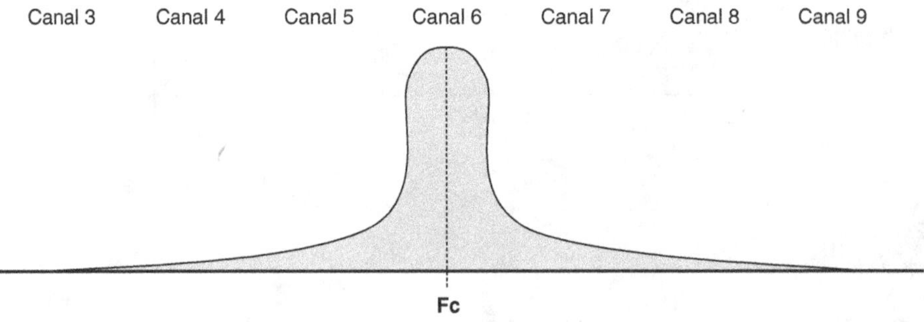

Figure 2.24
Le spectre d'un canal donné

Lorsqu'un canal est sélectionné, le spectre du signal occupe une bande comprise entre 10 et 15 MHz de chaque côté de la fréquence crête (Fc). De la sorte, le canal de transmission peut utiliser une bande supérieure à la largeur de bande théorique de 20 MHz. C'est d'ailleurs la raison pour laquelle les canaux adjacents ne sont pas utilisés, la bande réelle utilisée par le canal de transmission risquant de les recouvrir. La fréquence crête correspond à la fréquence du canal telle que définie au tableau 2.3.

Pour permettre à plusieurs réseaux d'émettre sur une même cellule, il faut allouer à chacun d'eux des canaux appropriés, qui ne se recouvrent pas. Par exemple, considérons deux réseaux utilisant DSSS. Si l'un d'eux utilise le canal 6, le canal 7 ne peut être utilisé par le deuxième réseau, car trop proche. Il en va de même des canaux 2, 3, 4, 8, 9 et 10, qui ne peuvent être alloués du fait de l'étalement de la bande passante du canal 6. Les canaux qui peuvent être utilisés sont les canaux 1, 11, 12, 13 et 14. L'utilisation de deux canaux proches, voire adjacents, entraînerait des interférences entre les deux réseaux et donc une baisse de la performance.

Sachant que la largeur de la bande n'est que de 83,5 MHz, il ne peut y avoir au maximum que trois réseaux 802.11 DSSS émettant sur une même cellule sans risque d'interférences.

Comme pour le FHSS, les caractéristiques du DSSS varient selon chaque pays, notamment pour ce qui concerne le nombre de sous-canaux utilisés, ce qui peut remettre en cause la superposition de réseaux. Comme le montre le tableau 2.4, en Europe, aux États-Unis et au Japon, le nombre de réseaux peut atteindre trois. Pour la France, tout dépend de la largeur de bande utilisée et donc de la puissance du signal. Dans le cas de la bande des 2,454 5-2,483 5 GHz, même si quatre canaux sont disponibles, ils ne suffisent pas pour permettre le fonctionnement de deux réseaux simultanément sur une même cellule. Si la totalité de la bande ISM est utilisée, trois réseaux peuvent fonctionner en même temps sur une même cellule.

Tableau 2.4 Bandes de fréquences disponibles pour le DSSS

	États-Unis	Europe	Japon	France
Nombre de canaux utilisés	1 à 11	1 à 13	1 à 14	1 à 13 ou 10 à 13

L'inconvénient du DSSS est qu'il génère des pertes. D'une part, les canaux utilisés ont tendance à se chevaucher, et, d'autre part, la largeur des canaux étant assez grande, le signal transmis est fortement bruité.

Pour compenser ces pertes d'information, le DSSS utilise une technique dite de *chipping*. Lors d'une transmission de données, chaque bit est additionné en utilisant un « ou » exclusif (XOR) avec une série de 11 bits, appelée code de Barker (10110111000), qui possède certaines propriétés mathématiques qui le rendent idéal pour la modulation d'ondes radio. Pour chaque bit de données transmis, on obtient une séquence de 11 chips, dans laquelle 1 chip correspond à 1 bit.

Cette séquence est ensuite convertie en un signal, appelé symbole, qui est transmis à la vitesse de 1 MS/s (million de symboles par seconde) grâce à une technique de modulation. C'est donc la technique de modulation qui détermine la vitesse de transmission.

Les deux techniques de modulation utilisées pour le DSSS sont les suivantes :

- BPSK (Binary Phase Shift Keying), qui, à chaque changement de phase, encode 1 bit et permet d'atteindre un débit de 1 Mbit/s.
- QPSK (Quadrature Phase Shift Keying), qui utilise quatre rotations (0°, 90°, 180° et 270°) pour encoder 2 bits là ou le BPSK en encode un. Le QPSK permet d'atteindre un débit de 2 Mbit/s.

IR (InfraRed)

La couche IR de 802.11 s'appuie sur l'utilisation d'une lumière infrarouge diffusée, dont la longueur d'onde est comprise entre 850 et 950 nm (nanomètre). Étant donné les propriétés réflectives de l'infrarouge, les stations appartenant à un réseau 802.11 IR n'ont pas besoin d'être dirigées les unes vers les autres. Malheureusement, la portée de l'infrarouge étant assez faible, les stations ne doivent pas être éloignées de plus de 10 m. Un réseau 802.11 IR ne peut donc être localisé que dans un espace correspondant à une pièce.

La couche IR utilise une technique de transmission de données codée analogiquement, appelée PPM (Pulse Position Modulation), qui fait varier la position d'une impulsion pour représenter les données binaires.

Deux débits sont proposés pour la connexion infrarouge :

- Le Basic Access Rate, qui offre un débit de 1 Mbit/s avec un 16PPM.
- Le Enhanced Access Rate, qui offre un débit de 2 Mbit/s avec un 4PPM.

802.11b

En 1999, une nouvelle couche physique, 802.11b, ou 802.11b High Rate (HR), a été ajoutée au standard 802.11. Fonctionnant toujours dans la bande ISM, cette quatrième couche physique utilise une extension du DSSS, appelée HR/DSSS (High Rate DSSS).

Le HR/DSSS utilise le même système de canaux que le DSSS. Le problème du choix d'un canal permettant la colocalisation de différents réseaux reste donc entier. Comme ils s'appuient sur le DSSS, les réseaux 802.11b et 802.11 DSSS sont compatibles et peuvent communiquer entre eux, mais aux débits des réseaux 802.11 DSSS, compris entre 1 et 2 Mbit/s.

Le HR/DSSS utilise une meilleure technique de codage que le DSSS. Appelée CCK (Complementary Code Keying), cette technique a pour principale propriété d'être plus facilement détectable par le récepteur, même si l'environnement radio est fortement bruité. Le HR/DSSS utilise, comme le DSSS, le mécanisme de modulation QPSK, mais à une vitesse de 1,375 MS/s, qui lui permet d'atteindre des débits de 5,5 à 11 Mbit/s.

Le tableau 2.5 récapitule les caractéristiques de 802.11b.

Tableau 2.5 Caractéristiques de 802.11b

Débit (en Mbit/s)	Longueur du code	Modulation	Débit (en MS/s)	Nombre de bit par symbole
11	Code de Barker – 11 bits	BPSK	1	1
5	Code de Barker – 11 bits	BPSK	1	2
2	CCK – 8 bits	QPSK	1,375	4
1	CCK – 8 bits	QPSK	1,375	8

Une des particularités de 802.11b est la variation dynamique du débit, ou Variable Rate Shifting. Ce mécanisme, déjà introduit dans le standard 802.11, permet d'ajuster le débit — en fait seules les techniques de codage et de modulation s'ajustent — en fonction des variations de l'environnement radio. Si l'environnement est optimal, le débit est de 11 Mbit/s. Dés que l'environnement commence à se dégrader, pour causes d'interférences, de réflexion, de portée du matériel, d'éloignement du point d'accès, etc., le débit chute à 5,5 Mbit/s, voire 2 ou même 1 Mbit/s dans le pire des cas. Une fois les problèmes résolus, le débit remonte automatiquement.

La portée d'un réseau 802.11b varie donc selon l'environnement. Les facteurs susceptibles de réduire la zone de couverture d'un réseau 802.11b sont les obstacles situés à l'intérieur des bâtiments, les interférences liées à des équipements émettant dans la même bande ou encore la puissance du signal (le nombre de milliwatt de l'émetteur).

Le tableau 2.6 définit les valeurs théoriques de la portée d'un réseau 802.11b.

Tableau 2.6 Portée d'un réseau 802.11b

Débit (en Mbit/s)	Portée à l'intérieur (en mètre)	Portée à l'extérieur (en mètre)
11	50	200
5,5	75	300
2	100	400
1	150	500

802.11a

802.11a, est une cinquième couche physique apportée à 802.11. Bien que les travaux aient débuté en même temps que 802.11b, 802.11a a été finalisée en 2001. Sa commercialisation n'a réellement débutée qu'à la mi-2001 aux États-Unis et en 2002 en Europe.

802.11a n'utilise pas la bande ISM mais la bande U-NII, qui offre une plus grande largeur de bande, de 300 MHz au lieu de 83,5 MHz. Cette bande a par ailleurs pour avantage d'être beaucoup moins encombrée que celle des 2,4 GHz. L'utilisation de la bande U-NII entraîne toutefois l'incompatibilité de 802.11a avec les autres standards 802.11, que ce soit 802.11 DSSS, 802.11b ou 802.11g.

OFDM (Orthogonal Frequency Division Multiplexing)

802.11a n'utilise pas les techniques d'étalement de bande mais une technique aux performances supérieures, l'OFDM (Orthogonal Frequency Division Multiplexing). 802.11a est le premier standard pour réseau sans fil à utiliser cette technique, qui, jusqu'à présent, était réservée aux systèmes de transmission de données continues, telles que DVB (Digital Video Broadcasting) et DAB (Digital Audio Broadcasting), ou à l'ADSL (Asymetric Digital Subscriber Line).

L'OFDM divise les deux premières sous-bandes (Low et Middle) de la bande U-NII en 8 canaux de 20 MHz contenant chacun 52 sous-canaux de 300 KHz, comme illustré à la figure 2.25.

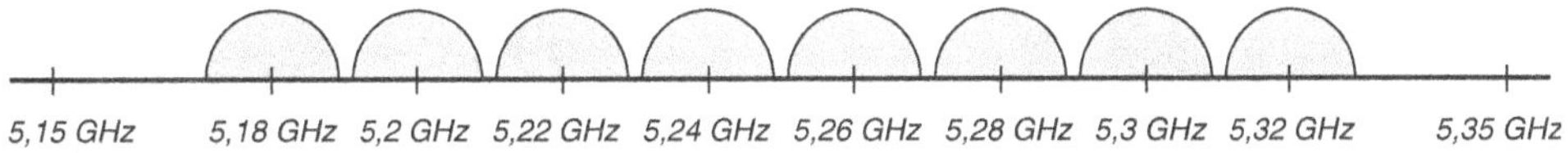

Figure 2.25
Les canaux des bandes Low et Middle

Les 48 premiers sous-canaux sont utilisés pour la transmission de données, tandis que les quatre derniers sont utilisés pour la correction d'erreur. Les différentes transmissions, émissions et réceptions se font sur les 48 sous-canaux de manière simultanée, autrement dit sur un seul canal donné (20 MHz). La force de l'OFDM vient de cette transmission en parallèle sur plusieurs sous-canaux ayant une faible largeur de bande et un faible débit pour créer un seul et même canal haut débit. Son autre avantage est l'utilisation de 8 canaux disjoints, qui ne se recouvrent donc pas. De la sorte, huit réseaux 802.11a peuvent émettre simultanément dans un même environnement radio, là où 802.11b n'en supporte que trois.

L'inconvénient de l'OFDM est qu'il réclame davantage de puissance que les techniques d'étalement de bande, ce qui peut devenir un sérieux problème lorsque les stations sont mobiles et donc équipées de batteries.

La figure 2.26 illustre les 52 fréquences que l'on peut utiliser dans les réseaux 802.11a sur un même canal. Sur ces 52 fréquences, 4 sont réservées à la correction d'erreur.

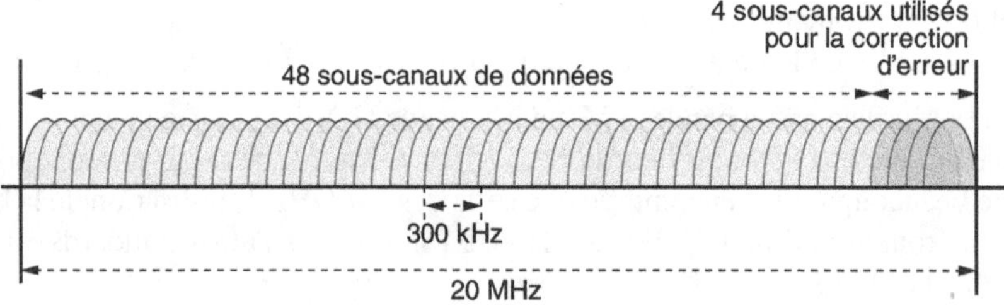

Figure 2.26
Un canal dans l'OFDM

802.11a permet de transmettre de plus grandes quantités de données que 802.11b. Malheureusement, plus la quantité de données à transmettre est importante, plus la probabilité que celles-ci soient erronées augmente. C'est pourquoi 802.11a introduit un correcteur d'erreur, ou FEC (Forward Error Correction). Lors d'une transmission de données, celles-ci sont envoyées sur les 48 sous-canaux réservés à cet effet, mais une copie en est faite sur les quatre derniers sous-canaux. Si le récepteur s'aperçoit que certaines données sont erronées, il utilise la copie de sorte à éviter une retransmission complète des données par l'émetteur.

802.11a peut offrir des débits compris entre 6 et 54 Mbit/s. Ces débits varient en fonction des techniques de modulation utilisées. Pour atteindre 6 Mbit/s, chaque sous-canal utilise le BPSK, offrant un débit de 0,125 Mbit/s par sous-canal. Pour atteindre 54 Mbit/s, les sous-canaux utilisent une autre technique, appelée 64QAM (64-level Quadrature Amplitude Modulation), qui offre 1,125 Mbit/s par sous-canal.

Le tableau 2.7 récapitule les caractéristiques de 802.11a.

Tableau 2.7 Caractéristiques de 802.11a

Débit (en Mbit/s)	Débit sous-canal (en Mbit/s)	Modulation	FEC (en bit/s)	Donnée utiles (en bit/s)	Donnée (en bit/s)	Débit (en MS/s)	Débit sous-canal (en MS/s)
6	0,125	BPSK	1/2	24	48	12	0,25
9	0,1875	BPSK	3/4	36	48	12	0,25
12	0,25	QPSK	1/2	48	96	24	0,5
18	0,375	QPSK	3/4	72	96	24	0,5
24	0,5	16-QAM	1/2	96	192	48	1
36	0,75	16-QAM	3/4	144	192	48	1
48	1	64-QAM	2/3	192	288	72	1,5
54	1,125	64-QAM	3/4	216	288	72	1,5

Le mode Turbo ou 2X de 802.11a

Certains fabricants proposent des produits 802.11a dont le débit théorique peut atteindre 108 Mbit/s. Cette modification n'entre pas dans le standard, car il s'agit d'améliorations propriétaires, qui sont apportées à 802.11 par le recours à deux canaux au lieu d'un. L'ETSI ayant interdit l'utilisation de cette technique en Europe, aucun produit 802.11a ne supporte ce mode en France.

802.11a incorpore le Variable Rate Shifting introduit dans 802.11, qui a pour rôle de faire baisser le débit lorsque l'environnement radio se dégrade. Le débit chute alors de 54 Mbit/s à 48 puis 36, 24, 18, 12 et enfin 6 Mbit/s, si l'environnement est fortement perturbé ou si le point d'accès est éloigné.

La portée d'un réseau 802.11a est inférieure à celle d'un réseau 802.11b. Les valeurs indiquées au tableau 2.8 ne sont que théoriques, puisqu'elles dépendent de l'environnement (perturbation, obstacle, etc.). Dans le cas de 802.11a, le Variable Rate Shifting peut se transformer en inconvénient du fait que, en seulement quelques mètres, on peut perdre jusqu'à la moitié du débit. Il ne faut que 60 m pour passer de 54 à 6 Mbit/s.

Tableau 2.8 Portée d'un réseau 802.11a en milieu intérieur

Débit (en Mbit/s)	Portée (en mètre)
54	10
48	17
36	25
24	30
18	40
12	50
9	60
6	70

HiperLAN et 802.11a

L'Europe a développé, par l'intermédiaire de l'ETSI, son propre standard pour les réseaux sans fil sous le nom d'HiperLAN 2. À bien des égards, ce standard pourrait concurrencer 802.11a, si toutefois il devait voir le jour sous forme de produit, ce qui est devenu très improbable. HiperLAN 2 et 802.11a sont assez similaires du point de vue de la couche physique, puisqu'ils utilisent tous deux l'OFDM et qu'ils partagent la même bande de fréquences des 5 GHz.

L'implémentation de la couche MAC est toutefois différente entre ces deux standards, ce qui les rend mutuellement incompatibles. Le groupe 802.11 a défini, par l'intermédiaire du groupe 802.11h, deux mécanismes qui permettraient de faire coexister les deux standards. Ces deux techniques, le DCS (Dynamic Channel Selection) et le TPC (Transmit Power Control), permettent à un utilisateur de détecter le canal le mieux approprié tout en utilisant le minimum de puissance en cas d'interférences dues à la présence de deux réseaux différents, comme HiperLAN 2 et 802.11a.

La définition de ces mécanismes a été décidée par l'ETSI, qui voyait en 802.11a un concurrent à son standard HiperLAN. C'est la raison pour laquelle les produits 802.11a n'ont pu être disponibles en Europe qu'un an après la finalisation de l'amendement 802.11a. Tout produit 802.11a commercialisé en Europe incorpore ces mécanismes. Dans certains cas, leur utilisation est même exigée par la réglementation *(voir le tableau 2.2).*

802.11g

802.11g est la dernière couche physique qui sera apportée au standard 802.11. Sa ratification en tant qu'amendement à été finalisée en 2003, et sa commercialisation a été quasi immédiate.

802.11g peut être considéré comme une extension à 802.11b et 802.11a. Comme 802.11b, 802.11g utilise la bande ISM des 2,4 GHz ainsi que la technique de codage CCK, et, comme 802.11a, la technique de transmission OFDM, ce qui lui permet d'atteindre un débit de 54 Mbit/s. Comme 802.11, 802.11b et 802.11a, 802.11g utilise le mécanisme de variation de débit, qui permet de dégrader le débit en fonction de la qualité du lien radio.

Malgré son débit important (54 Mbit/s) et sa compatibilité avec 802.11b, il partage avec ce dernier le même problème de plan fréquentiel de la bande des 2,4 GHz, qui a pour conséquence la colocalisation de seulement trois réseaux 802.11g au maximum dans un même espace.

802.11n

802.11n est un nouvel amendement proposé fin 2003 au groupe 802.11. Il définit une couche physique fonctionnant aussi bien dans la bande ISM que dans la bande U-NII, en gardant une compatibilité descendante avec 802.11g et 802.11a. Son débit utile sera de l'ordre de 100 Mbit/s et son débit théorique de 250 Mbit/s.

Les travaux sur 802.11n devraient aboutir d'ici un à deux ans.

La couche liaison de données

La couche liaison de données se place au-dessus de la couche physique et en dessous de la couche réseau. Cette couche a pour objectif de réaliser le transport des trames qui sont créées dans la carte 802.11 sur l'interface radio.

La couche liaison de données de 802.11 est essentiellement composée de deux sous-couches :

- LLC (Logical Link Control), qui s'occupe de la délivrance des données entre les couches MAC et réseau et de la compatibilité avec d'autres standards issus du groupe 802, tel Ethernet.
- MAC (Medium Access Control), qui définit les méthodes d'accès au support permettant d'accéder au réseau.

La couche LLC (Logical Link Control)

La couche LLC est définie par le standard 802.2. Cette couche permet d'établir un lien logique entre la couche MAC et la couche de niveau 3 du modèle OSI, la couche réseau. Ce lien se fait par l'intermédiaire du LSAP (Logical Service Access Point).

La couche LLC fournit deux types de fonctionnalités :

- un système de contrôle de flux ;
- un système de reprise sur erreur.

La figure 2.27 illustre le fonctionnement de la couche LLC. Le paquet qui lui est remis par la couche réseau est encapsulé dans une trame LLC, laquelle contient un en-tête et une zone de détection d'erreur en fin de trame.

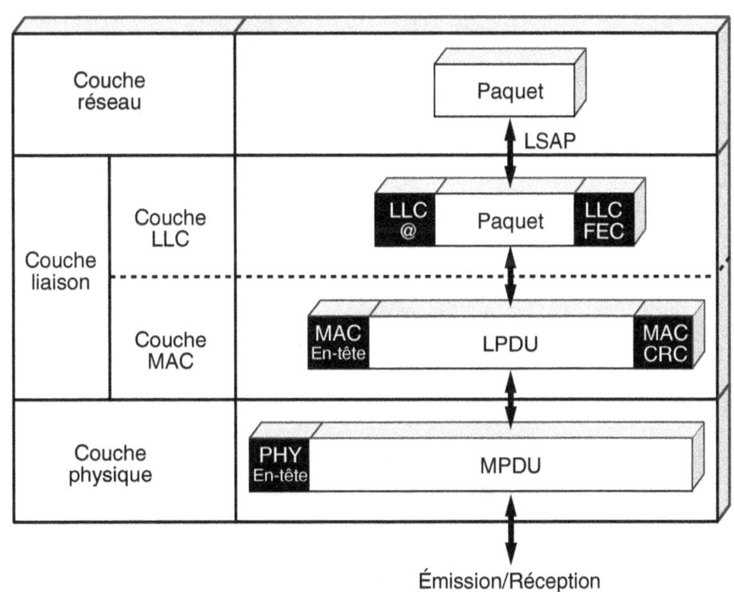

Figure 2.27
Fonctionnement de la couche LLC

Outre ces deux fonctionnalités, le rôle principal de cette couche réside dans son système d'adressage logique, ou LSAP (Logical Service Access Point), qui permet de masquer aux couches hautes les informations provenant des couches basses. De la sorte, la couche LLC rend interopérables des réseaux complètement différents dans la conception de la couche physique ou de la couche MAC mais possédant la même couche LLC.

Le format d'une trame issue de la couche LLC, aussi appelée LPDU (Logical Protocol Data Unit), montre bien ce système d'adressage logique, comme illustré à la figure 2.28.

DSA	SSAP	Contrôle	Données
1 octet	*1 octet*	*2 octets*	*≥ 1 octet*

Figure 2.28
Structure d'une LPDU

Les champs d'une LPDU sont les suivants :

- **DSAP (Destination Service Access Point).** Ce champ identifie le ou les SAP (Service Access Point) de niveau supérieur et plus précisément le ou les protocoles de niveau supérieur auquel les données sont destinées.
- **SSAP (Source Service Access Point).** Identifie le SAP ou le protocole qui a l'initiative de la transmission de données.
- **Contrôle.** Ce champ définit le type de LLC utilisé. Il existe trois types de LLC, qui se distinguent par le mode de transmission ainsi que par l'utilisation ou non d'un service de reprise sur erreur.

Les trois types de LCC définis dans le champ Contrôle sont les suivants :

- La LLC de type 1, qui correspond à un service en mode sans connexion sans acquittement des données. Elle offre un service non fiable mais qui est largement utilisé actuellement. Les couches supérieures ou inférieures s'occupent de tout ce que la couche LLC de type 1 ne peut offrir, évitant ainsi de créer des redondances dans les fonctionnalités utilisées.

Mode de connexion et reprise sur erreur

Les réseaux utilisent deux modes de transmission, le mode dit avec connexion, qui établit un lien logique, appelé circuit virtuel, entre une station source et une station destination pour assurer la transmission, et le mode sans connexion, qui n'établit aucun circuit virtuel et n'offre aucune assurance que le transfert de données s'effectue correctement.

Le service de reprise sur erreur se fait par l'intermédiaire d'acquittements positifs, ou ACK. Lorsqu'une station destination reçoit des données provenant d'une station source, celle-ci émet un ACK pour confirmer la bonne réception des données. Si une erreur se produit, soit les données ne sont pas reçues par la station destination, soit elles sont bien reçues mais sont erronées. La station source qui ne reçoit pas d'ACK doit retransmettre les données ultérieurement. Si le service de reprise sur erreur n'est pas utilisé, les données erronées sont détruites, et il n'y a pas retransmission.

- La LLC de type 2, qui correspond à un service en mode avec connexion avec acquittement des données.
- La LLC de type 3, qui correspond à un service en mode sans connexion avec acquittement des données.

La couche LLC définie dans 802.11 utilise les mêmes propriétés que la couche LLC 802.2, et plus précisément que la LLC de type 2, autorisant la compatibilité d'un réseau 802.11 avec n'importe quel autre réseau 802, tel Ethernet.

La couche MAC (Medium Access Control)

Le rôle de la couche MAC de 802.11 est assez similaire à celui de la couche MAC d'Ethernet (802.3), puisque c'est elle qui assure la gestion de l'accès de plusieurs stations à un support partagé dans lequel chaque station écoute le support avant d'émettre.

Du fait que le support de transmission est hertzien, la couche MAC 802.11 intègre à la fois de nouvelles et d'anciennes fonctionnalités, inhérentes à la couche MAC, ainsi que d'autres, que l'on ne trouve généralement que dans les couches hautes du modèle OSI.

Les fonctionnalités de la couche MAC 802.11 sont les suivantes :

- contrôle de l'accès au support ;
- adressage et formatage des trames ;
- contrôle d'erreur permettant de contrôler l'intégrité de la trame à partir d'un CRC (Cyclic Redundancy Check) ;
- fragmentation et réassemblage ;
- qualité de service (QoS) ;
- gestion de l'énergie ;
- gestion de la mobilité ;
- sécurité.

L'une des particularités du standard 802.11 est qu'il définit deux méthodes d'accès fondamentalement différentes au niveau de la couche MAC :

- **DCF (Distributed Coordination Function).** Cette méthode d'accès, assez similaire à celle d'Ethernet, est dite avec contention, autrement dit avec collisions. Elle est conçue pour supporter les transmissions de données asynchrones tout en permettant à tous les utilisateurs voulant transmettre des données d'avoir une chance égale d'accéder au support. Des collisions peuvent toutefois survenir lorsque plusieurs stations transmettent en même temps sur le support sans fil.
- **PCF (Point Coordination Function).** Contrairement au DCF, cette méthode d'accès sans contention ne génère pas de collision du fait que le système de transmission de données est centré sur le point d'accès et que c'est le point d'accès qui gère les différentes transmissions de données entre les stations du réseau. On pourrait apparenter le PCF à un Token-Ring dans lequel le point d'accès jouerait le rôle de serveur de jetons.

Le PCF est conçu pour permettre la transmission de données isochrones, qui demandent une meilleure gestion du délai utilisé dans le cadre d'applications temps réel, comme la voix ou la vidéo.

Le DCF étant la méthode d'accès principale, les algorithmes qui s'y rattachent sont toujours implantés dans les stations d'un BSS, d'un IBSS ou d'un ESS. Pour sa part, le PCF, en tant que méthode d'accès optionnelle, ne peut être utilisé que si le DCF l'est déjà. Selon la demande, ces deux méthodes d'accès alternent, PCF-DCF, PCF-DCF, etc., le PCF ne pouvant jamais être utilisé seul.

Étant donné que le PCF fait appel à une infrastructure, un réseau en mode ad-hoc utilise uniquement la méthode d'accès DCF, tandis qu'un réseau en mode infrastructure, composé de points d'accès, peut utiliser aussi bien le DCF que le PCF. D'après le standard, toutes les stations doivent supporter le DCF, qu'elles soient en mode infrastructure ou en mode ad-hoc, le PCF n'étant qu'une méthode d'accès optionnelle. Dans la réalité, il est assez rare qu'un réseau 802.11 comporte les deux méthodes d'accès, DCF et PCF, cette dernière n'étant presque jamais utilisée du fait que très peu de constructeurs l'implémentent dans leurs points d'accès.

DCF (Distributed Coordination Function)

Le DCF est donc la méthode d'accès générale utilisée pour permettre des transferts de données asynchrones, autrement dit des transferts de tous types de données, sans gestion de priorités. Le DCF s'appuie sur le protocole CSMA/CA (Carrier Sense Multiple Access/Collision Avoidance) combiné à l'algorithme de back-off.

> **Algorithme de back-off**
>
> L'algorithme de back-off a été spécifié pour la première fois dans la méthode d'accès aloha discrétisé (Slotted Aloha). Le rôle de cet algorithme est de limiter les collisions lors de l'accès multiple au support en déterminant de manière aléatoire un temps d'attente pour chaque station voulant transmettre des données. L'algorithme a évolué, et on le retrouve, modifié, aussi bien dans Ethernet que dans Wi-Fi.

En mode infrastructure, une transmission ne peut s'effectuer entre une station et un point d'accès ou entre un point d'accès et une station. En mode ad-hoc, une transmission se fait entre deux stations. Pour des raisons de clarté, nous utilisons par la suite les termes station émettrice et station réceptrice.

Le CSMA/CA

Le CSMA est une technique dite d'accès aléatoire avec écoute de la porteuse, qui permet d'écouter le support de transmission avant tout envoi de données. Le CSMA évite que plusieurs transmissions aient lieu sur un même support au même moment et réduit les collisions, sans pouvoir les éviter complètement.

Dans Ethernet, le protocole CSMA/CD (Carrier Sense Multiple Access/ Collision Detection) contrôle l'accès au support de chaque station et détecte et traite les collisions qui se produisent lorsque deux stations ou plus essayent de communiquer simultanément à travers le réseau.

Dans le cas d'un réseau 802.11, la détection des collisions n'est pas possible. En effet, pour détecter une collision, une station doit être capable d'écouter et de transmettre en même temps. Or dans les systèmes radio, la transmission empêche la station d'écouter en même temps sur la fréquence d'émission. De ce fait, la station ne peut entendre les collisions. Comme une station ne peut écouter sa propre transmission, si une collision se produit, la station continue à transmettre la trame complète, entraînant une perte globale de performance du réseau.

Tenant compte de ces spécificités, 802.11 utilise un protocole légèrement modifié par rapport au CSMA/CD, appelé CSMA/CA. Le rôle du CSMA/CA n'est pas d'attendre qu'une collision se produise pour réagir, comme dans le CSMA/CD, mais de prévenir les collisions. Le CSMA/CA essaye donc de réduire le nombre de collisions en évitant qu'elles se produisent, sachant que la plus grande probabilité d'avoir une collision est lors de l'accès au support.

Pour éviter les collisions, le CSMA/CA fait appel à différentes techniques, telles que des mécanismes d'écoute du support introduites par 802.11, l'algorithme de back-off pour la gestion de l'accès multiple au support, un mécanisme optionnel de réservation, dont le rôle est de limiter le nombre de collision en s'assurant que le support est libre, ainsi que l'utilisation de trames d'acquittement positif (ACK).

L'écoute du support

Dans 802.11, l'écoute du support se fait à la fois au niveau de la couche physique, avec le PCS (Physical Carrier Sense), et au niveau de la couche MAC, avec le VCS (Virtual Carrier Sense).

Le PCS permet de connaître l'état du support en détectant la présence d'autres stations 802.11 et en analysant toutes les trames reçues ou en écoutant l'activité sur le support grâce à la puissance relative du signal des différentes stations. Le PCS fait appel pour cela à la sous-couche PLCP (Physical Layer Convergence Protocol) de la couche physique.

Le VCS ne permet pas vraiment l'écoute du support mais réserve le support par l'intermédiaire du PCS.

Deux types de mécanismes sont utilisés dans le VCS :

- Une réservation fondée sur l'envoi de trames RTS/CTS (Request to Send/Clear to Send) entre une station source et une station destination avant tout envoi de données. Ce mécanisme permet de réserver le support en l'annonçant aux autres stations du BSS et ainsi de s'assurer que le support est libre pendant toute la durée de la communication tout en évitant les collisions.
- Un mécanisme permettant d'éviter les collisions entre les stations d'un même BSS lorsque les trames RTS/CTS sont utilisées grâce à un timer, le NAV (Network Allocation Vector). Le temporisateur NAV est calculé par chaque station pour déterminer la durée d'occupation du support lors d'une transmission. Lorsqu'une station veut réserver le support et utilise les trames RTS/CTS pour ce faire, toutes les autres stations appartenant au même BSS entendent par l'intermédiaire du PCS que des

trames RTS/CTS sont transmises sur le support. Elles extraient de celles-ci les informations permettant le calcul du NAV, déterminant ainsi le temps que les stations doivent attendre avant de transmettre à leur tour.

Le calcul du NAV s'appuie sur le champ Duration/ID de l'en-tête des trames, que ces dernières soient de données, de gestion ou de contrôle. Ce champ fournit la durée d'occupation du support par la trame transmise. Cette durée est calculée en fonction de la taille de la trame et de la vitesse à laquelle elle est transmise.

Lors d'une transmission, chaque station du BSS, à l'exception de la station émettrice, extrait cette valeur du champ Duration/ID de toutes les trames transmises pour mettre à jour leurs NAV respectifs. Le NAV est mis à jour chaque fois qu'une trame est transmise lors d'un dialogue en cours ou bien lorsque la valeur du champ Duration/ID est supérieure à celle du NAV initial. Dès que le NAV atteint la valeur zéro, les autres stations du BSS sont informées que le support est libre et peuvent essayer de transmettre des données.

Les deux mécanismes apportés par le VCS permettent de réserver le support tout en évitant les collisions. L'utilisation du VCS est optionnelle. C'est un choix fait par l'utilisateur. Son inconvénient est que les trames RTS/CTS sont envoyées à bas débit (1 Mbit/s) de façon que toutes les stations d'un même BSS les entendent. Le temps de transmission de ces trames RTS/CTS à bas débit fait chuter le débit utile de la totalité de la transmission, lequel passe de 5 à 4 Mbit/s pour un débit théorique de 11 Mbit/s dans le cas de 802.11b.

C'est la raison pour laquelle le VCS n'est pas utilisé pour n'importe quel type de trame échangée dans le BSS mais est le plus souvent destiné à éviter la retransmission de trames de grande taille.

L'accès au support

L'accès au support est contrôlé au moyen d'un mécanisme d'espacement entre deux trames, appelé IFS (Inter-Frame Spacing), cet espacement correspondant à l'intervalle de temps entre la transmission de deux trames. Les intervalles IFS sont en fait des périodes d'inactivité sur le support de transmission qui permettent de gérer l'accès au support pour les stations ainsi que d'instaurer un système de priorités lors d'une transmission.

IFS (Inter-Frame Spacing)

Les valeurs des différents IFS dépendent de l'implémentation de la couche physique *(voir tableau 2.9)*. Le standard définit quatre types d'IFS :

- **SIFS (Short Inter-Frame Spacing).** Le SIFS est le plus petit des IFS. Il est utilisé pour séparer les différentes trames transmises au sein d'un même dialogue :
  - entre des données et un ACK ;
  - entre les RTS et les CTS ;
  - entre les différents fragments d'une trame segmentée ;
  - après une trame de polling pour une station en mode PCF.

La taille du SIFS permet aux stations émettrice et réceptrice de conserver l'accès au support, lequel peut être réclamé par d'autres stations. Les stations qui veulent accéder au support doivent attendre pendant un DIFS ou un PIFS avant d'envoyer leurs données. Comme le SIFS est inférieur au DIFS et au PIFS, il peut donner aux stations émettrice et réceptrice la priorité sur toutes les autres stations, s'assurant de la sorte de la fin de leur transmission. Le SIFS permet de savoir quand la trame va être envoyée et ainsi de détecter d'éventuelles collisions.

- **PIFS (PCF IFS).** Le PIFS est utilisé en mode PCF par tous les BSS ou par l'ESS. Il permet au point d'accès d'avoir un accès prioritaire au support par rapport aux autres stations voulant y accéder. En effet, les stations qui veulent accéder au support et qui sont en mode DCF doivent attendre un DIFS. Or le DIFS ayant une priorité inférieure au PIFS, lorsque le support est libre, c'est le point d'accès qui, parce qu'il fonctionne en PCF, accède au support et non les stations en mode DCF. La valeur du PIFS est égale à celle d'un SIFS augmentée d'un timeslot défini par l'algorithme de back-off.
- **DIFS (DCF IFS).** Le DIFS est utilisé par les stations d'un BSS, d'un IBSS ou d'un ESS en mode DCF qui veulent accéder au support lorsqu'il est libre. La valeur du DIFS est égale à celle d'un SIFS augmentée de deux timeslots.
- **EIFS (Extended IFS).** L'EIFS est l'IFS le plus long et est seulement utilisé en mode DCF. L'EIFS est utilisé lorsqu'une trame envoyée sur le support est erronée. En effet, lorsqu'une station reçoit une trame erronée, elle doit attendre pendant un EIFS l'acquittement de cette trame. En empêchant que des données soient transmises par cette même station réceptrice, l'EIFS évite qu'elles n'entrent en collision avec d'autres stations. Dès que des données correctes sont reçues par la station réceptrice pendant l'EIFS, celui-ci se termine, et la station est « resynchronisée » avec l'état du support. Elle peut donc recommencer à transmettre des données.

La figure 2.29 illustre les relations entre les différents IFS.

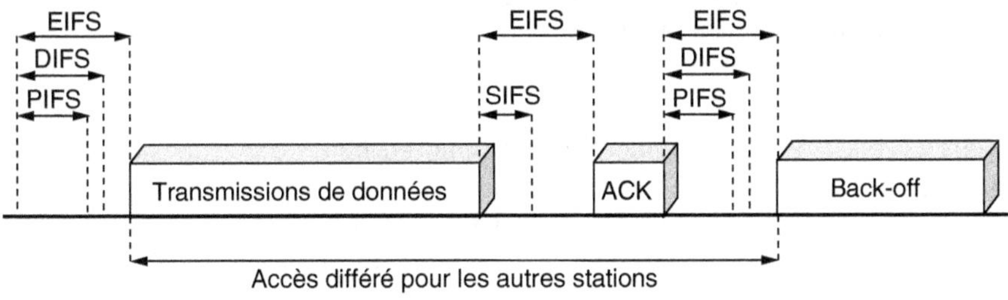

Figure 2.29
Les relations entre les différents IFS

Le tableau 2.9 récapitule les différentes valeurs des IFS et la valeur du timeslot défini par 802.11, 802.11b et 802.11a.

Tableau 2.9 Valeur des IFS et du timeslot selon la couche physique

	802.11	802.11b	802.11a
Timeslot (µs)	50	20	9
SIFS (µs)	28	10	16
DIFS (µs)	128	50	25
PIFS (µs)	78	30	34

L'algorithme de back-off

Avant toute transmission de données, chaque station écoute le support et s'assure que celui-ci est libre avant d'y accéder. Pour éviter que plusieurs stations ne transmettent en même temps des données et ne provoquent ainsi des collisions, les stations utilisent l'algorithme de back-off, déjà présent dans Ethernet. Cette méthode simple, fondée sur le calcul d'un temporisateur gérant les transmissions et retransmissions des différentes stations, permet à chaque station d'avoir la même probabilité d'accéder au support.

Dans 802.11, le temps est découpé en intervalles, ou timeslots. Contrairement au timeslot de la technique aloha discrétisé, qui correspond à la durée minimale de transmission d'une trame, le timeslot de 802.11 est un peu plus petit que la durée de transmission minimale d'une trame et correspond au temps que devrait mettre une station pour détecter la transmission d'une autre station. Ce timeslot permet en outre de définir les intervalles IFS et le temporisateur de back-off pour les différentes stations.

> **Aloha**
>
> L'aloha est la première méthode d'accès aléatoire utilisée dans les années 60 pour relier en radio différentes machines à l'Université d'Hawaï. Cette technique simple propose que chaque station envoie ses données sans se préoccuper de savoir si le support est libre, rendant les performances assez faibles du fait des collisions. Dans les années 70, elle a été reprise au sein de Xerox dans la conception d'Ethernet.
>
> L'aloha discrétisé (Slotted Aloha) reprend l'accès aléatoire de l'aloha en y ajoutant l'algorithme de back-off afin d'éviter les collisions. Cet algorithme a été repris par le CSMA, qui prend en compte l'écoute du support avant toute transmission.

L'algorithme de back-off définit une fenêtre de contention CW (Contention Window), ou fenêtre de back-off. Ce paramètre correspond au nombre de timeslots qui peuvent être sélectionnés pour le calcul du timer de back-off. Il est compris entre une valeur minimale CW_{MIN} et une valeur maximale CW_{MAX}, valeurs prédéfinies par le standard 802.11. Lors de la première tentative de transmission, CW est toujours égal à CW_{MIN}.

Dès qu'une station veut transmettre des informations, elle écoute le support grâce au PCS défini précédemment. Si le support est libre, elle retarde sa transmission en attendant un DIFS. À l'expiration du DIFS et si le support est toujours libre, elle transmet directement sa trame sans utiliser l'algorithme de back-off. Dans le cas contraire, le support étant occupé par une autre station, la station attend qu'il se libère, autrement dit diffère sa transmission.

Pour tenter d'accéder à nouveau au support, elle utilise l'algorithme de back-off. Si plusieurs stations attendent de transmettre, elles recourent toutes à l'algorithme de back-off. En effet, une station ne connaît pas le nombre de stations associées au réseau. Sans ce mécanisme, par lequel chaque station calcule potentiellement un temporisateur de back-off différent pour différer sa transmission, les stations entreraient directement en collision dès la libération du support.

Plus précisément, chaque station calcule un temporisateur, ou timer de back-off ($T_{BACKOFF}$) selon la formule :

$$T_{BACKOFF} = \text{Random}\ (0,\text{CW}) \times \text{timeslot}$$

Random (0,CW) est une variable pseudo-aléatoire uniforme comprise dans l'intervalle [0,CW – 1]. Le $T_{BACKOFF}$ correspond donc à un nombre de timeslot. Cet algorithme tire de manière aléatoire différentes valeurs de temporisateur pour chaque station, permettant à chacune d'avoir les mêmes chances d'accéder au support.

Quand le support redevient libre et après un DIFS, les stations vérifient si le support est toujours libre. Si c'est le cas, elles décrémentent leurs temporisateurs timeslot par timeslot jusqu'à ce que le temporisateur d'une station expire. Si le support est toujours libre, cette station peut transmettre ses données, interdisant l'accès du support aux autres stations, lesquelles bloquent leurs temporisateurs.

Une fois la transmission de la station terminée, les autres stations attendent toujours pendant un DIFS en vérifiant l'occupation du support avant et après le DIFS, puis décrémentent à nouveau leurs temporisateurs là où elles l'avaient bloqué jusqu'à ce qu'une autre station transmette des données. Cependant, elles ne tirent pas de nouvelle valeur de temporisateur. En effet, comme elles ont déjà attendu pour accéder au support, elles ont plus de chance d'y accéder que les stations qui commencent leur tentative.

La figure 2.30 illustre différentes stations accédant à un support et devant utiliser l'algorithme de back-off pour transmettre leurs données.

Lors du calcul du temporisateur, il se peut que deux stations ou davantage tirent la même valeur de temporisateur, lequel expire donc en même temps, entraînant une émission simultanée sur le support et provoquant une collision.

Comme nous l'avons vu, le CSMA/CA ne permet pas d'écouter le support pendant une transmission. Même si cette technique a pour fonction d'éviter les collisions, lorsqu'une collision se produit, il faut pouvoir la détecter. Contrairement au CSMA/CD, dans lequel la station doit attendre 51,2 µs pour savoir si une collision se produit, le CSMA/CA détecte les collisions grâce aux acquittements. Si une collision se produit, la trame envoyée n'est pas reçue correctement par le récepteur, et ce dernier n'envoie pas d'acquittement, signifiant à la station source que sa transmission s'est mal effectuée. Les données envoyées qui n'ont pas été reçues sont alors retransmises.

Pour réduire la probabilité qu'une autre collision se produise, la taille de la fenêtre de contention est doublée à chaque tentative de transmission, jusqu'à atteindre la valeur CW_{MAX}. Une fois cette valeur atteinte, la taille de la fenêtre de contention est fixe et ne double plus pour chaque tentative de transmission. Les stations qui sont entrées en collision une première fois ont de la sorte une probabilité plus faible, mais non nulle, de tirer la même valeur de temporisateur.

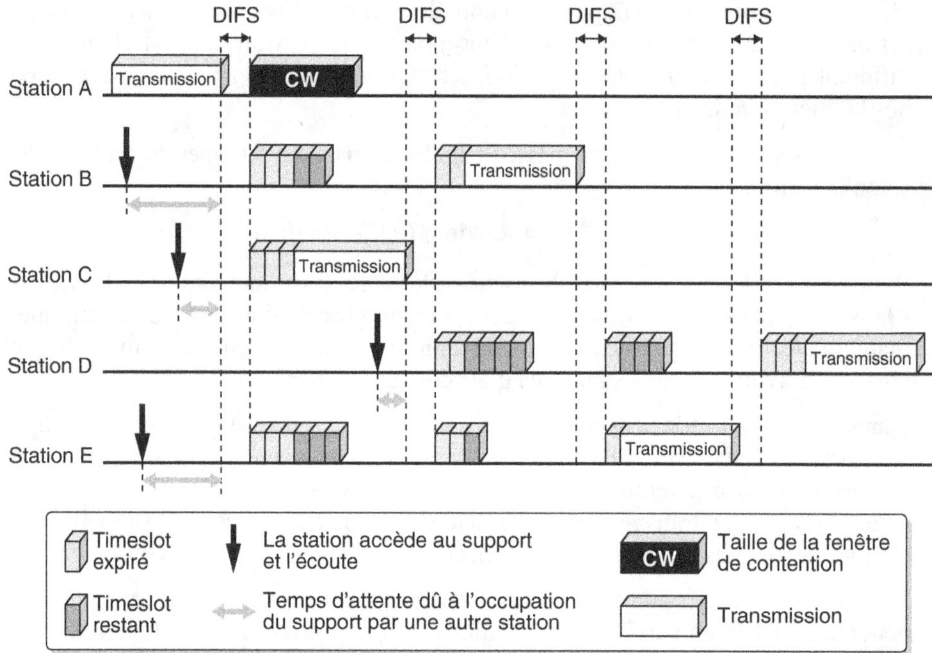

Figure 2.30
Les transmissions de plusieurs stations

Pour une énième tentative de transmission, la valeur du temporisateur équivaut à :

$$T_{\text{BACKOFF}}\,(i) = \text{Random}\ (0,\text{CW}_i) \times \text{timeslot, avec CW}_i = 2^{k+i} - 1$$

k est un nombre entier définissant la valeur minimale de la fenêtre de contention, et CW_i et *i* le nombre de tentative consécutive de la station *i* pour l'envoi d'une trame.

Back-off exponentiel

L'algorithme de back-off exponentiel joue sur la variation de la taille de la fenêtre de contention. Comme illustré à la figure 2.31, cette taille croît de manière exponentielle entre les valeurs $CW_{MIN} = 31$ et $CW_{MAX} = 1\,023$.

Si la trame est transmise avec succès ou si une station ne peut plus retransmettre de données, la station réinitialise l'algorithme de back-off pour une nouvelle transmission, si nécessaire. La valeur de la fenêtre de contention est alors égale à CW_{MIN}.

Lorsque l'algorithme est utilisé, les stations d'un BSS ont la même probabilité d'accéder au support, chacune devant y accéder à nouveau après chaque transmission. Le seul inconvénient de cet algorithme est qu'il ne garantit aucun délai minimal. Il ne peut donc être utilisé dans le cadre d'applications temps réel telles que la voix ou la vidéo. Comme l'illustre la figure 2.30, la station E doit attendre la transmission de deux stations avant de pouvoir transmettre. Les faibles débits utiles obtenus dans 802.11 sont liés à cette propriété de l'algorithme de back-off.

Figure 2.31
Variation de la taille de la fenêtre de contention en fonction de l'algorithme de back-off

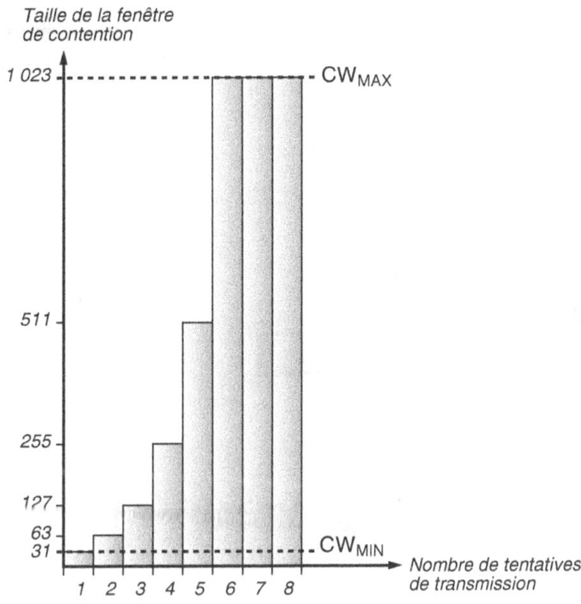

Gestion des retransmissions

Lors d'une transmission de données, il se peut que les trames envoyées soient reçues de manière erronée ou qu'elles ne parviennent pas à leur destinataire. Ces deux types d'erreur peuvent avoir des causes diverses, liées au support physique (interférences) ou au réseau lui-même (congestion, collision, etc.).

Lorsqu'une trame est erronée ou qu'elle est perdue, une station à l'initiative de la transmission doit la réinitialiser jusqu'à ce que la transmission réussisse (en utilisant l'algorithme de back-off). La station tente donc continuellement de transmettre ses données. Pour éviter que les stations ne retransmettent en permanence des données, chacune d'elles comporte deux compteurs, le SSRC (Station Short Retry Count) et le SLRC (Station Long Retry Count). Ces compteurs sont indépendants l'un de l'autre. Le SSRC est utilisé lorsque des trames de petite taille, ou Short Frames (trames de contrôle et de gestion), sont transmises, et le SLRC lorsque ce sont de longues trames, ou Long Frames (trames de données).

Lorsqu'une station initie une transmission et que la trame envoyée n'est pas reçue correctement, cette station initialise l'un des deux compteurs en fonction de la trame envoyée. Chaque fois que la station essaye de retransmettre ses données le compteur est incrémenté, jusqu'à atteindre une valeur limite, dite ShortRetryLimit pour le SSRC et LongRetryLimit pour le SLRC. Cette limite correspond au nombre maximal de tentatives successives autorisées pour une station. Dès qu'un compteur atteint sa valeur limite, les données qui n'ont pu être envoyées sont définitivement perdues.

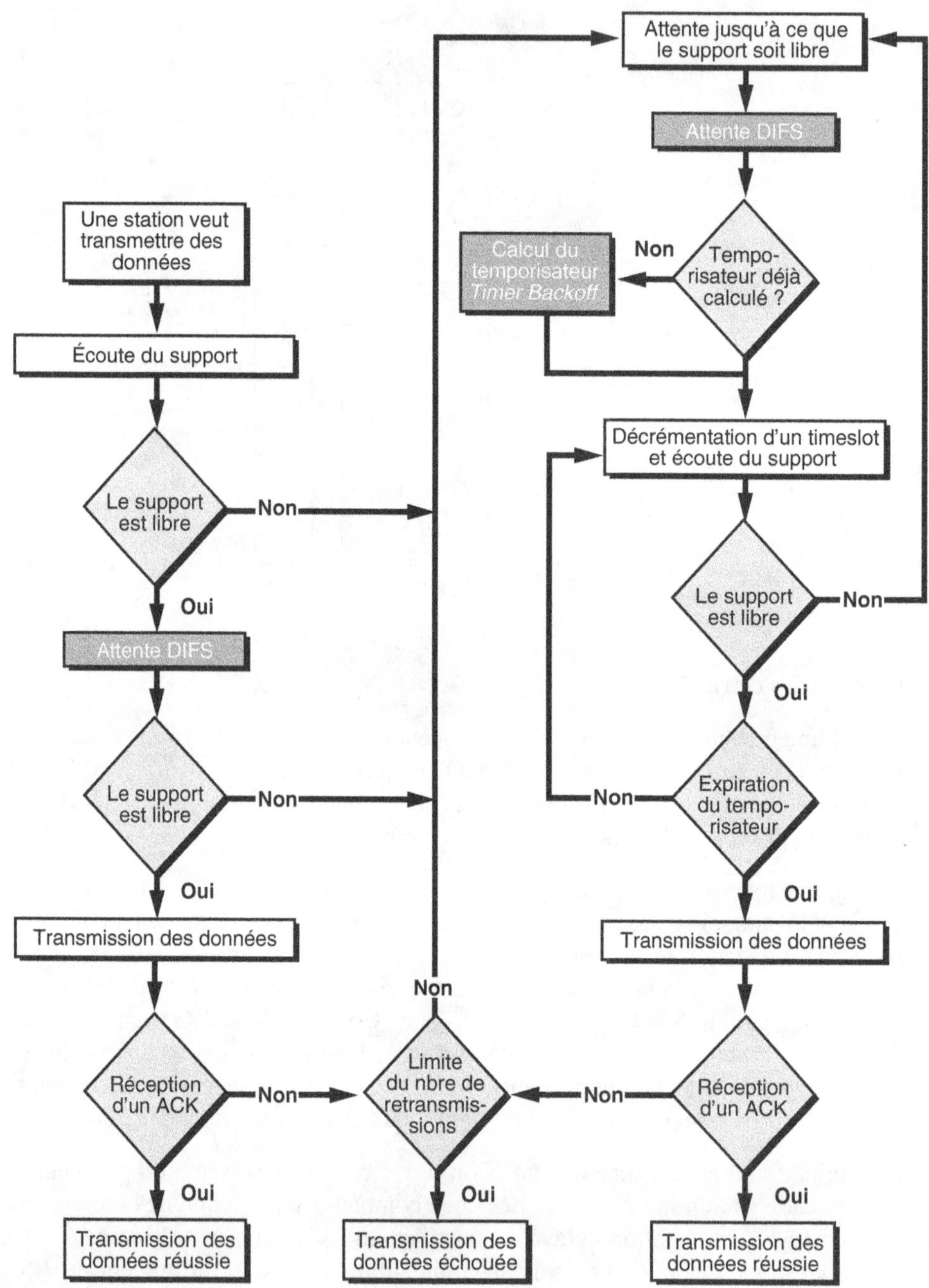

Figure 2.32
L'algorithme CSMA/CA

L'algorithme CSMA/CA

L'algorithme CSMA/CA (Carrier Sense Multiple Access/Collision Avoidance) est une caractéristique essentielle des réseaux Wi-Fi. Il décrit la façon dont une station mobile accède au canal radio. Cet algorithme ressemble à celui d'Ethernet, dont il est tiré, mais a été modifié pour s'adapter à un canal radio partagé. Comme en matière de radio il n'est pas possible d'émettre en même temps que l'on écoute, l'algorithme utilisé dans les réseaux Wi-Fi vise à régler le problème des collisions en les rendant impossibles.

La figure 2.32 illustre le fonctionnement de l'algorithme CSMA/CA dans son ensemble.

Exemple de transmission de données

Lorsqu'une station source veut transmettre des données à une station destination, elle vérifie que le support est libre. Si aucune activité n'est détectée pendant une période de temps correspondant à un DIFS, la station source transmet ses données immédiatement.

La figure 2.33 explicite le rôle des temporisateurs lors de la transmission d'une trame de données et de l'acquittement de cette trame de données.

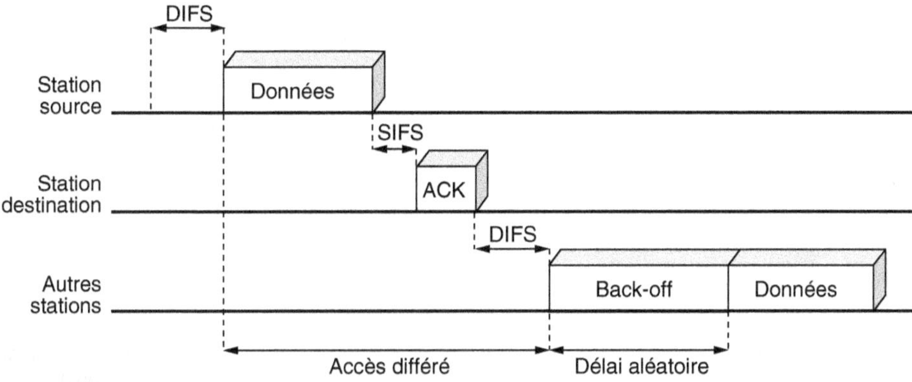

Figure 2.33
Transmission d'une trame de données

Si le support est occupé, la station attend qu'il se libère. Une fois le support libéré, la station attend pendant un DIFS puis, après avoir vérifié si le support est libre, initie l'algorithme de back-off pour retarder une fois encore sa transmission afin d'éviter toute collision. Lorsque le temporisateur de l'algorithme de back-off expire, et pour autant que le support soit toujours libre, la station source transmet ses données vers la station destination *(voir figure 2.34)*.

Lorsque deux stations ou davantage accèdent en même temps au support, une collision se produit. Ces stations réutilisent alors l'algorithme de back-off pour accéder au support. Si les données envoyées sont reçues correctement — la station destination vérifie pour le savoir le CRC de la trame de données —, la station destination attend pendant un intervalle de temps SIFS et émet un ACK pour confirmer la bonne réception des données.

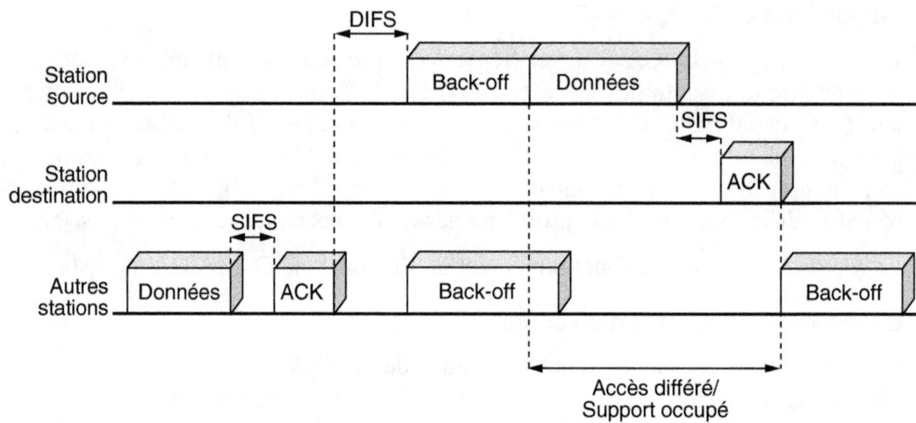

Figure 2.34

Transmission d'une trame de données bloquée par l'algorithme de back-off

Si cet ACK n'est pas détecté par la station source ou si les données ne sont pas reçues correctement ou encore si l'ACK n'est pas reçu correctement, on suppose qu'une collision s'est produite, et la procédure de retransmission est initiée.

Le mécanisme de réservation

Le VCS (Virtual Carrier Sense) permet de réserver le support entre deux stations avant tout envoi de données. Lorsqu'une station source veut transmettre des données, elle envoie d'abord une trame RTS. Toutes les stations du BSS qui entendent cette trame extraient le champ Duration/ID du RTS pour mettre à jour leur NAV.

Lorsque la station destination reçoit le RTS, elle répond, après avoir attendu pendant un SIFS, en envoyant une trame CTS. Les autres stations entendant le CTS extraient le champ Duration/ID du CTS pour mettre à nouveau à jour leur NAV. Après réception du CTS par la station source, cette dernière est assurée que le support est libre et réservé pour sa transmission, laquelle peut alors débuter. Les stations source et destination savent que le RTS et le CTS leur est destiné grâce au champ DA (Destination Address), qui correspond à l'adresse MAC de la carte Wi-Fi.

Ce mécanisme permet à la station source de transmettre ses données et de recevoir les ACK sans collision. Comme les trames RTS/CTS réservent le support pour la transmission d'une station, elles sont utilisées habituellement pour envoyer des trames de grande taille, pour lesquelles une retransmission serait trop coûteuse en bande passante.

La figure 2.35 illustre la transmission d'une trame de données en utilisant le mécanisme RTS/CTS.

Le mécanisme de réservation est optionnel, les stations pouvant utiliser les trames RTS/CTS ou non. Lorsqu'il est utilisé, les stations le réservent aux trames dont la taille excède une variable RTS_Threshold.

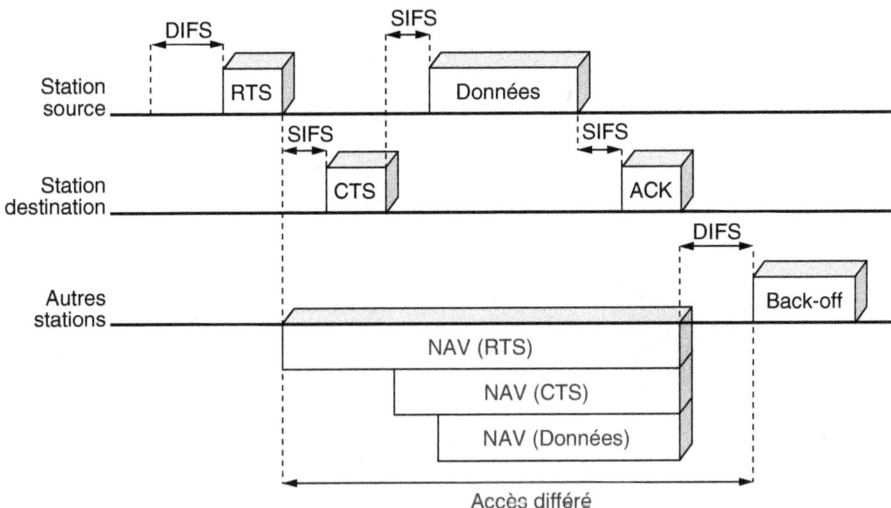

Figure 2.35
Transmission d'une trame de données en utilisant le mécanisme RTS/CTS

Le problème de la station cachée

Il existe un problème spécifique des réseaux sans fil, connu sous le nom de « problème de la station cachée ». Dans un réseau cellulaire, il se peut que les cellules se recouvrent. Si une station appartient à cette zone de recouvrement — en supposant que le même canal de transmission soit utilisé —, elle peut transmettre des données dans une cellule ou dans l'autre et ainsi entraîner des collisions. Ce cas de figure est illustré à la figure 2.36.

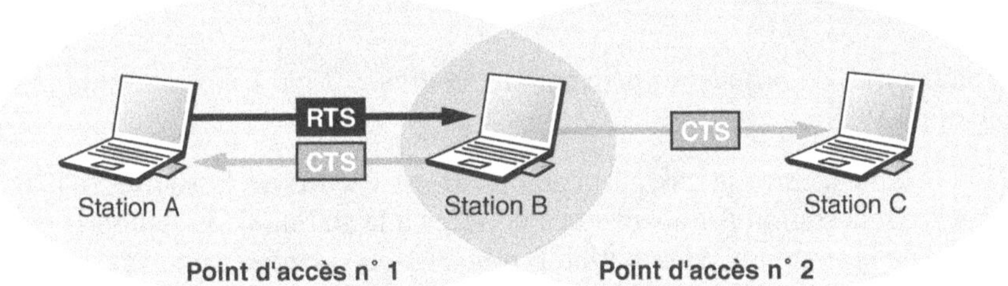

Figure 2.36
Station cachée du fait du recouvrement de deux cellules

Dans une même cellule, deux stations situées chacune à l'opposé d'un point d'accès ou d'une autre station peuvent entendre l'activité de ce point d'accès ou de cette station mais ne pas s'entendre l'une l'autre du fait que la distance entre elles est trop importante ou qu'un obstacle les empêche de communiquer. Ce cas est illustré à la figure 2.37.

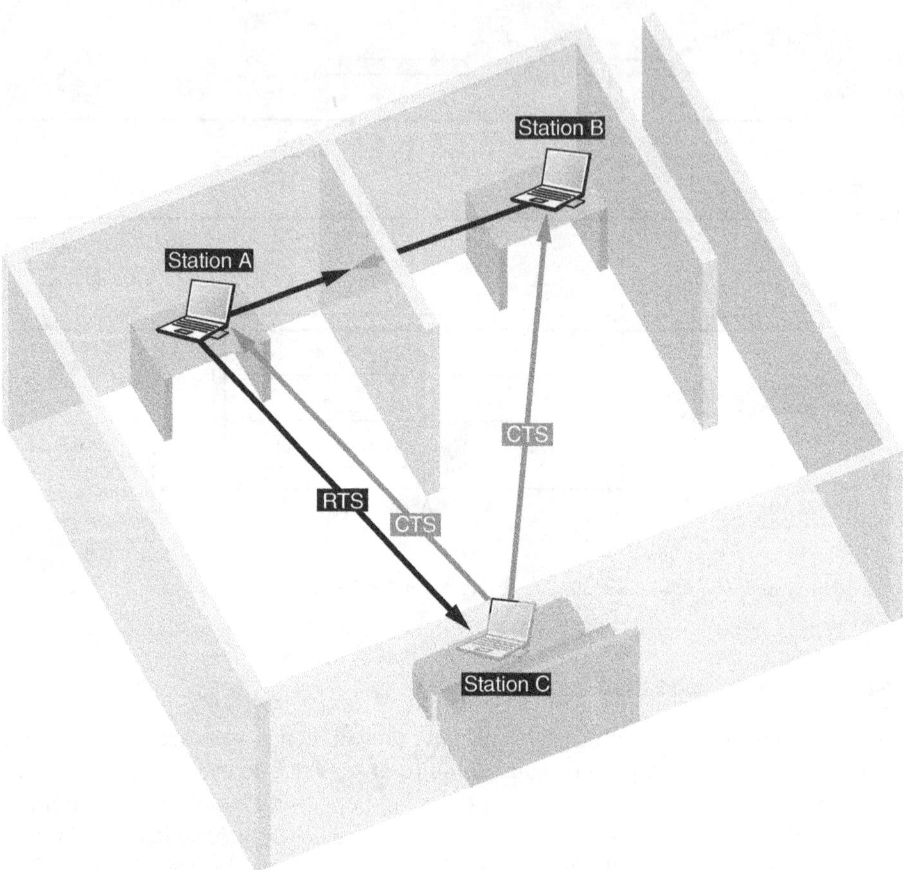

Figure 2.37
Station cachée dans une même cellule

Ces deux types de problèmes peuvent être contournés par l'utilisation du mécanisme de réservation VCS.

La figure 2.37 illustre le cas où la station B est cachée de la station A mais pas de la station C. Si la station A transmet des données à la station C, la station B ne détecte pas l'activité de la station A. Si la station B transmet ses données, celles-ci interfèrent avec la transmission de la station A. Toutefois si A et C s'échangent des trames RTS et des trames CTS, la station B, bien que n'écoutant pas directement la station A, est informée par l'envoi par la station C d'une trame CTS que le support est occupé et ne tente pas de transmettre durant la transmission entre A et C.

Ce mécanisme n'évite pas les collisions, puisque des trames RTS peuvent être envoyées simultanément par A et par B, mais la collision de trames RTS ne gaspille pas autant de bande passante qu'une collision de données, étant donné que les trames RTS sont relativement petites.

> **Détection de collision par le CTS**
>
> Le CTS fonctionne à la manière d'un ACK. S'il n'est pas envoyé par la station réceptrice, le support n'est pas réservé, et l'on suppose qu'une collision s'est produite. La station émettrice doit réinitier sa transmission en utilisant l'algorithme de back-off.

PCF (Point Coordination Function)

Pour permettre le transfert de données temps réel telles que la voix ou la vidéo ainsi que l'instauration de services de priorités, 802.11 utilise une seconde méthode d'accès, optionnelle, le PCF.

Dans le PCF, ce ne sont plus les stations du BSS qui essayent d'accéder au support mais le point d'accès lui-même, qui, en prenant le contrôle du support, choisit les stations qui peuvent transmettre leurs données. Pour cela, il balaie la zone de couverture du BSS — on dit qu'il fait du polling — et signale aux différentes stations si elles ont le droit ou non de transmettre des données.

Les périodes de contention

Chaque point d'accès est défini comme un PC (Point Coordination), ce qui lui permet de communiquer avec chaque station du BSS.

Le PC détermine deux types de périodes de temps, avec et sans contention :

- La CP (Contention Period), ou période de temps avec contention, durant laquelle la méthode d'accès est le DCF.
- La CFP (Contention Free Period), ou période de temps sans contention, durant laquelle la méthode d'accès est le PCF.

Les stations peuvent utiliser à la fois les méthodes d'accès PCF et DCF. De plus, les moments d'utilisation de ces deux techniques alternent dans le temps.

> **DCF et PCF**
>
> Le DCF est la méthode d'accès principale de 802.11, et les stations peuvent l'utiliser autant que de besoin. Le PCF ne peut être utilisé que si le DCF est utilisé comme méthode d'accès. Étant optionnel, le PCF ne peut donc être la méthode d'accès principale dans 802.11.

Le CFP s'initie dès qu'une trame balise, ou Beacon Frame, contenant un élément DTIM (Delivery Traffic Information Map) est transmise par le point d'accès à toutes les stations du BSS. La trame balise a pour principale fonction de gérer la synchronisation entre les stations du BSS et le point d'accès. Le DTIM signale en outre aux stations d'un BSS le commencement du CFP.

La fréquence d'apparition d'un CFP est définie par un intervalle de répétition, appelé CFP-Rate, égal à la somme du CFP et du CP. Le CFP-Rate a une durée variable, qui correspond toujours à un nombre de DTIM. Cette valeur est contenue dans les DTIM de façon que chaque station connaisse la fréquence d'apparition des CFP.

La durée du CFP est définie par le point d'accès au moyen de la variable CFP-MaxDuration. Cette variable doit être comprise entre les deux valeurs suivantes :

- Une valeur minimale équivalant au temps requis pour la transmission de trames de taille maximale (en-têtes inclus), soit 2 346 octets, d'une trame balise ainsi que d'une trame CF-End.
- Une valeur maximale correspondant au CFP-Rate diminué du temps requis pour la transmission avec succès de six trames de taille maximale durant le CP, en incluant les trames RTS/CTS ainsi qu'un ACK.

Dans certains cas, un CFP peut être écourté et ne pas durer un CFP-MaxDuration. Du fait d'un problème sur le support ou qu'un DCF mette du temps à se terminer, par exemple, l'alternance entre un CP et un CFP peut ne pas se faire au moment voulu. Le délai engendré par ce problème se trouve répercuté sur la durée du CFP. Si le problème est dû à un trafic DCF qui ne s'est pas terminé, la transmission des DTIM est repoussée jusqu'à ce que le transfert soit terminé. Si les DTIM sont retardés, la valeur CFP-DurRemaining correspond à la fin du CFP.

La figure 2.38 illustre le comportement d'un réseau Wi-Fi dans lequel les deux méthodes d'accès CP et CFP sont utilisées en même temps sur une même cellule.

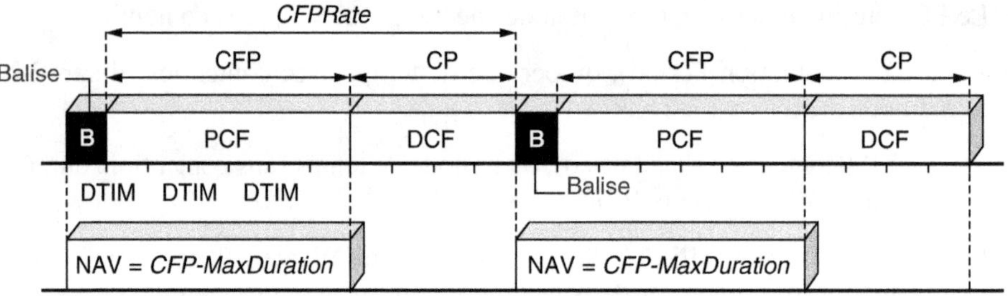

Figure 2.38
Alternance des CP et CFP

Le PCF définit deux types de stations, celles qui sont capables de transmettre pendant des CFP, qui sont dites CF-Pollable, et les autres.

Les transmissions lors d'un CFP se font par l'intermédiaire du point d'accès, qui possède une liste, la polling list, contenant toutes les stations CF-Pollable qui souhaitent transmettre des données durant le PCF.

Transmission des données

Le CFP est fondé sur le polling du point d'accès sur les stations du BSS. Pour passer en CFP, le PC doit écouter le support et vérifier s'il est libre. Une fois libre, le PC, pour accéder au support, a la priorité sur les stations du BSS qui sont toujours en mode DCF.

Cette priorité se réalise grâce au temporisateur IFS PIFS. Pour passer en PCF, le PC n'a pas besoin d'attendre un DIFS pour accéder au support, au contraire des stations en DCF. Le fait que le DIFS soit supérieur au PIFS donne la priorité au PC pour l'accès au support.

Une fois le support accédé, le PC envoie la trame balise contenant les paramètres DTIM et la durée du CFP. Chaque station du BSS met alors à jour son NAV en lui donnant comme valeur CFP-MaxDuration. Cela limite les collisions et évite que des stations ne prennent le contrôle du support.

Pendant le CFP, les stations ne peuvent transmettre des données puisque c'est le point d'accès qui a le contrôle du support. Il existe toutefois deux cas où une station peut transmettre des données : si la station doit répondre à un DTIM ou si elle doit transmettre un ACK suite à la réception d'une trame.

Dès le début d'un CFP, le PC écoute le support pendant un temps PIFS pour savoir s'il est occupé. S'il ne l'est pas, le point d'accès envoie une trame balise. Après attente pendant un SIFS, la transmission peut débuter. Le PC peut alors envoyer des trames CF-Poll, des trames de données ou encore des trames CF-Poll contenant des données. Le PC peut terminer à tout moment le CFP en envoyant une trame CF-End. Cette émission peut s'avérer utile lorsque le réseau est peu chargé ou que le point d'accès n'a plus aucune trame de données en mémoire tampon à envoyer.

Dès qu'une station CF-Aware reçoit un CF-Poll sans donnée, elle peut envoyer au PC après SIFS soit un CF-ACK sans donnée, soit des données, soit encore un CF-ACK avec données. Si le PC reçoit d'une station des données et un CF-ACK, il peut envoyer à une autre station des données, un CF-ACK et un CF-Poll, le CF-ACK acquittant la réception de la station précédente.

L'agrégation des trames de données avec les trames de polling et d'acquittements garantit une gestion de la charge du réseau beaucoup plus efficace que si ces trames étaient envoyées séparément, améliorant ainsi le débit global, contrairement au DCF. Dans le cas où le PC envoie un CF-Poll sans données et qu'aucune station n'a de trame à envoyer, les stations envoient au PC une trame Null Function ne contenant aucune donnée. Si le PC ne reçoit pas d'ACK après la transmission d'une trame, il attend pendant un PIFS et continue de transmettre à la prochaine station de sa polling list, comme le montre la flèche de la figure 2.39.

Dès qu'une station reçoit un CF-Poll d'un PC, elle peut choisir de transmettre des données à une autre station se situant dans le même BSS. Lorsque la station destination reçoit une trame, elle envoie un DCF-ACK à la station source avant de transmettre d'autres trames.

Le PC peut aussi choisir de transmettre des données à une station qui n'est pas CF-Aware. Si cette dernière reçoit correctement la trame, il lui suffit d'envoyer un ACK après avoir attendu pendant un SIFS.

En résumé, le PCF est la seule méthode permettant de fournir de la QoS, ou qualité de service, dans 802.11, même si cette méthode n'est applicable que dans le cas où il n'y a qu'un seul réseau, le recouvrement de plusieurs réseaux 802.11 empêchant son utilisation.

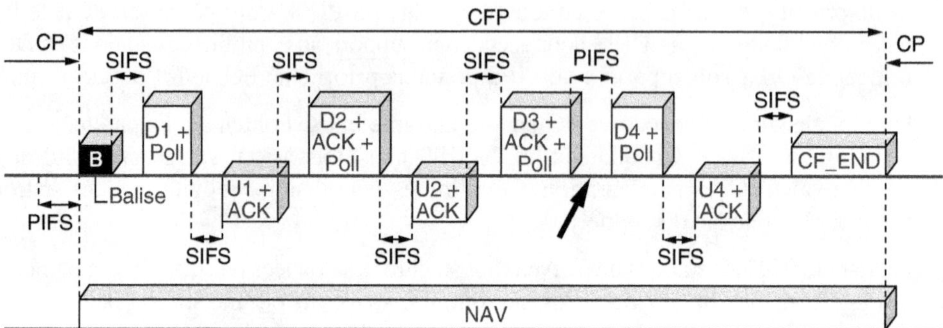

Figure 2.39

Transmission en alternance sur un réseau Wi-Fi par les algorithmes CP et CFP

Le PCF n'est toutefois pas implémenté dans la plupart des équipements des fabricants, qui considèrent le DCF comme un mécanisme suffisant pour l'utilisation d'un réseau 802.11. Pour voir apparaître des applications temps réel dans 802.11, il faudra attendre 802.11e fin 2004, qui propose de nouveaux mécanismes apportant un véritable support de la QoS.

3

Fonctionnalités

Ce chapitre présente les fonctionnalités des réseaux Wi-Fi. Les technologies utilisées dans ces réseaux sont assez simples pour être intégrées sur une puce unique et permettre la réalisation de composants à très bas coût. Elles resteront d'actualité jusqu'à l'arrivée de nouvelles interfaces radio permettant d'augmenter le débit des cartes d'accès.

Les fonctionnalités de Wi-Fi viennent aussi bien du monde fixe que du monde mobile. La composante sans fil de Wi-Fi nécessite de recourir à des technologies permettant de fiabiliser le lien radio, qui est le principal point faible de ce type de réseau. D'autres mécanismes doivent permettre à Wi-Fi de s'enrichir par la suite de fonctionnalités nouvelles, telles que la qualité de service, que l'on trouve rarement implémentée dans les cartes de communication actuelles.

Les principales fonctionnalités de Wi-Fi sont les suivantes :

- La fragmentation et le réassemblage, qui permettent de pallier le problème de la transmission d'importants volumes de données.
- Le Variable Rate Shifting, qui fait varier le débit en fonction de la qualité de l'environnement radio.
- La mobilité, apportée par le standard 802.11f (non encore finalisé).
- La qualité de service, qui permettra, par l'intermédiaire de 802.11e, prévu fin 2004, le support des transmissions de données de type voix ou vidéo dans les environnements Wi-Fi.

Fragmentation et réassemblage

Si l'on compare une transmission sans fil à une transmission filaire, on s'aperçoit que le taux d'erreur sur le support sans fil est beaucoup plus important (10^{-3} contre 10^{-9}).

Le lien radio peut être soumis à différentes contraintes, telles que l'affaiblissement, du fait d'interférences, le multitrajet, le signal suivant différents chemins pour aller d'un point à un autre, etc., qui évoluent avec le temps. Ces contraintes ont pour effet d'atténuer la puissance du signal, ce qui ne permet plus au lien radio de délivrer l'information correctement.

Contrairement au câble, dans lequel le support est mieux protégé des interférences extérieures et où le trajet est unique, le lien radio n'est pas fiable à 100 p. 100.

Un taux d'erreur élevé entraîne la retransmission de toutes les données erronées envoyées sur le réseau. Cette retransmission engendre un coût important en terme d'utilisation de la bande passante, surtout lorsque les données envoyées ont une taille importante.

Pour éviter un trop grand gaspillage de bande passante, on utilise un mécanisme de fragmentation, qui permet de réduire le nombre de retransmission dans des environnements fortement bruités comme Wi-Fi.

La fragmentation

La fragmentation désigne le partitionnement d'une trame de données, appelée MSDU (MAC Service Data Unit), ou d'une trame de gestion ou de contrôle, appelée MMPDU (MAC Management Protocol Data Unit), en plusieurs petits fragments, aussi appelés MPDU (MAC Protocol Data Unit).

Le taux d'erreur étant plus grand dans un environnement radio, plus la taille de la trame est importante, plus elle a de chance d'être erronée lors de sa réception par la station destination. Lorsqu'une trame est erronée, plus sa taille est petite, moins on a besoin de débit pour la retransmettre. La fragmentation permet à des trames de taille importante d'être divisées en petits fragments afin d'augmenter la probabilité que la transmission réussisse.

Ce mécanisme accroît la fiabilité de la transmission tout en réduisant le besoin de retransmission des données et en augmentant les performances globales du réseau.

Pour savoir si une trame doit être fragmentée, il suffit de comparer sa taille à une valeur seuil, appelée Fragmentation_Threshold. Si la taille d'une trame dépasse cette valeur, elle doit être fragmentée. Les fragments ont alors une taille équivalente au Fragmentation_Threshold, à l'exception du dernier, dont la taille peut être inférieure ou égale à cette valeur seuil.

> **Fragmentation et WEP**
>
> Si le mécanisme de chiffrement WEP (Wired Equivalent Privacy) est utilisé, les fragments peuvent avoir une taille supérieure au Fragmentation_Threshold du fait que chaque fragment chiffré contient deux champs supplémentaires, IV et ICV *(voir le chapitre 4)*, qui augmentent sa taille.

Lorsqu'une trame est fragmentée, tous les fragments sont transmis de manière séquentielle. La station destination acquitte chaque fragment reçu avec succès en envoyant un ACK à la station source. La station source garde le contrôle du support pendant toute la durée de la transmission d'une trame en attendant chaque fois pendant un SIFS (Short Inter-Frame Spacing) dès la réception d'un ACK et dès la transmission d'un fragment, comme illustré à la figure 3.1.

Le support n'est libéré que lorsque tous les fragments sont transmis avec succès ou que la station source ne parvient pas à recevoir l'acquittement d'un des fragments transmis.

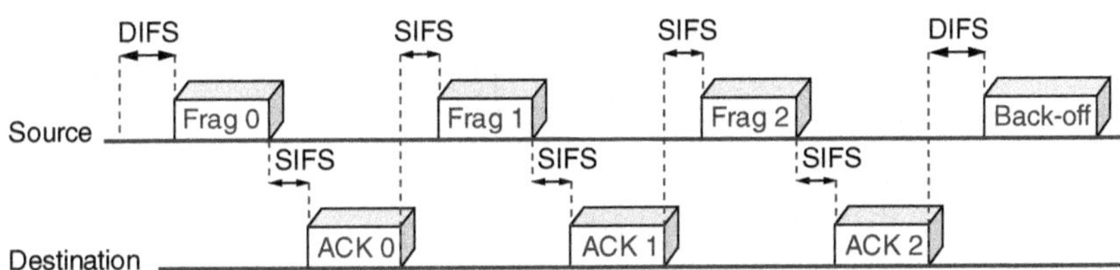

Figure 3.1
Transmission d'une trame fragmentée

Si un acquittement n'est pas correctement reçu, la station source interrompt la transmission et tente d'accéder à nouveau au support. Cela fait, elle termine la transmission à partir du dernier fragment non acquitté.

Si le support est occupé lorsque la station source tente d'y accéder ou que ce dernier soit occupé après que la station a attendu un DIFS, celle-ci doit initier l'algorithme de back-off *(voir le chapitre 2).* Ce n'est qu'a l'expiration du temporisateur de back-off et une fois le support libéré que la trame fragmentée peut être transmise.

Si les stations utilisent le mécanisme RTS/CTS (Request to Send/Clear to Send), seul le premier fragment envoyé utilise les trames RTS/CTS pour réserver le support, comme dans le cas d'une transmission normale (voir figure 3.2).

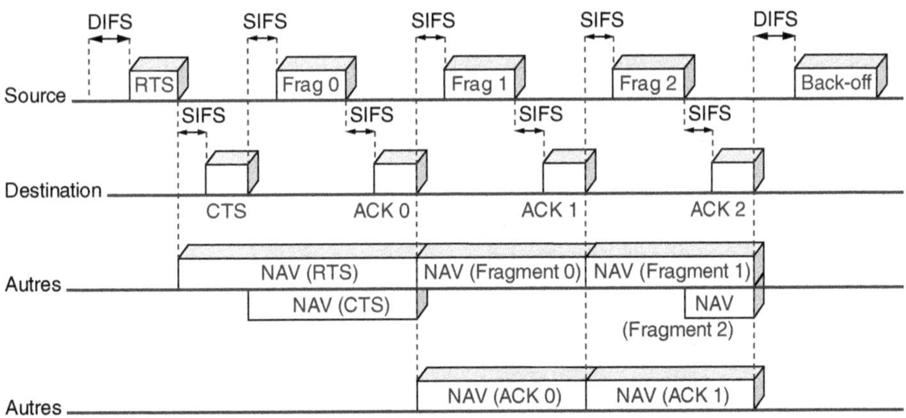

Figure 3.2
Transmission d'une trame fragmentée avec le mécanisme RTS/CTS

Pour éviter que des collisions ne se produisent, les stations appartenant au même BSS (Basic Service Set) doivent, comme pour toute transmission utilisant les RTS/CTS, maintenir leur NAV (Network Allocation Vector) en extrayant le champ Duration/ID des différents fragments et ACK envoyés entre la station source et la station destination.

Comme pour la gestion des retransmissions *(voir le chapitre 2),* la retransmission d'une trame de données fragmentée ne peut durer indéfiniment, pour des raisons évidentes de performances. La valeur MaxTransmitMSDULifetime permet de définir le temps de transmission d'une trame de données (MSDU). Si la transmission dure plus de MaxTransmitMSDULifetime, les fragments qui n'ont pu être transmis sont définitivement perdus, et les données à envoyer ne peuvent être retransmises.

Fragmentation et transmission broadcast/multicast

La fragmentation ne peut se faire qu'avec des stations en unicast, c'est-à-dire en transmission vers un seul point. Lors d'une transmission de données en multicast (vers plusieurs points) ou en broadcast (vers tous les points), les trames ne sont jamais fragmentées, même si leur longueur excède le Fragmentation_Threshold.

Comme expliqué précédemment, dans un environnement sans fil soumis à des interférences, le rôle de la fragmentation est d'optimiser la bande passante en évitant toute retransmission de trame. Il ne s'agit là que d'optimisation et non d'amélioration du débit. Comme l'illustrent les figures 3.1 et 3.2, la transmission d'une trame fragmentée fait appel à des temporisateurs SIFS et à la transmission d'ACK pour chaque fragment. Le délai global pour transmettre une trame fragmentée est donc plus grand que lors d'une transmission normale. Ce délai important agit directement sur la baisse du débit utile, comme nous le verrons au chapitre 8.

Le réassemblage

Dès réception de tous les fragments issus de trames fragmentées, la station destination a en charge de les réassembler afin de reconstituer la trame. Elle utilise pour cela les deux champs suivants, qui se trouvent dans chaque fragment :

- **Sequence Control.** Ce champ permet à la station destination de réassembler la trame grâce aux deux variables suivantes qui le composent :
  - **Sequence Number.** Chaque fragment issu d'une même trame fragmentée possède le même numéro de séquence.
  - **Fragment Number.** Lors de la fragmentation d'une trame, à chaque fragment est attribué un numéro de fragment. La numérotation commence à partir de zéro et est incrémentée par pas de un pour tout nouveau fragment.
- **More Fragment.** Ce champ situé dans l'en-tête des fragments permet d'informer la station réceptrice que d'autres fragments suivent celui qu'elle vient de recevoir. Si ce champ a pour valeur zéro, il s'agit du dernier fragment.

Grâce à ces différents champs, la station destination peut reconstruire la trame fragmentée. Une station peut réassembler jusqu'à trois trames fragmentées en même temps. Autrement dit, elle peut réassembler des fragments ayant jusqu'à trois Sequence Number. Au-delà, la station destination peut traiter certains fragments et en rejeter d'autres.

Comme pour la fragmentation, la station destination définit une valeur MaxReceiveLifetime dès qu'elle reçoit le premier fragment d'une trame de données. Si tous les fragments de cette trame n'ont pu être transmis avant expiration du MaxReceiveLifetime, les fragments restants sont définitivement perdus, comme dans le cas de la fragmentation. Tous les fragments reçus par la station destination après que le timer a expiré sont acquittés mais aussitôt effacés. La station source réinitie alors la transmission de cette trame.

Variation dynamique du débit

Dans 802.11b, 802.11a et 802.11g, la transmission repose sur la qualité du lien radio. Cette qualité peut se dégrader pour de multiples raisons, comme la présence d'un autre équipement, évoluant dans la même bande de fréquences, celle d'un autre réseau 802.11 ou une distance trop grande entre la station et le point d'accès.

Pour permettre à toutes les stations d'avoir un accès, même minimal, au réseau, 802.11 incorpore une fonction de variation du débit, appelée Variable Rate Shifting. Cette technique permet de faire varier le débit d'une station selon la qualité de son lien radio. Si, pour une station 802.11b donnée, par exemple, l'environnement radio se dégrade pour cause d'interférences ou de distance, le débit chute de 11 à 5,5 puis 2 et enfin 1 Mbit/s. Lorsque les interférences disparaissent ou que la station se rapproche du point d'accès, le débit augmente automatiquement. Il en va de même pour 802.11a et 802.11g.

Les stations 802.11b 1, 2 et 4 illustrées à la figure 3.3 étant proches du point d'accès, leur débit est de 11 Mbit/s. La station 3, qui est légèrement éloignée, n'a que 5,5 Mbit/s, et la station 5, soumise à des interférences, 1 Mbit/s. La station 4, qui se déplace en s'éloignant du point d'accès, voit son débit chuter.

La capacité de passer d'un débit à un autre augmente la zone de couverture du réseau. Comme le montrent les tableaux 3.1 et 3.2, plus le débit est important, plus la portée est faible. Cela vient du fait que les techniques de transmission, notamment le codage et la modulation, utilisées pour transmettre à faible débit permettent une propagation du signal bien plus grande et donc une portée plus importante. Les valeurs de ces tableaux sont évidemment théoriques. Tout dépend de l'environnement réel dans lequel se situe le réseau.

Tableau 3.1 Portée d'un réseau Wi-Fi 802.11b

Vitesse (en Mbit/s)	Portée à l'intérieur (en mètre)	Portée à l'extérieur (en mètre)
11	50	200
5,5	75	300
2	100	400
1	150	500

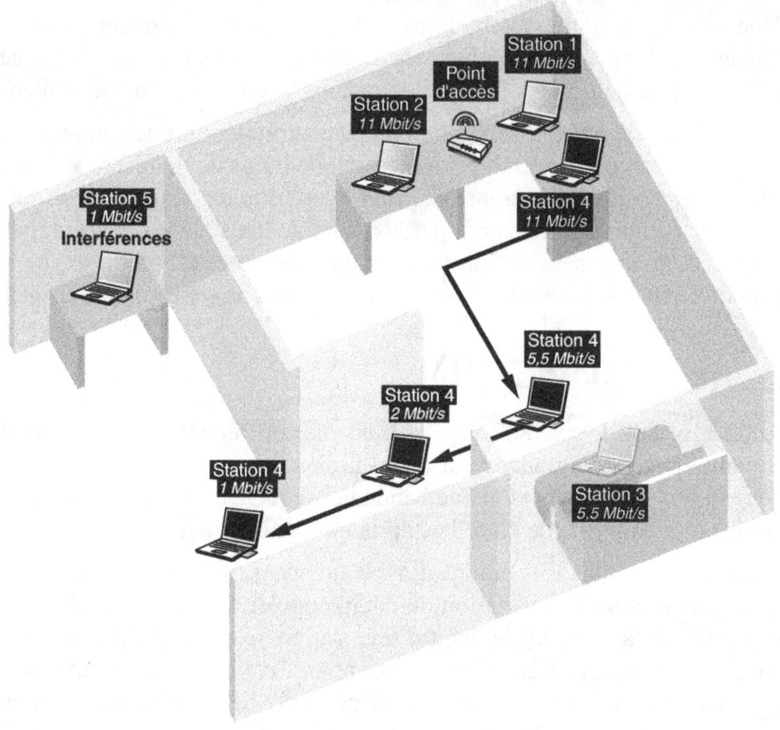

Figure 3.3
Effets sur le débit du Variable Rate Shiffting

Tableau 3.2 Portée d'un réseau 802.11a/g en milieu intérieur

Débit (en Mbit/s)	Portée (en mètre)
54	10
48	17
36	25
24	30
18	40
12	50
9	60
6	70

Sensibilité

Le passage d'une vitesse de transmission à une autre se fait en fonction de valeurs seuils, dites de sensibilité. Ces valeurs ne sont pas standardisées et sont laissées au soin des constructeurs. Deux produits différents situés en un même endroit peuvent donc offrir des débits différents, comme le montre le tableau 3.3.

Lorsque la station s'éloigne du point d'accès, sa sensibilité accommode la qualité du lien avec le point d'accès, et le débit est modifié. Pour qu'une transmission s'effectue avec succès, la puissance du signal reçue par l'émetteur doit être supérieure ou égale à la sensibilité du récepteur. Ce mécanisme permet de fiabiliser la transmission en cas de mobilité relative de la station.

Tableau 3.3 Sensibilité de deux cartes Wi-Fi 802.11b

Vitesse (en Mbit/s)	Cisco Systems Aironet 350	Orinoco Gold/Silver
11	– 85 dBm	– 82 dBm
5,5	– 89 dBm	– 87 dBm
2	– 91 dBm	– 91 dBm
1	– 94 dBm	– 94 dBm

Bien que ce mécanisme assure un service minimal, il peut devenir un inconvénient. Dans 802.11, une seule station peut transmettre des données dans un BSS. Pendant cette transmission, il se peut que d'autres stations attendent leur tour pour émettre.

Si la station qui émet se trouve en périphérie de la cellule ou est soumise à des interférences, son débit est de 1 Mbit/s. Les autres stations doivent donc attendre que cette transmission à 1 Mbit/s se termine pour avoir accès au support et transmettre à des vitesses plus importantes. Cette faible capacité de transmission influe fortement sur le débit utile du réseau. D'une valeur de 5 Mbit/s dans un réseau où tous les clients communiquent à un débit théorique de 11 Mbit/s, le débit utile total peut chuter à une valeur de 1 Mbit/s si des clients éloignés en grand nombre émettent à des débits faibles, de l'ordre de 1 Mbit/s. On constate ainsi qu'une seule station à bas débit fait chuter le débit global utile de toute la cellule.

Un autre facteur défavorable au débit est l'utilisation d'une application consommatrice de bande passante. Prenons l'exemple d'un utilisateur qui souhaite regarder une vidéo MPEG-2 en streaming sur son ordinateur portable. Le débit utile d'une telle application peut atteindre 5 Mbit/s, ce qui peut paraître suffisant pour un réseau tel que 802.11b si personne ne transmet au même instant. Si cet utilisateur se déplace, son débit chute, entraînant une détérioration de la qualité de l'application, voire son arrêt.

802.11a et 802.11g utilisent ce mécanisme de variation dynamique du débit, avec des effets qui peuvent être encore plus néfastes. Ainsi, le débit peut chuter de 54 Mbit/s à 6 Mbit/s en quelques dizaines de mètres, soit une baisse de 48 Mbit/s.

En conclusion, si le mécanisme de variation dynamique du débit permet de conserver une certaine connectivité, c'est au prix d'une importante diminution des performances du réseau, qui peut se révéler catastrophique dans certains cas.

Gestion de la mobilité

La mobilité est une caractéristique essentielle d'un réseau sans fil. Elle permet aux utilisateurs du réseau de se déplacer à leur guise tout en maintenant leur communication en cours.

À l'origine, le standard 802.11 ne permettait pas de maintenir la communication lors d'un déplacement intercellulaire. Lucent, comme d'autres constructeurs, a développé un mécanisme apportant la mobilité au monde Wi-Fi. Ce protocole, appelé IAPP (Inter-Access Point Protocol), est déjà implémenté dans des équipements. Le groupe de travail 802.11f l'a désigné comme protocole de référence pour la gestion de la mobilité dans 802.11.

L'avenir de 802.11f

Le rôle premier de 802.11f est de permettre une interopérabilité entre points d'accès par le biais d'un mécanisme de gestion des handovers. Cet amendement n'est guère apprécié par les constructeurs du fait qu'il permettra l'utilisation de points d'accès hétérogènes dans un même réseau Wi-Fi. Les équipementiers proposent en effet des mécanismes de gestion des handovers propriétaires, qui nécessitent les mêmes points d'accès pour pouvoir fonctionner. Il est probable que la finalisation de 802.11f sera de ce fait repoussée à une date incertaine.

Dans Wi-Fi, une certaine mobilité n'est possible que si le réseau est en mode infrastructure. Dans le cas d'un réseau formé d'un seul BSS, c'est-à-dire d'une cellule unique contrôlée par un seul point d'accès, le point d'accès permet aux différentes stations d'avoir un service de mobilité restreint à la zone de couverture. Une fois la zone de couverture dépassée, aucune communication n'est possible. Pour un réseau en mode ad-hoc, la mobilité n'est possible que si que les stations se voient.

Si le réseau est un ESS (Extended Service Set), c'est-à-dire un réseau composé d'un ensemble de BSS, les stations du réseau ont accès à une zone plus vaste. L'utilisation de certains mécanismes permet aux utilisateurs de se déplacer d'une cellule à une autre sans perte de communication.

Le standard 802.11 ne détaille pas ce mécanisme mais définit certaines règles de base, comme la synchronisation, l'écoute passive et active ou encore l'association et la réassociation, qui permettent aux stations de choisir le point d'accès le plus approprié pour communiquer.

Le groupe de travail 802.11f vise à standardiser un protocole permettant la gestion de la mobilité tout en apportant une certaine interopérabilité entre les points d'accès.

Synchronisation

Lorsque les stations se déplacent, c'est-à-dire lorsqu'elles changent de cellule ou qu'elles sont en mode économie d'énergie, elles doivent rester synchronisées pour pouvoir communiquer. Au niveau d'un BSS, les stations synchronisent leurs horloges avec l'horloge du point d'accès.

Pour garder la synchronisation, le point d'accès envoie périodiquement une trame balise, ou Beacon Frame, qui contient la valeur d'horloge du point d'accès lorsque la transmission de cette trame a réellement lieu. Dès réception de cette trame, les stations mettent à jour leur horloge pour rester synchronisées avec le point d'accès. Les trames balises sont envoyés toutes les 32 µs. Cette période peut être toutefois configurable selon le matériel utilisé.

Association-réassociation

Lorsqu'une station entre dans un BSS ou un ESS, soit après une mise sous tension ou en mode veille, soit lorsqu'elle entre directement dans une cellule, elle doit choisir un point d'accès auquel s'associer. Le choix du point d'accès s'effectue selon différents critères, tels que la puissance du signal, le taux d'erreur des paquets ou la charge du réseau. Si les caractéristiques du signal du point d'accès sont trop faibles, la station cherche un point d'accès plus approprié.

L'association, tout comme la réassociation, comporte les différentes étapes suivantes :

1. La station écoute le support.
2. Après avoir trouvé le meilleur point d'accès, elle s'authentifie.
3. Si cette phase réussit, la station s'associe avec le point d'accès et transmet ses données.

Le processus de réassociation est utilisé par une station qui veut changer de point d'accès. Bien qu'elle soit déjà associée à un point d'accès, la station essaye d'écouter le support afin de trouver un point d'accès ayant de meilleures caractéristiques. Si elle en trouve, la station se désassocie du point d'accès d'origine et se réassocie au nouveau point d'accès après s'être réauthentifiée.

L'écoute du support

Avant toute association avec un point d'accès, la station écoute le support sur tous les canaux radio inoccupés selon la réglementation en vigueur afin de découvrir les points d'accès disponibles.

Cette écoute peut se faire de deux manières différentes, active ou passive :

- **Écoute passive.** La station écoute sur tous les canaux de transmission et attend de recevoir une trame balise du point d'accès.
- **Écoute active.** Sur chaque canal de transmission, la station envoie une trame de requête (Probe Request Frame) et attend une réponse. Dès que un ou plusieurs points d'accès lui répond, elle enregistre les caractéristiques de ce dernier.

> **Écoute du support**
>
> Le choix des paramètres de transmission sur l'interface radio des points d'accès n'est pas défini dans le standard et est laissé au soin de l'implémentation.

Une fois l'écoute terminée, la station trie les informations récupérées sur les points d'accès et choisit le plus approprié, essentiellement en fonction de la qualité du lien (rapport signal sur bruit).

L'authentification

Une fois le point d'accès choisi, la station doit s'authentifier auprès de lui.

Les deux mécanismes d'authentification suivants peuvent être utilisés pour cela :

- **Open System Authentication.** C'est le mode par défaut. Il ne fournit toutefois pas de réelle authentification car toutes les stations qui l'utilisent sont automatiquement authentifiées.
- **Shared Key Authentication.** Ce mécanisme d'authentification véritable n'est utilisé que si le protocole de sécurité WEP est implémenté sur le point d'accès et la station (*voir le chapitre 4*). Il s'appuie sur une clé secrète partagée, connue à la fois de la station et du point d'accès. Si la clé utilisée par la station est différente de celle du point d'accès, l'authentification échoue.

L'association

Dès qu'une station est authentifiée, elle peut s'associer avec le point d'accès. Elle envoie pour cela une trame de requête d'association, ou Association Request Frame, et attend que le point d'accès lui réponde pour s'associer.

L'association se fait par le biais d'un identifiant, le SSID (Service Set ID). Cet identifiant est défini à la fois au niveau du point d'accès et des stations lorsqu'elles sont en mode infrastructure ou seulement au niveau des stations lorsqu'elles sont en mode ad-hoc. Le SSID définit en réalité le réseau lui-même, puisque c'est le nom du réseau. Il est périodiquement envoyé en clair par le point d'accès dans des trames balises dans toute la zone de couverture du réseau, ce qui permet aux stations en phase d'écoute de le récupérer.

Malheureusement, cette méthode présente une faille de sécurité, qui autorise n'importe qui à accéder au réseau. Une option permet cependant, au niveau du point d'accès, d'interdire la transmission du SSID dans les trames balises. Si la station n'est pas configurée correctement, avec le même SSID que le point d'accès, elle ne peut pas s'associer (*voir le chapitre 4*).

La figure 3.4 illustre les étapes nécessaires que doit suivre une station pour s'associer à un point d'accès.

Une fois la station associée avec le point d'accès, elle se règle sur le canal radio de ce dernier et peut commencer à transmettre et recevoir des données.

Périodiquement, la station surveille tous les canaux du réseau afin d'évaluer si un autre point d'accès ne possède pas de meilleures caractéristiques.

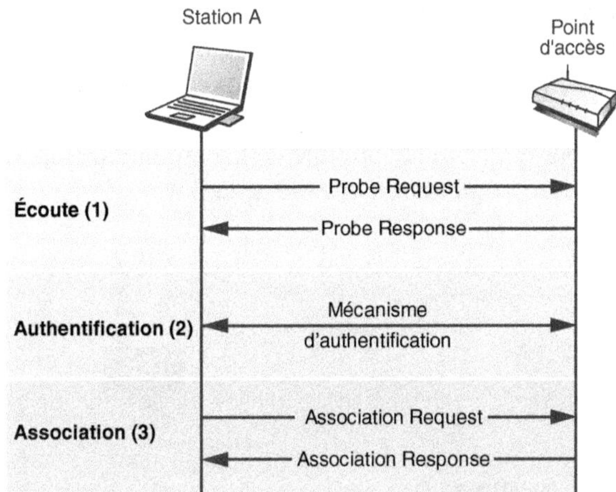

Figure 3.4
Le mécanisme d'association d'une station avec un point d'accès

La réassociation

Le mécanisme de réassociation est similaire à celui décrit précédemment. Les réassociations s'effectuent lorsqu'une station se déplace physiquement par rapport au point d'accès d'origine, engendrant de la sorte une diminution de la puissance du signal et entraînant une déconnexion.

Dans certains cas, les réassociations sont dues à des changements de caractéristiques de l'environnement radio ou à un trafic réseau trop élevé sur le point d'accès d'origine. Dans ce dernier cas, le standard fournit une fonction d'équilibrage de charge, ou load-balancing, qui répartit la charge de manière efficace au sein du BSS ou de l'ESS et évite les réassociations.

Les handovers

L'architecture d'un réseau sans fil peut comporter différentes cellules susceptibles de se recouvrir ou d'être disjointes. Dans un tel réseau, les utilisateurs sont généralement mobiles et doivent avoir la possibilité de se déplacer de cellule en cellule. Le déplacement intercellulaire, ou handover, ou encore handoff, est le mécanisme qui permet à tout utilisateur de se déplacer d'une cellule à une autre sans que la communication soit interrompue.

Cette technique est largement utilisée dans la téléphonie mobile. Lorsqu'on se déplace à pied, en voiture ou en train, la communication mobile n'est presque jamais coupée quand on passe d'une cellule à une autre.

> **Roaming *versus* handover**
>
> Le roaming et le handover sont assez souvent assimilés, à tort. Si le handover, ou handoff, correspond au passage d'une cellule à une autre, le roaming est un accord, généralement entre opérateurs, permettant à un utilisateur de se connecter à un autre réseau que celui auquel il est abonné.

La figure 3.5 illustre un handover dans un réseau Wi-Fi. La station mobile connectée au point d'accès 1 doit, à un moment donné, s'associer au point d'accès 2. En d'autres termes, la communication qui passait par le point d'accès 1 doit, à un instant donné, passer par le nouveau point d'accès. La gestion du handover recouvre les mécanismes à mettre en œuvre pour réaliser la continuité de la communication, de sorte que le récepteur ne s'aperçoive pas que l'émetteur a changé de cellule.

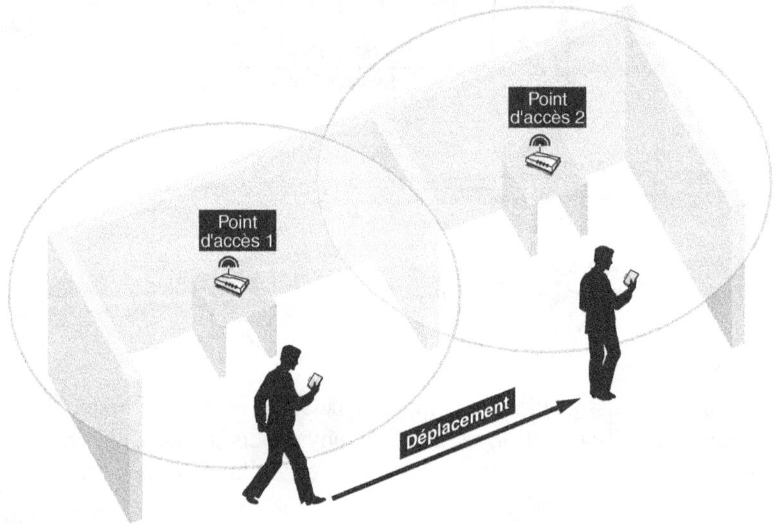

Figure 3.5
Un handover dans un réseau sans fil

Le standard d'origine ne supporte pas les handovers. Si une station se déplace dans un environnement couvert par de multiples points d'accès, et donc de multiples cellules, elle essaye de se connecter au point d'accès qui possède le meilleur signal. Cela assure à la station une bonne qualité du lien radio mais ne permet pas d'offrir la continuité de la communication dans un environnement cellulaire. Chaque fois qu'une station trouve un meilleur point d'accès, elle s'associe avec lui, toute communication en cours étant interrompue et non reprise par le nouveau point d'accès.

Le fait qu'il n'y ait pas de handover dans 802.11 est un facteur négatif pour le déploiement de ces réseaux et la vente des matériels correspondants. Certains constructeurs l'ont compris et n'ont pas attendu une éventuelle standardisation pour développer des protocoles de handover propriétaires. Pour en bénéficier, il faut que le réseau soit constitué d'équipements du même constructeur, ce qui présente d'autres contraintes. En l'absence de standard, il ne peut y avoir interopérabilité entre équipements de différents constructeurs.

IAPP (Inter-Access Point Protocol)

Comme expliqué précédemment, le groupe de travail 802.11f vise à la standardisation d'un protocole permettant de gérer les handovers et d'apporter ainsi l'interopérabilité entre des points d'accès de différents constructeurs. Le protocole retenu est l'IAPP (Inter-Access Point Protocol), développé à l'origine par Lucent.

IAPP fait communiquer les différents points d'accès d'un même réseau de façon à permettre à un utilisateur mobile de passer d'une cellule à une autre sans perte de connexion. Le seul lien entre les points d'accès du réseau étant le système de distribution (DS), c'est à ce niveau qu'est utilisé IAPP.

IAPP est un protocole de niveau transport (couche 4 du modèle OSI) qui se place au-dessus d'UDP (User Datagram Protocol). L'avantage d'utiliser UDP est que ce protocole de transport est sans connexion, à la différence de TCP (Transmission Control Protocol), les données étant envoyées directement.

Optionnel, IAPP ne fonctionne qu'avec les points d'accès qui l'implémentent. Il peut être désactivé à tout moment. Par ailleurs, aucun mécanisme de sécurité n'étant implémenté dans IAPP, cette tâche incombe au gestionnaire du système de distribution.

Le fonctionnement d'IAPP est illustré à la figure 3.6.

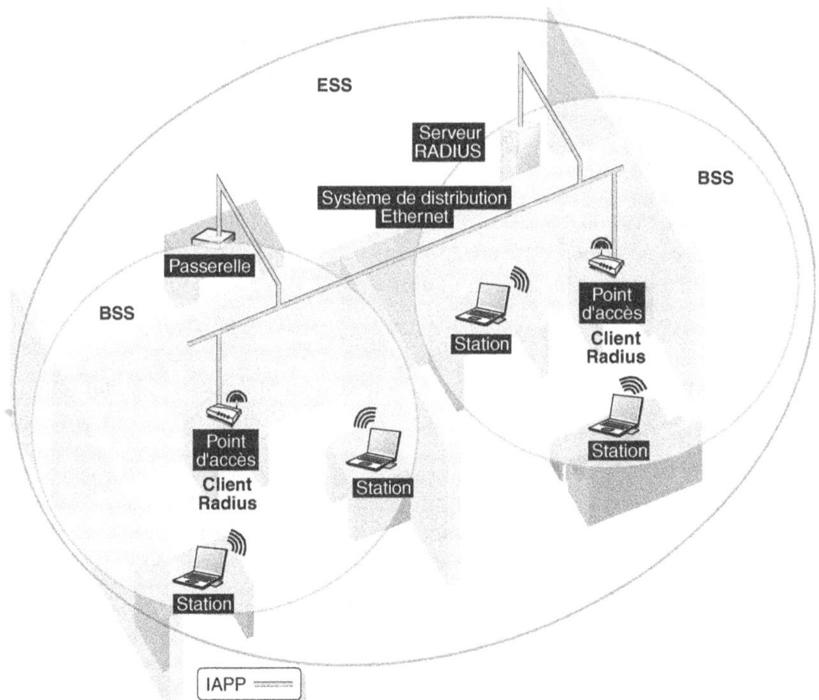

Figure 3.6
Fonctionnement d'IAPP (Inter-Access Point Protocol)

Une caractéristique d'IAPP est qu'il définit l'utilisation du protocole client-serveur d'authentification RADIUS (Remote Authentication Dial-In User Server) afin d'offrir des handovers sécurisés. L'utilisation de ce protocole demande la présence d'un serveur centralisé ayant une vue globale du réseau. Le serveur RADIUS connaît la correspondance d'adresse entre l'adresse MAC des points d'accès et leur adresse IP. Par ailleurs, ce protocole permet de distribuer des clés de chiffrement entre points d'accès.

RADIUS est un protocole client-serveur, dans lequel le serveur est une entité se trouvant sur le système de distribution tandis que les clients ne sont pas les stations mais les différents points d'accès du réseau. L'utilisation de RADIUS est optionnelle mais fortement conseillée, ne serait-ce que pour des raisons de sécurité.

IAPP ne résout pas la gestion de l'adressage des stations dans le réseau. L'utilisation de protocoles de niveau système de distribution, tels que DHCP (Dynamic Host Configuration Protocol) ou IP Mobile, est donc fortement recommandée.

Le protocole IAPP définit deux types de mécanismes, la configuration des points d'accès et les handovers proprement dits.

Configuration des points d'accès

Le mécanisme de configuration permet d'instaurer un certain dialogue avec les points d'accès du réseau. Lorsqu'un nouveau point d'accès est installé, il informe les autres de sa présence et leur envoie des informations concernant sa configuration. De la sorte, tous les points d'accès se connaissent et peuvent s'échanger des attributs de configuration, voire les négocier.

Le mécanisme de handover

Un handover se produit chaque fois qu'une station passe d'une cellule à une autre. Pour cela, elle doit se réassocier avec le point d'accès contrôlant cette cellule. C'est la réassociation qui initie le mécanisme de handover.

La figure 3.7 illustre le mécanisme de handover d'IAPP.

Dans les échanges d'information entre le nouveau point d'accès et la station, le nouveau point d'accès connaît l'adresse de l'ancien. Il peut dès lors commencer à dialoguer avec celui-ci.

Avant tout handover, une authentification est nécessaire. L'utilisation de RADIUS entraîne une nouvelle phase d'authentification, qui se produit après chaque réassociation avec un nouveau point d'accès. La station envoie des informations au serveur par l'intermédiaire du point d'accès. Le serveur les vérifie, et, si les données sont correctes, authentifie la station auprès de ce point d'accès. Une fois authentifié, le nouveau point d'accès entre dans la phase de handover.

Pendant cette phase, le nouveau point d'accès envoie une requête à l'ancien par l'intermédiaire du système de distribution. L'ancien point d'accès lui répond et lui transmet toutes les informations nécessaires concernant la station. Ce processus est illustré à la figure 3.8.

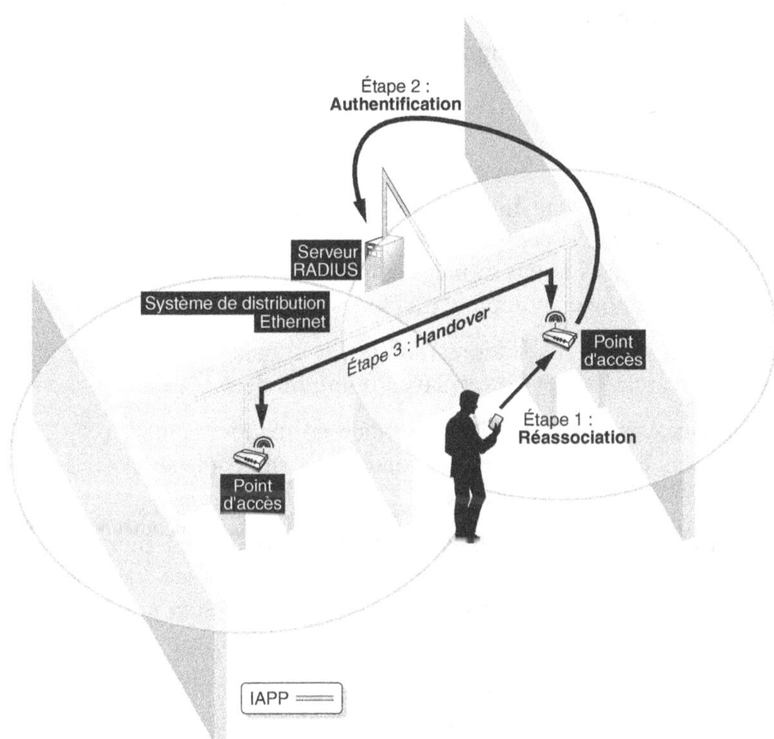

Figure 3.7
Le mécanisme de handover d'IAPP

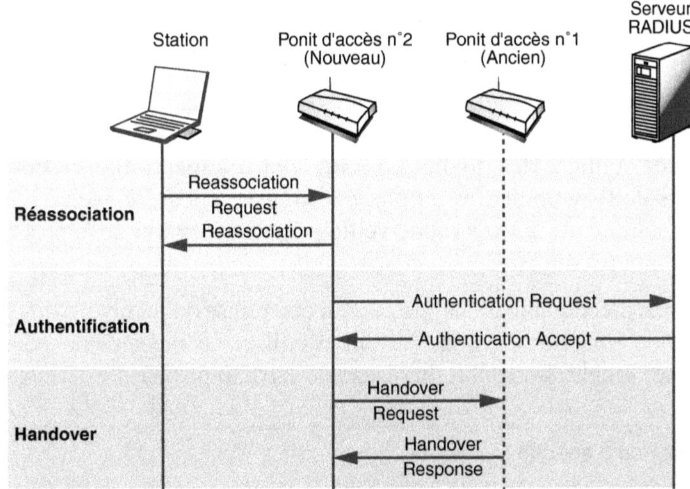

Figure 3.8
La phase de négociation du handover

Une fois cette phase terminée, la station possède les paramètres réseau corrects et peut de la sorte soit continuer une communication soit en commencer une nouvelle.

Économies d'énergie

Les réseaux sans fil peuvent être composés de stations fixes ou mobiles. Les stations fixes n'ont aucun problème d'économie d'énergie puisqu'elles sont directement reliées au réseau électrique. Les stations mobiles sont alimentées par des batteries, qui n'ont généralement pas une grande autonomie (quelques heures selon l'utilisation).

Pour utiliser au mieux ces stations mobiles, le standard définit deux modes d'énergie, Continuous Aware Mode et Power Save Polling Mode :

- **Continuous Aware Mode.** C'est le mode de fonctionnement par défaut. L'interface Wi-Fi est tout le temps allumée et écoute constamment le support. Il ne s'agit donc pas d'un mode d'économie d'énergie.
- **Power Save Polling Mode.** C'est le mode d'économie d'énergie. Dans ce mode, le point d'accès tient à jour un enregistrement de toutes les stations qui sont en mode d'économie d'énergie et stocke les données qui leur sont adressées dans un élément appelé TIM (Traffic Information Map).

Comme expliqué à la section précédente, les stations d'un BSS sont toutes synchronisées. Cette synchronisation, qui s'effectue par le biais des trames balises, permet d'établir le mécanisme d'économie d'énergie.

Les stations en veille s'activent à des périodes de temps régulières pour recevoir une trame balise contenant le TIM envoyé en broadcast par le point d'accès. Entre les trames balises, les stations retournent en mode veille. Du fait de la synchronisation, une trame balise est envoyée toutes les 32 µs. Toutes les stations partagent le même intervalle de temps pour recevoir les TIM et s'activent de la sorte au même moment pour les recevoir.

Les TIM indiquent aux stations si elles ont ou non des données stockées dans le point d'accès. Lorsqu'une station s'active pour recevoir un TIM et qu'elle s'aperçoit que le point d'accès contient des données qui lui sont destinées, elle lui envoie une trame de requête (PS-Poll) pour mettre en place le transfert des données. Une fois le transfert terminé, la station retourne en mode veille jusqu'à réception de la prochaine trame balise contenant un nouveau TIM.

Le mécanisme d'économie d'énergie ne peut être utilisé qu'au niveau des stations, lesquelles choisissent de l'utiliser ou non. Le fait d'utiliser ce mécanisme peut faire chuter les performances globales de débit du réseau de 20 à 30 p. 100.

Consommation d'énergie

La consommation d'une carte Wi-Fi 802.11b est de 30 mA en réception et de 200 mA en transmission pour le mode normal et de 10 mA pour le mode veille. La consommation d'une carte 802.11a est beaucoup plus importante : 300 mA en réception, 500 mA en transmission et 15 mA en mode veille.

La qualité de service

La qualité de service est indispensable pour assurer le transfert temps réel de données comme la voix ou la vidéo. De tels services demandent des transferts isochrones, c'est-à-dire des transferts de données qui permettent de faire varier le délai entre les différentes trames d'une même transmission. Dans le cas d'une application vidéo, par exemple, plus ce délai est important, plus la qualité se dégrade, qu'elle soit sonore ou visuelle. Pour minimiser ce délai, des mécanismes de priorité sont instaurés.

Même si le PCF permet d'instaurer un certain système de priorité, une extension au standard 802.11, appelée 802.11e, offre de nouveaux mécanismes améliorant la qualité de service

Wi-Fi et la qualité de service

Wi-Fi est utilisé comme un réseau local permettant d'échanger et de transmettre des données. Compte tenu des nombreux avantages apportés par ce type de réseau, certains voudraient l'utiliser pour transmettre de la voix et même de la vidéo. Avec un débit théorique de 54 Mbit/s, 802.11g est capable de faire passer un trafic de type MPEG-4 ou même MPEG-2 sans aucun problème.

Il faut toutefois modérer cet optimisme. Dans un tel cas, il faudrait qu'aucun autre trafic, par exemple de données, ne circule sur le réseau et que les stations qui utilisent l'application multimédia soient proches du point d'accès de façon que le mécanisme de variation de débit ne soit pas utilisé, évitant ainsi une chute de performance. Cela fait beaucoup de contraintes pour une simple transmission vidéo.

Les mécanismes actuels de Wi-Fi ne permettent pas de proposer de tels services de manière fiable. Un réseau Wi-Fi est en effet composé de plusieurs stations qui se transmettent différents types de trafic. De nouveaux mécanismes, tels que ceux proposés pour 802.11e, porteront sur l'ajout de la qualité de service.

La qualité de service, ou QoS (Quality of Service), est un concept utilisé depuis longtemps dans les réseaux. Malheureusement, il ne comporte pas de définition précise. Dans le cas des réseaux Wi-Fi, on peut définir la qualité de service comme la garantie d'un délai (temps de réponse), d'une gigue (variation du délai), d'une bande passante (débit) et d'un taux de perte.

Le taux de perte dans un réseau sans fil est de l'ordre de 10^{-3}, soit le taux de perte minimal pour appliquer une QoS. Le débit de Wi-Fi dépend du nombre de stations situées dans la cellule. La garantie de débit impose donc de limiter le nombre de stations connectées au point d'accès ainsi que de n'autoriser que des débits théoriques élevés. Le paramètre essentiel à prendre en compte est le délai entre les trames envoyées ainsi que sa variation, ou gigue.

La plupart des applications multimédias (voix et vidéo) demandent un trafic temps réel. Si les données d'une application multimédia n'arrivent pas à temps, cela peut stopper le processus de lecture ou engendrer des erreurs, que l'oreille et l'œil humains peuvent facilement voir ou entendre. L'oreille, par exemple, peut tolérer un temps de latence (délai) de 150 ms (milliseconde). Si ce temps augmente, la voix semble lointaine. Il en va de même de la vidéo. Si le délai n'est pas respecté, la vidéo peut apparaître pixellisée, ralentir, comporter des décalages entre le son et l'image, etc., la rendant difficile ou impossible à visionner.

Pour avoir un processus de lecture constant, l'instauration d'un système de priorité permettant de jouer sur le temps de réponse permettrait de mieux gérer ce type de trafic.

Le monde des réseaux a déjà défini deux mécanismes de QoS, IntServ (Integrated Services) et DiffServ (Differentiated Services). IntServ s'appuie sur une réservation par flot, autrement dit par trafic, au moyen du protocole RSVP (Resource reSerVation Protocol).

IntServ définit trois types de services :

- Guaranteed Service garantit un délai, une gigue et un débit.
- Controlled Load correspond à un service Best Effort constant, même lors d'une surcharge du réseau.
- Best Effort (BE) ne garantit rien.

DiffServ agrège les flots afin de créer des classes de trafic. Cette classification s'effectue au niveau du paquet IP, et plus précisément du champ DSCP (DiffServ Code Point) du paquet IP (IPv4).

Comme IntServ, DiffServ définit trois types de services :

- Premium, ou EF (Expedited Forwarding), garantit un délai, une gigue et un débit.
- Olympic, ou AF (Assured Forwarding), comporte trois classes : Gold, Silver et Bronze, qui correspondent à des services Best Effort améliorés.
- Best Effort (BE) n'offre aucune garantie.

Ces deux approches ne sont pas envisageables dans les réseaux Wi-Fi. En effet, ces mécanismes sont définis au niveau 3, niveau réseau, et il n'existe aucun lien, ou mapping, entre le niveau 3 et le niveau 2. Si l'on implémente DiffServ dans un réseau 802.11b souhaitant offrir à une station un débit de 3 Mbit/s, ce débit ne peut être assuré que si la station est seule dans la cellule. Le débit maximal utile d'une station étant de 5 Mbit/s, en supposant un débit théorique de 11 Mbit/s, si une autre station essaye d'émettre sur le support, le débit est partagé entre les deux stations, soit 2,5 Mbit/s. Le débit de 3 Mbit/s ne peut plus être garanti, et DiffServ ne fonctionne pas.

Une solution à ce problème pourrait consister à appliquer un mécanisme de réservation en dehors du réseau Wi-Fi. Comme illustré à la figure 3.9, il serait de la sorte possible de classifier le trafic entrant et sortant pour chaque station du réseau. Le problème est que la somme des débits alloués à chaque station ne devrait pas dépasser le débit maximal utile d'une cellule Wi-Fi. Dans l'exemple de la figure 3.9, le réseau Wi-Fi étant en 802.11b, la somme des débits alloués aux trois stations (2, 2 et 1 Mbit/s) est égale à 5 Mbit/s, soit le débit maximal utile d'une cellule. Cette réservation, c'est-à-dire la classification des flux IP entrants et sortants du réseau Wi-Fi, ne peut donc se faire qu'à l'extérieur du réseau

Wi-Fi par l'utilisation d'un classificateur. Une telle solution ne garantit toutefois que le débit et pas le délai, un paramètre important des trafics voix et vidéo.

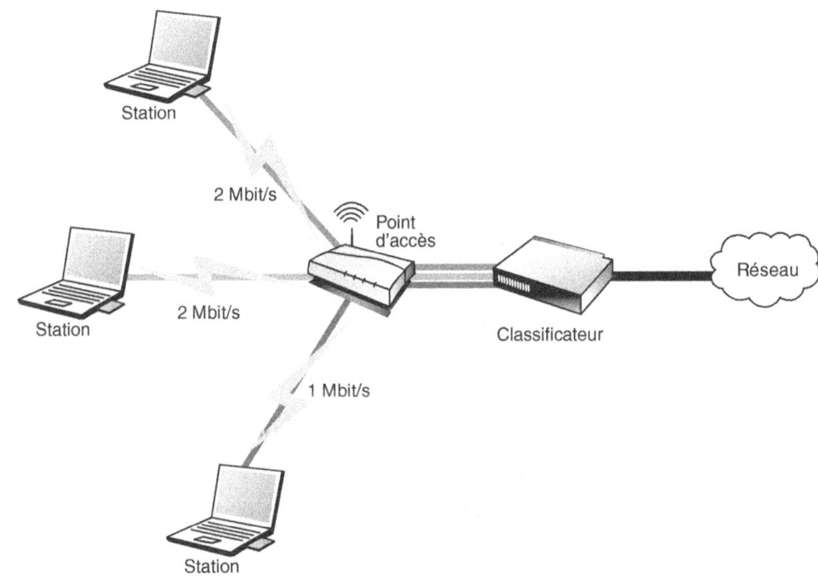

Figure 3.9
Classification du trafic pour un réseau Wi-Fi 802.11b.

Cette solution est actuellement utilisée par de nombreux hotspots Wi-Fi ainsi que par certains FAI (fournisseurs d'accès à Internet) afin de garantir un débit à l'utilisateur.

La téléphonie Wi-Fi, un marché en plein essor, ne peut utiliser un tel mécanisme qui ne garantit pas de délai. D'une manière générale, la téléphonie n'exige pas un débit important. Celui de la téléphonie mobile GSM n'est que de 9,6 Kbit/s, par exemple, et l'on arrive même maintenant à des débits de l'ordre de 7 à 8 Kbit/s pour la voix. Le délai et la gigue sont les paramètres principaux à prendre en compte. Ces derniers ne peuvent être assurés qu'en modifiant les paramètres d'accès définis dans 802.11, comme le propose l'amendement 802.11e.

802.11e et la gestion des priorités

Comme expliqué précédemment, la méthode d'accès PCF (Point Coordination Function) introduite dans 802.11 instaure un certain niveau de priorité, le point d'accès déterminant quelle station a le droit d'émettre. Cette technique n'a toutefois jamais été utilisée, car aucun constructeur ne l'a implémentée dans des produits.

802.11e ajoute deux nouvelles méthodes d'accès, EDCF (Extended DCF) et HCF (Hybrid Coordination Function), qui améliorent les techniques d'accès DCF et PCF destinées à fournir de la qualité de service.

Les périodes de temps CP (Contention Period) et CFP (Contention Free Period) sont conservées. L'EDCF ne peut être utilisé que pendant les périodes CP, tandis que le HCF est une méthode d'accès hybride, d'où son nom, qui peut être utilisée à la fois pendant les CP et les CFP.

L'accès EDCF (Extended DCF)

L'EDCF est une évolution du DCF, qui ajoute un système de gestion de priorités lors de l'accès au support. Toujours à la manière du DCF, l'accès au support se fait selon le niveau de priorité de la trame. Les trames de même priorité ont la même probabilité d'accéder au support, tandis que celles de priorité supérieure ont une probabilité plus grande d'accéder au support.

Aujourd'hui, dans les réseaux Wi-Fi, les priorités sont les mêmes pour toutes les stations. Comme les trames de plus haute priorité ne peuvent interrompre le transfert des trames de plus faible priorité, il n'existe aucun moyen d'avoir une garantie sur la qualité de service d'une communication Wi-Fi.

L'EDCF fournit des accès différenciés pour différents types de trafic. Il définit huit niveaux de priorités par l'intermédiaire de catégories de trafic, ou TC (Traffic Categories). Chacune de ces catégories de trafic correspond à une file d'attente ayant, d'une part, un niveau de priorité et, d'autre part, des paramètres spécifiques, en fonction de ce niveau de priorité. Une station en mode EDCF équivaut à huit stations virtuelles traitant chacune différentes catégories de trafic.

Chaque catégorie de trafic comporte des paramètres qui lui sont propres. Ces paramètres correspondent aux valeurs des différents temporisateurs utilisés (IFS, back-off), ainsi qu'aux paramètres utilisés dans le calcul de ces temporisateurs. La catégorie de trafic ayant la plus haute priorité est celle dont les valeurs de ces paramètres sont les plus faibles.

Les valeurs des temporisateurs ne sont pas fixes, comme dans le DCF. L'EDCF utilise toujours les IFS mais ajoute un nouveau temporisateur, l'AIFS (Arbitration IFS), qui joue le même rôle que le DIFS mais avec une valeur dynamique. De même, l'algorithme de back-off est toujours utilisé, mais la valeur de son temporisateur n'est plus fixe.

Le dernier apport de l'EDCF est l'ordonnanceur TxOP (Transmission Opportunities). Le TxOP détermine un temps, cette fois fixe, qui définit quand la station a le droit d'accéder au support et pendant quelle durée. Si plusieurs catégories de trafic veulent accéder au support au même instant, le TxOP encourage le TC de plus haute priorité.

Le fonctionnement de l'ECDF est illustré à la figure 3.10.

L'EDCF fonctionne de la même manière que le DCF, les stations attendant en utilisant divers temporisateurs que le support soit libre avant toute transmission. La différence avec le DCF est que l'EDCF ne définit pas de valeurs fixes pour ces temporisateurs.

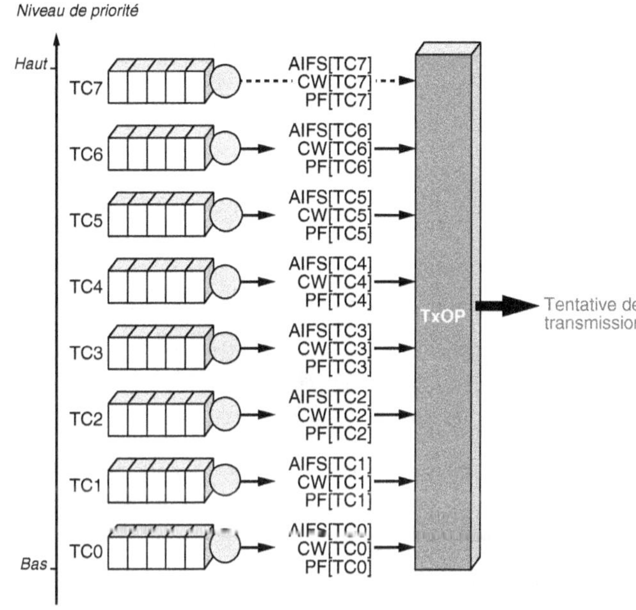

Figure 3.10
Les huit classes de trafics dans l'EDCF

AIFS (Arbitration IFS)

Le DIFS est une durée d'attente utilisée par toutes les stations en mode DCF pour accéder au support. La valeur du DIFS est fixe et dépend de la couche physique utilisée. Seule la station arrivée la première sur le support — en supposant qu'il était auparavant libre — transmet ses données.

L'EDCF introduit un nouveau temporisateur, l'AIFS (Arbitration IFS), qui est utilisé de la même manière que le DIFS. Chaque station en mode EDCF attend un AIFS. Comme l'EDCF peut gérer jusqu'à huit niveaux de priorité, la valeur de l'AIFS n'est plus fixe mais dynamique. Elle varie en fonction du niveau de priorité requis par la station émettrice pour la transmission de sa trame. Cette valeur de l'AIFS est supérieure ou égale à celle du DIFS. Ainsi, la catégorie de trafic de priorité supérieure a une valeur d'AIFS égale à DIFS.

L'utilisation d'un tel système de priorité d'accès au support diminue le risque de collision. La figure 3.11 illustre les différents temporisateurs utilisés lors de l'introduction de la qualité de service.

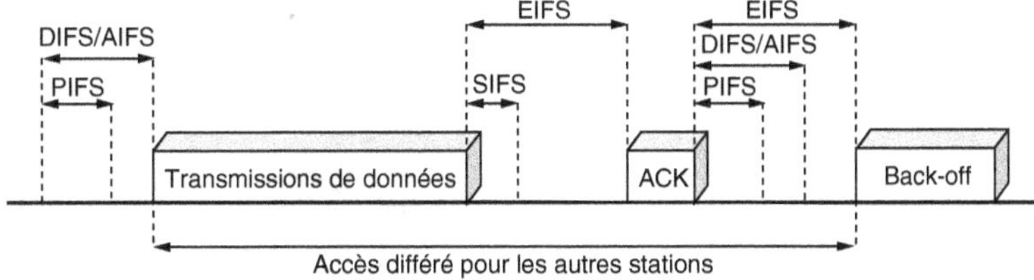

Figure 3.11
Les relations entre les différents temporisateurs

L'algorithme de back-off

Dans le DCF, toute station accédant à un support occupé calcule un temporisateur grâce à l'algorithme de back-off. L'EDCF utilise toujours l'algorithme de back-off, mais, comme pour les temporisateurs IFS, son calcul est dynamique.

Le temporisateur de back-off est utilisé lorsque une ou plusieurs stations tente d'accéder au support alors que celui-ci est occupé ou qu'il y a eu des collisions. Pour accéder au support, ces stations attendent d'abord un DIFS. Si le support est toujours libre, elles attendent que le temporisateur de back-off expire. Ce temporisateur est calculé grâce à l'algorithme du même nom.

Cette variation opère sur la taille de la fenêtre de contention. Si cette taille est petite, la station virtuelle attend moins longtemps pour accéder au support par rapport à une station dont la taille de la fenêtre de contention est plus grande.

Pour chaque catégorie de trafic, la taille de la fenêtre de contention varie entre CW_{MIN} [TCi] et CW_{MAX} [TCi]. La formule permettant le calcul du temporisateur de back-off reste inchangée.

Lors d'une collision, un nouveau temporisateur est calculé. Cette fois, avec l'EDCF, on ne double pas la taille de la fenêtre de contention à chaque collision. La taille de la fenêtre de contention est calculée selon la formule suivante :

$$CW_{new}\,[TCi] = (PF \times (CW_{old}\,[TCi] + 1)) - 1$$

où PF (Persistent Factor) est le facteur persistant. Le paramètre PF est dépendant de la catégorie de trafic.

Si PF = 2, on retourne dans le mode DCF, où la fenêtre de contention est doublée après chaque collision, et l'on revient à l'algorithme de back-off exponentiel. Si PF = 1, la taille de la fenêtre de contention ne change pas. Ainsi, les catégories de trafic de priorités les plus hautes ont une valeur de PF plus petite comparées aux catégories de trafic de priorités les plus basses.

TxOP (Transmission Opportunities)

Une fois qu'une station accède au support et que son temporisateur de back-off expire, elle doit à nouveau retarder sa transmission. Comme expliqué précédemment, l'EDCF introduit un ordonnanceur de trafic, appelé TxOP (Transmission Opportunities), qui correspond à un temps fini dont la valeur est fonction de la classe de trafic utilisée.

Dans le cas où différentes catégories de trafic accèdent au support en même temps, c'est le TxOP qui détermine celle qui accède réellement au support en fonction de son niveau de priorité. Si deux classes de trafic voient leur temporisateur de back-off expirer au même instant, la valeur du TxOP détermine la classe de trafic qui peut émettre les données prioritairement. Étant donné que la classe de trafic de priorité la plus haute possède le TxOP le plus petit, c'est cette classe qui peut émettre en premier, respectant ainsi l'ordre des priorités.

Si une classe de trafic de priorité la plus haute (TC7) accède en même temps qu'une classe de trafic de priorité la plus faible (TC1) au TxOP, celui-ci favorise TC7, qui peut dès lors transmettre sur le support, et signifie à TC1 qu'une collision s'est produite. TC1 doit retransmettre ses informations en initiant l'algorithme de back-off avec ses paramètres caractéristiques : AIFS [TC1], CW[TC1] et PF[TC1].

En résumé, l'EDCF est la seule méthode d'accès qui permette d'affecter une certaine QoS au réseau Wi-Fi, même s'il n'empêche pas les collisions, obstacle majeur à la fourniture de services garantis. Par ailleurs, la classe de trafic de plus haute priorité utilise un AIFS égal au DIFS. Une classe de trafic TC7 ayant la même probabilité d'accéder au support qu'une station ne possédant pas ce mécanisme de QoS, certains paramètres de QoS ne peuvent donc être garantis. C'est pourquoi il est nécessaire de limiter l'accès au réseau aux stations 802.11e afin d'obtenir un vrai réseau Wi-Fi avec QoS.

802.11e ne spécifie pas non plus la manière dont sont choisies les applications qui ont la plus forte priorité et laisse cette tâche aux constructeurs. Le mapping le plus simple consisterait à affecter une des classes de trafic à un ou plusieurs numéros de port particulier. Chaque application possède un numéro de port permettant de le reconnaître au sein d'un flux de données. Malheureusement, cette notion de port est devenue assez obsolète depuis l'arrivée des réseaux peer-to-peer, qui utilisent des numéros de port dynamiques, voire des numéros de port déjà alloués, comme le port 80 pour HTTP, afin de passer outre les protections de type pare-feu des réseaux. On peut donc imaginer qu'un utilisateur puisse changer le numéro de port de son application afin que cette dernière passe en priorité sur un réseau Wi-Fi 802.11e.

L'EDCF est déjà implémenté dans certaines solutions de téléphonie Wi-Fi.

L'accès HCF (Hybrid Coordination Function)

L'accès HCF est la seconde méthode d'accès définie dans 802.11e. Méthode hybride, il combine l'utilisation de l'EDCF et du PCF défini dans 802.11.

Comme pour le PCF, c'est toujours le point d'accès qui gère le trafic en définissant des CP et des CFP. Au niveau du point d'accès, le HCF définit un HC (Hybrid Coordinator), qui génère des bursts de CFP, et non plus un simple CFP. Le HC peut créer de la sorte de nombreux mini-CFP au sein d'un même CP, permettant à tout moment de satisfaire la QoS demandée, ainsi que des services réclamant une transmission périodique. Ces transmissions s'effectuent aussi bien durant un CFP que durant un CP.

Le HCF est un système plus centralisé que le PCF, car le HC détient beaucoup plus d'informations sur les stations que le système PCF. Il reste à espérer que cette méthode d'accès sera implémentée dans un proche avenir pour réaliser des réseaux Wi-Fi performants et qu'elle ne connaisse pas le même sort que le PCF, qui ne sera jamais implémenté.

4

Sécurité

La sécurité est le principal point faible des réseaux Wi-Fi. Cela tient en premier lieu au caractère sans fil de Wi-Fi. Le support de transmission étant partagé, quiconque se trouvant dans la zone de couverture du réseau peut en intercepter le trafic ou même reconfigurer le réseau à sa guise. De plus, si une personne malveillante est assez bien équipée, cette dernière n'a pas besoin d'être située dans la zone de couverture. Il lui suffit d'utiliser une antenne avec ou même sans l'aide d'un amplificateur pour accéder au réseau.

Pour résoudre ce type de problème, Wi-Fi implémente un certain nombre de mécanismes permettant d'empêcher toute écoute clandestine ainsi que toute tentative d'accès non autorisé. Ces mécanismes sont toutefois vulnérables, et il existe des techniques pour les contourner.

Les failles de sécurité de Wi-Fi ont porté un préjudice certain à son développement, notamment aux États-Unis, et ont freiné son déploiement au sein des entreprises et des administrations. Pourtant, si Wi-Fi n'est pas sécurisé, le paradoxe est qu'il supporte des mécanismes de contrôle d'accès et d'authentification dont aucun autre réseau ne dispose. Si l'on compare la sécurité de Wi-Fi à celle d'Ethernet, on constate qu'il est tout aussi possible d'intercepter le trafic d'un réseau Ethernet sans être connecté physiquement au réseau, même si, dans ce cas, l'équipement nécessaire coûte relativement plus cher que dans celui de Wi-Fi.

Outre les problèmes liés au support de transmission, un réseau Wi-Fi doit prévenir les autres menaces classiques, que l'on rencontre également dans les réseaux fixes, telles que les attaques DoS (Denial Of Service) ou les problèmes d'authentification, d'intégrité et d'écoute du support.

Pour contrer les critiques portant sur la sécurité dans les réseaux Wi-Fi, RSA Security, qui est à l'origine de l'algorithme de chiffrement de Wi-Fi défini dans le WEP (Wired

Equivalent Privacy), a amélioré certains aspects des mécanismes qu'il avait proposés afin de les rendre plus difficilement attaquables.

Le comité 802 de l'IEEE a défini une architecture d'authentification, appelée 802.1x, pour tout type de réseau, aussi bien filaire que sans fil, qui a trouvé l'écho le plus favorable dans Wi-Fi. De son côté, le groupe de travail 802.11i définit de nouveaux mécanismes de sécurité avec l'ajout d'un nouvel algorithme de chiffrement réputé inviolable pour les réseaux 802.11.

Si ces mécanismes n'en sont encore qu'au stade du développement, il est toutefois possible de sécuriser les réseaux Wi-Fi actuels de la même manière que les réseaux fixes. L'ajout de serveurs d'authentification ou de tunnels sécurisés, par exemple, permet d'éliminer toute menace.

La sécurité est un enjeu important pour le plein déploiement de Wi-Fi en entreprise, où l'application de téléphonie ne cesse de se développer. Dans un tel contexte, il est essentiel de disposer de mécanismes de sécurité fiables, sous peine de voir toutes les communications écoutées.

Problématique générale de la sécurité réseau

Comme tout autre réseau, Wi-Fi peut être soumis à différents types d'attaques, soit pour en perturber le fonctionnement, soit pour intercepter les informations transmises. Le seul désavantage de Wi-Fi vient du support qu'il utilise, l'air ambiant, qui le rend particulièrement vulnérable. Pour éviter toute divulgation d'information, le trafic du réseau doit être chiffré, de telle manière que quiconque le récupère ne puisse le déchiffrer.

Outre l'écoute clandestine, les principales attaques auxquelles peut être soumis un réseau sont celles qui visent à l'empêcher de fonctionner, jusqu'à le voir s'effondrer, ou à y accéder et à le reconfigurer à sa guise.

Les seules parades à ces types d'attaques sont la cryptographie, qui empêche les intrus d'accéder aux données échangées dans le réseau, l'authentification, qui permet l'identification et l'autorisation de toute personne voulant émettre des données, et le contrôle de l'intégrité, qui permet de savoir si les données envoyées n'ont pas été modifiées pendant la transmission.

La cryptographie

Le fait de rendre un texte ou un message incompréhensible grâce à l'utilisation d'un algorithme n'est pas nouveau. Les Égyptiens comme les Romains utilisaient des méthodes permettant de coder un texte ou un message. Ces techniques, relativement simples à l'origine, ont évolué, et c'est depuis la Seconde Guerre mondiale que la cryptographie a conquis le statut de science.

Le principe de base de la cryptographie est illustré à la figure 4.1. Une clé de cryptage est utilisée pour coder un texte en clair. Le texte chiffré est alors envoyé au destinataire.

Ce dernier utilise une clé de décryptage afin de reconstituer le texte en clair. À tout moment pendant la transmission un individu peut récupérer le texte chiffré, appelé cryptogramme, et essayer de le déchiffrer par diverses méthodes.

Figure 4.1
Le chiffrement des données

> **Cryptologie**
> La cryptographie ne s'attelle qu'à la conception et aux méthodes de cryptage. L'action de chercher à déchiffrer un texte chiffré s'appelle la cryptanalyse. La cryptologie désigne pour sa part l'étude de la cryptographie et de la cryptanalyse.

En France, il existe une réglementation stricte sur la longueur des clés utilisées pour le chiffrement. Une clé d'une longueur maximale de 40 bits peut être utilisée pour tout usage public ou privé. Pour l'utilisation privée, la longueur de la clé ne peut excéder 128 bits. Pour une longueur de clé supérieure à 128 bits, la clé doit être transmise à la DCSSI (Direction centrale de la sécurité des systèmes d'information).

Il existe deux techniques de cryptographie, la cryptographie à clé symétrique et la cryptographie à clé asymétrique, plus connue sous le nom de cryptographie à clé publique.

La cryptographie à clé symétrique

La cryptographie à clé symétrique est fondée sur l'utilisation d'une clé unique, qui permet à la fois de chiffrer et de déchiffrer les données. Toutes les personnes voulant se transmettre des données de manière sécurisée doivent donc partager un même secret : la clé. Ce processus est illustré à la figure 4.2.

Figure 4.2
La cryptographie à clé symétrique

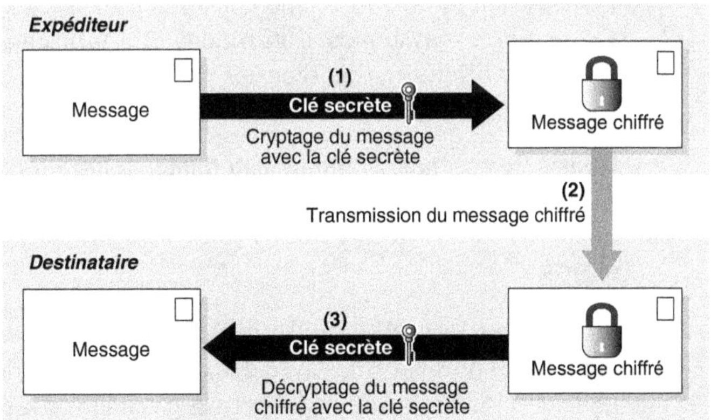

La faille de ce système réside évidemment dans la manière dont cette clé secrète partagée est transmise entre l'émetteur et le récepteur.

Différents algorithmes de cryptographie à clé symétrique ont été développés, notamment DES (Data Encryption Standard), IDEA (International Data Encryption Algorithm), la série RC2 à RC6 et AES (Advanced Encryption Standard).

DES (Data Encryption Standard)

L'algorithme DES a été développé dans les années 70 conjointement par IBM et la NSA (National Security Agency). Le DES est un algorithme de chiffrement dit par bloc. La longueur de la clé utilisée est fixe, 40 ou 56 bits. Le rôle du DES est d'effectuer un ensemble de permutations et de substitutions entre la clé et le texte à chiffrer de façon à coder l'information.

Le mécanisme de chiffrement suit plusieurs étapes :

1. Le texte à chiffrer est fractionné en blocs de 64 bits (8 bits sont utilisés pour le contrôle de parité).
2. Les différents blocs sont soumis à une permutation dite initiale.
3. Chaque bloc est divisé en deux parties de 32 bits : une partie droite et une partie gauche.
4. Seize rondes sont effectuées sur les demi-blocs. Une ronde correspond à un ensemble de permutations et de substitutions. À chaque ronde, les données et la clé sont combinées.
5. À la fin des seize rondes, les deux demi-blocs droit et gauche sont fusionnés, et une permutation initiale inverse est effectuée sur les blocs.

Une fois tous les blocs chiffrés, ils sont réassemblés afin de créer le texte chiffré qui sera envoyé sur le réseau. Le déchiffrement s'opère dans l'ordre inverse du chiffrement en utilisant toujours la même clé.

Le DES était jusqu'à récemment la référence en matière de cryptographie à clé symétrique. De nombreux systèmes l'utilisaient et l'utilisent encore actuellement. Le protocole d'échange d'information sécurisé par Internet SSL (Secure Sockets Layer) v1.0 l'utilise, par exemple, avec une clé de 40 bits.

Considéré cependant comme peu fiable, le DES n'est plus utilisé depuis 1998. Son algorithme de chiffrement a été repris et amélioré.

3-DES

3-DES, ou triple-DES, utilise trois DES à la suite. Les données sont donc chiffrées puis déchiffrées puis chiffrées avec deux ou trois clés différentes. La clé 3-DES peut avoir une taille de 118 bits, ce qui ne lui permet pas d'être utilisée en France. Le 3-DES est considéré comme raisonnablement sécurisé.

IDEA (International Data Encryption Algorithm)

IDEA (International Data Encryption Algorithm) est un algorithme d'une longueur de clé de 128 bits. Le texte à crypter est découpé en quatre sous-blocs. Sur chaque sous-bloc, huit rondes sont effectuées. Chaque ronde est une combinaison de « ou » exclusif, d'addition modulo 2^{16} et de multiplication modulo 2^{16}. À chaque ronde, les données et la clé sont combinées. Cette technique rend l'IDEA particulièrement sécurisé.

L'algorithme IDEA est implémenté dans PGP (Pretty Good Privacy), le logiciel de cryptographie le plus utilisé au monde.

RC2

L'algorithme RC2 a été développé par Ron Rivest, d'où son nom de Ron's Code 2. Il s'appuie sur un algorithme par bloc de 64 bits et est deux voire trois fois plus rapide que le DES, avec une longueur de clé maximale de 2 048 bits.

L'algorithme est la propriété de RSA Security et est utilisé dans SSL v2.0.

RC4

Le RC4 (Ron's Code 4) n'utilise plus de bloc mais chiffre par flot. Sa spécificité réside dans l'utilisation de permutations pseudo-aléatoires pour chiffrer et déchiffrer les données.

Le RC4 définit deux mécanismes :

- **KSA (Key Scheduling Algorithm).** Le KSA génère, par des permutations simples, une table d'état en utilisant la clé de chiffrement.
- **PRGA (Pseudo-Random Generator Algorithm).** La table d'état générée par le KSA est placée dans un générateur de nombre pseudo-aléatoire, ou PRNG (PseudoRandom Number Generator), qui crée, par des permutations complexes, le flux de chiffrement, ou keystream.

Contrairement aux autres algorithmes, les données ne sont pas divisées en blocs afin d'être chiffrées ou déchiffrées. Dans le RC4, le chiffrement correspond à l'ajout des données au flux de chiffrement par un « ou » exclusif, tandis que le déchiffrement correspond à l'ajout des données chiffrées à ce même flux de chiffrement, toujours au moyen d'un « ou » exclusif.

Le RC4 est encore plus rapide que le RC2. Comme le RC2, il est la propriété de RSA Security. Le RC4 est utilisé dans SSL v2.0 et SSL v3.0 pour sécuriser les connexions ainsi que dans le protocole WEP de 802.11.

RC5 et RC6

Autre algorithme propriétaire de RSA Security, le RC5 est un algorithme de chiffrement par bloc, avec une taille de bloc variable, comprise entre 32 et 128 bits, un nombre de ronde variable, compris entre 0 et 255, et une longueur de clé dynamique, comprise entre 0 et 2 040 bits.

Le RC6 est une amélioration du RC5, dont il utilise les caractéristiques. La seule différence porte sur l'ajout de nouvelles opérations mathématiques au niveau des rondes.

Blowfish

Comme DES, Blowfish est un algorithme de chiffrement par bloc de 64 bits. Fondé sur le DES, sa clé a une taille variable, comprise entre 40 et 448 bits. Cet algorithme est particulièrement rapide et fiable.

Twofish

De la même manière que Blowfish, Twofish est un algorithme de chiffrement par bloc de 128 bits sur 16 rondes, avec une longueur de clé variable. Il est également à la fois fiable et rapide.

AES (Advanced Encryption Standard)

AES correspond à un appel d'offre lancé en 2000 par le NIST (National Institute of Standards and Technology) en vue de remplacer le DES, réputé peu fiable. Plusieurs algorithmes ont été proposés, comme le RC6 et Twofish, mais c'est Rijndael qui l'a emporté par sa simplicité et sa rapidité et qui porte désormais le nom d'AES.

AES est un algorithme par bloc de 128 bits, ou 16 octets, pour une clé de chiffrement, K, de 128, 192 ou 256 bits. Selon la taille de la clé, le nombre de ronde est respectivement de 10, 12 et 14.

Pour chaque ronde, AES définit quatre opérations simples :

- SubBytes, un mécanisme de substitution (S) non linéaire, qui est différent pour chaque bloc de données chiffré.
- ShiftRows, un mécanisme de permutation (P), qui décale les éléments du bloc.
- MixColumns, un mécanisme de transformation (M), qui effectue une multiplication entre les éléments du bloc de manière non pas classique mais dans un corps de Galois de type $GF(2^8)$.
- AddRoundkey, un algorithme de dérivation de clé, qui définit à chaque ronde une nouvelle clé de chiffrement, Ki, où i correspond à la i-ème ronde, à partir de la clé de chiffrement K.

Avant d'être chiffrées, les données sont divisées en blocs de 128 bits. La première étape du chiffrement consiste à ajouter le bloc de données avec la clé de chiffrement par le biais d'un « ou » exclusif. Ensuite, chaque bloc subit dix rondes à la suite constituées chacune d'une substitution (S), d'une permutation (P) et d'une transformation (M). À la fin de chaque ronde, une nouvelle clé de chiffrement est dérivée de la clé initiale, et le résultat de l'opération M est ajouté à cette clé, Ki, par un « ou » exclusif, le tout est envoyé à la ronde suivante. À l'issue de la dernière ronde, qui se passe du mécanisme de transformation M, le bloc de données est considéré comme chiffré.

Une fois que tous les blocs pour un message donné sont chiffrés, ils sont réassemblés afin de créer le message chiffré, qui peut alors être transmis sur le réseau. La procédure de chiffrement d'AES est illustrée à la figure 4.3.

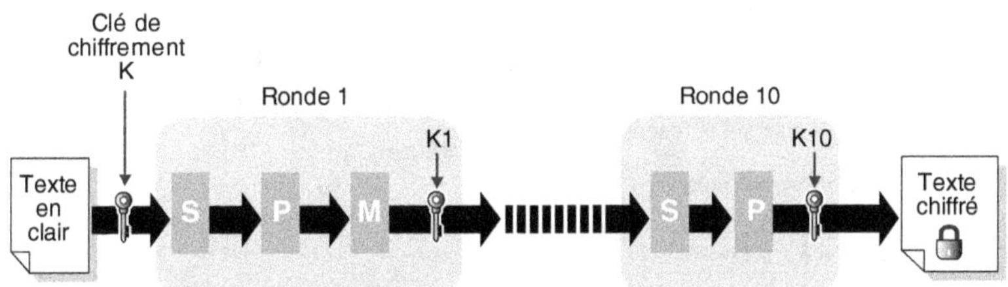

Figure 4.3
Le chiffrement AES

Le déchiffrement est la fonction inverse du chiffrement, comme illustré à la figure 4.4.

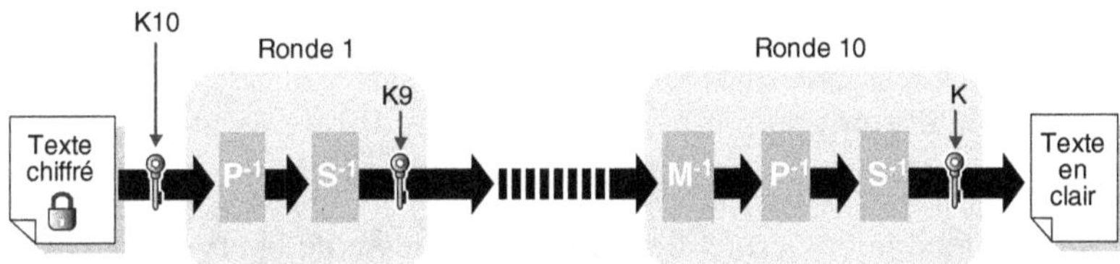

Figure 4.4
Le déchiffrement AES

Utilisé par l'administration américaine en remplacement du DES, AES a aussi été choisi comme nouvel algorithme de chiffrement pour 802.11i en remplacement du RC4.

La cryptographie à clé publique

La technique de cryptographie à clé publique résout le principal problème des clés symétriques, qui réside dans la transmission des clés.

Dans la cryptographie à clé publique, deux types de clés sont utilisés :

- Une clé privée pour déchiffrer les données, qui doit rester confidentielle.
- Une clé publique, qui est laissée à la disposition de tous les utilisateurs. Cette clé permet de chiffrer les données.

Ces deux clés sont liées mathématiquement, de sorte qu'il est très difficile de trouver la valeur d'une des deux clés à partir de l'autre.

La clé publique est envoyée en clair sur le réseau pour être chiffrée. Dès que le destinataire reçoit les données chiffrées, il utilise sa clé privée pour les déchiffrer. Ce processus est illustré à la figure 4.5.

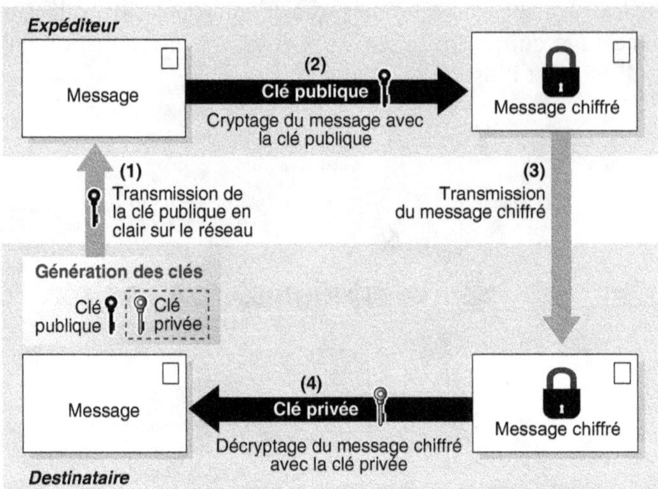

Figure 4.5
La cryptographie à clé publique

Comme dans la cryptographie à clé symétrique, différents algorithmes sont utilisés, notamment RSA (Rivest, Shamir, Adelman) et Diffie-Hellman.

Même si cette technique permet de pallier la faiblesse de la cryptographie symétrique, à savoir la transmission de la clé, elle est beaucoup moins rapide que celle-ci.

RSA (Rivest, Shamir, Adelman)

Cet algorithme à clé publique porte le nom de ses trois inventeurs, Ron Rivest, Adi Shamir et Leonard Adelman. Créé en 1977, le RSA a été le premier algorithme à clé publique. Sa force réside dans une supposition portant sur la difficulté à factoriser de grands nombres.

RSA utilise des clés de longueur variable, de 512, 1 024 et 2 048 bits. Les clés de 512 bits sont considérées comme peu sûres. RSA est toujours utilisé aujourd'hui par SSL, IPsec et bien d'autres applications. Avec des longueurs de clé raisonnables, et jusqu'à de futures avancées mathématiques, le RSA est réputé fiable.

Diffie-Hellman

Cet autre algorithme à clé publique, inventé par Whitfield Diffie et Martin Hellman, a été le premier algorithme de chiffrement commercialisé. Étant vulnérable à certains types d'attaques, mieux vaut l'utiliser avec l'aide d'une autorité de certification.

Une de ses propriétés est qu'il permet de faire partager un secret à deux personnes sans nécessiter de transmission sûre. Il reste toujours utilisé aujourd'hui.

La cryptographie à clé mixte

La cryptographie à clé mixte, illustrée à la figure 4.6, fait appel aux deux techniques précédentes, à clé symétrique et à clé publique. Elle combine de la sorte les avantages des deux tout en évitant leurs inconvénients. Ces derniers sont bien connus, la cryptographie à clé symétrique ne permettant pas de transmission de clé sécurisée et la cryptographie à clé publique utilisant des algorithmes trop lents pour le chiffrement des données.

Lors d'un envoi de données, l'expéditeur chiffre le message avec une clé secrète grâce à un algorithme à clé symétrique. Dans le même temps, il chiffre cette clé secrète avec la clé publique générée par le destinataire. La transmission de la clé secrète peut ainsi se faire de manière fiable et sécurisée.

Le chiffrement d'une clé secrète sur 128 bits avec un algorithme à clé publique est très rapide, compte tenu de la taille de cette clé. Le tout est ensuite transmis au destinataire. Ce dernier déchiffre la clé secrète de l'expéditeur à l'aide de sa clé privée. Le destinataire possède maintenant la clé secrète en clair et peut l'utiliser pour déchiffrer le message.

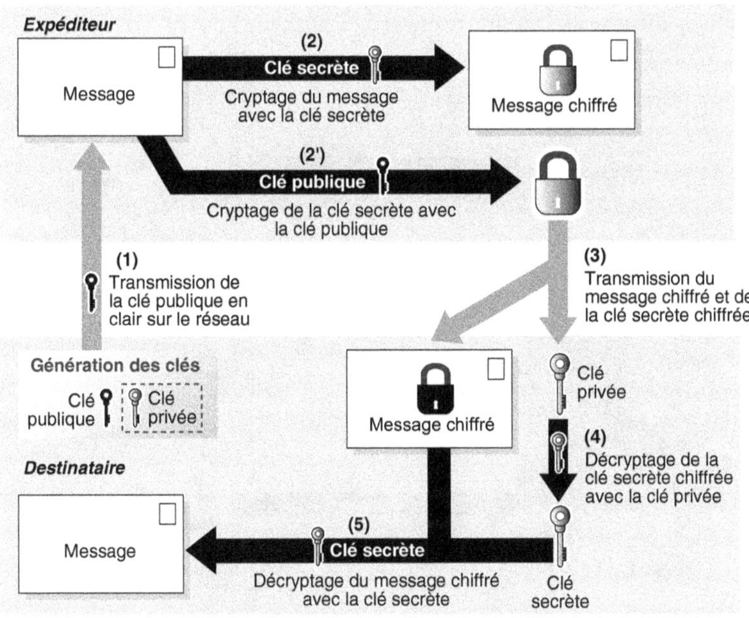

Figure 4.6
La cryptographie à clé mixte

Un autre avantage de cette technique est qu'il n'est plus nécessaire de chiffrer plusieurs fois un message lorsqu'il est destiné à plusieurs destinataires. Le message chiffré étant transmis avec sa clé secrète, il suffit de chiffrer cette clé avec les différentes clés publiques des destinataires.

La signature électronique

La signature électronique permet d'identifier et d'authentifier l'expéditeur des données. Elle permet en outre de vérifier que les données transmises sur le réseau n'ont pas subi de modification.

Différentes techniques permettent de signer un message à envoyer. L'une d'elles fait appel aux algorithmes à clé publique, mais les plus utilisées sont les fonctions de hachage.

Utilisation des clés publiques

Outre la confidentialité, l'avantage de la cryptographie à clé publique est qu'elle permet d'authentifier l'expéditeur d'un message. La signature électronique est la seconde utilisation des clés publiques.

Pour se faire authentifier, l'émetteur utilise sa clé privée pour signer un message. De son côté, le récepteur utilise la clé publique de l'émetteur pour vérifier si le message est signé. De cette façon, le récepteur peut vérifier tout à la fois que les données n'ont pas été modifiées et qu'elles ont bien été envoyées par l'émetteur.

La figure 4.7 illustre le fonctionnement de l'authentification par clé publique.

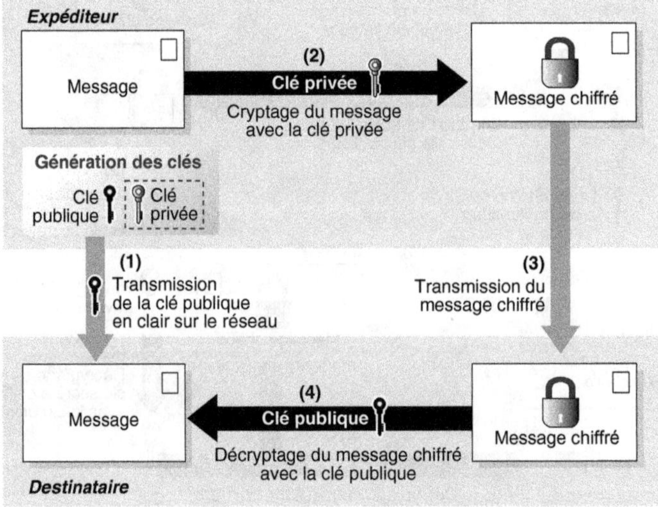

Figure 4.7
L'authentification par clé publique

Si cette technique permet bien de signer les messages, elle n'en garantit pas pour autant la confidentialité, puisqu'il est possible d'intercepter le message chiffré et la clé publique et d'accéder au contenu des données.

La fonction de hachage

La fonction de hachage offre une solution de remplacement à l'utilisation de la signature grâce à des clés publique et privée.

Le rôle de la fonction de hachage est de créer une sorte d'empreinte numérique du message qui doit être envoyé. La taille de cette empreinte, appelée digest, est très petite comparée à celle du message. Une autre caractéristique de cette technique est qu'il est très difficile, voire impossible, de retrouver le message d'origine à partir de son empreinte. Cela garantit l'authenticité et l'intégrité du message envoyé.

La figure 4.8 illustre un expéditeur voulant envoyer un message tout en garantissant son authenticité. Il crée pour cela une empreinte du message par l'intermédiaire d'une fonction de hachage H. Le message et son empreinte sont envoyés au destinataire, qui applique la même fonction de hachage H au message reçu afin de comparer cette nouvelle empreinte et celle qu'il a reçue. Si les empreintes sont les mêmes, c'est que le message n'a pas été modifié.

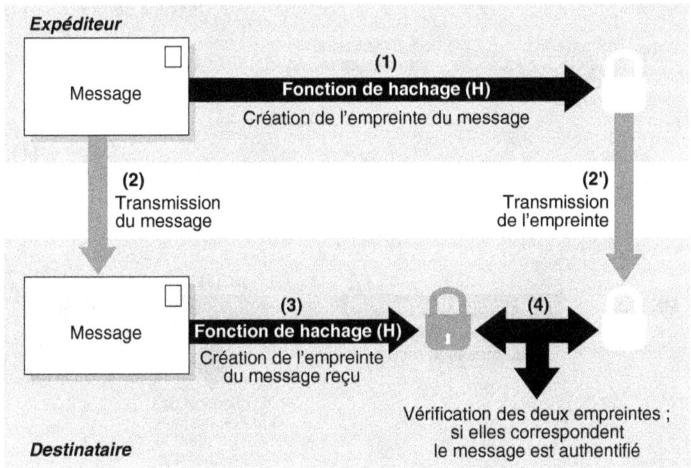

Figure 4.8
Le hachage d'un message

> **MD5**
> On voit de plus en plus sur Internet des fichiers à télécharger accompagnés de leurs empreintes, généralement du MD5, destinées à vérifier l'intégrité des données reçues.

La fonction de hachage est souvent combinée avec la cryptographie à clé publique. Le processus est le suivant :

1. L'émetteur hache le message.
2. L'empreinte est chiffrée avec la clé privée de l'expéditeur.

3. Le message, la clé publique de l'expéditeur et l'empreinte chiffrée sont envoyés sur le réseau.
4. Le destinataire reçoit le message, qu'il hache à son tour pour en extraire une nouvelle empreinte.
5. Cette empreinte est comparée avec celle qu'il a reçue chiffrée, qu'il déchiffre grâce à la clé publique fournie par l'expéditeur.
6. Si les deux empreintes correspondent, le message est authentifié.

Ce processus est illustré à la figure 4.9.

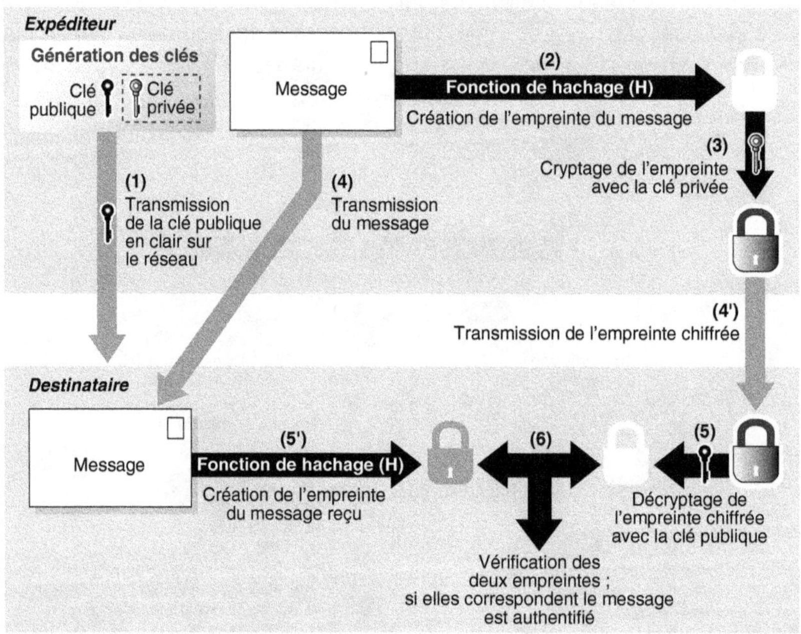

Figure 4.9
Hachage et clé publique

Différentes techniques de hachage sont utilisées, notamment les suivantes :

- **MD2, MD4 et MD5.** Message Digest 2, 4 et 5 ont été développés par Ron Rivest pour RSA Security. Ce sont des fonctions de hachage qui produisent toutes des empreintes d'une taille de 128 bits. Le MD2 est le plus fiable mais n'est optimisé que pour des machines 8 bits alors que les deux autres le sont pour des machines 32 bits. MD4 a été abandonné car trop sensible à certaines attaques. MD5 est une évolution de MD4. Il est considéré comme fiable, même s'il est vulnérable à certaines attaques, et est utilisé dans de nombreuses applications. MD5 a été standardisé par l'IETF sous la RFC 1321.

- **SHA et SHA1.** Le SHA (Secure Hash Algorithm) et son évolution ont été développés par la NSA. Ces deux algorithmes produisent des empreintes de 160 bits pour un message pouvant atteindre une taille de deux millions de téraoctets. La taille de son empreinte le rend très difficile à percer, mais il est plus lent que MD5.

Les attaques réseau

De tout temps, les réseaux ont été soumis à différents types d'attaques. Les attaques peuvent être passives, comme dans le cas de l'écoute d'un réseau visant à récupérer des informations en « craquant » les différents mots de passe et clés de chiffrement. Dans d'autres cas, les attaques sont actives, l'attaquant tentant de prendre le contrôle de machines ou d'en détériorer certains équipements.

Les attaques les plus connues sont les suivantes :

- **Attaque par déni de service (DoS).** Parmi les plus redoutées, cette attaque consiste à inonder un réseau de messages afin que les équipements de ce dernier ne puissent plus les traiter, parfois jusqu'à s'effondrer.
- **Attaque DoS dans les réseaux sans fil.** Le but de cette attaque est d'empêcher le bon fonctionnement des équipements du réseau sans fil. Dans un environnement radio, une attaque DoS peut consister en l'utilisation d'un équipement interférant sur la même bande de fréquences avec le point d'accès ou les stations du réseau afin qu'elles ne puissent plus communiquer.
- **Attaque par force brute.** Consiste à tester toutes les combinaisons possibles afin de récupérer un mot de passe ou une clé de chiffrement utilisés dans un réseau.
- **Attaque par dictionnaire.** Est utilisée pour récupérer un mot de passe ou une clé en recourant à une base de données contenant un grand nombre de mots.
- **Attaque par spoofing.** S'appuie sur l'usurpation d'une identité afin d'accéder au réseau. Est généralement associée aux attaques par force brute ou par dictionnaire, qui permettent d'accéder à certaines informations comme les login et mot de passe d'un utilisateur.
- **Attaque sur l'exploitation des trous de sécurité.** De nombreux protocoles et systèmes d'exploitation sont vulnérables du fait de leur conception. Ces failles peuvent être utilisées soit pour permettre à l'attaquant de s'introduire dans la machine ou dans le réseau, soit pour prendre le contrôle de la machine ou récupérer des données. Dans certains protocoles comme le WEP, de telles failles peuvent être utilisées pour accéder au réseau, comme s'il n'était pas sécurisé.
- **Attaques par virus, vers et cheval de Troie.** Très connues, ces attaques permettent soit de détériorer des fichiers voire des composants de la machine, soit de prendre le contrôle d'une machine (virus et vers) et d'en exploiter les ressources (cheval de Troie).

La sécurité dans Wi-Fi

Pour permettre aux réseaux Wi-Fi d'avoir un trafic aussi sécurisé que les réseaux fixes, le standard 802.11 a mis en place un protocole, appelé WEP (Wired Equivalent Privacy).

Ce protocole offre deux types de mécanismes : le chiffrement des données et l'authentification. Tous deux reposent sur l'utilisation d'une même clé secrète partagée. Le WEP est un système à clé symétrique, la même clé étant utilisée pour chiffrer et déchiffrer les données.

Chaque station et point d'accès possède une clé secrète partagée, qui peut être soit un mot de passe entré par l'utilisateur, soit une clé issue de ce mot de passe. La longueur de la clé peut être de 40 ou de 104 bits.

Le WEP est défini de manière optionnelle, et les stations et points d'accès ne sont pas obligés de l'utiliser. Les mécanismes définis dans le WEP sont eux aussi optionnels, une station pouvant utiliser le mécanisme d'authentification mais pas l'algorithme de chiffrement, et *vice versa.*

Les principales caractéristiques du WEP sont les suivantes :

- **Confidentialité des données.** Utilisation du RC4 pour chiffrer les données et éviter l'écoute clandestine.
- **Authentification.** Sécurisation du réseau en n'autorisant que les stations qui possèdent la bonne clé.
- **Contrôle d'intégrité.** Vérification de la validité d'un message lors de la transmission.

Lorsque le WEP est utilisé, les performances s'en ressentent, et un réseau peut perdre jusqu'à 20 p. 100 de ses capacités *(voir le chapitre 8).*

> **WEP et performances**
>
> La baisse des performances du fait de l'utilisation du WEP dépend essentiellement du type de carte utilisé. Avec certaines cartes, la baisse n'est que de 5 p. 100, tandis qu'avec d'autres elle peut atteindre 20 p. 100, voire 50 p. 100. Cette différence est liée à l'implémentation du WEP dans les équipements : une implémentation matérielle limite les temps de traitement liés à la sécurité par rapport à une implémentation logicielle, qui en demande davantage.

L'accès au réseau

L'identifiant du réseau, ou SSID (Service Set ID), est le premier mécanisme de sécurité offert par 802.11 pour le contrôle de l'accès au réseau. Le SSID est un nom que l'on donne à un réseau ou à un domaine. L'expression « nom de réseau » est surtout utilisée au moment de la configuration du réseau.

Toutes les stations et tous les points d'accès appartenant à un même réseau doivent posséder ce SSID, que les stations soient en mode ad-hoc ou en mode infrastructure.

Si une ou plusieurs stations veulent entrer dans un réseau sous le contrôle d'un point d'accès, elles doivent donner le SSID au point d'accès. La ou les stations ne peuvent accéder au réseau que si ce SSID est correct. Le SSID est le seul mécanisme de sécurité obligatoire dans Wi-Fi.

ACL (Access Control List)

Pour restreindre encore plus l'accès au point d'accès, ce dernier contient une liste d'adresses MAC, appelée ACL (Access Control List).

L'adresse MAC est une adresse unique que possède toute carte Wi-Fi ou Ethernet *(voir le chapitre 5)*. C'est par l'intermédiaire de cette adresse que la station peut être reconnue dans le réseau. L'ACL permet de n'autoriser que les cartes dont les adresses MAC sont présentes dans la liste.

L'ACL est toutefois optionnelle et laissée à la charge de l'administrateur du point d'accès. Cette solution est rarement utilisée car, comme nous allons le voir par la suite, l'ACL est peu fiable.

Le chiffrement des données

Le mécanisme de chiffrement du WEP s'appuie sur le RC4, développé par Ron Rivest en 1987 pour RSA Security. Le RC4 a pour principal avantage d'être très rapide par rapport aux autres algorithmes de chiffrement disponibles actuellement.

Le chiffrement

Le mécanisme de chiffrement des données est divisé en deux parties : l'intégrité et le chiffrement proprement dit.

L'intégrité

Avant de chiffrer les données, on effectue un calcul de l'intégrité des données, ou ICV (Integrity Check Value), grâce à un checksum non chiffré (CRC sur 32 bits). La clé secrète n'est pas utilisée dans cette partie.

Les données (M) sont ensuite concaténées avec l'ICV de ces mêmes données :

$$M \| ICV(M)$$

Le processus de chiffrement

Le processus de chiffrement est illustré à la figure 4.10.

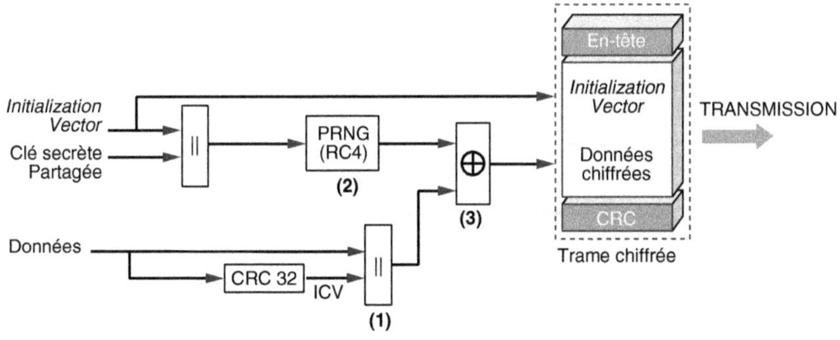

Figure 4.10
Le chiffrement des données

1. La clé secrète partagée (k) est concaténée avec un IV (Initialization Vector) de 24 bits. Cet IV est variable mais doit être réinitialisé après chaque utilisation.
2. La nouvelle clé de 64 bits est placée dans le PRNG (PseudoRandom Number Generator). Le PRNG génère une séquence pseudo-aléatoire, le flux de chiffrement ou keystream (KS), permettant de chiffrer les données :

$$KS = RC4 (k \| IV)$$

3. Un fois les deux premières parties terminées, les données sont chiffrées. Pour cela, on utilise un « ou » exclusif (XOR) :

$$\text{Données chiffrées} = (M \| ICV(M)) \oplus RC4 (k \| IV)$$

Le symbole $\oplus$ correspond à un « ou » exclusif.

4. Les données chiffrées sont transmises, et l'IV est ajouté à la trame.

Le chiffrement des données ne protège que les données de la trame MAC et non l'en-tête ni le FCS. Cela permet aux autres stations d'écouter les trames, même chiffrées, afin d'en extraire des données utiles, telles que l'information de durée de vie pour le NAV.

Le déchiffrement

Comme le chiffrement, le mécanisme de déchiffrement est composé de deux parties : le déchiffrement proprement dit et le contrôle de l'intégrité des données.

Pour le déchiffrement, l'IV permet de retrouver la séquence de clés permettant de déchiffrer les données. L'IV est concaténé avec la clé secrète, qui, une fois introduite dans le PRNG, donne le même flux de chiffrement que lors du chiffrement des données. On obtient de la sorte les données déchiffrées concaténées à l'ICV de ces mêmes données.

Pour vérifier que l'opération de déchiffrement s'est déroulée correctement, un calcul d'intégrité est effectué sur les données déchiffrées. Cette nouvelle valeur, ICV', est comparée à l'ICV obtenu lors du déchiffrement. Si les valeurs d'ICV et d'ICV' sont différentes, c'est que les données sont erronées et doivent être retransmises.

La figure 4.11 illustre le processus de déchiffrement des données.

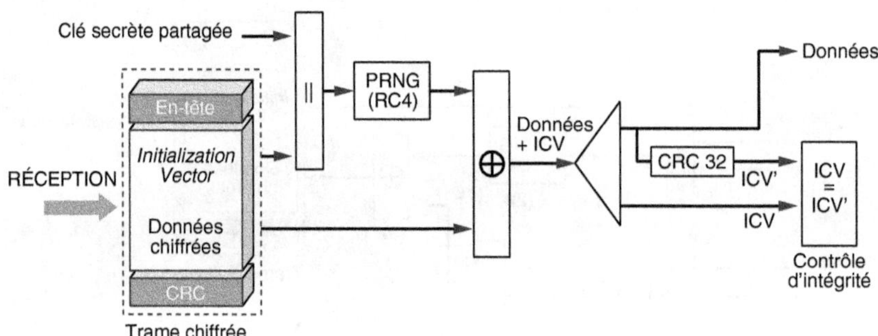

Figure 4.11

Le déchiffrement des données

L'authentification

Le mécanisme d'authentification utilise la clé secrète partagée définie pour le chiffrement des données. 802.11 offre deux types de mécanismes d'authentification, Open System Authentication et Shared Key Authentication.

Open System Authentication

Open System Authentication est le mécanisme d'authentification par défaut.

Ce mécanisme ce déroule en deux étapes, comme illustré à la figure 4.12.

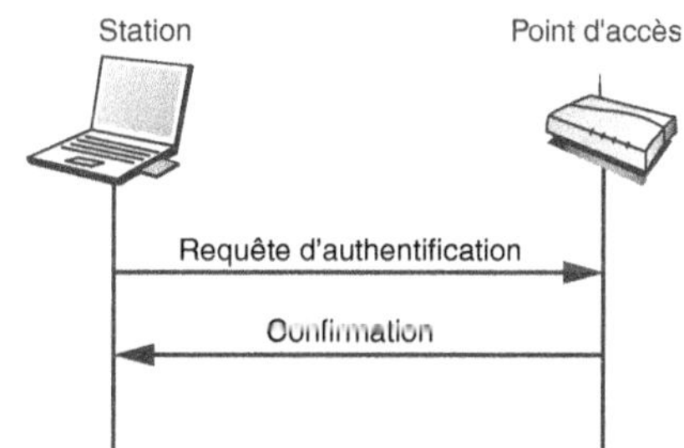

Figure 4.12
Open System Authentication

1. Une station envoie une demande d'authentification.
2. La station reçoit une réponse négative ou positive.

L'Open System Authentication n'est pas un véritable système d'authentification, car n'importe quelle station peut s'authentifier auprès d'un point d'accès, aucune n'étant rejetée.

Shared Key Authentication

Ce mécanisme fournit un meilleur système d'authentification en utilisant la clé secrète partagée de la phase de chiffrement. Il ne fonctionne évidemment que si les stations utilisent le WEP.

Cette authentification suit quatre étapes, comme illustré à la figure 4.13.

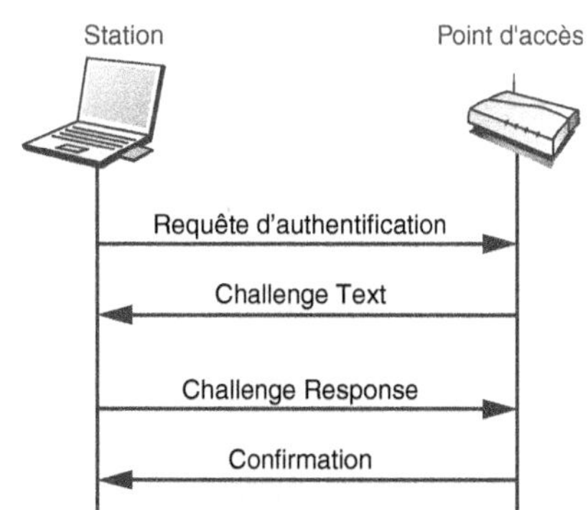

Figure 4.13
Shared Key Authentication

1. Une station qui souhaite s'associer à un point d'accès lui envoie une trame d'authentification.
2. Lorsque le point d'accès reçoit cette trame, il retourne à la station une trame contenant 128 bits d'un texte aléatoire (Challenge Text).
3. Après avoir reçu le Challenge Text, la station le chiffre avec sa clé secrète partagée puis l'envoie au point d'accès.
4. Le point d'accès déchiffre le texte chiffré avec sa clé secrète partagée et le compare avec le précédent. Si c'est le même, c'est que la même clé a été utilisée pour chiffrer et déchiffrer les données, et le point d'accès confirme à la station son authentification. Dans le cas contraire, il envoie une trame d'authentification négative.

Une fois l'authentification réussie, la station doit s'associer avec le point d'accès pour se connecter au réseau *(voir le chapitre 3).*

Les failles de sécurité de Wi-Fi

Même si l'utilisation de mécanismes de sécurité est un grand pas en avant, Wi-Fi comporte des failles, qui laissent libre court à tout type d'attaque. En fait, c'est l'ensemble des mécanismes de sécurité de 802.11 qui comporte des failles, SSID (Service Set ID), ACL (Access Control List) et WEP (Wired Equivalent Privacy) compris.

SSID (Service Set ID)

L'accès au réseau se fait par l'intermédiaire du SSID. Ce dernier est transmis périodiquement en clair par le point d'accès dans des trames balises (Beacon Frame). Il est assez facile de le récupérer, que ce soit par l'intermédiaire d'un sniffeur, logiciel permettant de récupérer toutes les données circulant sur un réseau, ou en utilisant un logiciel tel que Netstumbler *(voir le chapitre 8).*

> **SSID « any »**
>
> Pour accéder à tout réseau dit ouvert, il suffit de spécifier comme SSID le mot « any ». La station recherche alors tous les réseaux ouverts pour récupérer leur SSID. Si un point d'accès a comme SSID « any », il autorise la connexion de n'importe quelle station.

Une nouvelle fonctionnalité permet d'éviter que le SSID ne soit transmis en clair sur le réseau par le point d'accès. Ce mécanisme, appelé Closed Network, ou réseau fermé, interdit la transmission du SSID par l'intermédiaire des trames balises.

Lorsqu'un réseau est fermé, l'utilisateur doit entrer à la main le nom du réseau (SSID), alors que, dans un réseau ouvert, c'est la station de l'utilisateur qui s'associe directement au point d'accès sans qu'il soit nécessaire de configurer ce dernier manuellement.

> **SSID et mode ad-hoc**
>
> Lorsque les stations sont en mode ad-hoc, le SSID est transmis en clair par toutes les stations. Dans un tel cas, le réseau ne peut être fermé.

Même si le réseau est fermé, le SSID peut être récupéré par d'autres moyens. En effet, le SSID étant transmis en clair pendant la phase d'association (association request) d'une station avec le point d'accès, il suffit de « sniffer » le réseau durant l'association d'une station pour le récupérer.

Un autre inconvénient du SSID vient du nom que lui donnent les constructeurs de matériels. Le SSID est généralement configuré au niveau des points d'accès. Chaque fabricant utilise et nomme un SSID par défaut, par exemple WaveLan Network chez Lucent et Tsunami chez Cisco Systems.

Si le SSID n'est pas modifié par l'utilisateur, n'importe quelle personne connaissant la marque du point d'accès peut tenter d'utiliser le SSID par défaut pour accéder au réseau. De plus, si le SSID n'est pas modifié, il y a de fortes chances que le mot de passe utilisé pour la configuration du point d'accès ne le soit pas non plus.

ACL (Access Control List)

Le premier inconvénient de l'ACL est qu'il s'agit d'un mécanisme optionnel très rarement utilisé. De plus, si une personne possède une adresse MAC qui ne se trouve pas dans la liste ACL, elle peut toujours écouter le réseau et identifier les adresses MAC autorisées qui sont transmises en clair.

Une fois les adresses MAC autorisées connues, il est possible de substituer à sa propre adresse MAC une adresse MAC autorisée, la plupart des drivers de cartes Wi-Fi le permettant.

WEP (Wired Equivalent Privacy)

Les failles du WEP ne sont pas liées essentiellement à l'algorithme de chiffrement RC4 mais plutôt à l'ensemble des mécanismes mis en œuvre, comme le vecteur d'initialisation ou le contrôle d'intégrité. Chacun de ces mécanismes comporte des défauts, qui, ajoutés les uns aux autres, permettent de casser le WEP plus ou moins rapidement.

Concernant le RC4, il a été montré en août 2001 par Scott Fluhrer, Itsik Mantin, et Adi Shamir dans leur article *"Weaknesses in the Key Scheduling Algorithm of RC4"*, que celui-ci possédait certaines failles permettant de casser très rapidement l'algorithme et de récupérer la clé secrète partagée. Depuis, la méthode permettant de casser une clé WEP en seulement quelques minutes a été encore améliorée.

Les faiblesses du WEP ne le rendent au finale pas du tout fiable pour gérer la confidentialité, l'authentification ou l'intégrité des données.

Une clé unique

Le standard d'origine définit une taille de clé de 40 bits, beaucoup trop courte pour contrer des attaques de force brute, qui ne mettraient guère plus d'une dizaine d'heures pour la casser. Depuis, l'ensemble des constructeurs a défini une taille de clé de 104 bits, que l'on appelle aussi WEP 2, beaucoup plus résistante aux attaques de force brute.

Dans le WEP, la gestion des clés est statique, une seule clé secrète étant partagée par toutes les stations du réseau et par le point d'accès. Si toutes les stations utilisent la même clé, il est encore plus facile pour un attaquant de récupérer les données chiffrées, d'où le rôle de l'IV dans le WEP, qui permet de définir des flux de chiffrement différents pour une même clé secrète partagée.

Un autre inconvénient majeur du WEP est qu'il n'empêche pas le rejeu. La clé secrète partagée est configurée manuellement au niveau des stations et du point d'accès et n'est pratiquement jamais changée. Un attaquant n'est donc pas obligé de procéder à une attaque pour récupérer la clé le plus rapidement possible. Il lui suffit de se constituer jour après jour une base de données des éléments chiffrés transmis sur le réseau pour trouver la clé secrète partagée.

Les collisions d'IV

Comme la clé secrète partagée définie dans le WEP est statique et ne change pratiquement jamais, l'IV est concaténé avec cette clé de façon à créer des flux de chiffrement différents. L'IV étant sur 24 bits, il peut y avoir jusqu'à 2^{24} IV différents, soit 16 777 216, et donc, en théorie, autant de flux de chiffrement.

Ce faible nombre d'IV constitue l'une des faiblesses du WEP. Il existe une certaine probabilité pour qu'il y ait collision d'IV, c'est-à-dire des répétitions d'un même IV. S'il y a collision d'IV, le flux de chiffrement utilisé est le même, puisqu'il s'agit du même IV et que la clé secrète partagée ne change pas. Comme le but de toute attaque est de récupérer le plus de données possibles chiffrées avec le même flux de chiffrement, la probabilité de casser l'algorithme est proportionnelle au nombre de collision d'IV.

Directement lié aux collisions, l'inconvénient majeur de l'IV vient de son implémentation. Le standard 802.11 n'a pas spécifié la manière dont il devait être implémenté et l'a laissée à la charge des constructeurs. Certains d'entre eux le définissent égal à 0 lors de l'initialisation de la carte. Ils l'incrémentent ensuite par pas de 1 à chaque transmission et le réinitialisent à 0 toutes les 16 777 216 transmissions (nombre d'IV maximal).

Supposons que l'IV soit initialisé à 0 lors de la connexion d'une station puis incrémenté par pas de 1 à chaque transmission. Supposons en outre que le trafic soit constant sur le réseau Wi-Fi et que le débit soit de 11 Mbit/s. Le débit utile MAC correspondant est de 7 Mbit/s *(voir le chapitre 8)*. Si la taille moyenne d'une trame est de 1 500 octets, on obtient une trame envoyée toutes les 1,71 ms, comme le montre le calcul suivant :

$$1\,500 \text{ octets} \times \frac{8 \text{ bits}}{1 \text{ octet}} \times \frac{1 \text{ s}}{7 \text{ Mbits}} \approx 0{,}001\,71 \text{ s}$$

Ce calcul ne prend pas en compte les interférences et donc de possibles collisions entraînant une chute du débit et donc une augmentation du temps précédemment calculé. Par ailleurs, la taille d'une trame peut être inférieure ou supérieure à 1 500 octets.

Étant donné qu'il existe 2^{24} IV possibles, il suffit d'écouter pendant 28 761 secondes, soit près de 8 heures d'après le calcul ci-dessous, pour avoir une collision d'IV :

$$0{,}001\,71 \text{ s} \times 2^{24} \approx 28\,761 \text{ s} \approx 8 \text{ h}$$

Ce calcul ne prend en compte que l'écoute d'une seule station. Dans le cas où le réseau est composé de *n* stations utilisant la même implémentation de l'IV, il faut diviser ce temps par *n*.

Dans certains cas, l'IV peut être tiré aléatoirement. Bien que cette solution semble plus fiable, d'après le paradoxe des anniversaires, il y a 50 p. 100 de chance pour que la réapparition d'un même IV se fasse toutes les 4 823 trames, soit après 8 s, et 99 p. 100 de chance pour qu'elle se fasse toutes les 12 430 trames, soit après 21 s.

Il est imaginable que certains constructeurs n'utilisent qu'un seul IV tout le long des transmissions, rendant encore plus facile le cassage de l'algorithme.

Le fait que l'IV soit transmis en clair dans la trame chiffrée peut aussi être considéré comme une faiblesse, puisqu'il suffit d'écouter le réseau pendant un certain temps pour récupérer assez de trames chiffrées avec le même IV et donc le même flux de chiffrement. Une attaque statistique portant sur la composition des données chiffrées permet de récupérer la clé secrète partagée.

La faiblesse du RC4

Le RC4 est un algorithme qui repose sur un générateur de nombre pseudo-aléatoire. Contrairement aux autres algorithmes de chiffrement symétrique, le RC4 ajoute les données en clair à un flux de chiffrement par un XOR afin de les chiffrer.

Soit P les données en clair, C les données chiffrées et KS le flux de chiffrement. Le chiffrement des données est équivalent à :

$$C = KS \oplus P$$

Ajoutons P de chaque côté de l'égalité. Celle-ci devient :

$$C \oplus P = KS \oplus P \oplus P$$

Comme $P \oplus P = 0$ *(voir le tableau 4.1)*, on obtient :

$$C \oplus P = KS, \text{ soit } KS = C \oplus P$$

Ainsi, grâce aux propriétés du XOR, il suffit de récupérer les données en clair et les données chiffrées associées pour récupérer le flux de chiffrement. Nous verrons par la suite que la phase d'authentification permet aisément de récupérer ces deux informations.

XOR (« ou » exclusif)

Le XOR est une opération mathématique qui vise à comparer deux bits. Soit deux bits, X et Y. Si X et Y sont égaux le XOR de X et Y est nul. Dans le cas contraire, il est égal à 1, comme le montre le tableau 4.1. Le XOR étant commutatif, $X \oplus Y$ est équivalent à $Y \oplus X$.

Tableau 4.1 XOR (« ou » exclusif)

X	Y	X ⊕ Y
0	0	0
0	1	1
1	0	1
1	1	0

Le WEP comporte une faille plus profonde, qui est liée à l'algorithme lui-même. Il a été montré dans l'article cité précédemment que le RC4 générait des clés dites faibles *(weak keys)*. La clé utilisée par le RC4 dans le WEP est une concaténation de l'IV et de la clé secrète partagée. Les trois premiers octets (24 bits) de cette clé correspondent à l'IV, qui, rappelons-le, est envoyé en clair dans chaque trame chiffrée. Cette faille, qui facilite la déduction de la clé par des attaques statistiques, repose sur le fait que les données chiffrées correspondent à la trame LLC, dont l'en-tête est connu.

Les clés faibles sont au nombre de 1 280 pour une clé sur 40 bits et de 3 328 pour une clé sur 104 bits. Lorsque la taille de la clé augmente, le nombre de clés faibles associé augmente aussi mais de manière linéaire et non exponentielle, contrairement à ce qu'on pourrait croire. Ce faible nombre de clés faibles permet à cette attaque d'être extrêmement rapide, moins de 10 minutes suffisant à récupérer la clé secrète partagée.

C'est sur cette faille que s'appuient des outils tels que Airsnort, qui permettent de récupérer la clé WEP.

Le contrôle d'intégrité

Dans WEP, le contrôle d'intégrité est réalisé par un CRC 32. Le contrôle d'intégrité est généralement assuré par des fonctions de hachage beaucoup plus performantes, comme MD5 ou SHA1. Le CRC sert plutôt à la détection d'erreur, ce qui est le cas dans 802.11, où ce dernier est utilisé pour le FCS *(voir le chapitre 5)*.

Le CRC est facilement calculable car sa formule est connue. L'une de ses faiblesses est qu'il possède des propriétés de linéarité se traduisant par :

$$CRC(X \oplus Y) = CRC\ X \oplus CRC\ Y$$

Nous allons montrer qu'il est possible de modifier un message chiffré en modifiant le CRC.

On sait que :

$$C = (M \| ICV(M)) \oplus RC4\ (k \| IV)$$

Soit C' les données chiffrées modifiées. C' s'écrit :

$$C' = (M' \| ICV(M')) \oplus RC4\ (k \| IV)$$

avec M' correspondant au données modifiées par Δ, soit :

$$M' = M \oplus \Delta$$

Ajoutons par un XOR à C la modification Δ que nous souhaitons apporter aux données concaténées et à leur ICV. Nous obtenons :

$$C \oplus ((\Delta \| ICV\ (\Delta)) = RC4\ (k \| IV) \oplus (M \| ICV\ (M)) \oplus ((\Delta \| ICV\ (\Delta))$$

Par les propriétés du CRC, cela équivaut à :

$$RC4\ (k \| IV) \oplus (M \oplus \Delta) \| (ICV\ (M) \oplus ICV\ (\Delta))$$

Soit :

$$M' \| (ICV\ (M \oplus \Delta) \oplus RC4\ (k \| IV)$$

Soit :

$$(M' \parallel (ICV (M')) \oplus RC4 (k \parallel IV), \text{ et donc } C'$$

Ainsi, en ajoutant simplement par un XOR à C une modification Δ que nous souhaitons apporter aux données avec son ICV associé, il est possible de modifier les données tout en gardant un bon vecteur d'intégrité, rendant de la sorte invisible le changement au niveau du point d'accès.

Les attaques

Comme nous l'avons vu en début de chapitre, le but d'une attaque n'est pas seulement de se connecter à un réseau ou d'y récupérer des données par le biais de failles mais d'essayer d'en perturber le fonctionnement, aussi bien au niveau réseau qu'au niveau physique.

Pour un attaquant, l'avantage de Wi-Fi, comparé aux autres technologie réseau, est qu'il s'agit, d'une part, d'un réseau assez ouvert par son caractère sans fil mais aussi par les possibilités logicielles fournies par les équipements qui permettent assez simplement de s'affranchir de toute contrainte.

Les attaques des failles du WEP

La plupart des attaques Wi-Fi reposent sur la faiblesse principale du WEP, qui réside dans l'utilisation de clés faibles, afin de récupérer rapidement et facilement la clé.

D'autres types d'attaques, moins fréquentes mais probables, portent sur les différentes failles énoncées précédemment, liées entre autre aux mécanismes utilisés dans le WEP, comme le contrôle d'intégrité et l'IV, ou aux propriétés mathématiques du XOR.

L'attaque passive

L'attaque passive consiste à écouter le réseau pour récupérer toutes les informations qui y circulent afin de casser la clé et donc de récupérer les données en clair. Ce type d'attaque repose principalement sur le fonctionnement même du chiffrement WEP, ainsi que sur les faiblesses du RC4, notamment les collisions d'IV.

Comme nous l'avons vu, le chiffrement peut s'exprimer par :

$$C = KS \oplus P$$

Supposons que nous récupérions deux trames chiffrées avec le même flux de chiffrement, KS. En les ajoutant par un XOR, nous obtenons :

$$C_1 \oplus C_2 = KS \oplus P_1 + KS \oplus P_2 = KS \oplus KS \oplus P_1 \oplus P_2$$

Comme $KS \oplus KS = 0$, nous obtenons :

$$C_1 \oplus C_2 = P_1 \oplus P_2$$

Même si le XOR de deux données chiffrées permet d'obtenir le XOR des données en clair, il est possible de récupérer celles-ci car il existe énormément de redondance dans les données envoyées. Comme nous le verrons au chapitre 5, les données chiffrées correspondent à la trame LLC, dans laquelle est encapsulée le paquet IP contenant le segment TCP ou UDP des données utilisateur. Toutes ces trames, paquets et segments possèdent des en-têtes connus permettant le bon acheminement des données. Par ces éléments connus et par des études statistiques, il est possible de récupérer les données.

Le XOR de deux données chiffrées peut paraître suffisant, mais il suffit d'écouter plus longtemps le réseau et d'attendre une nouvelle collision d'IV. Plus il y a de collision d'IV, plus il est facile de récupérer les données.

L'attaque active

Comme nous l'avons vu, il est assez facile de modifier le contenu d'une trame tout en validant son intégrité. Au lieu d'écouter passivement le réseau, il est alors possible de modifier les données pour effectuer une tâche particulière, comme empêcher le fonctionnement d'une application, rediriger le trafic, etc. Pour réussir, l'attaquant doit évidemment avoir une certaine connaissance des données chiffrées.

Il est notamment possible de modifier dans la trame chiffrée l'adresse IP de destination afin de faire dévier le trafic vers une autre machine située en dehors du réseau Wi-Fi.

L'attaque par dictionnaire

Il est possible d'établir une correspondance entre l'IV et le flux de chiffrement associé. En supposant que la taille moyenne des trames soit de 1 500 octets, le volume de données correspondant à la taille du dictionnaire, ou table de correspondance, est de :

$$1\,500 \text{ octets} \times 2^{24} = 2\,516\,582\,400 \text{ octets} \approx 24 \text{ Go}$$

Lorsque la table de correspondance est complète, à chaque IV correspond un flux de chiffrement. Il est dès lors assez facile de déchiffrer toutes les données envoyées sur le réseau.

Si la clé secrète partagée est modifiée au niveau du réseau, ce qui est rarement le cas, l'opération est à renouveler.

L'attaque sur les failles du XOR : l'authentification

La faille du mécanisme d'authentification Shared Key Authentication repose sur les propriétés du XOR. Lorsqu'un utilisateur s'authentifie en utilisant ce mécanisme, le point d'accès lui envoie un texte en clair (Challenge Text), que l'utilisateur doit chiffrer pour prouver qu'il possède la même clé secrète partagée que le point d'accès.

L'attaquant voulant s'authentifier n'a qu'à écouter le dialogue entre cet utilisateur et le point d'accès, récupérer le Challenge Text envoyé (P) par le point d'accès et le Challenge Text chiffré (C) envoyé par l'utilisateur.

Ayant récupéré C et P, il lui est facile de déduire le flux de chiffrement KS *(voir précédemment)*. Pour s'authentifier, l'attaquant n'a plus qu'à envoyer une requête d'authentification auprès du point d'accès et à attendre que ce dernier lui envoie un Challenge Text. Une fois celui-ci reçu, l'attaquant le chiffre avec le flux de chiffrement calculé auparavant. Il forge alors une trame 802.11 dans laquelle il incorpore le Challenge Text chiffré, sans oublier de calculer le FCS de la trame afin que celle-ci soit validée par le point d'accès. Le point d'accès ne s'aperçoit de rien et authentifie l'attaquant.

Les attaques par déni de service

Le but d'une attaque n'est pas nécessairement de casser un algorithme de chiffrement pour récupérer la clé et écouter ou pénétrer le réseau. Certaines attaques ont pour unique fonction de « saboter » le réseau en empêchant son fonctionnement. Ce type d'attaque, appelé déni de service, ou DoS (Denial of Service), est largement répandu dans tous les types de réseaux.

Dans les réseaux Wi-Fi, le déni de service le plus simple correspond au brouillage. Ces réseaux fonctionnant sur une bande de fréquences de 2,4 ou 5 GHz, l'utilisation d'un appareil radio utilisant la même bande avec des puissances supérieures à celle de Wi-Fi peut provoquer des interférences et donc une chute de performance globale, voire empêcher complètement le réseau de fonctionner. Cette attaque est la plus simple à mettre en œuvre. Elle est aussi malheureusement imparable.

Le bon fonctionnement d'un réseau repose sur la transmission de trames de contrôle et de gestion. Or ces types de trames ne sont jamais authentifiés. Il est donc possible de perturber le réseau en modifiant certains attributs de ces trames. Toute modification entraîne un mauvais fonctionnement du réseau.

En voici deux exemples :

- **Trames de désauthentification/désassociation.** Ces deux types de trames permettent soit de se désauthentifier, soit de se désassocier d'un point d'accès. Un attaquant peut utiliser un de ces messages pour se faire passer pour le point d'accès ou pour une station afin de déconnecter du réseau une station donnée, qui doit alors se reconnecter. L'envoi massif de ce type de message peut empêcher la reconnexion de la station.
- **Mécanisme de réservation.** La réservation du support repose sur l'envoi de trames RTS/CTS. Lorsque le support est réservé pour une transmission entre une station source et une station destination, la station source envoie une trame RTS, qui est récupérée par toutes les stations du réseau. Si le RTS ne leur est pas destiné, ces stations extraient du champ Duration/ID le temps d'occupation du support pour déterminer la durée de réservation. Passé ce délai, les stations considèrent que le support n'est plus réservé et tentent d'y accéder si elles ont des données à envoyer. Si un attaquant envoie une trame RTS en incluant dans le champ Duration/ID le temps d'occupation maximal (32 ms) et qu'il renouvelle l'envoi de cette trame toutes les 32 ms, il empêche l'accès au support de toutes les stations présentes dans la cellule, et plus aucune transmission n'est possible.

Améliorations de la sécurité de Wi-Fi

Le WEP n'étant clairement pas la solution adéquate pour sécuriser un réseau Wi-Fi, de nombreuses solutions, partielles ou complètes, ont été proposées pour faire face aux failles de sécurité trouvées, notamment l'architecture d'authentification 802.1x, TKIP et 802.11i. Ce dernier standard repose sur un nouvel algorithme de chiffrement, AES, en remplacement du RC4.

Avant d'aborder ces nouveaux mécanismes, la section suivante décrit une amélioration du WEP proposée par RSA Security, le Fast Packet Keying.

RC4 Fast Packet Keying

RSA Security, la société à l'origine du RC4, a amélioré son algorithme sous le nom de RC4 Fast Packet Keying. Ce nouvel algorithme WEP permet de créer une clé de chiffrement unique pour chaque trame envoyée, palliant ainsi l'une des failles du WEP, résidant dans la forte fréquence des collisions d'IV.

Le Fast Packet Keying fait appel à une table de hachage pour créer une clé unique permettant de coder chaque paquet. Stations et points d'accès se partagent cette clé de chiffrement, d'une longueur de 128 bits, appelée TK (Temporal Key). Le vecteur d'initialisation est toujours présent, mais sa valeur est différente pour chaque TK.

Le RC4 Fast Packet Keying s'effectue en deux étapes, comme illustré à la figure 4.14.

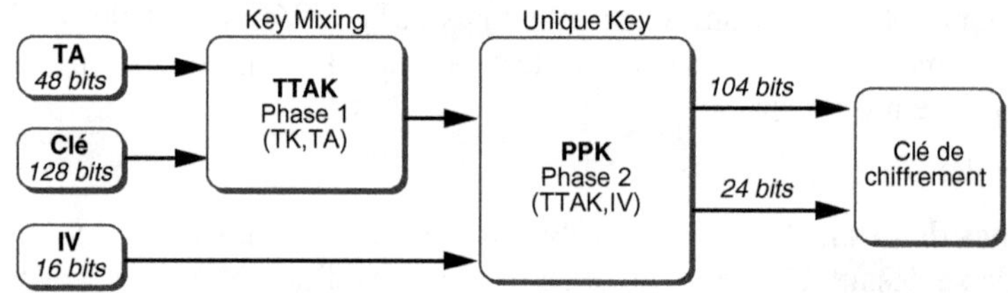

Figure 4.14
RC4 Fast Packet Keying

1. La clé TK et l'adresse de l'émetteur, ou TA (Transmitter Address), sont mélangées pour former un TTAK (Temporal Transmitter Address Key). De la sorte, chaque station utilise une clé différente pour le chiffrement des données. Le TTAK n'a pas à être calculé pour chaque transmission de données mais est généralement bufférisé par la station.
2. Le TTAK est ensuite mélangé avec le vecteur d'initialisation afin de créer une clé de chiffrement unique, la valeur du vecteur d'initialisation étant différente pour chaque trame envoyée.

L'avantage de cette solution est qu'il suffit de télécharger un firmware et de l'appliquer à la carte, économisant ainsi l'achat d'une nouvelle carte. Bien que très peu de constructeurs proposent cette mise à jour, l'idée du Fast Packet Keying n'est pas perdue puisqu'on la retrouve dans TKIP.

802.1x

802.1x est une architecture d'authentification proposée par le comité 802 de l'IEEE. Il ne s'agit en aucun cas d'un protocole à part entière mais de lignes de conduite, ou guidelines, permettant de définir les différentes fonctionnalités nécessaires à la mise en œuvre d'un service d'authentification de clients sur n'importe quel type de réseau local, Ethernet comme Wi-Fi.

L'architecture de 802.1x, appelée Port-based Network Access Control, repose sur deux éléments clés, les protocoles EAP et RADIUS.

La notion de port est un élément important de l'architecture d'authentification de 802.1x. Le port de 802.1x définit tout type d'attachement à une infrastructure de réseau local. Dans le cas de Wi-Fi, l'association entre une station et un point d'accès est définie comme un port. Dans Ethernet, c'est la connexion de deux machines qui est considérée comme un port.

L'architecture de 802.1x est illustrée à la figure 4.15. Elle est constituée de trois éléments distincts :

- Un client, qui correspond à l'utilisateur qui voudrait se connecter au réseau *via* sa station.
- Un contrôleur, généralement un point d'accès dans le cas de Wi-Fi, qui relaye et contrôle les informations entre tout demandeur et le serveur d'authentification.
- Un serveur d'authentification, qui authentifie l'utilisateur.

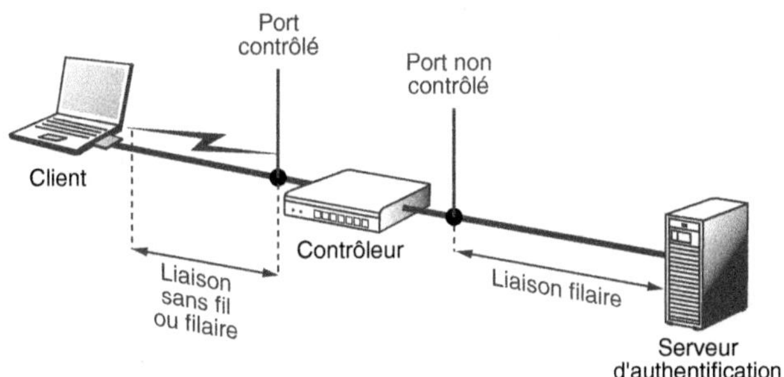

Figure 4.15
L'architecture de 802.1x

Pour chaque port, le trafic du réseau peut être ou non contrôlé. Entre le client et le contrôleur, le port est contrôlé, de telle sorte que seuls des messages d'authentification EAP, de type requête-réponse, sont transmis. Tout autre type de trafic est rejeté. Entre le contrôleur et le serveur d'authentification, en revanche, tout type de trafic est accepté car le support est supposé sûr.

Dans 802.1x, l'authentification s'appuie sur le protocole EAP (Extensible Authentication Protocol) et l'utilisation d'un serveur RADIUS (Remote Authentication Dial-In User Service).

RADIUS et Diameter

802.1x ne définit pas de protocole d'authentification particulier côté serveur. Il est possible d'utiliser deux protocoles d'authentification client-serveur, RADIUS et Diameter. RADIUS, le plus simple, est devenu le serveur par défaut de toute architecture 802.1x. Diameter a pour principale contrainte de reposer sur la couche de transport SCTP (Stream Control Transmission Protocol), qui n'est pas autant implémentée que TCP.

EAP (Extensible Authentication Protocol)

EAP a été défini à l'origine pour le protocole PPP (Point-to-Point Protocol) comme extension aux protocoles d'authentification existants PAP (Password Authentication Protocol) et CHAP (Challenge Handshake Authentication Protocol). Par rapport à ces deux protocoles, EAP fournit, de manière relativement simple, de nombreuses méthodes d'authentification. Cette simplicité vient du fait qu'EAP n'est qu'une enveloppe de transport de ces méthodes d'authentification.

Dans le cadre d'une architecture 802.1x Wi-Fi, cinq méthodes d'authentification EAP sont utilisées :

- **EAP-MD5.** Cette solution repose sur la fonction de hachage MD5. Pour s'authentifier, l'utilisateur fournit un login-mot de passe, dont l'empreinte MD5 est transmise afin d'authentification au serveur. Cette solution est réputée peu fiable, bien que seule l'empreinte soit transmise sur le réseau et non le login-mot de passe. Elle n'est plus supportée par Windows XP SP1.
- **EAP-TLS.** TLS (Transport Layer Security) est un mécanisme permettant la mise en place d'une connexion sécurisée. Ses fonctionnalités sont l'authentification mutuelle entre le client et le serveur, le chiffrement des données et la gestion dynamique des clés. TLS constitue la base de SSL 3.0, que l'on retrouve dans HTTPS, un protocole utilisé par de nombreux sites Web (banques, sites de réservations en ligne, etc.). Mis à part le chiffrement, EAP-TLS reprend les caractéristiques de TLS mais encapsulées dans des paquets EAP.
- **EAP-TTLS.** EAP-TTLS (Tunneled TLS) est une solution de Funk Software qui repose sur l'utilisation de deux tunnels, l'un pour l'authentification par EAP-TLS et le second pour sécuriser les transmissions avec une méthode d'authentification laissée au choix des constructeurs (EAP-MD5, PAP, CHAP, etc.).
- **PEAP.** Protected EAP est une solution proposée par Microsoft, RSA et Cisco Systems. Comme EAP-TTLS, PEAP repose sur l'instauration de deux tunnels, mais utilisant tous deux EAP-TLS comme méthode d'authentification.
- **LEAP.** Proposé par Cisco, Lightweight EAP correspond à une version allégée des solutions précédentes mais dotée des mêmes fonctionnalités : authentification mutuelle entre le client et le serveur et gestion dynamique des clés.

Bien que ces solutions reposent sur une authentification mutuelle entre le client et le serveur, parfois même agrémentée d'une autre méthode d'authentification pour sécuriser le transport des données, elles ne sont pas sans faille. L'attaque MIN (Man In the Middle) permet, par exemple, à un attaquant placé entre le client et le serveur, c'est-à-dire au milieu, de récupérer les messages et d'usurper l'identité d'un client pour se faire authentifier à sa place.

802.1x n'est donc pas une solution des plus fiables, même si l'attaque est relativement difficile à mettre œuvre, comparée à celles visant le WEP.

RADIUS (Remote Authentication Dial-In User Server)

RADIUS est un protocole centralisé d'autorisation et d'authentification de l'utilisateur. Conçu à l'origine pour l'accès à distance, il est aujourd'hui utilisé dans de nombreux environnements, tels les VPN et les points d'accès Wi-Fi, et est devenu un standard IETF (RFC 2865).

Situé au-dessus du niveau 4 de l'architecture OSI, il utilise le protocole de transport UDP pour des raisons évidentes de rapidité et repose sur une architecture client-serveur.

Comme illustré à la figure 4.16, le client envoie des attributs de connexion auprès du serveur. L'authentification entre le serveur et le client se fait par l'intermédiaire d'un secret partagé, qui est généralement formé d'une clé et des attributs du client. Pour s'authentifier, le serveur envoie un challenge au client, que seul le secret partagé peut résoudre. Il vérifie les attributs envoyés par le client et la réponse au challenge et, s'ils sont corrects, accepte le client.

Ce protocole commence à être implémenté dans la plupart des points d'accès en vente aujourd'hui et constitue l'une des pièces maîtresses du protocole IAPP de gestion des handovers et de l'architecture 802.1x.

802.1x dans Wi-Fi

EAPoL (EAP over LAN) est la version d'EAP utilisée dans le cadre des réseaux locaux, Ethernet et Wi-Fi.

L'échange de messages EAPoL pour l'authentification d'une station auprès d'un point d'accès est illustré à la figure 4.17.

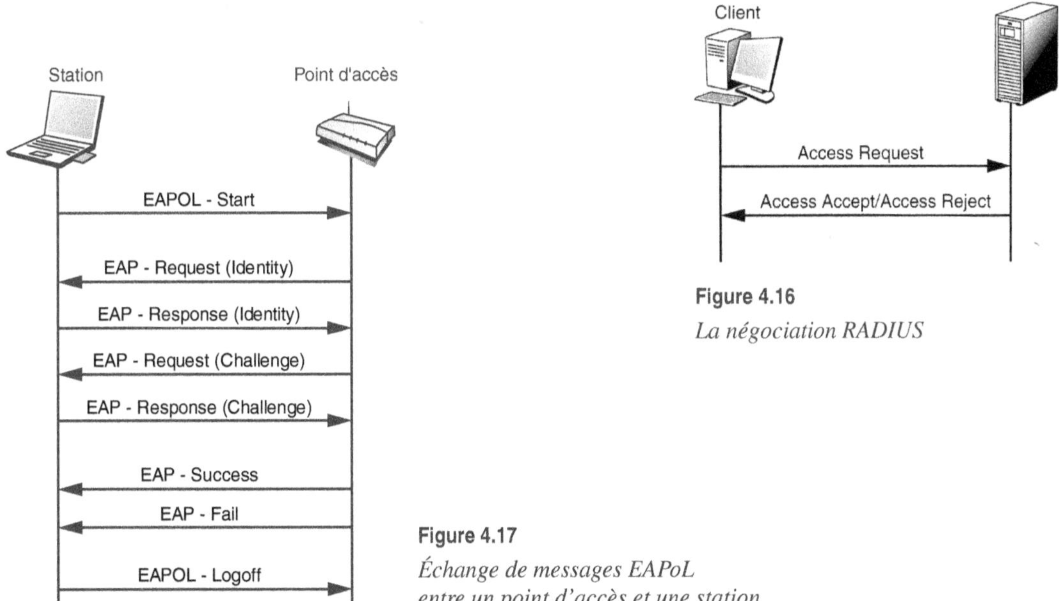

Figure 4.16
La négociation RADIUS

Figure 4.17
Échange de messages EAPoL entre un point d'accès et une station

L'authentification est toujours à l'initiative de la station qui envoie une requête EAPoL-Start. Le point d'accès lui transmet une ou plusieurs requêtes, auxquelles elle doit répondre. La phase d'authentification se termine soit par un message EAP-Success, qui garantit que la station est authentifiée, soit par un message EAP-Failure, et dans ce cas la station n'est pas authentifiée. La station peut se désauthentifier à tout moment en envoyant une requête EAPoL-Logoff.

802.1x et attaque DoS

Dans 802.1x, tant que le client n'est pas authentifié, tout paquet qui n'est pas EAP est rejeté par le point d'accès. L'architecture 802.1x n'est pas pour autant immunisée contre les attaques DoS. Bien que tous paquets non-EAP soient automatiquement rejetées, il est toujours possible d'inonder le point d'accès par l'envoi massif de messages de contrôle EAP, comme les messages EAPoL-Start ou EAPoL-Logoff afin d'en empêcher le bon fonctionnement.

802.1x utilise un serveur d'authentification vers lequel le point d'accès relaye les informations, comme illustré à la figure 4.18. La phase d'authentification ne peut être initiée que par la station. Après avoir reçu la demande d'authentification, le point d'accès demande à la station de s'identifier par une EAP-Request (Identity). Dès que la station s'identifie auprès du point d'accès par une EAP-Response (Identity), cette requête est transmise au serveur d'authentification (Access Request). Dès lors, le point d'accès ne fait que relayer les messages sous forme de requêtes EAP entre le serveur d'authentification et la station.

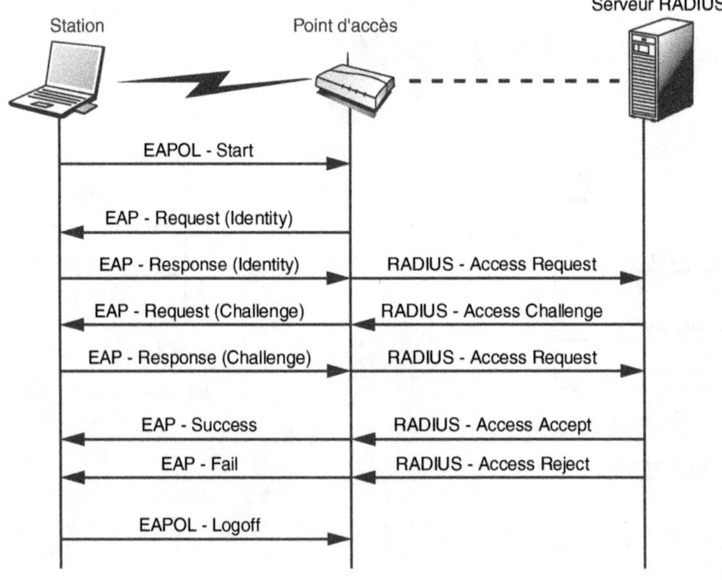

Figure 4.18

La phase d'authentification dans 802.1x

Généralement, la station et le serveur d'authentification se partagent un secret (clé, login-mot de passe, certificat), qui dépend de la méthode d'authentification utilisée. Dès que le serveur d'authentification reçoit une requête du point d'accès pour une station donnée, il envoie à la station un message Access Challenge contenant un challenge. Ce challenge ne peut être résolu que par le secret partagé entre la station et le serveur d'authentification. Si le challenge n'est pas résolu, la station ne peut s'authentifier ; s'il l'est, le serveur d'authentification authentifie la station, qui peut dès lors se connecter au réseau par l'intermédiaire du port contrôlé situé entre elle et le point d'accès.

Tout type de serveur supportant EAPoL peut être utilisé comme serveur d'authentification. Le plus répandu reste toutefois RADIUS.

TKIP (Temporal Key Integrity Protocol)

Contrairement aux solutions précédentes, TKIP est un protocole qui ne vise pas à remplacer le WEP mais plutôt, à l'instar du Fast Packet Keying, à proposer une solution à ses faiblesses tout en le conservant comme mécanisme de chiffrement.

TKIP corrige les faiblesses du WEP de la façon suivante :

- **IV.** La taille du vecteur d'initialisation IV passe dans TKIP de 24 à 48 bits. Il existe de la sorte 2^{48} IV possibles, soit 281 474 976 710 656. La probabilité d'une collision d'IV avec TKIP demanderait donc plus de 15 000 ans, contre 8 heures pour le WEP.
- **Contrôle d'intégrité.** Le CRC n'étant pas un algorithme approprié au contrôle d'intégrité des données, TKIP introduit un nouvel algorithme, Michaël, ou MIC. Cet algorithme n'est autre qu'une fonction de hachage définissant une empreinte de 64 bits de longueur pour tout texte donné. Cette faible taille, comparée aux 128 bits de MD5, a été décidée pour éviter de consommer trop de puissance de calcul au niveau matériel, ce qui aurait pour conséquence de diminuer les performances. Elle constitue en revanche une indéniable faiblesse.

  Afin de valider cette intégrité, un compteur, le TCS (TKIP Sequence Counter), est utilisé pour marquer tous les fragments issus d'une même trame de données, la fragmentation étant une des caractéristiques de TKIP. Ce TCS est aussi bien utilisé pour les fragments que lors de la création de l'IV associé afin d'obtenir une double validation lors du déchiffrement.
- **Gestion des clés.** Contrairement au WEP, la gestion des clés est dynamique, évitant d'utiliser une seule clé pour toutes les stations. La clé maître (Master Key) définie par l'utilisateur est dérivée en deux clés, une clé MIC (MIC Key) pour le contrôle de l'intégrité et une clé temporelle TK (Temporal Key) pour le chiffrement.

Outre ces fonctionnalités, qui visent à corriger les erreurs du WEP, TKIP propose un mécanisme de contre-attaque inédit, appelé Countermeasure (contre-mesure). Lorsqu'une attaque active est détectée et que l'intégrité des données est altérée, des mesures de représailles immédiates peuvent être prises au niveau de la configuration des paramètres de

TKIP. La durée de dérivation des clés peut ainsi être raccourcie à une minute, voire totalement interrompue afin de limiter les dégâts.

Le processus de chiffrement TKIP est illustré à la figure 4.19. Il repose sur les mécanismes suivants, en plus de l'utilisation du WEP :

1. **Création de la clé et de l'IV.** L'adresse MAC de la station, ou TA (Transmitter Address), est mélangée à la clé temporelle, ou TK (Temporal Key), et au TSC afin de créer une nouvelle clé, la TTAK (Temporal Transmitter Address Key). Cette dernière est à son tour mélangée avec le TSC afin de donner un vecteur d'initialisation sur 48 bits et une clé sur 128 bits. Une partie de l'IV correspond au TSC.
2. **Intégrité et fragmentation.** Une empreinte MIC est calculée par rapport à l'adresse source, ou SA (Source Address), l'adresse destination, ou DA (Destination Address), et les données à envoyer (MSDU). L'empreinte concaténée aux données est ensuite décomposée en fragments (MPDU) de longueur variable. Un TSC correspondant à celui utilisé lors de la création de l'IV et de la clé est associé à chaque fragment créé. Les adresses SA et DA correspondent à des adresses MAC contenues dans la trame de données à chiffrer et non à des adresses IP.
3. **WEP.** Chaque fragment de la trame de données est ensuite chiffré par le WEP en utilisant l'IV sur 48 bits et la clé sur 128 bits définis par TKIP. Une fois chiffrée, la trame qui contient le fragment chiffré et l'IV en clair est transmise sur le réseau.

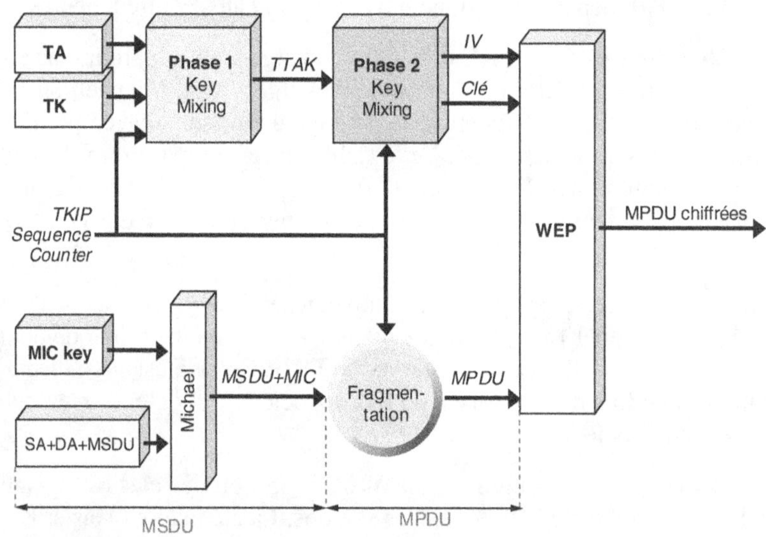

Figure 4.19

Chiffrement dans TKIP

Le processus de déchiffrement de TKIP reprend en sens inverse celui du chiffrement, comme illustré à la figure 4.20 :

1. **Récupération du TSC.** Le TSC est extrait de l'IV envoyé en clair dans la trame chiffrée. Le processus de génération d'IV et de la clé reprend alors comme précédemment : l'adresse MAC de la station (TA) est mélangée avec la clé temporelle (TK) et le TSC afin de créer la TTAK (Temporal Transmitter Address Key), laquelle est à son tour mélangée avec le TSC afin de fournir l'IV et la clé. Dans le même temps, le TSC vérifie que chaque fragment chiffré reçu appartient bien à la séquence de fragments pour la même trame de données fragmentée. Si ce n'est pas le cas, les fragments sont automatiquement rejetés.
2. **Déchiffrement.** Un à un, chaque fragment est déchiffré en utilisant l'IV et la clé calculée auparavant. Une fois tous les fragments déchiffrés, ils sont réassemblés afin de récupérer les données chiffrées avec l'empreinte MIC calculée lors de la phase de chiffrement.
3. **Contrôle de l'intégrité.** Comme le WEP est toujours utilisé, il est possible qu'un des fragments ait été altéré pendant la transmission. Si tel est le cas, le fragment est rejeté. Cette vérification se fait par le biais du vecteur d'intégrité du WEP, l'ICV. Une fois les données réassemblées, un nouveau MIC, MIC', est calculé par rapport à l'adresse source, l'adresse destination et les données reçues. Si le MIC et le MIC' ne correspondent pas, c'est que les données ont été altérées. Dans ce cas, TKIP utilise le mécanisme de contre-mesure défini précédemment.

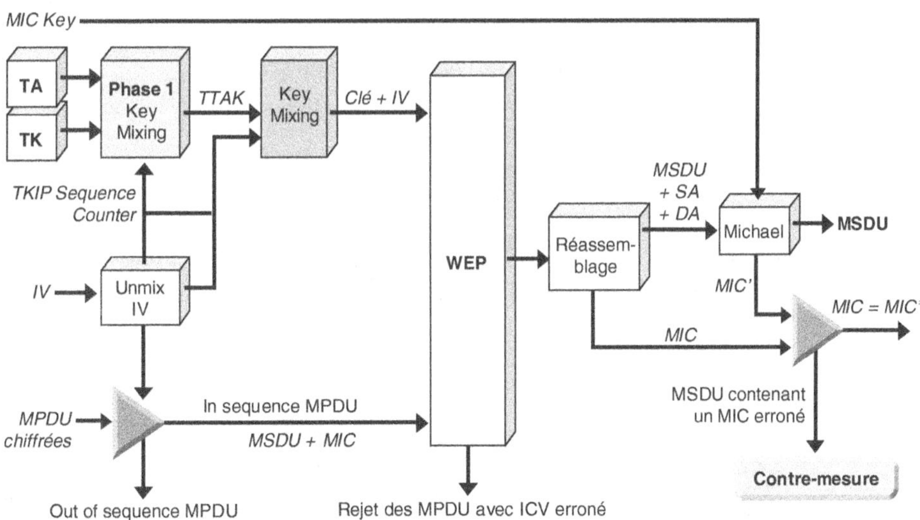

Figure 4.20
Déchiffrement dans TKIP

Même si TKIP repose sur le WEP, son principal avantage est de définir une clé et un IV, et donc un flux de chiffrement unique, par fragment et non par trame de données, limitant d'autant la possibilité d'attaque visant la récupération de la clé. Seule ombre au tableau, l'authentification n'est pas définie dans TKIP. Elle peut toutefois être assurée par 802.1x.

TKIP est donc une bonne solution pour pallier les failles du WEP et sécuriser un réseau Wi-Fi en attendant la finalisation de 802.11i, dont il constitue une des briques de base.

802.11i

Conscient des failles du WEP, le comité 802.11 a mis en place dès 2001 le groupe de travail 802.11i, dont le travail porte sur la définition de nouveaux mécanismes de sécurité afin de faire de Wi-Fi un réseau à la sécurité robuste, ou RSN (Robust Security Network).

Les mécanismes définis par 802.11i ne sont pas nouveaux. Ils reposent sur 802.1x pour l'authentification et TKIP et AES pour le chiffrement et le contrôle de l'intégrité. Le choix de garder TKIP, et par conséquent le WEP, dans 802.11i, est dû à des contraintes d'interopérabilité. La mise à disposition de nouveaux mécanismes, tels qu'AES, n'aurait pas permis aux nouveaux et anciens équipements de fonctionner ensemble. Par ce choix, la migration vers des équipements supportant 802.11i se fera en douceur.

Parallèlement à ces mécanismes, 802.11i introduit des politiques de sécurité dans les équipements afin de renforcer le contrôle de l'accès au réseau en fonction de la sécurité attendue par les stations et le point d'accès.

Une fois les politiques de sécurité définies au niveau des équipements, la sécurisation de 802.11i s'effectue de la façon suivante :

1. Connexion au réseau avec prise en compte des politiques de sécurité.
2. Authentification par 802.1x.
3. Gestion dynamique des clés.
4. Chiffrement.

Sans attendre la finalisation de 802.11i, prévue pour fin 2004, certains équipementiers implémentent des solutions de sécurité relativement proches de ce qui est proposé dans cet amendement.

Pre-Shared Key

Appelé Pre-Shared Key, le mécanisme de chiffrement et de contrôle d'intégrité minimal de 802.11i ne fait pas appel aux mécanismes d'authentification proposés par 802.1x. Il permet, comme le WEP, de définir une seule clé pour la sécurisation de tout le réseau. Simple mais peu fiable, cette méthode convient aux réseaux domestiques, où il n'est guère évident d'installer un serveur d'authentification, comme l'impose 802.1x, mais est à bannir dans tout réseau d'entreprise.

Les politiques de sécurité

La mise en place d'un RSN (Robust Security Network) nécessite des règles de sécurité strictes. Stations et point d'accès se voient attribuer une politique de sécurité définissant les éléments de sécurité à utiliser, faute de quoi la connexion est refusée. Cette politique correspond à l'ensemble des mécanismes d'authentification, de chiffrement et de contrôle d'intégrité mis en œuvre par un équipement donné, station ou point d'accès.

Nous avons vu au chapitre 3 que la connexion d'une station à un réseau Wi-Fi s'établissait en trois phases : connexion, authentification et association. Dans la phase de connexion, qui peut être active (la station réceptionne des trames balises) ou passive (la station envoie des trames Probe et attend une réponse), le choix du point d'accès repose essentiellement sur la qualité du signal qui le relie à la station.

802.11i va plus loin en incluant dans cette phase de connexion la prise en compte des politiques de sécurité par le biais d'une nouvelle trame de contrôle, dite RSN IE (Information Element), chargée de leur transport.

La connexion d'une station à un réseau supportant 802.11i reprend les trois phases de connexion en y apportant quelques changements :

1. **Connexion.** La phase de connexion est à l'initiative de la station, qui envoie pour cela une Probe Request sur tous les canaux dont elle dispose. Si un ou plusieurs points d'accès sont présents sur un ou plusieurs canaux, ces derniers envoient non seulement leurs caractéristiques radio (Probe Response) mais aussi leur politique de sécurité (RSN IE). La station choisit le point d'accès offrant les meilleures caractéristiques radio et dont la politique de sécurité est compatible avec la sienne.
2. **Authentification.** Cette phase repose sur le système d'authentification ouvert (Open System Authentication) défini dans le WEP. Toute station est authentifiée par défaut, et aucune n'est rejetée. Même si cela peut paraître étrange, l'authentification proprement dite repose sur 802.1x et n'est réalisée qu'une fois la station connectée au point d'accès, après la phase d'association.
3. **Association.** Après avoir choisi son point d'accès et s'être authentifié, la station s'associe avec celui-ci afin de transmettre des informations sur le réseau. Pour cela, elle envoie une requête d'association (Association Request) ainsi que sa politique de sécurité (RSN IE). Si les mécanismes de sécurité définis par la politique ne sont pas suffisants pour le point d'accès, l'association est rejetée, et la station ne peut se connecter au réseau. Dans le cas contraire, elle s'associe avec le point d'accès, ce qui clôt la phase de connexion au réseau.

L'authentification 802.1x

Comme expliqué précédemment, l'authentification de 802.11i repose sur l'architecture 802.1x, dont elle reprend trait pour trait les fonctionnalités (EAP pour le transport des méthodes d'authentification et nécessité d'un serveur d'authentification).

802.11i exige toutefois une authentification mutuelle entre le serveur d'authentification et le client. Seules les méthodes EAP-TLS, EAP-TTLS, PEAP et LEAP peuvent donc être utilisées pour l'authentification 802.11i.

Le choix du serveur d'authentification est laissé à l'initiative de l'installateur. RADIUS est la solution privilégiée.

Gestion dynamique des clés

Contrairement au WEP, mais comme TKIP et les méthodes d'authentification reposant sur TLS, 802.11i définit un mécanisme de gestion dynamique de clés assurant à la fois le contrôle des politiques réseau, l'authentification et le chiffrement.

Assez complexe, cette gestion définit des clés différentes entre chaque élément du réseau, station-point d'accès, point d'accès-serveur et station-serveur. Au total, six types de clés différents ont été définis.

La clé maître, ou MK (Master Key), est définie au niveau du serveur et de la station. Elle donne un accès généralisé au réseau sous condition d'un accord complet entre les politiques de sécurité de ces deux entités.

Lorsqu'une station tente de se connecter au réseau, une nouvelle clé, dite PMK (Pairwise Master Key), est dérivée de la MK. Définie pour une session donnée liant le point d'accès à la station, la PMK assure l'accès au réseau Wi-Fi par le biais du mécanisme d'authentification EAP de 802.1x.

La dérivation de la PMK permet de définir une nouvelle clé, la PTK (Pairwise Transcient Key), correspondant à la concaténation des trois clés visant à la sécurisation de la session *via* authentification et chiffrement :

- KCK (Key Confirmation Key), sur 128 bits, qui permet de prouver que le client possède la PTK et de confirmer ainsi l'authentification d'une station à un point d'accès pour une session donnée.
- KEK (Key Encryption Key), sur 128 bits, qui permet de définir la clé de groupe, ou Group Transcient Key, afin de sécuriser le trafic aussi bien de diffusion (broadcast) que multicast.
- TK (Temporal Key), qui est utilisée pour le chiffrement des données dans AES (128 bits) et TKIP (256 bits).

La figure 4.21 illustre le mécanisme de dérivation des clés dans 802.11i.

Chiffrement et intégrité

802.11i définit trois modes de chiffrement : CCMP (Counter mode with Cipher block chaining Message authentication code Protocol), WRAP (Wireless Robust Authentication Protocol) et TKIP.

CCMP et WRAP reposent sur AES pour le chiffrement mais au moyen de méthodes différentes. Ces deux modes n'étant pas compatibles avec le WEP, on a ajouté TKIP, qui reprend le WEP avec quelques corrections.

Fiabilité d'AES

Bien qu'AES soit un algorithme récent, et donc réputé fiable, de nombreuses voix s'élèvent contre son utilisation. Selon la NSA (National Security Agency), des failles permettraient de le casser. Certaines entreprises européennes ont d'ores et déjà décidé de ne pas l'utiliser et de se rabattre sur des algorithmes plus classiques.

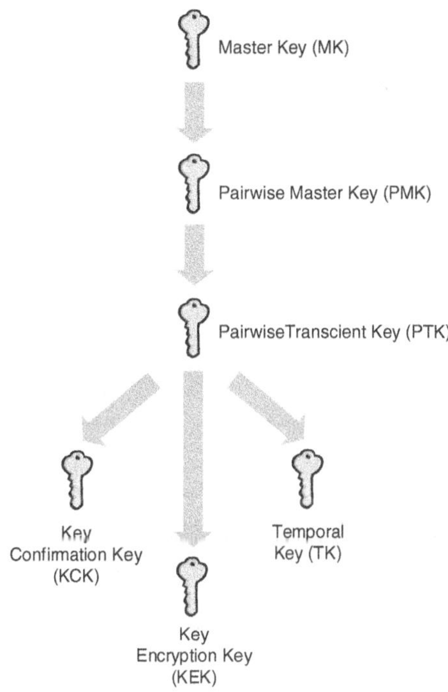

Figure 4.21
Dérivation des clés dans 802.11i

CCMP (Counter mode with Cipher block chaining Message authentication code Protocol)

CCMP s'appuie sur une évolution d'AES, appelée AES-CCM (Counter with CBC MAC), pour chiffrer les données et les authentifier par le biais du mécanisme CBC MAC (Cipher Block Chaining Message Authentification Code).

Le CBC MAC calcule une empreinte MIC de la trame (en-tête et données) au moyen de l'algorithme Michaël, également présent dans TKIP. Le Counter Mode, ou CTR, chiffre les données et le MIC à l'aide d'AES mais selon une méthode de chiffrement incluant l'utilisation d'un compteur. Le chiffrement s'effectue avec la TK (Temporal Key) sur 128 bits. L'en-tête est gardé intact afin de pouvoir être traité par la station destination.

La figure 4.22 illustre l'authentification et le chiffrement des différents champs de la trame 802.11i

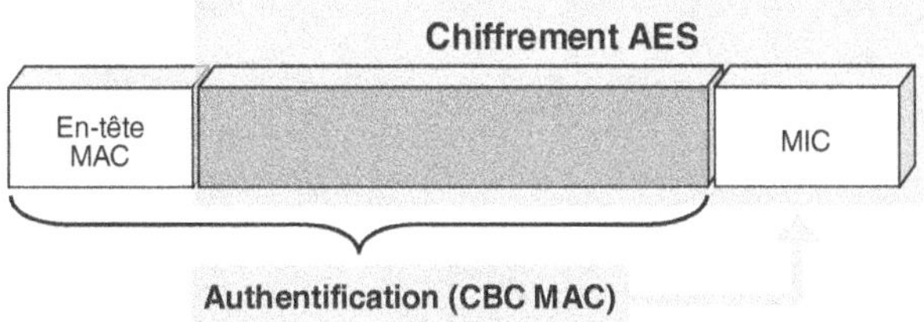

Figure 4.22
Chiffrement et authentification dans AES-CCM

WRAP (Wireless Robust Authentication Protocol)

WRAP s'appuie sur une évolution d'AES, AES-OCB (Offset CodeBook), qui était la proposition initiale définie pour 802.11i. Depuis lors, des brevets ont été déposés concernant les mécanismes proposés dans WRAP, reléguant ce dernier au rang de mécanisme optionnel. L'implémentation de cette méthode de chiffrement dans les équipements 802.11i n'est pas évidente puisque le constructeur doit payer des royalties au dépositaire du brevet, augmentant ainsi le prix des équipements.

Les certifications WPA, WPA2 et CCX

WPA (Wi-Fi Protected Access) et CCX (Cisco Compliant eXtension) ne sont pas des mécanismes de sécurité à part entière mais des certifications proposées respectivement par la Wi-Fi Alliance et Cisco Systems.

WPA préconise l'utilisation de 802.1x pour l'authentification et de TKIP pour le chiffrement, le contrôle de l'intégrité et la gestion dynamique des clés. Avec l'arrivée prochaine de 802.11i, une nouvelle certification prenant en compte ce standard, nommée WPA2, va être définie par la Wi-Fi Alliance.

CCX correspond à un ensemble de mécanismes utilisés dans tout environnement sans fil. Dans le cadre de Wi-Fi, la certification CCX implémente des mécanismes propriétaires de Cisco, comme LEAP.

Comme expliqué précédemment, ces certifications ne sont en aucun cas des mécanismes de sécurité à part entière. Elles définissent simplement les protocoles nécessaires à la mise en place d'une architecture sécurisée. À l'avenir, WPA et WPA2 seront néanmoins à n'en pas douter les termes utilisés pour définir la sécurité dans Wi-Fi, en remplacement de 802.1x, TKIP et 802.11i, tout comme Wi-Fi, qui est aussi une certification, a supplanté 802.11.

Les réseaux privés virtuels

Le rôle des réseaux privés virtuels, ou VPN (Virtual Private Network), est de fournir un tunnel sécurisé de bout en bout entre un client et un serveur, comme illustré à la figure 4.23. Les VPN permettent, entre autre chose, d'identifier et d'autoriser l'accès ainsi que de chiffrer tout trafic circulant dans le réseau.

Figure 4.23
VPN et tunnel de bout en bout

À ce jour, IPsec est le protocole le plus utilisé dans les VPN. Standard de référence, IPsec s'appuie sur différents protocoles et algorithmes en fonction du niveau de sécurité souhaité :

- authentification par signature électronique à clé publique (RSA) ;
- contrôle de l'intégrité par fonction de hachage (MD5) ;
- confidentialité par l'intermédiaire d'algorithmes symétriques, tels que DES, 3DES, AES, IDEA, Blowfish, etc.

L'utilisation d'un VPN est la manière la plus fiable de sécuriser un réseau sans fil. C'est aussi la méthode la plus utilisée.

5

Trames

Pour envoyer de l'information, les stations Wi-Fi doivent préparer des trames de données, c'est-à-dire des blocs de données comportant un en-tête et une zone indiquant la fin de la trame. Ce bloc contenant les données utilisateur est doté d'un format spécifique, qui dépend de la technique d'accès au support physique utilisée. Par ailleurs, le support hertzien étant partagé, il faut déterminer une technique permettant le passage de multiples trames provenant de machines différentes. À cette structure de trame émise sur le niveau physique, s'ajoute une seconde structure de trame, encapsulée dans la première.

La figure 5.1 illustre la transmission de données dans l'architecture d'un accès Wi-Fi au travers des couches MAC et physique. Le premier niveau correspond à la technique d'accès au support hertzien. La trame correspondant à ce protocole porte le nom de trame

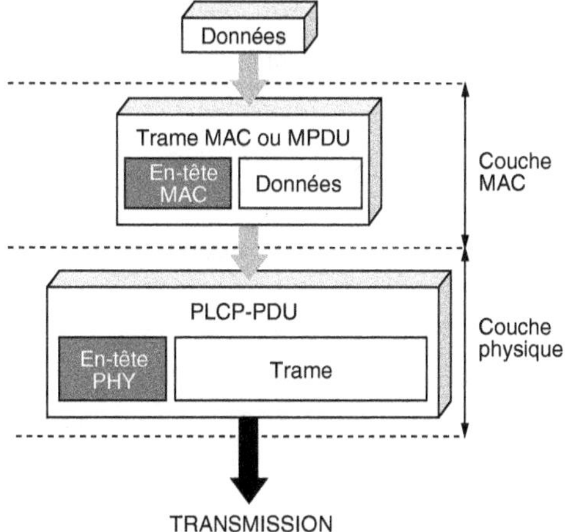

Figure 5.1
L'architecture des trames dans 802.11

MAC, ou MPDU (MAC Protocol Data Unit). Toutes les données venant des couches supérieures à la couche MAC sont encapsulées dans la trame MAC. Cette trame MAC est encapsulée dans une seconde trame, de niveau physique, de façon à assurer le transport de la trame MAC sur l'interface physique, ou interface air. Cette trame est appelée PLCP-PDU (Physical Level Common Protocol-Protocol Data Unit).

Ce chapitre examine les structures de trames utilisées dans le standard 802.11.

Les trames de niveau physique

Les trames de niveau physique, aussi nommées PLCP-PDU (Physical Level Common Protocol-Protocol Data Unit), ne sont autres que les blocs d'éléments binaires qui sont émis sur la couche physique.

Ces trames sont constituées de trois parties, le préambule, l'en-tête et les données proprement dites provenant de la couche supérieure :

- Le préambule est utilisé pour la détection du signal, la synchronisation, la détection du début de la trame et la prise du canal radio pour l'émission, ou CCA (Clear Channel Assessment).
- L'en-tête contient diverses informations, concernant notamment le débit de la connexion, qui peut varier en fonction de la qualité du signal.
- La troisième partie de la trame contient les informations provenant de la couche MAC, juste au-dessus. Ces informations sont encore appelées MPDU (MAC Protocol Data Unit).

Les informations contenues dans les trames de niveau physique varient en fonction de l'interface utilisée. La structure des PLCP-PDU est différente pour chaque couche physique définie dans 802.11b et 802.11a. 802.11g correspondant à un mélange de 802.11b et de 802.11a, il utilise les deux formats de PLCP-PDU issus de ces différents amendements. Il existe donc différentes PLCP-PDU, chacune dépendant de la technique d'accès à la couche physique utilisée, à savoir FHSS (Frequency Hopping Spread Spectrum), DSSS (Direct-Sequence Spread Spectrum), IR (InfraRed) et OFDM (Orthogonal Frequency Division Multiplexing).

La trame de l'interface FHSS

L'interface radio FHSS (Frequency Hopping Spread Spectrum) utilise une technique de transmission à base de saut de fréquence, dans laquelle les transmissions s'effectuent à tour de rôle sur différentes fréquences. Cette solution a pour avantage de jouer sur les fréquences disponibles pour garantir une bonne qualité de la transmission, sans interférences.

La trame utilisée sur cette interface radio est illustrée à la figure 5.2. Elle contient trois grandes zones, le préambule, qui permet de détecter le début de la trame, l'en-tête, qui contient les zones de contrôle de la communication, et enfin les données proprement dites.

Le préambule permet de déterminer le début de la trame et de synchroniser la réception des éléments binaires.

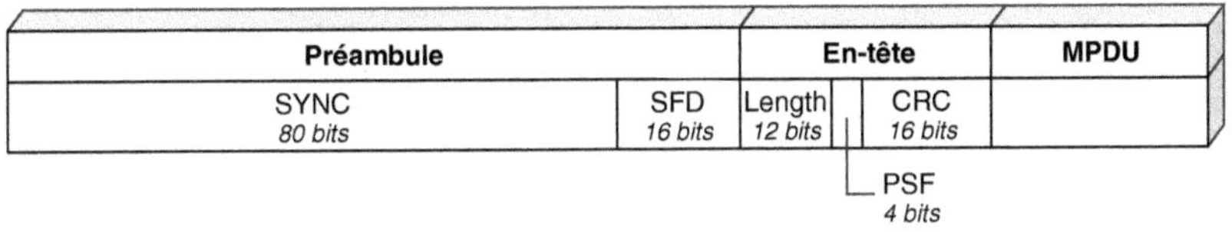

Figure 5.2
Structure de la trame de l'interface FHSS

Ce préambule contient deux parties :

- **SYNC,** qui se présente comme une séquence de 80 bits alternant 0 et 1 utilisée pour sélectionner le point d'accès le plus approprié et pour synchroniser l'émetteur et le récepteur.
- **SFD (Start Frame Delimiter),** qui consiste en une suite de 16 bits (0000110010111101) définissant le début de la trame.

L'en-tête contient les informations de supervision nécessaires à la gestion de la liaison entre le terminal et le point d'accès. Cet en-tête contient trois parties :

- **Length,** qui indique le nombre d'octets contenus dans la trame. Cette indication permet à la couche physique de déterminer la fin de la trame.
- **PSF (Payload Signalling Field),** qui indique le débit utilisé sur l'interface radio. Ce débit dépend de la puissance du signal et des interférences subies par le signal sur l'interface radio. Cette zone contient également quelques bits réservés pour un usage futur.
- **CRC (Cyclic Redundancy Check)**, qui est le champ de détection d'erreur que l'on trouve dans la plupart des protocoles de niveau liaison.

La trame de l'interface DSSS

Lorsque l'interface DSSS (Direct-Sequence Spread Spectrum) est utilisée, la structure de la trame prend une nouvelle forme, qui comporte également trois champs, comme illustré à la figure 5.3.

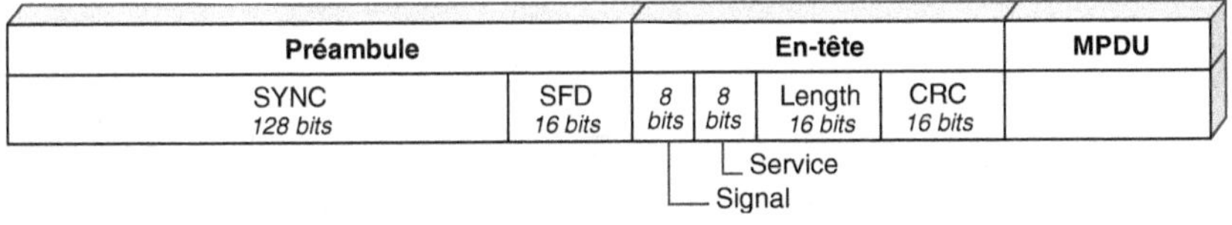

Figure 5.3
Structure de la trame de l'interface DSSS

Le rôle du préambule est, comme dans l'interface précédente, de déterminer le début de la trame et de synchroniser l'émetteur et le récepteur. Ce préambule contient deux champs :

- **SYNC,** qui est une séquence de 128 bits utilisée pour la détection et la synchronisation des signaux transportés sur l'interface.
- **SFD (Start Frame Delimiter),** qui détermine précisément le début de la trame.

Préambule court et long

Deux types de préambules sont définis pour le DSSS, un court et un long. Le préambule long correspond à un champ SYNC de 128 octets, tandis que le préambule court comporte un champ SYNC de 56 octets. Le préambule long, qui est celui utilisé par défaut, est utilisé pour améliorer la détection d'un point d'accès — on utilise plus de bits pour la détection — dans des environnements radio dégradés. Si l'on est sûr d'être dans un milieu radio non dégradé ou si la station est proche du point d'accès — en vue directe de préférence —, le préambule court peut être utilisé. L'utilisation de ce préambule court offre une légère augmentation du débit utile *(voir le chapitre 8)*. Le changement de la longueur du préambule dépend du matériel utilisé.

L'en-tête contient quatre champs de supervision de la structure de trame :

- **Signal,** qui indique le débit utilisé sur l'interface radio.
- **Service,** une zone réservée pour un usage futur, qui ne contient aujourd'hui que des 0.
- **Length,** qui indique le nombre d'octet que contient la trame et détermine de ce fait la fin de la trame.
- **CRC (Cyclic Redundancy Check),** qui est le champ de détection d'erreur que l'on retrouve dans la plupart des protocoles de liaison.

L'accès DSSS

La technique d'accès DSSS est utilisée à la fois par 802.11b et 802.11g. Bien qu'un peu améliorée, la structure de la PLCP-PDU reste la même que celle décrite précédemment.

La trame de l'interface IR

L'interface IR (InfraRed) utilise l'infrarouge comme support de transmission. La structure de cette trame est légèrement différente des précédentes, même si elle comporte toujours trois grandes parties, comme illustré à la figure 5.4.

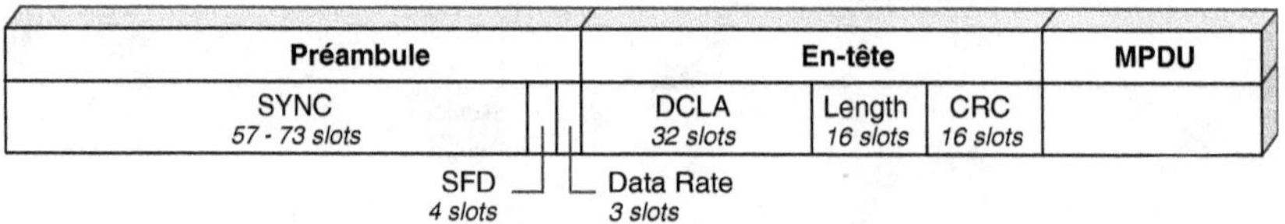

Figure 5.4

Structure de la trame de l'interface IR

Les informations contenues dans la trame de l'interface infrarouge ne sont pas définies par un nombre d'octet mais par des tranches de temps, ou slots. Cela tient à la technique de transmission utilisée, qui détermine des temps de transmission et non un nombre d'octet à transmettre.

Le préambule détermine le début de la trame et permet la synchronisation de l'émetteur et du récepteur. Comme dans les structures de préambule précédentes, deux champs sont définis :

- **SYNC,** qui est une séquence permettant de détecter les signaux et de déterminer la cadence du signal ainsi que la synchronisation.
- **SFD (Start Frame Delimiter),** qui détermine précisément le début de la trame.

L'en-tête contient les quatre champs suivants :

- **Data Rate,** qui indique le débit utilisé sur l'interface infrarouge.
- **DCLA (Data Control Level Adjustement),** qui permet d'ajuster la vitesse du signal de la station réceptrice.
- **Length,** qui indique, comme dans les cas précédents, le nombre d'octet que contient la trame et permet de déterminer ainsi la fin de la trame.
- **CRC (Cyclic Redundancy Check),** qui représente le champ de détection d'erreur, comme dans la plupart des protocoles de liaison.

La trame de l'interface OFDM

L'interface OFDM (Orthogonal Frequency Division Multiplexing) est la technique d'accès utilisée par 802.11a et 802.11g. Cette interface comporte une trame spécifique, dont les principaux éléments sont illustrés à la figure 5.5.

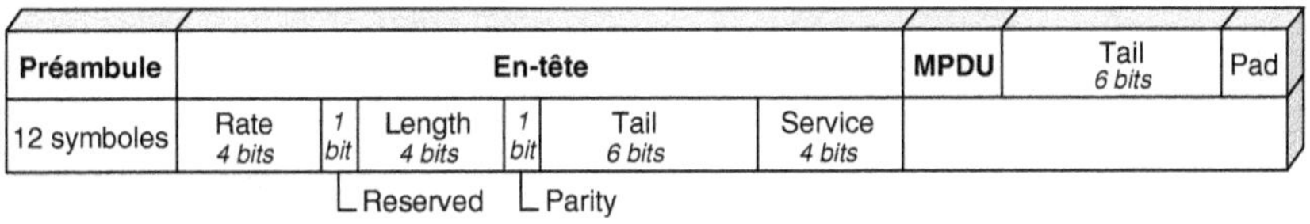

Préambule	**En-tête**						**MPDU**	Tail *6 bits*	Pad
12 symboles	Rate *4 bits*	*1 bit*	Length *4 bits*	*1 bit*	Tail *6 bits*	Service *4 bits*			
		Reserved		Parity					

Figure 5.5
Structure de la trame de l'interface OFDM

La structure de la trame OFDM contient toujours trois grandes parties, mais de nombreuses différences se font jour par rapport aux structures de trames présentées précédemment.

Le préambule est maintenant réalisé grâce à une séquence de 12 symboles, qui permettent la détection du signal par le récepteur et déterminent le début de la trame.

L'en-tête, qui permet le transport des données de supervision, comporte six champs :

- **Rate,** qui indique le débit utilisé sur l'interface air.
- **Reserved,** qui est un champ réservé pour un usage futur et ne contenant que des 0.
- **Length,** qui indique le nombre d'octet contenu dans la trame.
- **Parity,** qui donne le résultat d'un calcul de parité sur les éléments binaires transportés dans les champs Rate, Reserved et Length, calcul indiquant si le nombre d'élément nul est pair ou impair.

- **Tail,** ou en-queue, qui est également réservé pour un usage futur et ne contient aujourd'hui que des 0.
- **Service,** qui est aussi réservé pour un usage futur et ne contient que des 0.

La zone Tail située après la zone MPDU est également réservée pour un usage futur et ne contient que des 0. La zone Pad qui la suit est un champ de remplissage, ou padding, de 6 bits au minimum permettant à la structure de trame d'avoir une longueur totale qui se compte en octet.

Les trames MAC

Nous allons maintenant détailler les trames qui se trouvent juste au-dessus de la couche physique, ou trames MAC (Medium Access Control).

Il existe trois types de trames MAC, les trames de données, les trames de contrôle et les trames de gestion :

- Les trames de données sont utilisées pour la transmission des données.
- Les trames de contrôle sont utilisées pour contrôler l'accès au support (RTS, CTS, ACK, etc.).
- Les trames de gestion sont utilisées pour les associations ou réassociations d'une station avec un point d'accès, ainsi que pour la synchronisation et l'authentification.

La figure 5.6 illustre la structure générale d'une trame MAC 802.11. Suivant le type de trame, certains champs sont susceptibles de ne pas apparaître, tels que les champs adresse 1, adresse 2, adresse 3, adresse 4, contrôle de séquence ou encore le corps de trame, qui contient les données à transmettre et qui n'est pas utilisé par les trames de gestion, par exemple. La taille maximale d'une trame est de 2 346 octets.

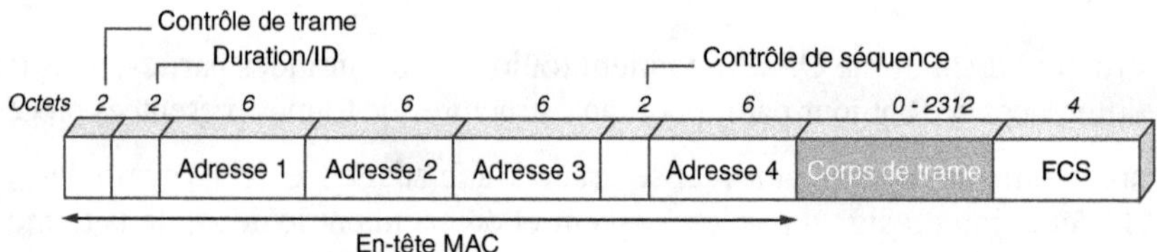

Figure 5.6
Format d'une trame MAC

Format de l'en-tête MAC

La trame MAC commence par un en-tête assez complexe, que nous présentons en détail dans cette section. Cette trame contient sept champs qui tiennent sur une longueur totale de 30 octets.

Le champ contrôle de trame

Le premier champ de l'en-tête porte sur deux octets subdivisés en onze sous-champs. Le rôle de ce champ est de transporter les informations de contrôle nécessaires à la couche MAC. La figure 5.7 illustre le champ contrôle de trame et son découpage en sous-champ.

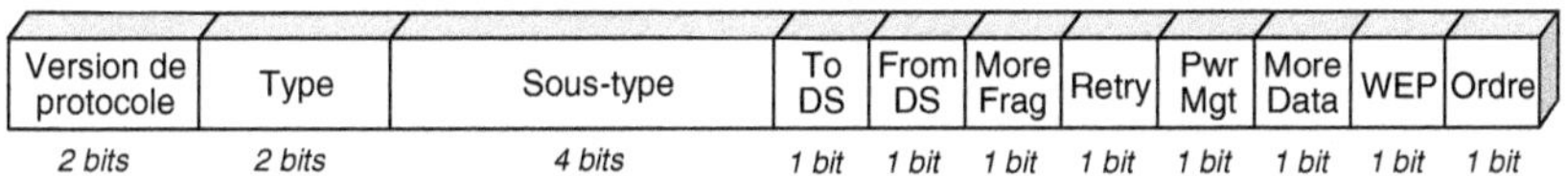

Figure 5.7
Le champ contrôle de trame

Les rôles des différents sous-champs sont les suivants :

- **Version de protocole.** Ce champ définit la version du protocole utilisé. Actuellement, la valeur de la version du protocole est fixée à 0. Les autres valeurs sont réservées et ne seront utilisées que lors d'une évolution du standard.
- **Type et sous-type.** Ces champs correspondent aux types et sous-types de la trame. Comme expliqué précédemment, il existe trois types de trames, et chacun de ces types est décomposé en sous-types. Le tableau 5.1 recense les différents types et sous-types utilisés dans le standard 802.11.

Tableau 5.1 Typologie des trames 802.11

Valeur du type	Description du type	Valeur du sous-type	Description du sous-type
00	Gestion/Management	0000	Requête d'association/Association Request
00	Gestion/Management	0001	Réponse d'association/Association Request
00	Gestion/Management	0010	Requête de réassociation/Reassociation Request
00	Gestion/Management	0011	Réponse de réassociation/Reassociation Request
00	Gestion/Management	0100	Requête Probe/Probe Request
00	Gestion/Management	0101	Réponse Probe/Probe Request
00	Gestion/Management	0110-0111	Réservé/Reserved
00	Gestion/Management	1000	Balise/Beacon
00	Gestion/Management	1001	ATIM
00	Gestion/Management	1010	Désassociation/Deassociation
00	Gestion/Management	1011	Authentification/Authentication
00	Gestion/Management	1100	Désauthentification/Deauthentication
00	Gestion/Management	1101-1111	Réservé/Reserved
01	Contrôle/Control	0000-1001	Réservé/Reserved
01	Contrôle/Control	1010	PS-Poll (Power Save)
01	Contrôle/Control	1011	RTS (Request to Send)
01	Contrôle/Control	1100	CTS (Clear to Send)

Tableau 5.1 Typologie des trames 802.11 ***(suite)***

Valeur du type	Description du type	Valeur du sous-type	Description du sous-type
01	Contrôle/Control	1101	ACK (Acquittement)
01	Contrôle/Control	1110	CF-End (Contention Free)
01	Contrôle/Control	1111	CF-End + CF-ACK
10	Données/Data	0000	Données/Data
10	Données/Data	0001	Données/Data + CF-ACK
10	Données/Data	0010	Données/Data + CF-Poll
10	Données/Data	0011	Données/Data + CF-Poll + CF-ACK
10	Données/Data	0100	Fonction nulle (sans données)/Null Function
10	Données/Data	0101	CF-ACK (sans données)
10	Données/Data	0110	CF-Poll (sans données)
10	Données/Data	0111	CF-ACK + CF-Poll (sans données)
10	Données/Data	1000-1111	Réservé/Reserved
11	Réservé/Reserved	0000-1111	Réservé/Reserved

- **To DS et From DS.** Ces deux champs définissent si la trame est envoyée vers le destinataire (To DS) par l'intermédiaire du point d'accès ou si elle provient du destinataire (From DS). Le tableau 5.2 récapitule les différentes valeurs de ces champs.

Tableau 5.2 Valeur des champs To DS et From DS

To DS	From DS	Explication
0	0	Trame de données envoyée d'une station à une autre au sein d'un même IBSS ou trame de contrôle ou de gestion
0	1	Trame de données provenant du destinataire (From DS)
1	0	Trame de données destinée au destinataire (To DS)
1	1	Trame envoyée d'un point d'accès vers un autre point d'accès. Le système de distribution (DS) est alors un réseau 802.11.

- **More Fragment.** Ce champ est mis à 1 pour indiquer que le contenu de la trame provient d'une trame de données fragmentée et que ce fragment n'est pas le dernier de la trame fragmentée. Il est mis à 0 lorsqu'il s'agit du dernier fragment ou d'une trame qui n'est pas fragmentée.
- **Retry.** Champ mis à 1 si la transmission de la trame en cours est une retransmission.
- **Power Management.** Indique si la station est en mode d'économie d'énergie (1) ou actif (0). Ce champ reste constant pendant toute la durée d'une transmission et indique à la station dans quel mode elle se trouvera à la fin de la transmission. Les trames transmises par le point d'accès ont toujours le champ Power Management à 0.

- **More Data.** Ce champ est utilisé dans les différents cas suivants :
  - En mode d'économie d'énergie, est mis à 1 pour signifier à la station qu'au moins une trame est mise en mémoire tampon dans le point d'accès. La station peut repasser en mode actif pour récupérer les données bufférisées.
  - En PCF, est mis à 1 lorsqu'une station CF-Pollable transmet des trames au PC en réponse à un CF-Poll lui indiquant qu'au moins une trame est bufférisée et est prête à être transmise.
  - Lors d'une transmission broadcast ou multicast, est mis à 1 lorsque le point d'accès doit transmettre des trames en broadcast et à 0 pour du multicast.
- **WEP.** Indique si le corps de la trame est chiffré avec l'algorithme WEP ou non. Ce champ ne peut être utilisé que si la trame chiffrée est une trame de données ou une trame de gestion ayant pour sous-type « authentication ».
- **Order.** Mis à 1 si la trame ou le fragment est envoyé en utilisant une classe de service strictement ordonnée, ou Strictly Ordered Service Class. Cette classe ne permet pas à la station qui l'utilise d'envoyer des trames en multicast.

Le champ Duration/ID

Le champ Duration/ID a deux sens différents suivant le type de trame utilisé :

- Pour les trames de contrôle en mode d'économie d'énergie ayant pour sous-type PS-Poll, ce champ correspond à l'identifiant de la station, ou AID (Association IDentity), qui transmet la trame.
- Pour toutes les autres trames, ce champ correspond à la valeur de durée de vie qui est utilisée lors du calcul du NAV (Network Allocation Vector). Cette valeur varie en fonction des types et sous-types des trames utilisées et est comprise en 0 et 32767. Le tableau 5.3 recense les valeurs des 16 bits du champ Duration/ID et leur signification.

Tableau 5.3 Valeur et signification des 16 bits du champ Duration/ID

Bits 0 à 13	Bit 14	Bit 15	Explication
0-32767		0	Durée
0	0	1	Valeur fixe pour les trames transmises pendant un CFP
0	1	1	Réservé
1-16383	0	1	Réservé
1-2007	1	1	AID dans les CF-Poll
2008-16383	1	1	Réservé

Pendant les CFP (Contention Free Period) et CF-Poll (Contention Free-Polling), les stations n'ont pas à mettre à jour leur NAV, puisque ce dernier est égal à la durée du CF-Poll. La valeur de ce champ est donc fixe et égale à 32768. Si la transmission se fait vers un groupe de stations, la valeur du champ Duration/ID est égale à 0.

Les champs adresse

Les champs adresse d'une trame MAC 802.11 ont tous une longueur de 6 octets et le même format que les adresses définies par le standard 802.11.

L'adresse sur 48 bits est composée des quatre parties suivantes :

- **Individual/Group (I/G).** Le premier bit indique si l'adresse est individuelle (1) ou de groupe (0).
- **Universal/Local (U/L).** Le deuxième bit indique si l'adresse est locale (1) ou universelle (0). Si l'adresse est locale, les 46 bits suivants sont définis localement.
- **Organizationally Unique Identifier.** Numéro assigné par l'IEEE correspondant aux 22 bits suivant les bits I/G et U/L.
- **Numéro de série.** Les trois derniers octets, soit 24 bits, correspondent au numéro de série, qui est généralement défini par le constructeur.

> **Format d'une adresse MAC**
>
> L'écriture hexadécimale, ou système de numérotation à base 16, de l'adresse MAC est généralement préférée à l'écriture binaire.

La figure 5.8 illustre la composition du champ d'adresse sur 8 octets. La valeur des octets est indiquée en binaire et en hexadécimal.

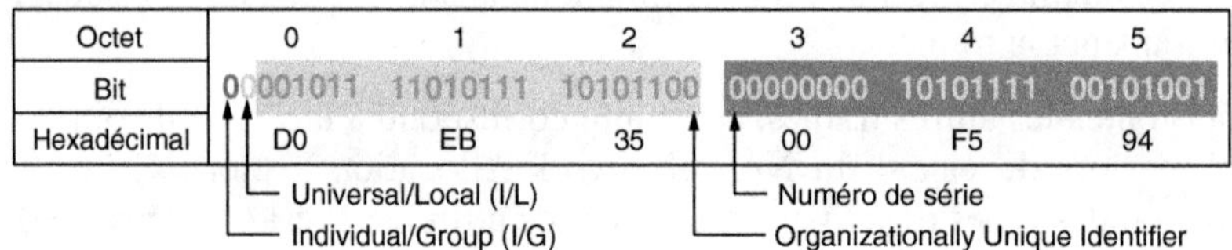

Octet	0	1	2	3	4	5
Bit	00001011	11010111	10101100	00000000	10101111	00101001
Hexadécimal	D0	EB	35	00	F5	94

Figure 5.8
Format des champs d'adresse

Si l'adresse est une adresse individuelle, il s'agit de l'adresse d'une station dans un BSS. S'il s'agit d'une adresse de groupe, elle correspond à un ensemble de stations.

Il existe deux types d'adresses de groupe :

- **Adresse broadcast.** Cette adresse est associée à un groupe de stations, lequel est composé de l'ensemble des stations qui constituent le réseau. L'utilisation d'une adresse broadcast permet d'envoyer des informations à toutes les stations du réseau. Le format d'une adresse broadcast est toujours de 48 bits, tous mis à 1.
- **Adresse multicast.** Comme pour l'adresse broadcast, cette adresse est associée à un groupe de stations mais en nombre fini. Le groupe est défini dans les couches hautes.

Une trame MAC 802.11 peut contenir jusqu'à quatre adresses différentes. Ces champs permettent de définir les différents types d'adresses utilisés lors de la transmission des trames.

Il existe cinq types d'adresses possibles :

- **BSSID (Basic Service Set Identifier) :**
  - Dans un BSS, si la station est associée à un point d'accès, le BSSID correspond à l'adresse MAC de la station dans le BSS.
  - Si la station appartient à un IBSS (Independent Basic Set Service), le BSSID correspond au BSSID de l'IBSS. L'adresse n'est pas universelle mais locale, avec le bit U/L à 1 et le bit I/G à 0.
  - Pour les trames de gestion ayant comme sous-type Probe Request, les 48 bits du BSSID sont tous mis à 1, conférant la possibilité à ces trames d'être transmises en broadcast.
- **DA (Destination Address).** Correspond à l'adresse à laquelle est transmise la trame ou le fragment. L'adresse DA peut être une adresse individuelle ou de groupe.
- **SA (Source Address).** Correspond à l'adresse ayant transmis la trame ou le fragment. L'adresse SA est toujours une adresse individuelle.
- **RA (Receiver Address).** Correspond à l'adresse de la station à laquelle sont destinées les informations contenues dans la trame. Comme l'adresse DA, l'adresse RA peut être une adresse individuelle ou de groupe.
- **TA (Transmitter Address).** Correspond à l'adresse individuelle qui identifie la station ayant transmis les informations contenues dans le corps de trame.

Le tableau 5.4 recense les champs associés à ces champs d'adresse.

Tableau 5.4 Champs d'adresse

To DS	From DS	Adresse 1	Adresse 2	Adresse 3	Adresse 4
0	0	DA	SA	BSSID	Aucun
0	1	DA	BSSID	SA	Aucun
1	0	BSSID	SA	DA	Aucun
1	1	RA	TA	DA	SA

> **Les champs d'adresse**
>
> L'adresse 1 est toujours utilisée pour les adresses indiquant des stations émettrices. L'adresse 2 est utilisée pour les adresses indiquant des stations réceptrices.

Le champ contrôle de séquence

Le champ contrôle de séquence, d'une longueur de 16 bits, est constitué de deux sous-champs, le numéro de séquence et le numéro de fragment :

- **Numéro de séquence.** Champ sur 12 bits qui correspond au numéro de séquence du fragment. À chaque trame est assigné ce numéro de séquence initié à 0 et incrémenté par pas de 1 pour toutes les autres trames transmises. Si une trame est fragmentée, tous les fragments de cette trame portent le même numéro de séquence de la trame.

- **Numéro de fragment.** Champ sur 4 bits qui spécifie le numéro de fragment. Ce numéro est initié à 0 et est incrémenté par pas de 1 pour chaque fragment.

La figure 5.9 illustre le format du champ contrôle de séquence sur 6 octets et les deux sous-champs ci-dessus.

Figure 5.9
Format du champ contrôle de séquence

Le numéro de séquence et le numéro de fragment permettent à la station destination de réassembler de manière plus fiable une trame fragmentée.

Les données et le corps de la trame

Les données transportées par la trame MAC peuvent avoir une taille nulle, comme c'est le cas pour les trames de contrôle ou de gestion. La taille maximale des données est de 2 312 octets, mais elle peut atteindre une valeur plus importante lorsque les 2 312 octets de données sont chiffrés au moyen de l'algorithme WEP (Wired Equivalent Privacy), c'est-à-dire grâce à la clé secrète partagée par le point d'accès.

Lorsque le WEP est utilisé, le corps des trames contient en outre un vecteur d'initialisation, ou Initialization Vector, qui permet d'indiquer la valeur des paramètres utilisés par la liaison pour le chiffrement de l'information, lorsque l'utilisateur souhaite se protéger d'une écoute externe, et une zone Integrity Check Value, qui permet de vérifier que les données n'ont pas été modifiées.

Le champ FCS (Frame Check Sequence)

Le champ FCS utilise un CRC sur 32 bits pour le contrôle de l'intégrité des trames. Le FCS est calculé en fonction aussi bien de l'en-tête que du corps de trame. Les techniques utilisées dans le FCS sont définies classiquement dans les principaux standards de transport de trames sur une liaison, comme HDLC (High-level Data Link Control).

Format d'une trame MAC chiffrée

Grâce au standard 802.11, il est possible de chiffrer une trame pour sa traversée du support hertzien, de telle sorte qu'aucun autre utilisateur ne puisse déchiffrer l'information qu'elle contient.

En réalité, comme l'illustre la figure 5.10, une trame chiffrée ne l'est que partiellement.

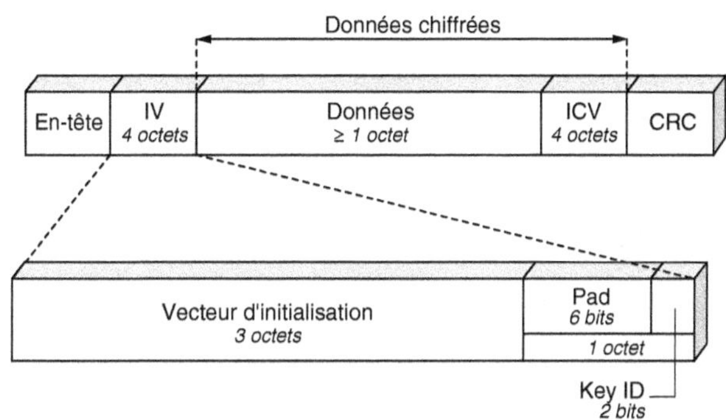

Figure 5.10
Format d'une trame MAC chiffrée

L'Initialization Vector est composé des trois champs suivants :

- **IV,** qui est le vecteur d'initialisation défini dans le WEP.
- **Pad,** qui ne contient que des 0.
- **Key ID,** qui contient la valeur d'une des quatre clés permettant de déchiffrer la trame.

Format des trames de contrôle, de gestion et de données

Cette section détaille les formats des différents types de trames qui circulent dans un réseau Wi-Fi. Ces trames sont les trames de contrôle, qui permettent de transporter les informations de supervision nécessaires à la bonne marche du réseau, les trames de gestion, qui sont nécessaires à l'administration du réseau, et les trames de données, qui transportent les informations des utilisateurs.

Les trames de contrôle

Les trames de contrôle ont pour fonction d'envoyer les commandes et informations de supervision aux éléments du réseau qui en ont besoin pour fonctionner.

Le format d'une trame de contrôle est illustré à la figure 5.11. Certains champs, comme les champs version de protocole, sous-type ou Power Management, peuvent ne pas apparaître dans la structure de certaines trames de contrôle.

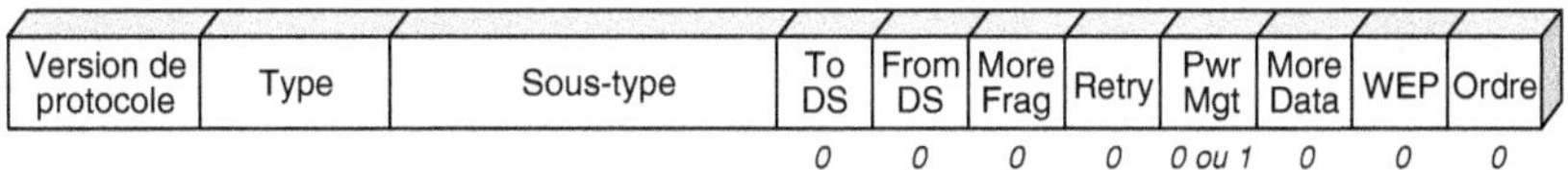

Figure 5.11
Format d'une trame de contrôle

La trame RTS (Request to Send)

La trame RTS est utilisée pour réclamer le droit de transmettre une trame de données tout en réservant le support. La figure 5.12 illustre le format cette trame, qui est composée de cinq champs d'une longueur totale de 20 octets.

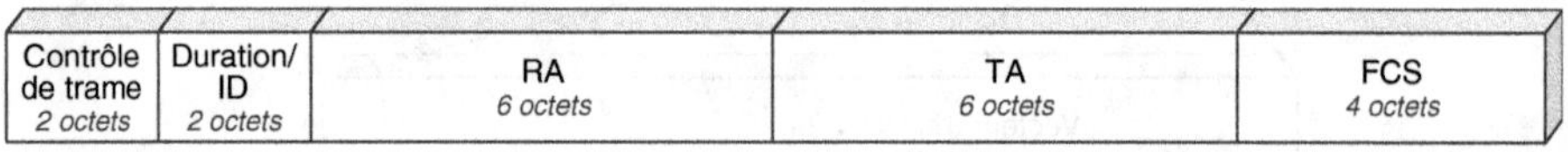

Contrôle de trame 2 octets	Duration/ ID 2 octets	RA 6 octets	TA 6 octets	FCS 4 octets

Figure 5.12
Format d'une trame RTS

Ces cinq champs permettent de transporter toutes les informations nécessaires pour réclamer le support hertzien auprès des autres stations. La trame commence par un champ de contrôle indiquant qu'il s'agit d'une trame RTS suivie des trois champs suivants :

- **Duration/ID,** qui correspond au temps nécessaire à la transmission de la trame RTS augmenté du temps de transmission d'une trame CTS, d'une trame ACK ainsi que de trois SIFS.
- **RA (Receiver Address),** qui indique l'adresse de la station destination.
- **TA (Transmitter Address),** qui indique l'adresse de la station source qui a émis la trame RTS.

La trame se termine par une classique zone de contrôle de correction de la trame.

> **Duration/ID**
> Si la valeur du champ Duration/ID n'est pas une valeur entière, elle est mise à la valeur entière juste supérieure.

La trame CTS (Clear To Send)

La trame CTS correspond à la réservation du canal pour émettre une trame de données. La figure 5.13 illustre la structure de cette trame de supervision avec ses quatre champs de 14 octets au total.

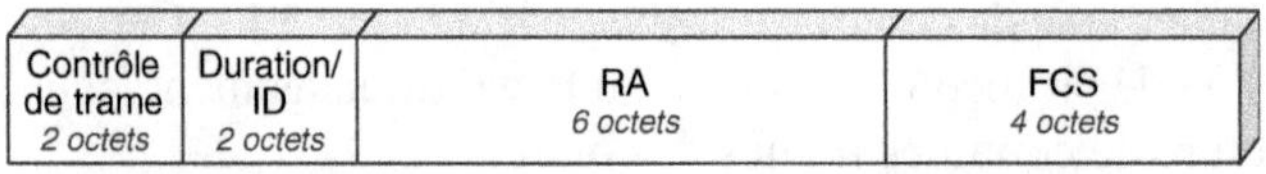

Contrôle de trame 2 octets	Duration/ ID 2 octets	RA 6 octets	FCS 4 octets

Figure 5.13
Format d'une trame CTS

Après une première zone indiquant la trame dont il s'agit et avant le FCS, qui protège la trame contre les erreurs éventuelles en ligne, se trouvent les deux champs suivants :

- **RA (Receiver Address),** qui correspond à l'adresse de la station source provenant du champ TA (Transmitter Address) de la trame RTS.

- **Duration/ID,** qui correspond à la valeur du champ Duration/ID dans la trame RTS diminuée du temps de transmission de la trame CTS et d'un SIFS.

La trame ACK

La trame ACK transporte les acquittements des trames de données. Son format est illustré à la figure 5.14. Elle possède quatre champs, que nous avons déjà rencontrés dans la structure des trames précédentes.

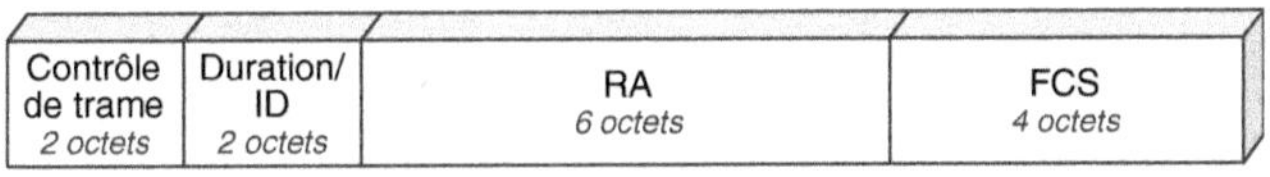

Contrôle de trame *2 octets*	Duration/ ID *2 octets*	RA *6 octets*	FCS *4 octets*

Figure 5.14
Format d'une trame ACK

Le troisième de ces champs correspond à l'adresse de la station source, qui provient du champ adresse 2 de la trame de données ou de gestion précédente.

Si la trame transmise précédemment est un fragment et que d'autres fragments suivent — le champ More Fragment du fragment précédent étant à 1 —, la valeur du champ Duration/ID correspond à la valeur du champ Duration/ID du fragment précédent diminuée du temps de transmission de la trame ACK et d'un SIFS. Sinon, ce champ correspond à la valeur du champ Duration/ID de la trame précédente diminuée du temps de transmission de l'ACK et d'un SIFS.

Les trames de gestion

Les trames de gestion prennent en charge toute l'administration du système, allant des pannes à la comptabilité. Pour ne pas entrer trop dans les détails, indiquons simplement que le premier champ de cette trame indique la fonction de gestion visée par l'émission de la trame. La figure 5.15 illustre le format d'une trame de gestion.

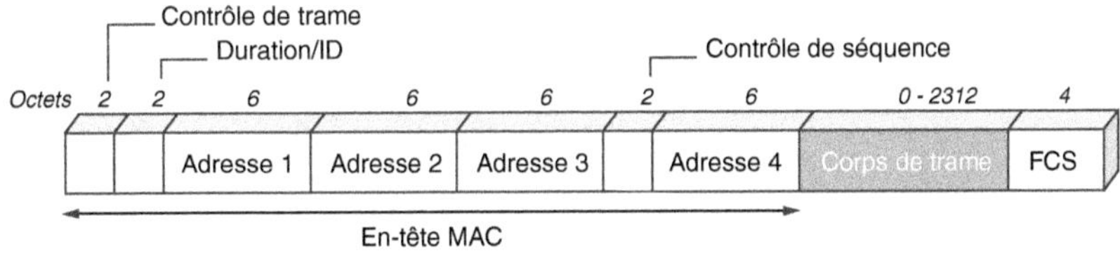

Figure 5.15
Format d'une trame de gestion

Les trames de données

Les trames de données transportent l'information qui provient de la couche située au-dessus. Elles sont composées d'un en-tête MAC, suivi du corps de trame proprement dit, qui n'est autre que l'information à transporter remise par la couche supérieure. La trame de données se termine par une classique zone de détection des erreurs en ligne.

La figure 5.16 illustre le format d'une trame de données.

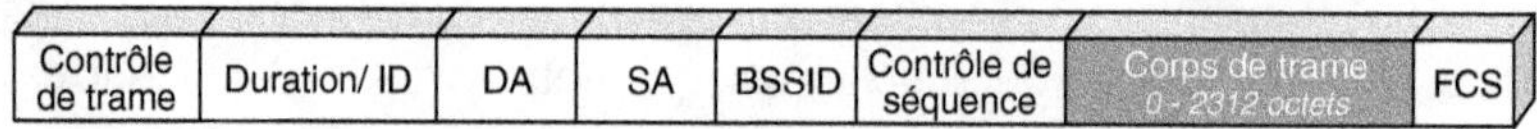

Figure 5.16

Format d'une trame de données

Partie II

Pratique de Wi-Fi

La première partie de l'ouvrage a présenté l'architecture des réseaux Wi-Fi et expliqué leur fonctionnement du point de vue théorique. Cette deuxième partie, résolument pratique, détaille les règles à respecter pour installer de tels réseaux Wi-Fi en mettant l'accent sur les nouvelles possibilités applicatives apportées par les concepts de mobilité et de nomadisme, ainsi que sur les contraintes radio et réseau et le choix, l'installation et la configuration des équipements.

Les caractères sans fil et mobile de Wi-Fi lui ont assuré un développement extrêmement rapide, qui a engendré en retour de nouvelles applications et de nouveaux métiers. Du point de vue applicatif, il n'y a pourtant pas eu de révolution particulière. On retrouve dans Wi-Fi les applications classiques de transport de la voix et de la vidéo. Seule l'émergence du marché des hotspots a apporté une réelle nouveauté en accentuant la fonctionnalité de nomadisme de l'utilisateur grâce à des mécanismes de découverte de service ou à la définition d'environnements virtuels permettant à un utilisateur d'accéder à ses services favoris lors de ses déplacements sans avoir besoin de reconfigurer son terminal. Nous n'en sommes encore qu'aux prémices de ces nouveaux usages, et les applications vont évoluer avec le temps pour prendre en charge davantage de convivialité, de simplicité et surtout de fonctionnalités, ce qui est sans doute le plus important aux yeux des utilisateurs.

Si Wi-Fi paraît simple de prime abord, il n'en va pas de même quand on se plonge dans ses spécificités techniques. Au niveau radio, par exemple, la notion de plan fréquentiel est une caractéristique essentielle à considérer lors de l'installation d'un réseau Wi-Fi. Au niveau réseau, le débit est le critère le plus important. Bien que ce débit semble important du point de vue théorique, il en va tout autrement pour l'utilisateur, lequel constate que le recours à tel ou tel mécanisme particulier peut le faire diminuer, voire complètement s'effondrer.

L'équipement de base d'un réseau Wi-Fi a fortement évolué au cours de ces dernières années. Au départ, on ne trouvait que des cartes Wi-Fi au format PCMCIA et des points d'accès aux fonctionnalités limitées. L'offre s'est ensuite largement étendue pour couvrir les nouveaux besoins créés par les marchés domestique et professionnel, sans oublier celui des hotspots.

La configuration d'un réseau Wi-Fi commence par celle du terminal et donc de la carte Wi-Fi. Nous détaillons cette configuration pour trois systèmes d'exploitation, Windows XP,

Linux et Windows Mobile 2003. Une fois le terminal configuré vient la phase d'installation. Cette dernière doit respecter un certain nombre de contraintes, telles que la topologie du réseau, la sécurité et les performances.

En suivant les conseils et étapes de configuration pas à pas livrés dans les différents chapitres de cette partie, le lecteur sera à même d'installer et de configurer un réseau Wi-Fi dans les meilleures conditions possibles.

Nous concluons cette partie et l'ouvrage en présentant les futurs standards des réseaux sans fil, qui, dans un proche avenir, constitueront les briques de base de l'Internet ambiant initié par Wi-Fi.

6

Applications

Les réseaux Wi-Fi apportent de nouvelles fonctionnalités au monde des réseaux. La plus importante d'entre elles est sûrement la mobilité, puisque l'utilisateur pourra bientôt se déplacer tout en restant connecté.

On distingue deux types de déplacements, la mobilité et le nomadisme. Dans la mobilité, le client se déplace avec son terminal et, tout en se déplaçant, change de point d'accès en provoquant un changement intercellulaire, ou handover. Lors du handover, il est automatiquement déconnecté d'un point d'accès pour se voir connecter à un autre, sans interruption de la communication. Dans le nomadisme, le client se déconnecte d'un point d'accès, puis il se déplace et se reconnecte à un nouveau point d'accès, qui peut être très éloigné du premier.

La mobilité n'est pas encore un service proposé par les réseaux Wi-Fi, dans la plupart desquels les handovers, ou changements intercellulaires, ne sont pas acceptés. Certains équipementiers commencent toutefois à offrir ce service, et le groupe de travail 802.11f travaille à la mise au point d'un standard commun.

À l'heure actuelle, Wi-Fi est surtout utilisé pour le nomadisme, les clients se connectant à un hotspot puis se déplaçant pour atteindre un autre hotspot ou le réseau Wi-Fi d'une entreprise. La mobilité concerne bien davantage les réseaux de mobiles GSM, GPRS ou UMTS.

Avec la quatrième génération de réseaux de mobiles, prévue pour l'horizon 2006-2007, l'intégration de Wi-Fi et des normes de téléphonie mobile GPRS, EDGE et UMTS sera généralisée et permettra de passer, par le biais de ce que l'on appelle un handover vertical, d'une technologie à une autre sans interruption de la communication. Le client sera servi à haut débit par la solution Wi-Fi, puis, lorsqu'il commencera à se déplacer, il effectuera un handover vertical pour entrer dans un réseau de mobiles. Dès qu'il redeviendra immobile, il repassera sur un réseau Wi-Fi, retrouvant un haut débit.

Dans les systèmes Wi-Fi, de nombreux services sont disponibles, à commencer par ceux que l'on rencontre dans les réseaux fixes, et de nouveaux services liés au nomadisme. Ce chapitre examine les services soumis à des contraintes de qualité de service, comme la voix, la vidéo et plus généralement les applications multimédias, ainsi que ceux de nomadisme, notamment l'application de découverte de service, extrêmement utile pour les utilisateurs qui se déplacent sans arrêt.

Voix, vidéo et multimédia

La voix et la vidéo sont des applications temps réel complexes à mettre en œuvre dans les réseaux asynchrones tels que Wi-Fi. Elles représentent pourtant probablement une partie de l'avenir de ces réseaux, en tant que prolongement de l'application téléphonique dans les entreprises et sur les hotspots.

Début 2004, la téléphonie classique autour de PABX et sa distribution vers les postes téléphoniques ont commencé à être remplacées par de la téléphonie sur IP dans un environnement Wi-Fi. Début 2005, les réseaux Wi-Fi devraient également diffuser des canaux de télévision et prendre en charge des applications de vidéoconférence entre utilisateurs. Quant au multimédia, il devrait rapidement devenir un critère majeur du choix de la technologie Wi-Fi dans les entreprises.

La parole téléphonique

Le débit n'est pas un problème en soi pour le transport de la parole téléphonique puisqu'il peut descendre jusqu'à 5,6 Kbit/s et qu'une telle valeur est largement supportée par les réseaux sans fil.

En revanche, l'application de téléphonie étant interactive, il ne doit pas s'écouler plus de 300 ms entre le moment où l'information part d'un utilisateur et celui où elle arrive au destinataire. Si le réseau est symétrique, le temps maximal aller-retour ne doit donc pas dépasser 600 ms. Cette valeur est le maximum autorisé pour une application avec interaction humaine. Ces 600 ms sont toutefois trop importants pour une communication téléphonique à l'intérieur d'une entreprise, où le temps maximal aller-retour ne doit pas dépasser 300 ms, c'est-à-dire 150 ms par sens de communication en cas de symétrie de la communication.

La deuxième contrainte pour le transport de la parole téléphonique est la synchronisation. Les informations doivent être disponibles à des instants précis au récepteur. Il faut notamment que les octets provenant de la numérisation soient remis à des instants de synchronisation parfaitement déterminés. Par exemple, si la compression génère un flux à 8 Kbit/s, cela implique une synchronisation toutes les 1 ms. Un octet doit donc être délivré au récepteur exactement toute les 1 ms. Si la parole n'est pas compressée, la synchronisation d'une voie à 64 Kbit/s s'effectue toutes les 125 μs.

La troisième grande caractéristique de la téléphonie Wi-Fi est l'utilisation de la technique VoIP (Voice over IP). Les octets de parole sont acheminés dans des paquets IP et utilisent les mêmes ressources réseau que les paquets acheminant les autres applications. La téléphonie sur Wi-Fi est donc intégrée dans le cadre classique de la parole sur IP.

La figure 6.1 illustre la contrainte de synchronisation au niveau du téléphone distant. Bien que partant régulièrement de l'émetteur, les paquets arrivent de façon irrégulière au récepteur, rendant assez difficile la remise des octets de parole au récepteur à des instants précis. Cette irrégularité à l'arrivée est due à la traversée du réseau Wi-Fi, qui rend aléatoire l'arrivée des paquets de parole.

La méthode d'accès utilisée pour obtenir le droit de transmettre vers le point d'accès, le CSMA/CA (Carrier Sense Multiple Access/Collision Avoidance), rend aléatoire le temps de traversée du réseau Wi-Fi. De plus, pour atteindre le destinataire, les paquets doivent souvent traverser des réseaux plus vastes et passer par des nœuds de transfert intermédiaires dont le temps de traversée est également aléatoire.

Figure 6.1
Les contraintes de la communication téléphonique

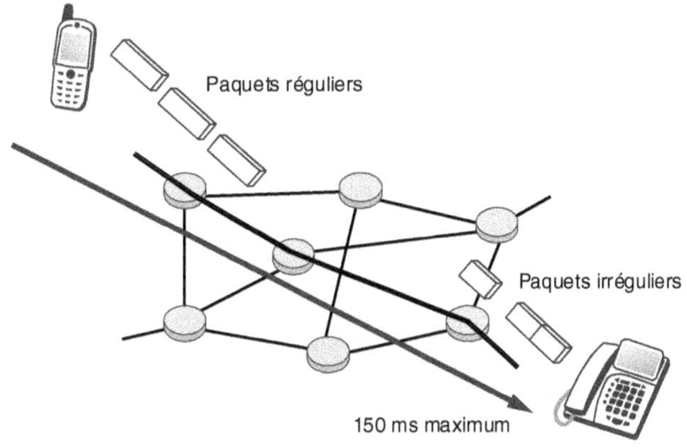

Comme nous allons le voir, Wi-Fi est capable de prendre en charge ces deux contraintes.

Paquétisation-dépaquétisation de la parole

Nous allons supposer que la parole est compressée à 8 Kbit/s, ce qui est le standard le plus classique dans les environnements de téléphonie sous IP.

Les octets de téléphonie doivent être paquétisés dans un paquet IP, lui-même encapsulé dans une trame Ethernet, ou plus exactement dans une trame 802.11, pour être transmis sur le réseau Wi-Fi.

À la vitesse de 8 Kbit/s, la synchronisation s'effectue toute les 1 ms. Si n est le nombre d'octets utilisables dans une trame 802.11, le temps de remplissage est de $n \times 1$ ms. La longueur minimale de la trame Wi-Fi étant de 64 octets, il faut 64 ms pour la paquétisation.

La dépaquétisation ne demande pas vraiment de temps supplémentaire car elle se fait en parallèle de la paquétisation. Le temps de paquétisation-dépaquétisation est donc égal au minimum à 64 ms. En réalité, on a tendance à ajouter le temps de paquétisation et de dépaquétisation pour tenir compte des temps de latence que l'on trouve dans la plupart des paquétiseurs-dépaquétiseurs.

Ce temps de 64 ms est acceptable pour rester en dessous des 150 ms de trajet aller. Cependant, cette valeur de 64 ms peut s'avérer trop importante si le paquet doit traverser d'autres réseaux que le réseau Wi-Fi ou si les paquétiseurs-dépaquétiseurs sont beaucoup plus lents. C'est la raison pour laquelle les paquets de parole ne sont remplis que de 16 octets de parole et que le reste est complété par des octets de bourrage pour atteindre la taille minimale de la trame. Ces 16 octets permettent de rester à un temps de paquétisation-dépaquétisation de l'ordre de 16 ms.

Débit réel

Le débit réel sur le réseau est en réalité bien supérieur à 8 Kbit/s car le paquet contient quantité d'informations supplémentaires, comme les en-têtes et les octets de bourrage. On considère que le débit réel sur un réseau Wi-Fi ou tout autre réseau à transfert de paquets est de l'ordre de 60 à 70 Kbit/s en utilisant le standard IPv4 et après encapsulation dans une trame Ethernet.

Si le standard IPv6 est utilisé, les champs de supervision sont encore plus importants, et l'on considère qu'une voie de parole dépasse les 100 Kbit/s.

Le temps demandé par le codeur-décodeur, ou codec, pour numériser le signal à partir d'un signal analogique ou *vice versa* peut être estimé à 5 ms. Nous obtenons donc 26 ms pour le codage, le décodage et la paquétisation-dépaquétisation. Le temps total de transport devient donc de 124 ms (150 ms de transport au maximum, comme indiqué au début de cette section, moins 26 ms pour les différents délais). Ce temps de transport inclut la technique d'accès MAC au réseau Wi-Fi.

Le temps de transit

Dans Wi-Fi, le temps d'attente pour accéder au support hertzien peut devenir relativement long. Si, par exemple, cinq clients sont connectés au même point d'accès en utilisant des trames de 1 500 octets et en intégrant les temps d'accès liés au CSMA/CA, nous obtenons une attente de l'ordre de 10 ms, voire davantage. Si l'on suppose que la parole téléphonique est destinée à un autre employé d'une même entreprise, lui-même connecté à un réseau Wi-Fi, il faut ajouter à nouveau une dizaine de millisecondes d'accès au réseau.

Au total, le temps de transit reste, en supposant un trafic relativement important mais sans collision, de l'ordre de 100 ms. Ce temps permet le transport d'une parole téléphonique dans de bonnes conditions sur un réseau Wi-Fi.

Cela n'est toutefois vrai que si le nombre d'utilisateurs sur chaque point d'accès reste inférieur à une dizaine ou si le débit utile total passant par le point d'accès reste inférieur à 5 Mbit/s sur un réseau 802.11b ou 20 Mbit/s sur des réseaux 802.11a et 802.11g.

Du fait que la génération Wi-Fi actuelle ne gère pas les priorités, les paquets des autres utilisateurs passent avec la même priorité, même s'ils transportent des données sans intérêt immédiat. Par exemple, un client travaillant sous une application peer-to-peer (P2P) et récupérant un fichier vidéo de plusieurs gigaoctets voit ses paquets passer aléatoirement devant les paquets d'un utilisateur en train de téléphoner. C'est la raison pour laquelle une limitation drastique du nombre d'utilisateurs ou du trafic global est indispensable dans la présente génération Wi-Fi.

Si le nombre d'utilisateurs dépasse la dizaine ou que le débit utile soit supérieur à 5 Mbit/s, un réseau Wi-Fi 802.11b ne permet pas d'assurer avec certitude, c'est-à-dire avec la qualité de service nécessaire, le transport de la parole téléphonique. Dans ce cas, il faut faire appel à une autre technique pour attribuer des priorités aux paquets transportant la parole téléphonique.

Différenciation des paquets IP

Deux solutions peuvent être déployées à court terme pour mettre en œuvre cette différenciation entre les paquets qui transitent dans Wi-Fi :

- Une technique de contrôle des paquets IP au niveau même du protocole IP. Dans ce cas, le gestionnaire du réseau Wi-Fi ralentit l'arrivée des acquittements des paquets non prioritaires, de telle sorte que ces flots soient maintenus dans un état de slow-start, dans lequel ils ne peuvent envoyer que quelques paquets et doivent se mettre en attente des acquittements.
- Utiliser le standard 802.11e, prévu pour fin 2004, qui détermine des priorités au niveau de la couche MAC. Dans ce cas, il suffit d'attribuer aux terminaux téléphoniques la priorité de plus haut niveau.

De ces deux solutions, la meilleure est évidemment la seconde, puisqu'elle intervient au niveau le plus bas de l'architecture et privilégie clairement les flots de parole téléphonique. L'autre solution est plus artificielle, puisqu'elle consiste à restreindre les flots non prioritaires sans mesurer le besoin réel de bande passante des clients prioritaires, de type parole téléphonique.

La figure 6.2 illustre les différents organes traversés pour le transport de la parole téléphonique dans un cadre plus vaste qu'une simple conversation d'un terminal à un autre

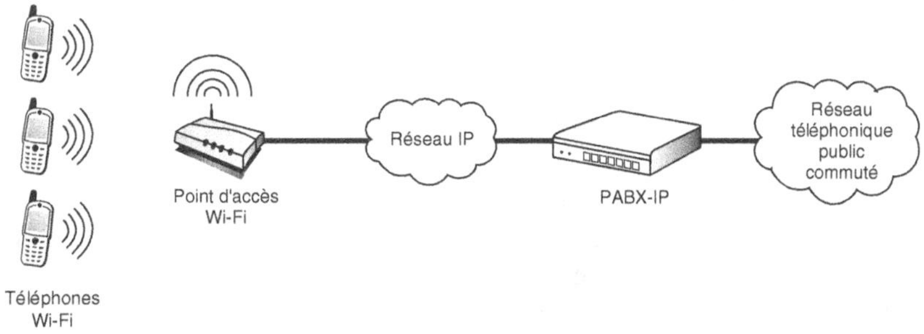

Figure 6.2
Les équipements traversés par un flot de parole numérique Wi-Fi

d'un même réseau Wi-Fi. Après la traversée du réseau Wi-Fi de départ, supportant si possible 802.11e, le flot de paquets téléphoniques chemine dans un réseau IP fixe, qui peut être celui d'un opérateur, puis passe par une passerelle spécialisée, le PABX IP, avant de franchir l'infrastructure téléphonique classique. Le PABX IP transforme les adresses IP en adresses téléphoniques et effectue les transcodages nécessaires d'un flot compressé vers un flot téléphonique d'opérateur à 64 Kbit/s.

La mobilité

La mobilité est un autre élément important de la téléphonie Wi-Fi. En supposant que le réseau Wi-Fi soit composé de plusieurs cellules, chacune contrôlée par un point d'accès, le passage d'une cellule à une autre doit se faire sans rupture de la communication grâce à l'utilisation d'un mécanisme de gestion des handovers (déplacements intercellulaires), sous peine de voir la communication téléphonique coupée lors du passage d'une cellule à une autre.

La présence d'un tel mécanisme *(voir le chapitre 3)*, mais aussi d'une topologie dans laquelle les cellules se recouvrent une à une, permet à la téléphonie Wi-Fi de rivaliser avec les solutions de téléphonie sans fil telles que DECT (Digital Enhanced Cordless Telecommunications).

En conclusion, la téléphonie sur réseau Wi-Fi n'est qu'une extension de la voix sur IP. Elle complexifie quelque peu cette application, puisqu'elle engendre un retard encore difficilement maîtrisable. Une meilleure maîtrise est toutefois prévisible avec l'arrivée prochaine, fin 2004, du standard 802.11e de niveau trame capable de limiter fortement le temps de traversée des réseaux Wi-Fi mais aussi avec l'ajout d'un mécanisme de mobilité.

La téléphonie de qualité hi-fi

Wi-Fi permet de transporter des paroles de qualité bien supérieure à la voix téléphonique. En effet, Wi-Fi n'a pas vraiment de contrainte de débit et peut absorber une bande passante plus importante, susceptible de transporter une qualité hi-fi ou presque.

Supposons une parole à 512 Kbit/s compressée à 64 Kbit/s. Pour remplir les 64 octets de données téléphoniques il ne faut que 8 ms. Globalement, le débit du flot de paquets IP est le même que précédemment, mais faute d'être rempli avec des octets de bourrage, le paquet ne contient que des octets utiles. Avec le même débit réel, on peut donc transporter une parole de qualité bien supérieure.

On n'utilise pas encore cette procédure parce que les équipements téléphoniques ne sont pas compatibles avec une telle qualité. La compatibilité pourrait être trouvée en utilisant un micro-ordinateur avec une carte son. Malheureusement, cette solution ne s'avère pas meilleure car les cartes son du commerce sont très lentes et demandent un temps de traitement d'une cinquantaine de millisecondes, ce qui, lorsqu'il faut en traverser deux, celles de l'émetteur et du récepteur, rend le temps de transit inacceptable.

Cet exemple montre en tout cas qu'une extension intéressante de la téléphonie sur Wi-Fi pourrait être une téléphonie de haute qualité.

La parole unidirectionnelle (streaming)

Il est possible de faire transiter facilement sur des réseaux Wi-Fi de la parole unidirectionnelle de très haute qualité, de la musique par exemple, sans difficulté majeure.

Dans de telles applications, dites de streaming, le flot continu qui transite doit permettre de rejouer l'application au niveau du récepteur. Comme il n'y a pas ici de contrainte d'interactivité, le temps de latence entre l'instant d'émission et le temps de réception a beaucoup moins d'importance. Il faut simplement que l'application trouve un moyen de faire patienter l'utilisateur pendant qu'elle charge suffisamment d'octets dans le terminal du destinataire pour que même les fluctuations de débit du réseau ne vident pas complètement la mémoire tampon.

L'application de streaming est présentée en détail à la section suivante, dévolue à la vidéo.

La vidéo

La vidéo est une autre application qui devrait se développer à l'avenir dans les réseaux Wi-Fi. Cette application a surtout besoin d'un débit élevé, lequel devient accessible dans les environnements Wi-Fi.

Suivant le type d'application vidéo considéré, la contrainte temporelle est plus ou moins forte. Nous examinons ci-après les deux principaux cas de figure, le streaming vidéo et les visioconférence et vidéoconférence.

Le streaming vidéo

Avec le streaming sans voie de retour, comme la vidéo à la demande, ou VoD (Video on Demand), et la télévision, entre l'instant d'émission du flux vidéo depuis la source et l'instant où cette vidéo est jouée à l'écran, il peut s'écouler un temps assez long, de l'ordre de plusieurs secondes jusqu'à une quinzaine de secondes. Le spectateur n'a pas forcément la sensation que la source vidéo émet bien avant qu'il voit les images.

La seule contrainte à respecter pour ces applications est le temps d'attente au début de la vidéo. Il est assez agaçant d'avoir à patienter pendant que l'application s'initialise à chaque changement de chaîne du fait de la resynchronisation au niveau du récepteur. L'objectif du streaming est de laisser un peu d'avance au flot de paquets pour atteindre le récepteur et d'avoir suffisamment de paquets en mémoire dans le récepteur pour qu'il n'y ait pas d'interruption dans la délivrance des paquets au client. Cette contrainte est illustrée à la figure 6.3.

La vidéo peut provenir soit d'un signal analogique numérisé puis compressé, soit d'un signal numérique déjà compressé. Elle peut être fortement compressée ou demander un débit élevé, selon les possibilités du réseau et la puissance de calcul des émetteurs et des récepteurs.

Plus le débit est important et la compression faible, plus la qualité de l'image est bonne. Ce besoin de débit est une caractéristique importante de la transmission d'une image vidéo. Cette caractéristique ne pose pas de problème particulier aux réseaux Wi-Fi tant que le réseau n'est pas saturé. Analysons dans un premier temps les débits nécessaires pour acheminer une voie de vidéo.

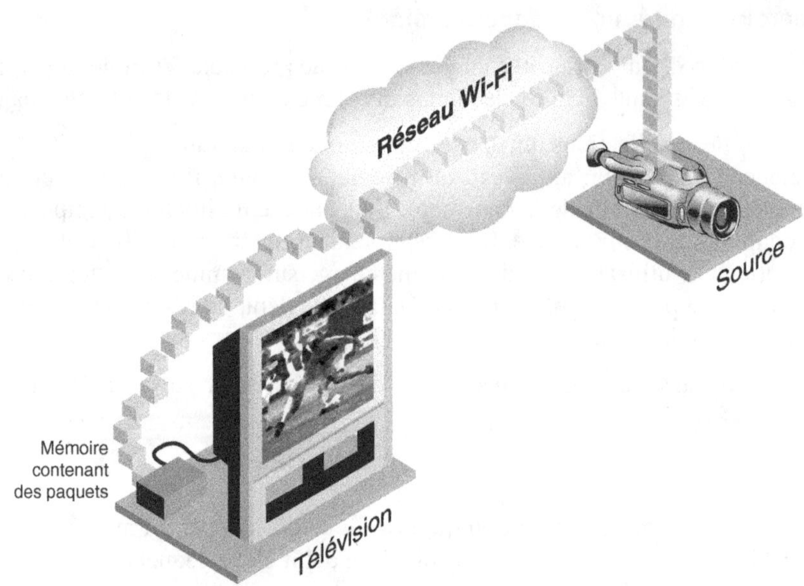

Figure 6.3
Application de streaming vidéo sur un réseau Wi-Fi

Débits nécessaires à l'acheminement de la vidéo

Les terminaux mobiles utilisent principalement les normes MPEG les plus récentes. Le DVB (Digital Video Broadcasting) pourrait également être largement utilisé d'ici peu.

MPEG utilise des algorithmes de compression inter- et intratrame. Le débit peut descendre jusqu'à une valeur de 1,5 Mbit/s pour une qualité télévision, avec très peu de perte par rapport à l'image de départ. De nouveaux développements sont en cours pour améliorer la qualité des images et les agrandir, avec des débits envisagés pour MPEG-2 de l'ordre de 4 Mbit/s. La norme MPEG-4 permet d'envisager une compression encore plus forte en incluant, le cas échéant, les éléments nécessaires à la reconstruction de l'image à l'autre extrémité. Pour rendre ces techniques abordables financièrement, on les intègre de plus en plus souvent sur une puce.

La télévision diffusée présente la difficulté d'un débit très variable dans le temps, qui doit s'adapter au réseau de transport. Les algorithmes compressent plus ou moins l'information en fonction du temps et des ressources disponibles sur le support. Si le réseau est presque vide, il est possible d'améliorer la qualité de l'image. Si au contraire le réseau est rempli par des informations diverses provenant de différentes sources, une dégradation de la transmission vidéo doit être envisagée, si la qualité de service demandée par l'utilisateur le permet. Pour optimiser globalement le transfert de l'application, un mécanisme de contrôle est indispensable.

La télévision numérique du futur, connue sous le nom de HDTV (High Definition TeleVision), demandera un débit de l'ordre de 5 à 10 Mbit/s, selon la qualité demandée par l'utilisateur. Un tel débit de 5 Mbit/s sera tout juste supporté par les réseaux Wi-Fi 802.11b. Avec 802.11a et 802.11g, l'hypothèse haute (10 Mbit/s) est envisageable, à condition que seulement deux utilisateurs accèdent au service. Il faudra attendre 802.11n en 2005-2006 pour voir arriver la diffusion HDTV sur les réseaux Wi-Fi, mais toujours pour un nombre d'utilisateurs restreint à une dizaine au maximum.

802.11n, 802.11e, 802.11i et 802.11f

Avec 802.11g et 802.11a, la vitesse a été multipliée par 5 par rapport à 802.11b mais reste insuffisante pour certaines applications. Par ailleurs, la technique d'accès définie par ces standards ne supporte pas la qualité de service exigée par les applications temps réel comme la voix ou la vidéo. L'arrivée de 802.11n en 2005-2006 devrait répondre à toutes ces attentes. Les différents travaux du comité 802 (802.11e, 802.11i et 802.11f) seront alors finalisés et incorporés à 802.11n.

Les travaux sur 802.11n portent essentiellement sur une augmentation significative du débit utile. Il est prévu que ce débit utile sera de l'ordre de 100 Mbit/s pour une vitesse de 250 Mbit/s. Si l'on associe à 802.11n la qualité de service de 802.11e, la sécurité de 802.11i et la gestion de la mobilité de 802.11f, on obtient un standard de réseau sans fil capable de rivaliser avec n'importe quel standard de réseau filaire.

Dans ses spécifications, 802.11n sera compatible avec 802.11g et 802.11a. Malheureusement, une compatibilité descendante avec l'un de ces standards aura comme conséquence un faible débit, une seule station à faible débit faisant baisser le débit global du réseau et donc le débit de chaque station connectée. Pour s'exprimer pleinement, un réseau Wi-Fi 802.11n ne devra supporter que ce standard et interdire l'accès à tout équipement 802.11g ou 802.11a.

Les problèmes de capacité

Un opérateur Wi-Fi doit pouvoir offrir des connexions permettant à une application de vidéo d'utiliser à chaque instant le débit optimal lui permettant de conserver une qualité de service acceptable.

Examinons en premier lieu les difficultés posées par la capacité. Pour la parole téléphonique, il n'y a aucun problème puisque, une fois compressé, le flot est de 8 Kbit/s, voire de 5,6 Kbit/s. Pour la vidéo, en revanche, la capacité nécessaire à une image de qualité télévision MPEG-2 varie entre 2 et 8 Mbit/s. Avec la génération MPEG-4, elle devrait descendre à 1 Mbit/s. En tout état de cause, elle se situe à l'heure actuelle plus près des 2 Mbit/s. Ces valeurs peuvent tomber à quelques centaines de kilobits par seconde en diminuant la qualité de la vidéo.

Dans le cas où le débit d'un réseau 802.11b s'avère insuffisant pour diffuser une vidéo de bonne qualité, celui d'un réseau 802.11a ou 802.11g devrait suffire. Le débit utile étant de l'ordre de 20 Mbit/s pour les deux standards, il suffit d'avoir une estimation de son propre flot et du flot des autres applications sur le réseau pour ne pas dépasser ces valeurs.

Il est possible de rendre les flux de streaming plus prioritaires en utilisant les mêmes techniques de priorité que dans le transfert de la parole téléphonique. Dans ce cas, en utilisant les points d'accès 802.11a ou 802.11g, il n'y a plus de problème de débit.

Si la capacité est suffisante, c'est-à-dire si le nombre d'utilisateurs est suffisamment petit par rapport à la capacité demandée ou si des priorités sont mises en œuvre, le second problème à résoudre est celui du respect de la latence pour effectuer la resynchronisation des octets. C'est la raison pour laquelle le temps de latence est généralement de l'ordre de plusieurs secondes, voire de plusieurs dizaines de secondes si nécessaire. Dans ce cas, il faut lancer l'application de streaming et attendre le temps de latence avant de voir apparaître la première image.

Visioconférence et vidéoconférence

La visioconférence et la vidéoconférence sont des applications à interactivité humaine, ce qui leur impose un temps de latence de 300 ms (150 ms à l'intérieur d'une entreprise). Comme expliqué précédemment, il faut respecter le processus de resynchronisation des données pour reformer l'application isochrone au récepteur. Pour cela, une qualité de service doit être associée au transport de ces applications.

La différence entre les deux catégories d'applications provient de la qualité de l'image diffusée.

Dans la visioconférence, l'image peut être en noir et blanc et saccadée, du fait d'un nombre d'image par seconde inférieur à la normale. Cette application peut utiliser un écran à faible résolution afin de diminuer le débit. Ces caractéristiques ne nécessitent qu'une capacité de transport inférieure à la centaine de kilobits par seconde.

La vidéoconférence exige un débit bien supérieur, de plusieurs mégabits par seconde, pour obtenir une qualité d'image comparable à celle de la télévision. Pour aller vers la qualité cinéma, il faut atteindre la cinquantaine de mégabits par seconde, ce qui n'est pas envisageable dans le cadre des réseaux Wi-Fi actuels mais pourrait le devenir avec la prochaine génération 802.11n.

La difficulté principale pour ces deux applications est de maîtriser les synchronisations pour rejouer les images en temps voulu. Pour réaliser cette synchronisation, on peut mettre en œuvre les deux mêmes techniques utilisées pour la parole téléphonique : la gestion de priorités au niveau IP ou au niveau trame avec le nouveau standard 802.11e promis pour fin 2004. Cette dernière solution permet de donner une priorité sur l'accès aléatoire de la couche MAC et d'octroyer des temporisateurs plus courts aux stations prioritaires. En d'autres termes, les stations prioritaires passent devant les autres tant qu'elles ont des trames à transmettre. La seule condition à respecter est que la somme des débits des stations prioritaires reste inférieure à la valeur du débit utile disponible sur le canal.

Dans les réseaux Wi-Fi actuels, il est difficilement envisageable de faire passer de la vidéoconférence de bonne qualité. Avec les extensions à 54 Mbit/s (débit théorique), pour peu que le nombre de clients soit réduit, il est toutefois possible de faire transiter une ou deux voies de vidéoconférence de bonne qualité, bien que la probabilité d'une désynchronisation augmente rapidement avec le trafic.

Pour que la vidéoconférence devienne une application d'avenir des réseaux Wi-Fi, il faudra attendre l'arrivée commerciale du standard 802.11e, associée aux versions Wi-Fi à 54 Mbit/s (802.11g ou 802.11a). À condition, bien évidemment, que l'ensemble du réseau par lequel transite le flux vidéo obéisse aux mêmes contraintes lorsque le transport s'effectue non pas seulement sur un réseau Wi-Fi mais sur un réseau plus général.

Le multimédia

Les applications multimédias utilisent généralement au moins un flot de parole ou de vidéo superposé à d'autres flots de données. Ces applications ne posent pas davantage de problème aux réseaux Wi-Fi que la voix téléphonique ou la vidéo. La seule contrainte supplémentaire qu'elles apportent provient de la synchronisation des applications simultanées qui réalisent le processus multimédia.

Pour transporter les applications multimédias, les réseaux doivent réaliser un compromis entre complexité et temps de transit. Pour retrouver la qualité du signal original pour des documents numériques, on considère que la compression doit être limitée à un facteur 3. C'est le cas des applications d'imagerie, dans lesquelles la qualité est primordiale, telles les radiographies aux rayons X, par exemple. On obtient des facteurs variant de 10 à 50 pour les images fixes et de 50 à 200 pour la vidéo. La moyenne des compressions se situe à 20 pour les images fixes et à 100 pour la vidéo.

Ces compressions déforment très légèrement l'image mais exploitent les capacités de récupération de l'œil humain. L'œil est en effet beaucoup plus sensible à la luminance, c'est-à-dire à la brillance des images, qu'à la chrominance, ou couleur. On retrouve cette caractéristique dans le codage de la télévision haute définition, où la résolution de la luminance repose sur une définition de l'image de 720 sur 480 points, alors que le signal de chrominance n'exploite qu'une définition de 360 sur 240 points. La luminance demande plus de bits de codage par point que la chrominance.

Nous avons vu que les réseaux Wi-Fi étaient capables de prendre en charge les débits nécessaires pour faire transiter les flots des applications multimédias. Pour cela, il suffit de limiter le nombre de clients pouvant accéder à un point d'accès ou, ce qui revient au même, de mettre en place un réseau Wi-Fi dense en cellules et supportant un bon plan fréquentiel (*voir le chapitre 8*).

Le problème est donc moins dans la capacité du réseau que dans la gestion des contraintes temporelles. Les deux contraintes de temps réel et de synchronisation sont très difficiles à obtenir avec des réseaux asynchrones tels que Wi-Fi dans lesquels il n'y a pas de gestion du temps.

Le standard 802.11e sera indispensable au transport des applications multimédias car il est le seul à pouvoir classifier les paquets suivant des priorités, de façon à obtenir la qualité de service nécessaire aux applications transportées par chaque flot.

L'association d'une capacité de transport importante, comme celle proposée par les réseaux 802.11a et 802.11g, et d'une gestion appropriée des priorités, grâce au standard 802.11e, devrait, là encore, permettre un transport assez simple des applications multimédias.

Les hotspots

Les hotspots sont des lieux où de nombreux clients potentiels cherchent à se connecter, comme les aéroports, les gares et d'autres lieux publics fréquentés. Pour ces clients pressés, la connexion à Internet est un moyen de gagner en productivité. Les hotspots sont donc très recherchés par les opérateurs. La question est de savoir quel type de réseau mettre en place dans un hotspot. L'idée générale qui guide la réponse est que ce réseau doit utiliser le support hertzien, qui est à la fois le moins cher à installer et le plus efficace en matière de performance.

Le GPRS et l'UMTS sont une première catégorie de réseau répondant théoriquement à cette idée. Les inconvénients de ces réseaux sont toutefois que le rayon de leurs cellules est trop grand et qu'ils ne permettent pas de connecter à très haut débit un grand nombre de clients.

Les défis à relever pour installer des hotspots performants sont les suivants :

- La sécurité doit permettre une connexion simple sans que l'utilisateur ait à reconfigurer ni redémarrer son PC chaque fois qu'il change de hotspot.
- Les différents services accessibles depuis le hotspot doivent être simples à utiliser.
- La qualité de service doit être satisfaisante.
- La technologie Wi-Fi doit pouvoir s'intégrer avec les autres composantes du monde sans fil, que ce soit les réseaux de mobiles GPRS et bientôt UMTS ou les accès Bluetooth.

La première question à se poser avant d'installer un hotspot est l'utilisation qu'en attendent les clients potentiels.

De nombreuses études montrent que l'application la plus prisée par les clients professionnels est la messagerie électronique (75 p. 100), suivie de l'accès aux applications de l'entreprise (60 p. 100), de l'accès à Internet (40 p. 100), du transfert de fichier (30 p. 100) et du fax mobile (15 p. 100).

Pour le grand public, les préférences sont différentes. L'application première est l'accès à Internet, avec la messagerie électronique intégrée au Web (Webmail). Loin derrière, les autres applications plébiscitées sont les jeux distribués, le transfert de fichier, le P2P, etc.

Lorsque l'application téléphonique est disponible sur un hotspot, elle se place en très bonne position dans les attentes des utilisateurs. Son positionnement est cependant complexe car il est fortement dépendant des réseaux de mobiles GSM-GPRS. Comme nous le verrons dans la suite de ce chapitre, les hotspots sont souvent considérés par les opérateurs, qui sont à la fois opérateurs de mobiles et opérateurs de hotspots, comme une intégration totale des deux technologies.

Ces études montrent que les utilisateurs cherchent surtout à se connecter simplement et à continuer à travailler comme au bureau ou à la maison. Des protocoles tels que VOE (Virtual Office Environment) et VHE (Virtual Home Environment) répondent à cette demande forte. Ils permettent de se connecter n'importe où, sur un hotspot par exemple, et d'avoir l'impression de travailler chez soi ou au bureau grâce à un environnement virtuel sans avoir besoin de configurer aussi bien les paramètres réseau de la machine que ses applications favorites, comme la messagerie, qui demande normalement une configuration manuelle de l'adresse du serveur SMTP, utilisé pour l'envoi des messages, à chaque connexion à un nouveau réseau.

Concernant les terminaux privilégiés par les utilisateurs nomades dans les hotspots, il existe également une forte différence entre les attentes des professionnels et celles du grand public. Pour les premiers, l'ordinateur portable prend la tête du fait de ses capacités de mémorisation importantes. Les téléphones intelligents, ou smartphones, sont les chouchous du grand public pour le transfert de données. Les PDA viennent loin derrière car leur utilisation est jugée complexe et la résolution d'écran trop petite. Cela pourrait changer avec les PDA Wi-Fi dotés de processeurs de plus grande capacité avec une résolution d'écran acceptable (par exemple 800 × 600). Les tablettes communicantes ferment la marche.

Les applications d'un ordinateur portable et d'un smartphone sont si complémentaires, qu'il est facile d'imaginer les développements suivants à l'avenir :

- Faire fonctionner les deux systèmes simultanément et choisir son équipement de communication en fonction de l'application, sachant que certaines applications peuvent tourner sur l'un ou l'autre terminal. Cette vision est défendue notamment par les opérateurs de mobiles classiques, qui deviennent de plus en plus opérateurs de hotspots.
- Unifier les deux terminaux en un seul. Cette solution risque de demander du temps car il faut trouver un compromis entre légèreté, prix et encombrement.
- N'utiliser que l'ordinateur personnel, auquel sera intégré un téléphone, qui prendra en charge toutes les applications. Cette solution est privilégiée par les opérateurs de hotspots entrants, qui n'ont pas la possibilité d'utiliser l'infrastructure d'un grand réseau de mobiles. Son inconvénient majeur est de ne pouvoir utiliser ce terminal que sur la surface restreinte du hotspot. Pour l'utiliser chez un autre opérateur de mobiles, par le biais d'une liaison GPRS, par exemple, il faudra s'abonner à cet opérateur.

Mise en œuvre d'un hotspot

La mise en œuvre d'un hotspot pose les mêmes problèmes que celle d'un réseau d'entreprise *(voir le chapitre 11)*. Il faut prévoir le nombre d'utilisateurs susceptibles de se connecter simultanément au point d'accès. Si le hotspot comporte plusieurs points d'accès, il faut prévoir la répartition des fréquences (plan fréquentiel) et l'interconnexion des antennes.

Cette section examine ces deux problèmes avant d'aborder la sécurité et la simplicité de la communication.

Le débit

Un point d'accès 802.11b à 11 Mbit/s est capable de gérer un débit total utile de 5 Mbit/s. Pour obtenir ce débit il faut que l'ensemble des utilisateurs soit connecté à la vitesse de 11 Mbit/s. Si un client du hotspot est trop loin du point d'accès, il fait chuter à lui seul le débit du point d'accès. Plus le client s'éloigne, plus la vitesse de la communication décroît pour passer de 11 Mbit/s à 5,5 puis 2, puis 1 Mbit/s. De même, si des interférences entre fréquences brouillent la communication, le débit chute dans les mêmes proportions.

Il est aujourd'hui démontré que le débit total utile, en information utilisateur, du point d'accès est à peine supérieur à la vitesse de communication la plus basse.

Prenons un exemple dans lequel trois clients sont connectés sur un hotspot, le premier à 11 Mbit/s, le second à 5,5 Mbit/s et le troisième à 1 Mbit/s. Chaque client accède au point d'accès à sa propre vitesse, le point d'accès étant suffisamment intelligent pour communiquer avec chacun de ses utilisateurs à la vitesse maximale. Lorsqu'un client à 1 Mbit/s émet son paquet de données, il prend onze fois plus de temps d'émission qu'un client à 11 Mbit/s. De ce fait, le premier occupe en moyenne onze fois plus de bande passante que le second.

De plus, toutes les instructions correspondant à la signalisation du point d'accès doivent être envoyées à la vitesse la plus basse pour que la station à 1 Mbit/s puisse les capter. Il s'ensuit que la vitesse moyenne de transmission se situe dans cet exemple légèrement au-dessus de 1 Mbit/s et que la capacité réelle de transmission des informations utilisateur se situe autour de 500 Kbit/s.

On comprend la difficulté de gérer un hotspot puisqu'il n'est pas possible de connaître à l'avance le débit des utilisateurs. Les trois solutions suivantes ont été apportées à ce problème :

- Considérer que le débit est de 500 Kbit/s et n'autoriser que peu de clients à accéder au point d'accès. Si tous les clients sont situés à proximité du point d'accès, ils disposent d'une vitesse bien plus importante que ce qui leur a été promis.
- Déconnecter autoritairement tous les clients qui ne sont pas connectés à la vitesse de 11 Mbit/s. Cela garantit à la borne un débit utile de 5 Mbit/s, voire un peu plus. Le client est autoritairement déconnecté dès qu'il s'éloigne trop ou qu'il est soumis à des interférences.

  Ces deux solutions sont évidemment très contraignantes, la première parce qu'elle réduit fortement le nombre de clients par point d'accès et la seconde parce qu'elle réduit considérablement la surface de chaque cellule.
- Mettre en place de nombreux points d'accès, avec un plan fréquentiel tel qu'un client soit toujours connecté à 11 Mbit/s. Le client change automatiquement de point d'accès tout en restant à 11 Mbit/s.

Pour garantir une certaine qualité de service, il faut donc limiter le nombre d'utilisateurs par point d'accès. Le débit utile moyen minimal de chaque utilisateur correspond à la capacité réelle du point d'accès divisée par le nombre de clients connectés.

Un tel débit utile moyen minimal n'est concevable que parce que tous les utilisateurs ne sont pas toujours actifs en même temps sur un hotspot. Nous aurions un débit utile moyen si nous parlions de clients en train de transmettre à la vitesse maximale de leur carte et non de clients connectés. Comme il est très difficile d'évaluer en permanence les clients qui sont en train de transmettre des paquets, il est préférable de raisonner en nombre moyen de clients connectés sur le hotspot et donc de débit utile moyen minimal.

Pour un réseau dans lequel n clients transmettent à 11 Mbit/s, le débit utile moyen par utilisateur est de $5/n$ Mbit/s par utilisateur. Il devient de $2/n$, $1/n$ et $0{,}5/n$ si l'utilisateur de plus basse vitesse transmet à 5,5, 2 ou 1 Mbit/s. Il suffit de limiter la valeur de n pour ne pas trop descendre en débit.

Si nous supposons que tous les clients sont connectés à 11 Mbit/s et que l'on veuille leur attribuer 100 Kbit/s en moyenne minimale, un hotspot peut connecter 50 clients. L'utilisation de la connexion d'un client est généralement inférieure à 20 p. 100. Un client dispose donc en moyenne d'un débit de 500 Kbit/s lorsqu'il transmet. Un débit réel de 100 Kbit/s surviendrait si les 50 clients transféraient en même temps des fichiers dans un sens ou l'autre de la communication.

Comme expliqué précédemment, si un client parmi les cinquante communique à la vitesse de 1 Mbit/s au lieu de 11, le débit moyen minimal tombe à 100 Kbit/s, ce qui représente un débit moyen utile d'une cinquantaine de kilobits par seconde si l'on tient compte de l'utilisation moyenne de 20 p. 100 du canal par utilisateur. Cette vitesse est celle d'un modem analogique classique. Elle peut encore être acceptable pour les utilisateurs du Web.

On voit par cet exemple qu'il suffit d'effectuer un calcul pour déterminer combien de points d'accès sont nécessaires dans un hotspot en fonction du nombre de clients potentiels.

Malgré ces limitations, un débit réel moyen de l'ordre de 1 Mbit/s reste bien supérieur à ce que peut offrir un réseau GPRS, où le débit instantané ne dépasse pas une quarantaine de kilobits par seconde et est généralement très inférieur sur une longue période de temps.

Wi-Fi offre également beaucoup plus que l'UMTS dans sa version actuelle, qui plafonne à 384 Kbit/s dans le cas d'un déplacement lent et moins encore pour un déplacement rapide. L'UMTS pourrait devenir compétitif si les variantes à 2 Mbit/s, voire 10 Mbit/s en valeurs instantanées — sur un laps de temps plus long, ces valeurs sont divisées par un facteur de l'ordre de 10 — devaient être commercialisées en Europe à des prix attractifs. C'est malheureusement loin d'être le cas.

L'authentification de l'utilisateur

L'opérateur d'un hotspot doit être capable d'authentifier la personne qui se connecte pour lui donner les droits correspondant à son abonnement, s'il en a un, ou aux caractéristiques annoncées par l'opérateur.

L'authentification peut se faire de différentes façons. Les deux plus classiques en matière de réseau sont le mot de passe et la carte à puce. Dans le premier cas, au moment de la connexion, l'opérateur demande d'entrer un mot de passe pour accéder au point d'accès Wi-Fi puis à son réseau. Ce mot de passe peut être demandé par l'intermédiaire d'une page Web qui apparaît automatiquement à l'ouverture du navigateur lors de la connexion.

Un mot de passe ne transite jamais en clair sur le support sans fil. Il ne sert qu'à former une clé permettant de chiffrer un challenge *(voir ci-dessous)* de telle sorte qu'un utilisateur qui écouterait la liaison hertzienne ne puisse capter le mot de passe. Un challenge est formé d'un texte envoyé par le serveur d'identification chiffré avec la clé provenant du mot de passe. Si le serveur d'authentification est capable de décoder le texte chiffré et de retrouver le texte du challenge, on considère que le client est authentifié.

Une solution qui s'étend dans les hotspots consiste à utiliser une carte à puce ou un jeton, ou « token », USB par exemple, que l'on insère dans le port USB du portable à connecter. La carte à puce peut aussi se trouver directement sur la carte 802.11. Une autre solution, à laquelle travaillent des fondeurs de processeurs, serait d'intégrer la carte à puce dans le processeur de la machine elle-même.

L'authentification EAP-SIM

Dans ce dernier cas, l'utilisateur est lié à sa machine puisque la carte à puce ne peut être déplacée. Cette solution est familière des opérateurs GSM, dont les clients sont authentifiés par la carte SIM (Subscriber Identity Module) introduite dans le téléphone portable. Dans Wi-Fi, l'authentification est normalisée par le protocole EAP (Extensible Authentication Protocol) présenté au chapitre 4. L'authentification EAP-SIM est identique à celle du GSM, à cette différence près qu'elle est transportée par le protocole EAP vers le serveur d'authentification.

Bien que beaucoup d'opérateurs de hotspots travaillent avec EAP-SIM, cette solution n'est pas complètement satisfaisante. Le protocole SIM pourrait être assez facilement cassé dans le cadre de Wi-Fi du fait que l'écoute y est simple, ce qui n'est pas le cas du GSM. Par ailleurs, la puissance des cartes à puce augmente tellement d'année en année qu'il est raisonnable d'en attendre des solutions plus sophistiquées que la seule authentification SIM, notamment des codages puissants et le stockage du profil de l'utilisateur.

Le WLAN SmartCard Consortium a normalisé en juillet 2003 un protocole EAP-SIM étendu destiné à permettre aux opérateurs de hotspots d'authentifier leurs clients en utilisant soit la solution SIM de base, soit une solution EAP-SIM avec profils utilisateur. Ce consortium projette de normaliser de nouvelles extensions, qui permettront au client de choisir la méthode d'authentification avec l'opérateur. Ces extensions sont de type EAP-TLS, qui correspond à la mise en application du protocole SSL dans le protocole EAP, PEAP (Protected EAP), destiné au monde Microsoft, et EAP-AKA, pour l'UMTS, etc.

La qualité de service

Une fois l'authentification réalisée, l'opérateur autorise le client à accéder au réseau. Le coût de la communication peut être déterminé par les ressources employées dans le réseau. Par exemple, si le service demandé par l'utilisateur est une parole téléphonique, cette application est facturée davantage qu'un accès à des pages Web, puisque les ressources qu'il faut allouer à l'utilisateur pour obtenir la qualité de service nécessaire à la téléphonie sont supérieures.

Actuellement, les hotspots peinent à garantir de la qualité de service car rien n'est proposé pour cela directement dans les produits Wi-Fi. Pour que la qualité de service soit intégrée dans ces produits, il faudra attendre le standard 802.11e, qui permettra, grâce à des temporisateurs *(voir le chapitre 3)*, de donner une priorité plus forte à certains terminaux.

802.11e apporte une qualité de service de niveau 2, c'est-à-dire de niveau trame. Les trames dans lesquelles sont transportés les paquets IP peuvent ainsi atteindre le point d'accès plus ou moins vite suivant la priorité qui leur est accordée. En attendant 802.11e, la seule possibilité permettant de réaliser une certaine qualité de service aujourd'hui provient d'un algorithme appliqué sur les paquets IP de niveau 3. Entre le point d'accès et la liaison Internet, il faut mettre un serveur, qui remonte au traitement des paquets IP et détermine les clients connectés grâce à leur adresse IP d'émetteur. Ce serveur peut inclure un filtre, dont l'objectif est de déterminer la nature des applications et de leur imposer une priorité plus ou moins haute. Ce contrôle correspond en fait au contrôle de flux dit slow-start and congestion avoidance d'Internet.

Dans le slow-start, lorsqu'un paquet est perdu, aucun acquittement n'arrive à l'émetteur. Celui-ci redémarre donc avec une fenêtre de un à partir du paquet perdu. Cette fenêtre indique que l'émetteur envoie son paquet et se met en attente de l'acquittement. Un seul paquet à la fois peut être envoyé. La perte d'un paquet ralentit fortement le flux en l'obligeant à être transmis lentement. On gère les débits des flux en perdant des paquets plus ou moins souvent.

Exemples de hotspots

HotspotZZ est un opérateur de hotspot basé à Salt Lake City, aux États-Unis, où il gère plusieurs centaines de hotspots répartis sur presque tout le territoire dans des aéroport, gares, cafés, restaurants, chaînes de magasins, hôtels, centres d'affaires, etc.

Parmi les différents types d'abonnement mensuel proposés par HotspotZZ, le plus intéressant est l'abonnement forfaitaire mensuel de 20 dollars, qui permet de se connecter pour une durée illimitée. Pour accéder au réseau, il suffit de se connecter au portail de l'opérateur et de donner son identité et son mot de passe.

Le réseau HotspotZZ est constitué de points d'accès Wi-Fi qui permettent de se connecter à des débits de quelques mégabits par seconde. L'utilisateur ouvre pour cela son navigateur Internet et affiche la page d'accueil de HotspotZZ. Il donne alors son identité (login) et son mot de passe pour s'authentifier.

Aéroports et gares

À l'image de HotspotZZ, de nombreuses sociétés se créent aujourd'hui partout dans le monde pour offrir des accès Wi-Fi dans les aéroports, les gares et chaînes d'hôtels. Les abonnements s'effectuent soit par le biais de cartes Wi-Fi propres à l'opérateur, préparées pour l'autorisation et la sécurité de l'utilisateur sur les cellules de son réseau, soit en passant par un site Web, comme dans le cas de HotspotZZ.

Airpath Wireless offre un accès Internet Wi-Fi dans les aéroports de Washington-Dulles, Atlanta, Baltimore-Washington, Boston et Philadelphie, mais aussi dans des centaines de restaurants, cafés, chaînes de magasins, etc. La carte Wi-Fi est proposée à 79 dollars, avec deux heures de service incluses. Le temps additionnel est comptabilisé à 3 dollars l'heure. Les infrastructures comprennent des points d'accès interconnectés par un réseau Ethernet commuté à 100 Mbit/s, lui-même possédant un accès Internet. L'ensemble des sites permet l'accès au portail d'Airpath, qui offre de nombreux services liés à l'aviation civile.

Concourse Communications et iPass se sont associés pour câbler les aéroports de Minneapolis-Saint Paul, Detroit, Newark et La Guardia-JFK (New York).

La Lufthansa propose dans ses avions un service Wi-Fi sur certaines lignes, mais en première classe uniquement. Le réseau Wi-Fi est connecté à une parabole satellite située dans l'avion même.

En ce qui concerne les compagnies ferroviaires, beaucoup d'expériences ont été menées dans les gares et dans les trains. Au Japon, les principaux trains offrent en première classe une connexion Wi-Fi, appelée Air-H. Les clients d'un même wagon partagent un point d'accès connecté à l'extérieur à 384 Kbit/s sur le réseau de mobiles de troisième génération de NTT DoCoMo.

En France, la SNCF a réalisé de nombreux câblages et testé les portées des antennes dans le contexte des trains en attente de départ et stationnés le long des quais. Les résultats sont parfois surprenants, comme la portée du signal atteinte par un point d'accès situé en tête de quai. Des mesures ont montré que cette portée, c'est-à-dire la distance entre le point d'accès et l'utilisateur situé sur le quai, pouvait atteindre 300 m en conservant le débit maximal de 11 Mbit/s, au lieu des 100 m obtenus dans un contexte courant. En présence de nombreux passagers, la portée est immédiatement restreinte. Si le client entre dans un wagon, la qualité se dégrade encore.

D'autres expériences ont été menées à l'intérieur même des wagons. La société Amtrak propose aux États-Unis une connexion Internet dans les wagons de plusieurs lignes ferroviaires, telles que Acela Regional dans le Nord-Est, Capitols en Californie du Nord et Hiawathas dans le Midwest. Les cartes coupleurs à insérer dans les portables sont disponibles gratuitement dans les voitures.

Autres exemples

Il existe de très nombreux exemples de hotspots dans le monde entier, qui mettent en œuvre une grande diversité d'applications.

Dans les hôpitaux, l'environnement Wi-Fi se déploie rapidement pour permettre un transport simple de toutes les informations acheminées, allant du transport de radiographies à la conversation téléphonique dans un cadre de relative mobilité du personnel.

Des études effectuées en France à la demande du ministère de la Santé montrent que les fréquences de 2,4 et 5 GHz ne perturbent pas les équipements de soin des hôpitaux et ne sont pas nocifs du fait des très faibles puissances utilisées. Il est, par exemple, plus nocif de se trouver près d'un four micro-ondes que près d'un point d'accès.

Plusieurs sociétés commencent à se spécialiser dans le transport d'applications multimédias sur Wi-Fi. Nous avons déjà introduit ces techniques de transport dans les sections précédentes. L'application de base, nommée VoIP (Voice over IP), concerne la téléphonie sur IP. Le réseau d'une entreprise peut aller de quelques postes de travail jusqu'à des réseaux de grande taille, de plusieurs milliers de clients.

Pour permettre le passage de la téléphonie, le réseau doit offrir de la qualité de service. Un réseau Wi-Fi de téléphonie ne peut fonctionner aujourd'hui que par surdimensionnement. Comme expliqué précédemment, une centaine de kilobits par seconde sont nécessaires pour réaliser le transport d'une voix téléphonique. Si le réseau Wi-Fi possède une bonne ingénierie permettant de capter le signal de tout point à la vitesse de 11 Mbit/s, un surdimensionnement est assez facile. Il suffit de restreindre les clients aux clients téléphoniques.

Le débit réel d'une borne atteignant 5 Mbit/s, il est possible d'y faire transiter 50 communications téléphoniques. Si l'ingénierie du réseau n'est pas correcte et que certaines bornes chutent à un débit approximatif de 1 Mbit/s, dont la moitié d'utile, le point d'accès ne peut assurer plus de 5 communications simultanées, ce qui peut devenir assez rapidement critique.

Le nomadisme

L'infrastructure réseau permise par l'arrivée massive des réseaux Wi-Fi dans les hotspots et les réseaux d'entreprise permet de développer de nouvelles applications nomades. La présente section décrit deux de ces applications avant d'examiner le nomadisme proprement dit et l'application de découverte de service, qui devrait jouer un rôle important pour simplifier la vie des utilisateurs en déplacement.

La première application concerne le bureau virtuel intelligent. Elle provient du concept d'espace virtuel privé intelligent, ou VPSS (Virtual Private Smart Space), qui associe la qualité de service et la sécurité pour les communications multimédias nécessaires à la réalisation d'un bureau virtuel.

Elle permet à l'utilisateur nomade de travailler comme s'il était à son bureau et de se connecter à d'autres bureaux virtuels pour échanger des communications téléphoniques, de visioconférence, de chat ou de partage de document sans aucune configuration.

La seconde application est de type Peer-Cast pour de la diffusion contrôlée sur un environnement Internet ambiant, comme l'audio en peer-to-peer (P2P).

L'environnement de bureau virtuel

L'application de bureau virtuel s'appuie sur la notion de VPSS (Virtual Private Smart Space) pour séparer les flux de trafic selon le rôle joué à un instant donné par un utilisateur du réseau.

Les VPSS appliquent la méthodologie RBAC (Role Based Access Control) en associant les impératifs de sécurité et de qualité de service. RBAC définit des rôles et des droits associés à ces rôles. Ces rôles sont organisés selon une hiérarchie définie par l'organisation responsable. Ils peuvent être combinés, une même personne pouvant jouer plusieurs rôles différents (administrateur, invité, employé, etc.).

Dans les VPSS, chacun des rôles définis possède un certain nombre de ressources logicielles, de services et de droits, où qu'il se trouve (à son bureau, en déplacement, etc.), ainsi que des ressources spécifiques, en fonction de sa localisation. Chaque utilisateur possède un bureau virtuel universel et peut tirer avantage des services locaux qu'il peut trouver en utilisant des protocoles de découverte de services.

Les rôles associés à chaque acteur de cette application permettent, par exemple, de créer des groupes de travail virtuels, permanents ou temporaires, ayant la possibilité de partager et de réserver les ressources qui leurs seront allouées selon la hiérarchie des rôles (gestion, maintenance, utilisation, expérimentation, visiteur, etc.). À un moment donné, un utilisateur peut être connecté en tant que membre du groupe de travail X et avoir accès aux ressources de ce groupe et à un autre moment s'identifier comme administrateur et effectuer des tâches de maintenance, par exemple.

L'application de bureau virtuel permet le développement de services de haut niveau, tels que les Web Services. Ces derniers s'appuient sur des méthodes de datamining pour analyser les contenus partagés par les utilisateurs et définir des profils types. Cette analyse permet de développer des services Web spécifiques, qui ne sont accessibles qu'aux utilisateurs ayant les profils appropriés. Cette notion de profil peut affiner la notion de rôle définie auparavant.

Le Peer-Cast

Les termes Peer-Cast désignent une application de diffusion multipoint, telle qu'un streaming audio ou vidéo ou une application de jeu réparti ou encore une application peer-to-peer (P2P) sur un multipoint. La plus classique est aujourd'hui la diffusion d'une application de télévision ou de vidéo à la demande sur un grand nombre de points simultanément.

L'avantage de cette solution est qu'elle ne demande qu'une source globale au lieu d'une source par utilisateur. Elle optimise de surcroît l'utilisation des ressources en ne demandant qu'une seule transmission de paquets pour plusieurs destinataires. De fortes économies d'échelle en découlent lorsque les clients sont loin de la source. Par exemple, si dix clients américains souhaitent voir une chaîne de télévision et qu'ils la regardent en même temps, les paquets transportant le canal de télévision ne franchissent qu'une seule fois l'Atlantique au lieu d'avoir un flot par destinataire si chacun regarde la chaîne à un instant légèrement différent. Il est évident que si les destinataires se comptent en milliers voire en millions, le gain est considérable.

L'application Peer-Cast la plus demandée actuellement est celle de diffusion de contenu audio MP3 sur le modèle P2P de Gnutella. Depuis Gnutella, de nombreuses approches plus prometteuses ont vu le jour, notamment l'environnement de développement d'application P2P JXTA. Le développement d'une application selon cette technologie pourrait aboutir à proposer une application de distribution de contenu audio (MP3) à l'échelle d'un réseau Internet ambiant exploitant réellement le multicast.

Mise en œuvre d'une application de nomadisme

Pour mettre en place une application de nomadisme, il faut définir au préalable un modèle de gestion des utilisateurs. Un tel modèle permet à l'administrateur de déterminer les caractéristiques des utilisateurs en fonction des services dont ils ont besoin et de la façon d'y accéder, localement ou à distance, de façon à définir qui a le droit de faire quoi, où et comment.

Il n'existe à ce jour aucun travail de référence traitant d'un modèle global permettant de déterminer les différents aspects du nomadisme (utilisateur, service, chemin entre utilisateur et service, découverte, niveau de protection, modalités d'accès, etc. L'étude et la définition d'un tel modèle ainsi que les outils permettant de le manipuler (visualisation, modification, vérification de cohérence, mise en œuvre, compilation en règles pour les éléments de contrôle de l'infrastructure) représentent l'une des innovations technologiques majeures en cours de définition dans plusieurs organismes de standardisation, en particulier l'IETF (Internet Engineering Task Force).

Les utilisateurs d'équipements portables souhaitent pouvoir se connecter régulièrement à Internet pour émettre les messages qu'ils ont préparés et récupérer ceux en attente dans leur boîte aux lettres. Pour réaliser ces connexions et envoyer ou recevoir de l'information, il faut qu'ils puissent être authentifiés et que le profil associé le permette. L'utilisateur peut être muni pour cela d'un jeton ou d'une carte à puce, qui assure en outre la sécurité de la communication. Dans cette carte à puce, les informations concernant l'utilisateur définissent ses besoins de communication et ses demandes. Pour une entreprise, la partie de la base de données LDAP (Lightweight Directory Access Protocol) concernant cet utilisateur peut être mise dans la carte à puce. Les droits de ce dernier sont ainsi mémorisés de façon sécurisée.

Les informations contenues dans la carte à puce permettent de déterminer le contrat de service, ou SLA/SLS (Service Level Agreement/Service Level Specification), du client au réseau auquel il est connecté. Une évolution dynamique et contextuelle du profil utilisateur peut être mise en place pour prendre en compte des besoins immédiats sur les plans médical, touristique, social ou autre.

Dans un tel environnement, il faut pouvoir définir les informations à introduire dans la carte à puce pour que l'opérateur soit en mesure de répondre à tout moment aux besoins de l'utilisateur, en « poussant » les informations liées à la définition de son profil.

Ce profil peut être abordé par le biais de politiques. Une politique *(policy)* est un ensemble de règles capables de gérer et de contrôler l'accès aux ressources. L'apparition de ce concept de gestion par politique provient du besoin de simplifier la gestion des configurations des systèmes en charge des applications distribuées par un mécanisme automatique.

Le cœur du modèle d'information de l'environnement de politiques, appelé PCIM (Policy Core Information Model), est une extension du modèle CIM (Common Information Model) du DMTF (Distributed Management Task Force). Le réseau est vu comme une machine à états, dans laquelle les politiques contrôlent les changements d'état. Il doit être capable d'identifier et de modéliser les états en cours et de définir les transitions possibles à partir des règles définissant les politiques. Ce modèle détermine des rôles, des priorités et des ordres d'exécution mais demeure dans une forme abstraite en ce qui concerne les objets.

Pour généraliser cette approche dans les applications du monde Internet, un groupe de travail, le Working Group Policy, a été formé à l'IETF pour spécifier le modèle d'information et parfaire l'architecture générale. L'objectif de ce groupe est de définir un modèle général capable de s'adapter aux différents domaines de gestion et de contrôle des réseaux, et ce de façon totalement indépendante du type d'équipement physique.

La découverte de service

La découverte de service et l'accès transparent aux services permettent à un utilisateur de découvrir les ressources dont il a besoin et de les utiliser sans connaissance préalable du réseau auquel il se connecte ni expertise technique particulière.

Par exemple, un utilisateur nomade peut souhaiter imprimer un document mais ne sait pas si une imprimante est disponible. Même s'il voit une imprimante apparaître sur son ordinateur portable, il ne sait pas s'il y a accès ni s'il a le bon driver pour imprimer une page. La découverte de service a pour objectif de déterminer automatiquement les services dont il peut se servir. L'accès transparent correspond au fait de pouvoir imprimer sans se poser la question de la disponibilité des logiciels nécessaires.

La découverte de service suppose la constitution dynamique d'un annuaire des services disponibles et des modalités de leur utilisation : inventaire des imprimantes locales et de leurs caractéristiques (couleur, Postscript, etc.), accès aux serveurs de messagerie et d'applications de l'entreprise, niveau de protection requis pour y accéder, etc.

Dans un second temps, le contenu de l'annuaire de services est porté à la connaissance de l'utilisateur *via* son terminal, de préférence sans installation de logiciel particulier.

Plusieurs architectures génériques de découverte de service ont été définies, notamment SLP (Service Location Protocol) et ZeroConf (IETF), UPnP (Universal Plug and Play), un consortium mené par Microsoft, ou encore Jini, réservée aux architectures Java et poussée par Sun. Aucune n'a reçu à ce jour l'écho industriel nécessaire à son déploiement.

Ces architectures très générales adressent tous les types de recherche (système à système, utilisateur vers système). Les critères prépondérants pour le choix d'une telle architecture sont les suivants :

- Le standard est-il ouvert et pérenne ?
- Est-il implémenté en logiciel libre ?
- Est-il en adéquation avec les besoins d'un utilisateur nomade ?

Il reste encore beaucoup de travail à effectuer pour réaliser des réseaux Internet ambiants dans lesquels l'utilisateur pourra se connecter sans avoir à manipuler des commandes complexes et naviguer naturellement sur toutes les ressources d'Internet, indépendamment de leur emplacement.

Les opérateurs Wi-Fi d'entreprise : l'exemple de la société Ucopia Communications

Avec le développement des réseaux Wi-Fi, un nouveau métier a fait son apparition, celui de Corporate WISP (Wireless Internet Service Provider), ou fournisseur de services Internet sans fil pour entreprises.

En France, la société Ucopia Communications s'est lancée sur ce créneau en proposant aux entreprises de mettre en place et de gérer des réseaux Wi-Fi. La fonctionnalité la plus importante proposée concerne la gestion du nomadisme avec sécurité et qualité de service. La partie sécurité concerne aussi bien l'authentification d'un nouveau client que la confidentialité de ses données.

Ucopia Communications propose l'intégration de plusieurs technologies permettant de résoudre les problèmes posés par le nomadisme avec sécurité et qualité de service : la technologie carte à puce, la technologie de filtrage et la technologie de découverte de service.

Ces trois technologies sont intégrées dans une même architecture globale permettant une automatisation de la configuration des ressources. La figure 6.4 illustre cette architecture.

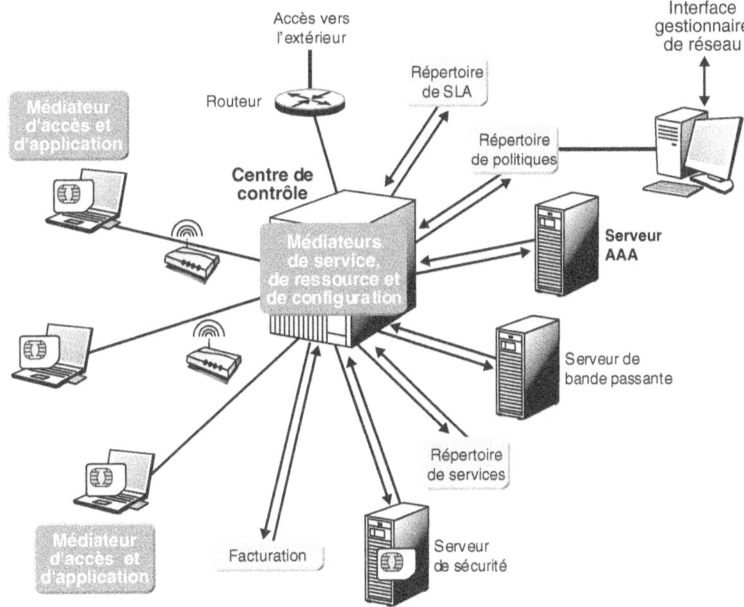

Figure 6.4
Architecture de nomadisme de la société Ucopia

L'architecture d'Ucopia

L'architecture globale d'Ucopia comporte deux composants majeurs :

- Le centre de contrôle, qui contient trois modules : un médiateur de service (Service Mediator), un médiateur de ressource (Resource Mediator) et un médiateur de configuration (Configuration Mediator).

- Le module de contrôle utilisateur, incluant un médiateur d'accès (Access Mediator) et un médiateur d'application (Enforcement Mediator).

Ces deux composants assurent la négociation et l'application des SLA (Service Level Agreement) et des SLS (Service Level Specification) contractés par un client ainsi que la recherche des ressources du réseau Wi-Fi, indispensables pour réaliser le service et transformer cette demande en configuration du réseau.

La figure 6.5 illustre ces différents modules et leurs relations.

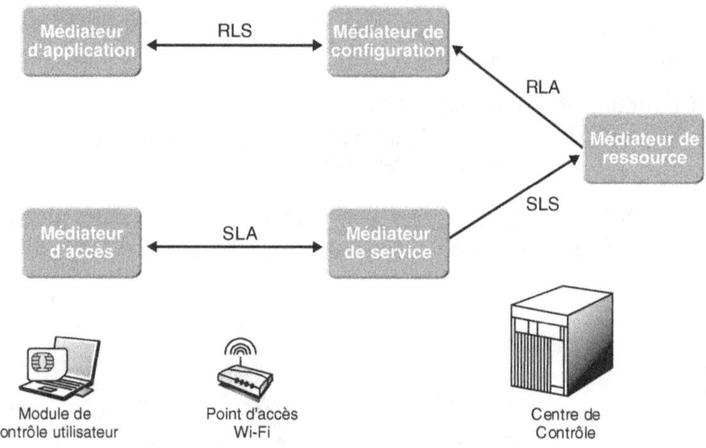

Figure 6.5
Les modules de base

Le centre de contrôle

Le centre de contrôle a pour objectif de négocier les services demandés par les utilisateurs, de trouver les ressources nécessaires et d'envoyer les ordres de configuration vers les points d'accès.

Il permet la négociation des SLA (Service Level Agreement), la définition des SLS (Service Level Specification), ainsi que la génération des RLA (Resource Level Agreement) et leur application pour la configuration des équipements du réseau par l'intermédiaire des RLS (Resource Level Specification).

Le centre de contrôle permet aussi le monitoring et le déploiement des services. Il se compose des trois modules précédents et des nombreux serveurs et répertoires nécessaires pour instancier la valeur des paramètres.

Ces modules, serveurs et répertoires fonctionnement de la façon suivante :

- Le médiateur de service joue le rôle d'interface « business » entre le fournisseur de services Ucopia et les clients. Ce module permet la négociation des SLA avec un choix de services tels que l'accès Web, la messagerie électronique, l'accès à une imprimante, VPN, VoIP, la vidéoconférence, etc.

- Le médiateur de ressources reçoit les demandes du médiateur de service sous forme de SLS (Service Level Specification) et transforme cette demande en RLA (Resource Level Agreement).
- Le médiateur de configuration transforme la demande en configuration de réseau à partir des ressources nécessaires. Il reçoit pour cela des RLA et négocie les mises en place de configuration par des RLS (Ressource Level Specification).
- Le serveur AAA (Authentication, Authorization, Accounting) réalise l'authentification des utilisateurs.
- Le répertoire de SLA regroupe l'ensemble des SLA des clients de façon sécurisée.
- Le répertoire de politiques permet de stocker l'ensemble des politiques générées par le fournisseur de réseau Ucopia. Ces politiques, ou règles de politique, sont déduites des SLS des utilisateurs et ont pour objectif de permettre la configuration du réseau. L'ensemble des politiques forme les RLA (Resoure Level Agreement).
- Le serveur de bande passante distribue la bande passante des infrastructures suivant la demande du médiateur de ressource.
- Le serveur de sécurité gère les demandes de sécurité des utilisateurs.
- Le répertoire de services est destiné à répondre aux demandes de service des utilisateurs.
- Le serveur de facturation détermine l'ensemble des ressources monopolisées par un utilisateur pour l'émission d'une facture ultérieure.

Un outil de management est utilisé par le gestionnaire du réseau pour introduire les SLA et les politiques qui en découlent dans les répertoires de SLA et de politiques.

Dans l'architecture d'Ucopia, le module de contrôle utilisateur est intelligent et est capable de prendre des décisions locales en réponse à des problèmes locaux.

Le module de contrôle utilisateur est composé des deux entités et d'une base de données client qui fonctionnent de la façon suivante :

- Le médiateur d'accès permet la discussion avec le médiateur de service et détermine le SLA qui sera mémorisé dans le répertoire *ad hoc.*
- Le médiateur d'application (Enforcement) met en œuvre la configuration des éléments de réseau.
- La base de données client mémorise les profils utilisateur et les informations nécessaires à la connexion au réseau Wi-Fi, notamment les éléments de sécurité et de qualité de service.

Interaction entre le centre de contrôle et le module de contrôle d'accès

Le centre de contrôle réalise l'interface avec le module de contrôle d'accès.

Il existe plusieurs types d'échanges entre ces deux composants :

- La définition des SLA permet de déterminer exactement ce que souhaite un utilisateur.

- Le provisionnement des ressources négocié entre le médiateur de ressource et le médiateur de configuration s'exprime sous la forme de RLA (Resource Level Agreement). Le protocole de type COPS (Common Open Policy Service) utilisé à cet effet est sécurisé.
- Des rapports d'application des configurations sont générés après chaque opération de provisionnement. Les médiateurs d'application informent ainsi le médiateur de configuration du résultat de l'application des configurations.
- Des rapports d'information de monitoring sont transmis périodiquement par les médiateurs d'application au médiateur de configuration.
- Des requêtes de demande de configuration sont envoyées au centre de contrôle par les médiateurs d'application lorsque ces derniers rencontrent un événement inconnu afin de recevoir une configuration répondant au problème.

Gestion des politiques

Une solution classique pour le traitement et la communication entre le médiateur de configuration et le médiateur d'application est fournie par l'utilisation de politiques.

Dans l'environnement d'Ucopia, deux types d'identification de politique ont été définis, les politiques du fournisseur de services Ucopia et les politiques client.

Les politiques du fournisseur de services Ucopia

Les politiques du fournisseur de services Ucopia traduisent l'ensemble des services disponibles localement. Ces politiques doivent garantir les niveaux de services proposés.

Les cinq types de politiques de fournisseur de services Ucopia sont les suivants :

- **Politiques de classe de service.** Représentent les paramètres de configuration des classes de service DiffServ associées au contrat technique joignant un client à son fournisseur de services (SLS). Parmi ces paramètres, citons le type de service (EF, AF, BE), le marquage du champ DSCP des paquets de la classe de service, le débit, l'algorithme de gestion des files d'attente des PEP (WFQ, etc.), ceux de gestion du trafic en excès (dropping, shaping, remarking), la taille des files d'attente et la taille des bursts de paquets permis.
- **Politiques de sécurité.** Proposent des options de sécurité aux clients, telle la gestion de leur clé de chiffrement dans le cas d'un VPN.
- **Politiques de nomadisme.** Associées aux clients visiteurs qui viennent se connecter au réseau Wi-Fi, ces politiques sont situées dans la base de données implémentée dans leur jeton. Les politiques du fournisseur de services Ucopia sont plus prioritaires que les politiques client. La meilleure adéquation possible doit cependant être réalisée entre ce qui est promis au client et les possibilités offertes par Ucopia.
- **Politiques de services.** Représentent la valeur ajoutée qu'un médiateur de configuration peut offrir à ses clients. Elles permettent le déploiement de services tels que l'impression sur une imprimante locale, l'émission de messages électroniques, l'accès

à un vidéoprojecteur ou à un service de fax électronique, la VoIP, la vidéoconférence, l'établissement dynamique de VPN, etc. Par exemple, la mise en place d'un service de voix sur IP est déterminée par un ensemble de choix offerts par le médiateur de service : signalisation (H323, SIP, etc.), protocole, codec, etc.

- **Politiques de monitoring.** Offrent une vue globale du réseau et permettent de modifier automatiquement les configurations des équipements selon le comportement du réseau. Par exemple, le médiateur de configuration Ucopia peut spécifier qu'en cas de congestion dans la classe AF d'un de ses points d'accès, la taille des files d'attente de celui-ci soit augmentée de 20 p. 100. Le médiateur de configuration peut aussi spécifier qu'en cas de congestion dans la classe AF sur un point d'accès, tous les trafics de type HTTP soient orientés dans la classe BE.

Les politiques client

Les politiques client d'Ucopia définissent les règles qui peuvent être choisies par le client pour contrôler plus finement son service.

On distingue quatre catégories de politiques client Ucopia, correspondant aux différentes politiques du fournisseur de services : les politiques de classes de service, les politiques de sécurité, les politiques de nomadisme et les politiques de service :

- **Politiques de classes de service.** Représentent les règles de classification permettant de différencier les applications et les utilisateurs.
- **Politiques de sécurité.** Concernent les règles qu'un client peut choisir pour s'authentifier ou assurer la sécurité de sa communication.
- **Politiques de nomadisme.** Concernent les règles proposées par le client lorsqu'il se connecte à un réseau visité.
- **Politiques de services.** Concernent la définition des règles de service qu'un utilisateur souhaite se voir appliquer lors de sa connexion à un réseau d'entreprise. Les règles peuvent être différentes si le client est sur un réseau de sa propre entreprise ou sur un réseau visité.

Comme expliqué précédemment, les politiques client sont moins prioritaires que celles du fournisseur de services Ucopia. Par exemple, si la politique du fournisseur de services est d'interdire le P2P (peer-to-peer), l'application P2P est interdite, même si le jeton client l'accepte.

Prenons un exemple de contrôle concernant une demande de service de type Voix sur IP. Le service peut se résumer de la façon suivante : si la condition d'accès est vérifiée par le médiateur de ressources, toute nouvelle session de voix est acceptée par le médiateur de service ; dans le cas contraire, toute nouvelle session est rejetée. Accepter une nouvelle session revient, par exemple, à marquer le flux correspondant par la classe EF. La condition d'accès est quant à elle négociée entre le médiateur de service et le médiateur d'accès lors de la demande de service. Une nouvelle session de VoIP est refusée si le taux d'utilisation de la bande passante allouée à la classe EF dépasse 80 p. 100 ou si elle est initiée en dehors des heures de travail de l'entreprise cliente.

Dans notre exemple, supposons que toute nouvelle session de VoIP soit acceptée si le nombre de sessions de VoIP en cours n'excède pas 50. Le directeur général de l'entreprise verra sa demande de communication téléphonique rejetée si 50 employés sont en cours de communication. Un tel scénario contraint le fournisseur de services Ucopia à définir plusieurs conditions supplémentaires. Cette personnalisation du service est proposée par la définition de politiques de monitoring d'entreprise.

Par ce biais, le client peut obtenir un service répondant à ses caractéristiques internes. La politique de service définie précédemment est envoyée par le médiateur de configuration au médiateur d'application sous forme de règles RLS adéquates. Ainsi, les règles ne sont ajoutées dans le médiateur de contrôle d'accès qu'après détection d'un flot de voix sur IP. Une politique de service est automatiquement créée, et les règles correspondantes sont ajoutées dynamiquement dans le terminal par le médiateur d'application.

Le déploiement du service est dynamique. Il est nécessaire d'avoir un filtre capable de reconnaître la nature des flux qui transitent au travers du médiateur d'application du client. L'architecture d'Ucopia garantit un déploiement aisé, ainsi que le bon fonctionnement des services à valeur ajoutée proposés par le fournisseur de services Ucopia du réseau d'entreprise.

Toutes les informations internes au client, comme les adresses IP des machines ou les noms des membres des équipes de travail, restent confidentielles. Elles ne sont utilisées que lors de l'écriture des règles et sont stockées dans une base de données de variables locales. Cette base de données permet, par exemple, au fournisseur de services de proposer un service approprié à une personne de l'entreprise cliente — qui peut être le DG (directeur général) — en utilisant une variable nommée DG dans la politique de service provisionnée. Lors de l'écriture d'une règle, la correspondance entre la variable DG et l'adresse IP du directeur général peut être trouvée dans la base de données des variables.

Dans la philosophie d'Ucopia, le client possède un terminal tel qu'un ordinateur portable, auquel est associée une carte à puce, ou jeton, qui garde les secrets nécessaires à la sécurisation du couple carte à puce/terminal utilisateur. Le médiateur d'accès, le médiateur d'application et la base de données utilisateur se trouvent partagés entre le terminal et la carte à puce.

La carte à puce permet à l'utilisateur non seulement d'être authentifié et de se connecter mais aussi de vérifier au cours du temps que le client est toujours bien celui qui s'est connecté et qu'il n'a pas été remplacé par un utilisateur pirate qui aurait pris sa place. Cette carte à puce permet en outre de contrôler la sécurité de la communication par un chiffrement.

Le chiffrement s'effectue dans le terminal de l'utilisateur et non dans la carte elle-même. En effet, la puissance du processeur inclus dans la puce n'est pas suffisante pour effectuer les calculs complexes de chiffrement. Une modification régulière des clés de chiffrement est effectuée par la carte à puce de sorte à éviter qu'un pirate ait le temps de casser la clé et d'écouter en clair la transmission.

Une autre fonction de la carte à puce concerne la gestion des droits de l'utilisateur, lesquels sont conservés dans la base de données utilisateur. Les droits d'accès peuvent, par exemple, ne lui être attribués que pour le réseau de base, à l'exclusion d'autres réseaux. Ils peuvent en outre être restreints ou étendus, suivant les options de l'abonnement souscrit.

Le médiateur de ressources Ucopia intègre un équipement de filtrage permettant à Ucopia Communications de connaître de façon syntaxique la nature des flots qui traversent le réseau. Ce boîtier peut détecter la présence d'une image, d'un fichier de parole ou d'une vidéo insérée dans un message électronique, par exemple. Cette possibilité permet d'assurer diverses fonctions de sécurisation, puisqu'un flot pirate, même installé à l'intérieur d'un flot régulier, peut être identifié. Le médiateur permet également de marquer les flots prioritaires transitant dans le réseau Wi-Fi et, par là, d'offrir de la qualité de service.

Les réseaux Wi-Fi événementiels

Depuis quelques années, les réseaux Wi-Fi connaissent un grand succès pour offrir l'accès à Internet par des solutions sans fil aux participants d'une conférence, d'un salon, d'un festival ou d'un grand événement sportif.

La couverture de tels événements demande des moyens assez importants, aussi bien matériels qu'humains. La taille du réseau dépend du nombre de personnes qui y participent et de l'espace disponible. Plus il y a de personnes ou plus l'environnement est grand, plus le nombre de points d'accès doit être important.

La sécurité n'est pas un critère essentiel dans ce type d'architecture. Par définition, le réseau doit être disponible pour toute personne possédant un portable et une carte Wi-Fi. Dans le cas où le réseau doit être sécurisé, les mécanismes décrits au chapitre 11 pour la mise en œuvre d'un réseau d'entreprise peuvent être utilisés.

Un exemple d'architecture pour la couverture d'un événement est illustré à la figure 6.6.

Dans une telle architecture, de nombreux facteurs sont à prendre en compte, notamment les suivants :

- **Débit connexion.** Le débit de la connexion Internet est le facteur le plus important. Étant partagé par tout le réseau, il dépend du nombre de participants : plus ils sont nombreux, plus il doit être élevé. Par exemple, pour une cinquantaine de participants, une connexion à 2 Mbit/s doit être envisagée.
- **Nombre de points d'accès.** Le nombre de points d'accès dépend, comme le débit de la connexion Internet, du nombre d'utilisateurs prévu pour l'événement mais aussi de l'espace dans lequel il se déroule. Un point d'accès Wi-Fi peut supporter plus de 100 utilisateurs, soit plus de 100 connexions simultanées, mais 30 connexions sont préférables afin de fournir à chaque utilisateur un débit acceptable. Dans le cas où le nombre d'utilisateurs et l'espace occupé par l'événement sont importants, il faut densifier le réseau en points d'accès, même si cela entraîne des inférences du fait de la proximité des canaux affectés.

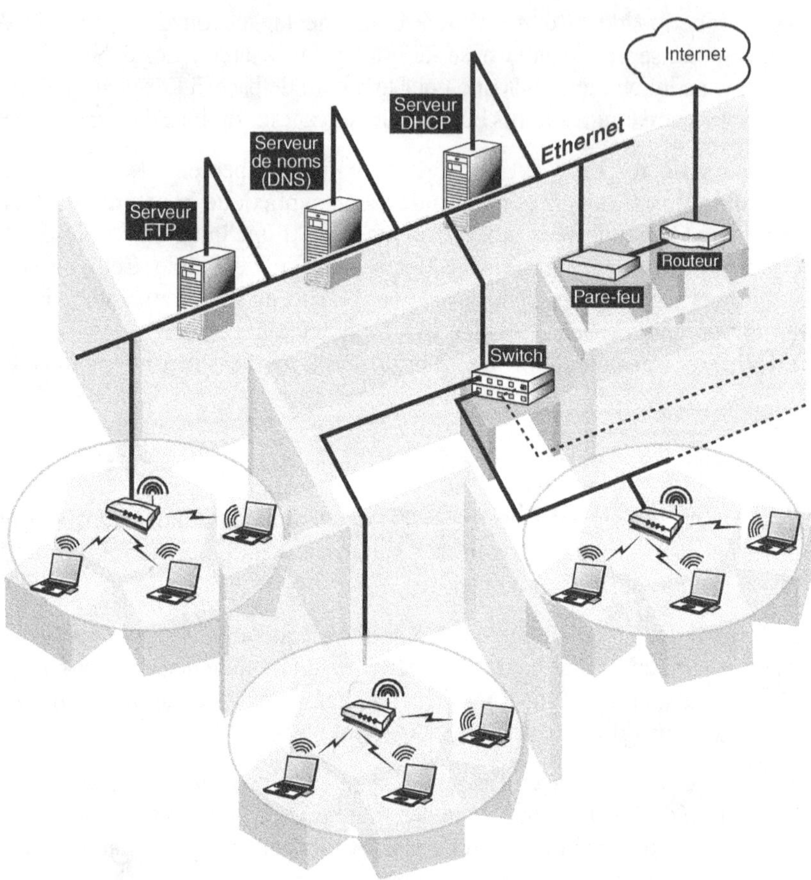

Figure 6.6

Architecture d'un réseau Wi-Fi événementiel

- **Zone de couverture.** La zone de couverture des points d'accès doit être suffisamment importante pour permettre de connecter tous les utilisateurs et de leur offrir un service de mobilité.
- **Affectation des canaux.** Étant donné que le nombre de points d'accès est assez important et que leurs zones de couverture se recouvrent, une bonne affectation des canaux est indispensable pour minimiser les interférences.
- **Serveurs.** Comme l'illustre la figure 6.6, l'architecture d'un tel réseau Wi-Fi fait appel aux différents serveurs suivants :
  - Un ou plusieurs serveurs DHCP (Dynamic Host Configuration Protocol), selon le nombre d'utilisateurs, permettant d'affecter automatiquement les paramètres réseau aux utilisateurs. La disposition de plusieurs serveurs DHCP permet de mieux répondre aux requêtes envoyées par les utilisateurs et d'éviter tout goulet d'étranglement dans le réseau.

- Un serveur de noms local, ou serveur DNS (Domain Name Server), peut être utilisé afin d'éviter de passer par celui de l'opérateur fournissant la connexion Internet. Le DNS local permet de gérer toutes les requêtes des utilisateurs.
- Un serveur de messagerie peut être utilisé pendant la durée de l'événement pour permettre aux utilisateurs d'envoyer et de recevoir des e-mails.
- Un serveur FTP (File Transfer Protocol) peut être utilisé, dans le cas d'un congrès, par exemple, pour permettre aux utilisateurs de partager et de télécharger des données concernant l'événement.

- **Quel Wi-Fi ?** Si, lors de l'événement, ce sont les organisateurs qui fournissent les cartes sans fil, le 2,4 GHz est préférable au 5 GHz. Cela demande toutefois un support technique assez important, notamment pour installer les drivers et firmware des cartes fournies, et ce pour tous les systèmes d'exploitation. L'avantage de 802.11a est évidemment son débit, cinq fois supérieur à celui de 802.11b, en contrepartie d'une zone de couverture plus petite. 802.11g semble être la meilleure solution pour un tel scénario en raison de son débit équivalent à celui de 802.11a et de sa zone de couverture comparable à celle de 802.11b. Avec l'apparition de produits Wi-Fi multistandards (802.11g-802.11a), la question ne se pose plus.
- **Sécurité.** La sécurité n'est pas privilégiée dans un tel contexte puisque tout utilisateur doit pouvoir se connecter au réseau sans contrainte. Il est donc possible de recourir à une architecture ouverte, dans laquelle le SSID est transmis en clair sur le réseau pour que chaque utilisateur voulant se connecter puisse le récupérer. Les autres mécanismes de sécurité, tels que le WEP ou l'ACL, ne doivent pas être utilisés. Les utilisateurs doivent être toutefois conscients que leurs communications par le biais du réseau Wi-Fi peuvent être facilement écoutées par n'importe quel participant.
- **Autres fonctionnalités.** Les fonctionnalités telles que la mobilité ou la qualité de service (QoS) sont sans aucun doute des facteurs importants à prendre en compte pour fournir aux participants une connexion continue et des services de voix et de vidéo.

Un exemple d'événement de ce type est fourni par les réunions de l'IETF (Internet Engineering Task Force), l'organisme qui a en charge de standardiser les protocoles utilisés sur Internet, où sont rassemblées près de 2 000 personnes pendant une semaine. Les réseaux Wi-Fi (802.11b/g et 802.11a) y sont utilisés depuis des années afin de fournir une connexion aux participants.

Ce réseau possède à peu prés l'architecture illustrée à la figure 6.6. Même si le nombre de participants est important, il n'y a jamais plus de 700 personnes présentes en même temps, dont environ la moitié est équipée de portables utilisant une carte Wi-Fi. Pour éviter que le réseau ne s'effondre, ce dernier est doté d'une connexion Internet de plusieurs dizaines de mégabits par seconde et est suréquipé en points d'accès, même si cela peut entraîner quelques problèmes d'interférences, le plan fréquentiel, notamment pour 802.11g, ne pouvant être respecté.

Perspectives économiques

Comme nous l'avons vu dans ce chapitre, la plupart des applications transportées dans les réseaux sans fil doivent faire face aux multiples contraintes apportées par Wi-Fi, à savoir le débit, la topologie mais aussi le nombre d'utilisateurs par cellule.

Le nombre de ces applications ne cesse de croître, mais la plupart d'entre elles sont déjà présentes dans les réseaux classiques, comme la voix et la vidéo, mais avec la mobilité et le nomadisme en plus.

Le nombre de terminaux Wi-Fi est lui aussi en constante augmentation, et l'on trouve maintenant une interface Wi-Fi dans la plupart des appareils électroniques (appareil photo, imprimante, vidéoprojecteur, PDA, téléphone mobile, télévision, appareil hi-fi, etc.).

Wi-Fi doit donc être considéré non plus comme un standard réseau mais comme un moyen simple de connecter des équipements entre eux en permettant le partage d'information entre ces équipements. L'apparition de Wi-Fi dans le monde de la hi-fi en est un exemple frappant. Un serveur central connecté à Internet peut délivrer n'importe quel type de flux (vidéo ou audio) à tout équipement (écran LCD ou mini-chaîne) situé dans la maison par le biais de liaisons Wi-Fi.

L'évolution du terminal est un challenge que les opérateurs doivent affronter afin de trouver leur équilibre économique. Le modèle proposé par ces opérateurs, surtout ceux de hotspots, n'est pas des plus performant, vu le faible nombre de connexion. Les raisons à cela sont principalement d'ordre économique. Le prix de la connexion est trop élevé, et certains utilisateurs préfèrent utiliser le forfait GPRS à faible débit inclus dans leur abonnement plutôt que de payer cher pour un haut débit assorti d'une durée de connexion limitée.

Une deuxième contrainte vient du terminal lui-même. Comme nous l'avons vu, l'ordinateur portable est le terminal Wi-Fi le plus utilisé actuellement. Or celui-ci peut être assez encombrant, lourd, sans oublier que la durée de vie de la batterie est limitée à quelques heures au mieux. De plus, tout le monde ne possède pas un tel équipement, qui est souvent réservé aux hommes d'affaires ou aux professionnels en déplacement. Compte tenu du faible taux de diffusion de cet équipement, le nombre d'utilisateurs potentiels de hotspots ne peut donc être important, surtout en comparaison de celui des utilisateurs de téléphones mobiles.

Un terminal adéquat serait peut être un PDA multistandard GSM-GPRS-UMTS pour la partie mobile et Wi-Fi-Bluetooth pour la partie sans fil. Ce terminal devrait évidemment être convivial et posséder une interface intuitive et simple, avec une taille d'écran et une résolution permettant le visionnage de pages Web. Lorsqu'un tel terminal verra le jour, Wi-Fi pourra connaître le succès escompté dans un tel environnement.

7

Équipements

Depuis l'arrivée de Wi-Fi sous la forme du standard 802.11b, le marché des équipements réseau sans fil n'a cessé de croître. Au départ axé sur les entreprises, il s'est ensuite tourné vers les particuliers, très demandeurs d'une technologie permettant le partage de connexion tout en éliminant la contrainte du fil et en restant relativement facile d'utilisation.

Wi-Fi est aussi parvenu à créer des marchés inédits, comme celui des hotspots, qui, malgré des résultats mitigés en nombre de connexions par jour, devrait connaître le succès dans les années à venir du fait de la généralisation attendue de terminaux équipés en standard d'interfaces Wi-Fi.

La demande augmentant, la forte production des équipements 802.11b a eu pour conséquence une non moins forte baisse des prix. Entre 2002 et 2004, cette baisse a été de l'ordre de 60 p. 100 pour les cartes et de plus de 100 p. 100 pour les points d'accès. De leur côté, les antennes et la connectique associée n'ont connu qu'une baisse de l'ordre de 10 p. 100 pendant la même période. L'arrivée en 2003 de 802.11g en remplacement de 802.11b n'a fait qu'accentuer cette croissance. Son débit cinq fois supérieur à celui de 802.11b, sa compatibilité avec celui-ci et surtout son prix équivalent font de lui le nouveau standard de référence pour les réseaux sans fil. Au fur et à mesure, les produits 802.11b disparaîtront au profit de 802.11g, comme cela a été le cas pour les produits 802.11 après l'arrivée sur le marché de 802.11b en 1999.

Apparus en 2002, les équipements 802.11a n'ont pas réussi une telle percée. La raison principale de cet échec tient à leur prix élevé. Certaines études prévoient que le taux d'occupation de 802.11a sur l'ensemble du marché Wi-Fi sera de l'ordre de 5 à 10 p. 100 dans les années à venir.

Aujourd'hui, l'offre de produits est tellement diversifiée que Wi-Fi apparaît moins comme un standard de réseau sans fil que comme une interface sans fil simple d'utilisation.

Cette interface Wi-Fi se retrouve dans des équipements aussi divers que les téléphones portables, les chaînes hi-fi, les télévisions, les APN (appareil photo numérique), les baladeurs MP3 ou encore les voitures.

Cette démocratisation de Wi-Fi a pour effet en retour la chute des prix des équipements.

La certification Wi-Fi

Un réseau Wi-Fi peut être composé de un ou plusieurs points d'accès, chacun ayant une ou plusieurs stations connectées. Vu le nombre d'équipements Wi-Fi disponibles et le grand choix de produits proposés, l'interopérabilité des équipements provenant de fabricants différents est impérative.

Wi-Fi n'est pas une simple dénomination permettant d'estampiller les produits utilisant les standards 802.11b, 802.11a ou 802.11g. Sous le sigle Wi-Fi, la Wi-Fi Alliance, l'organisme englobant la plupart des équipementiers du domaine des réseaux sans fil, certifie les équipements — cartes et point d'accès — des fabricants mais surtout en garantit l'interopérabilité.

Tous les produits candidats au sigle Wi-Fi sont soumis par la Wi-Fi Alliance à des tests communs vérifiant leur compatibilité mutuelle. Lorsque les tests sont passés avec succès, cela signifie que l'on peut utiliser pour un même réseau Wi-Fi un point d'accès X et un point d'accès Y avec des cartes Z et W, en supposant bien évidemment que ces équipements reposent sur le même standard (802.11b, 802.11g ou 802.11a).

La Wi-Fi Alliance ne teste toutefois l'interopérabilité des produits Wi-Fi qu'en fonction de critères liés au standard lui-même. Si, par exemple, de plus en plus de points d'accès jouent le rôle de routeurs, voire, pour certains, offrent des fonctionnalités de handover, ou déplacement intercellulaire *(voir le chapitre 3)*, cela n'entre pas dans le cadre du standard 802.11. Pour en bénéficier, il est nécessaire d'équiper l'ensemble du réseau de points d'accès provenant d'un même fabricant.

Cette contrainte vaut également pour les cartes, certaines d'entre elles proposant des fonctionnalités qui sortent du standard et ne peuvent être utilisées qu'avec des point d'accès d'un même fabricant. Ainsi, le standard 802.11b+, proposé par US Robotics, est défini comme une extension de 802.11b au débit de 22 Mbit/s, voire de 44 Mbit/s, avec une compatibilité descendante avec ce dernier. Ces débits ne peuvent cependant être atteints que si tous les équipements du réseau, aussi bien les cartes équipant les stations fixes ou mobiles que les points d'accès, proviennent de ce même fabricant.

Il existe actuellement un grand nombre de fabricants de produits Wi-Fi, comme le montre la liste publiée sur le site de la Wi-Fi Alliance, à l'adresse *http://www.wi-fi.org/OpenSection/members.asp*.

La certification Wi-Fi est définie pour les standards 802.11b (11 Mbit/s sur la bande des 2,4 GHz), 802.11g (54 Mbit/s sur la bande des 2,4 GHz) et 802.11a (54 Mbit/s sur la bande des 5 GHz). Le choix du standard doit s'effectuer en fonction des fonctionnalités recherchées (débit, compatibilité, évolutivité, zone de couverture, etc.).

Les équipements 802.11g sont proposés à un prix avoisinant celui des équipements 802.11b tout en garantissant une compatibilité descendante avec ces derniers. Lorsqu'une carte 802.11g communique avec un point d'accès 802.11g, c'est donc à la vitesse du 802.11b. Compte tenu de cette compatibilité, les constructeurs ont déjà arrêté la production d'équipements 802.11b pour se tourner directement vers 802.11g, promulguant ce dernier au rang de standard de référence pour les réseaux sans fil en lieu et place de 802.11b.

802.11a n'étant pour sa part compatible avec aucun standard, son utilisation reste limitée, d'autant que le coût des équipements 802.11a est relativement élevé comparé à ceux de 802.11g, qui propose le même débit. Les produits 802.11a ne s'imposent donc que lorsque de fortes contraintes, telles que des interférences, empêchent l'installation d'équipements 802.11g.

Équipements étrangers

Il n'est pas recommandé d'acheter des équipements Wi-Fi à l'étranger et de les utiliser en France car les fréquences et puissances maximales autorisées diffèrent d'un pays à l'autre.

Les cartes Wi-Fi

L'essence du standard 802.11, et donc de Wi-Fi, étant la mobilité, les cartes Wi-Fi étaient à l'origine davantage destinées aux stations mobiles, telles que les ordinateurs portables, qu'aux stations fixes. Avec le développement du marché Wi-Fi, les cartes se sont diversifiées et concernent aujourd'hui aussi bien les stations mobiles que fixes.

Les cartes Wi-Fi les plus couramment utilisées restent cependant les cartes pour stations mobiles. D'une taille plus ou moins importante selon qu'elles sont destinées à un ordinateur portable ou à un PDA, elles restent peu encombrantes et sont donc facilement transportables.

À l'avenir, les cartes pour stations mobiles tendront toutefois à disparaître au profit d'interfaces Wi-Fi intégrées directement dans le matériel sous forme de puces. Si cela évitera l'achat de cartes supplémentaires, cela ne permettra en revanche aucune mise à jour en cas d'évolution du standard.

Pour les ordinateurs portables, les cartes au format PCMCIA sont les plus utilisées, mais elles sont peu à peu remplacées par des cartes Mini-PCI. Les organiseurs intègrent quant à eux pour la plupart une interface Wi-Fi en standard.

Les cartes pour portables

L'interface PCMCIA étant la plus répandue sur les ordinateurs portables de toutes marques, il n'y a rien d'étonnant à ce que les cartes Wi-Fi PCMCIA soient aussi les plus répandues.

La carte PCMCIA était jusqu'à peu la base de tout équipement Wi-Fi. On pouvait la retrouver dans les modules USB, les cartes PCI — ce qui est encore le cas aujourd'hui —

et les points d'accès. Son utilisation dans les ordinateurs portables tend toutefois à disparaître du fait de la démocratisation de l'interface Mini-PCI.

PC Card et CardBus sont les deux formats de carte PCMCIA. La différence entre eux tient essentiellement au débit maximal offert. Les deux cartes ont les mêmes dimensions, mais une carte au format CardBus se différencie du format PC Card par sa trame dorée sur le dessus et par son design d'insertion légèrement différent. Actuellement, les cartes PCMCIA 802.11b sont au format PC Card tandis que les cartes 802.11a et 802.11g sont au format CardBus.

La figure 7.1 illustre, de gauche à droite, une carte 802.11b au format PC Card et des cartes 802.11a et 802.11g au format CardBus.

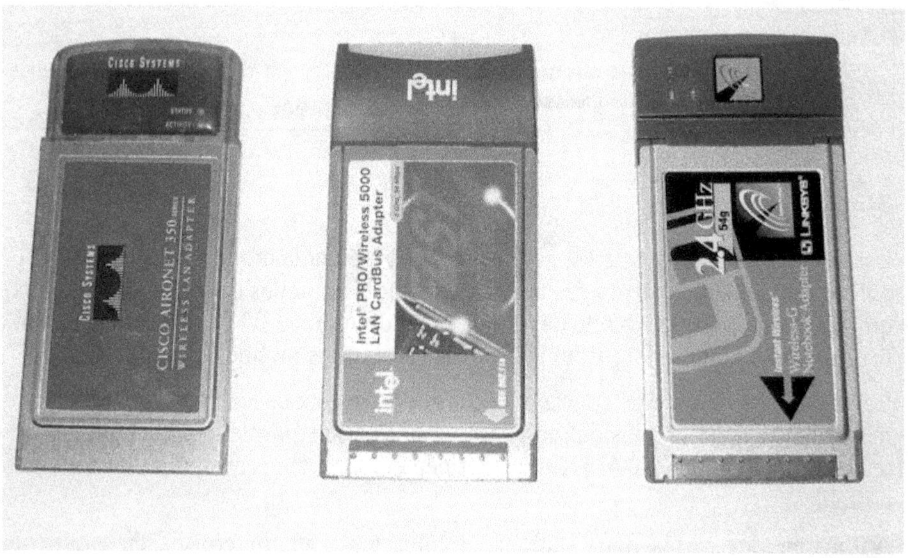

Figure 7.1
Cartes PCMCIA Wi-Fi

Assez souvent, la carte comporte une partie bombée permettant de loger l'antenne. Ce design peut devenir un inconvénient lorsqu'un ordinateur portable possédant deux ports PCMCIA utilise déjà l'un de ces ports pour une autre carte bombée, comme une carte PCMCIA Ethernet ou USB. Il existe toutefois des cartes dont l'antenne interne est moins volumineuse. Le choix d'une carte peut donc retenir ce critère à la fois pratique et esthétique.

D'autres critères sont à considérer. Certaines cartes PCMCIA sont multistandards, par exemple, et supportent à la fois 802.11g — et donc aussi 802.11b — et 802.11a. D'autres comportent un connecteur d'antenne permettant de raccorder une antenne externe à la carte PCMCIA par le biais d'un câble spécial. L'utilisation de connecteurs tend toutefois à disparaître.

La figure 7.2 illustre une carte PCMCIA connectée à une antenne.

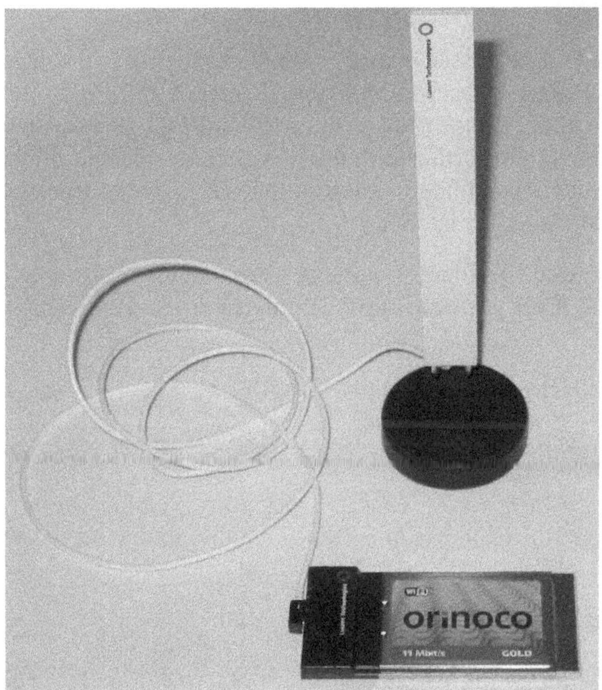

Figure 7.2
Carte PCMCIA Wi-Fi connectée à une antenne sectorielle

Le prix d'une carte PCMCIA 802.11g varie de 50 à 150 euros suivant la marque tandis que celui d'une même carte 802.11a varie de 100 à 200 euros. Le prix d'une carte PCMCIA multistandard est compris entre 150 et 250 euros.

La plupart des fabricants d'ordinateurs portables commencent à intégrer une interface Wi-Fi interne, appelée Mini-PCI, comme cela a été le cas pour l'interface Ethernet il y a quelques années. Il n'y aura donc probablement plus besoin de carte PCMCIA pour ordinateur portable dans les années à venir.

Comme les cartes PCMCIA, les cartes Mini-PCI sont utilisées aussi bien dans les points d'accès que dans certaines cartes Wi-Fi au format PCI. Pour limiter les coûts de production, il n'est pas rare de voir chez certains fabricants une carte PCI Wi-Fi qui n'est autre qu'une carte adaptatrice PCI/Mini-PCI à laquelle est connectée une carte Mini-PCI Wi-Fi. Dans ce cas, la carte PCI ne sert que d'interface, toute la partie Wi-Fi étant située sur la carte Mini-PCI. Mis à part l'exemple précédent, les cartes Mini-PCI sont relativement difficiles à trouver et souvent assez chères.

Bien que l'ordinateur portable soit considéré comme assez fermé et n'acceptant pas d'évolution, il est toujours possible d'effectuer certaines mises à jour. Le fait que l'interface Mini-PCI soit intégrée dans toutes les cartes mères pour ordinateur portable n'empêche donc nullement une éventuelle mise à jour du matériel en cas d'évolution du standard.

La carte Mini-PCI ne possède pas d'antenne propre mais se contente d'être reliée à une antenne par le biais d'un câble. Le type d'antenne diffère d'une marque d'ordinateur portable à une autre. Dans le cas où la carte Mini-PCI dispose du même connecteur que le câble d'antenne de l'ordinateur, il n'y a aucun problème d'installation. Dans le cas contraire, il faut effectuer une soudure entre le câble de l'antenne et la carte Mini-PCI, ce qui peut endommager le matériel.

Il est possible que l'ordinateur possède deux câbles liés à une, voire deux antennes. Dans ce cas, il n'est pas nécessaire de connecter les deux câbles à la carte Mini-PCI. Un seul suffit.

La figure 7.3 illustre une carte Mini-PCI Wi-Fi.

Figure 7.3
Carte Mini-PCI Wi-Fi 802.11a

> **Centrino**
>
> En 2002, Intel a lancé une nouvelle gamme de produits fondés sur Wi-Fi appelée Centrino. Centrino désigne en fait l'association d'un processeur mobile (Pentium-M), d'un chipset (i855) et d'une carte Wi-Fi 802.11b ou 802.11g au format Mini-PCI certifiée par Intel. Si l'un de ces trois composants n'est pas présent dans un ordinateur portable, ce dernier ne peut être certifié. Centrino correspond donc à une certification. La technologie apportée par Centrino concerne le processeur, dont les performances et la consommation d'énergie le rendent extrêmement intéressant pour un environnement mobile.

Les cartes pour PDA

De nombreux modules d'extension Wi-Fi sont disponibles pour les organisateurs de poche, ou PDA (Personal Digital Assistant), tels Palm, Clié et Pocket PC (HP iPAQ, Toshiba, Casio, etc.).

Généralement incompatibles entre eux, ces modules d'extension commencent à disparaître au profit de modules internes, directement intégrés au hardware du PDA. L'avantage de ces derniers est évidemment de ne pas nécessiter l'achat de carte supplémentaire. Cela ne va pas sans l'inconvénient d'une impossible mise à jour en cas de modification du standard.

La solution d'intégration de l'interface Wi-Fi est généralement proposée pour les PDA haut de gamme. Certains PDA proposent toutefois un lecteur de carte intégré (Compact Flash, SD Card ou Memory Stick). D'autres PDA proposent des cartes additionnelles au format PCMCIA ou Compact Flash par ajout d'un adaptateur, hélas beaucoup plus encombrant.

Les cartes Compact Flash sont généralement considérées comme des mémoires de stockage. Elles peuvent cependant être utilisées en tant qu'interfaces d'entrée-sortie, autrement dit comme interface réseau. Les cartes Compact Flash Wi-Fi ne supportent que le standard 802.11b. Leur prix avoisine 70 euros.

La figure 7.4 illustre une carte Wi-Fi pour PDA au format Compact Flash.

Figure 7.4
Carte Compact Flash Wi-Fi pour PDA de marque D-Link

Afin d'améliorer leur offre, certains constructeurs intègrent dans leur carte Compact Flash Wi-Fi une mémoire de stockage, généralement de 128 Mo. Ce faisant ils ajoutent à la connectivité Wi-Fi l'avantage d'une mémoire de taille non négligeable pour un PDA.

Beaucoup plus petit et moins encombrant que Compact Flash, le format SD Card est en train de s'imposer sur la plupart des Palm et Pocket PC. Comme pour le format Compact Flash, seul le standard 802.11b est implémenté. Le SD Card Wi-Fi est cependant assez difficile à trouver et reste, à quelque 100 euros, relativement cher.

> **SD Card et Wi-Fi**
>
> Bien que le format SD Card n'ait pas été conçu pour fournir une interface d'entrée-sortie, puisque son rôle principal est le stockage mémoire, ses spécifications ont permis l'intégration d'une interface SD Card Wi-Fi. Ses problèmes de puissance risquent cependant d'endommager le PDA. Conscients de cet écueil, certains constructeurs ont modifié le lecteur SD Card de leur PDA pour qu'il accepte de telles cartes. Il est donc nécessaire avant tout achat de s'assurer de la compatibilité entre la SD Card Wi-Fi et le PDA.

Memory Stick est un format de stockage mémoire propriétaire (Sony), contrairement aux formats Compact Flash ou SD Card, qui ont été développés au sein de consortiums. Ce format est donc limité aux PDA Clié de Sony. Ce type de carte Wi-Fi est encore plus rare que les SD Card et ne supporte, lui aussi, que le standard 802.11b. Son prix est d'environ 120 euros.

> **Lecteur de carte mémoire**
>
> Certains ordinateurs portables comme certains ordinateurs de bureau possèdent maintenant, en lieu et place de l'ancien lecteur de disquette $3^{1/2}$, un lecteur de carte mémoire supportant la plupart des standards (Compact Flash, SD Card, MMC, Memory Stick, SmartMedia, etc.). En règle générale, ce type de lecteur n'accepte pas les cartes réseau. Une carte Wi-Fi Compact Flash ne fonctionne donc pas sur un ordinateur portable ou fixe intégrant un lecteur de carte Compact Flash.

Les cartes pour stations fixes

Pour les stations fixes de type ordinateur de bureau, différents modèles de cartes sont disponibles. D'origine, une machine fixe ne possède pas d'interface PCMCIA, à la différence d'une station portable, mais seulement des ports USB ou PCI, voire ISA pour les machines relativement anciennes. Ce sont ces types de ports qu'utilisent les cartes Wi-Fi.

Les prochaines générations d'ordinateurs intégreront directement une interface Wi-Fi, à la manière d'Ethernet actuellement, la connexion Wi-Fi s'effectuant par un connecteur d'antenne. Intel a déjà défini pour ses prochaines versions de cartes mères l'intégration dans le contrôleur de bus, ou Southbridge (ICH6W), du support complet de Wi-Fi.

Les cartes adaptatrices PCMCIA

Les cartes adaptatrices PCMCIA avec une interface PCI ou ISA sont les plus utilisées. Le principal avantage de cette solution est qu'elle permet d'utiliser les mêmes cartes Wi-Fi sur la station fixe et sur un ordinateur portable. Il est donc possible de retirer la carte PCMCIA de son berceau et de l'emmener en déplacement avec son portable.

Dans le cas où une antenne supplémentaire doit être utilisée, il est nécessaire que la carte PCMCIA possède un connecteur. La carte adaptatrice a pour seul rôle de permettre l'utilisation d'une carte PCMCIA sur une interface PCI. Aucune antenne ne peut lui être connectée.

Pour équiper un ordinateur de bureau d'une carte sans fil, il faut compter le coût de la carte PCMCIA, compris entre 30 et 250 euros selon le standard, et celui de la carte berceau, entre 100 et 150 euros. Le coût total se situe donc entre 150 et 350 euros.

La figure 7.5 illustre une carte adaptatrice PCMCIA équipée d'une carte PCMCIA Wi-Fi.

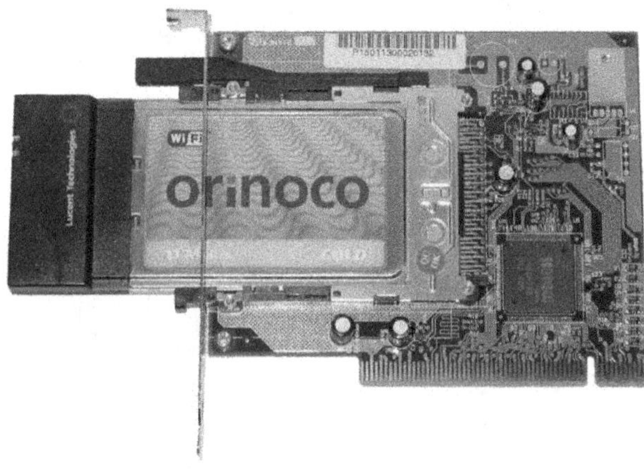

Figure 7.5
Carte adaptatrice PCMCIA Wi-Fi

> **Les formats de carte PCMCIA**
>
> Avant tout achat de carte adaptatrice PCMCIA, il faut s'assurer que ce type de carte accepte les deux formats PC Card et CardBus. La plupart des cartes adaptatrices PCMCIA disponibles lors de l'émergence de 802.11b ne supportaient que le format PC Card. Les cartes PCMCIA Wi-Fi 802.11a et 802.11g sont au format CardBus, incompatible avec le format PC Card.

Les interfaces USB

Comme chaque ordinateur possède maintenant au moins une interface USB, de nombreux produits sont proposés avec ce type d'interface. Le prix de revient d'une interface Wi-Fi USB varie de 30 à 120 euros selon la marque, le modèle et le standard (802.11b, 802.11g ou 802.11a).

Il existe deux standards USB (Universal Serial Bus), l'USB, ou USB 1.1, au débit de 12 Mbit/s, et l'USB 2.0, ou High Speed USB, au débit de 480 Mbit/s. Il existe une compatibilité descendante entre ces deux standards.

Les modules USB Wi-Fi 802.11b supportent l'USB 1.1 et les modules 802.11g et 802.11a l'USB 2.0. Tous les ordinateurs ne sont pas équipés du standard USB 2.0, notamment ceux antérieurs à 2003. Il est donc nécessaire de s'assurer du standard USB supporté par la station avant tout achat d'un module USB.

Les modules USB Wi-Fi sont une solution de rechange aux autres cartes, qui nécessitent la plupart du temps un démontage. Ils fonctionnent aussi bien sur des ordinateurs portables que sur des ordinateurs fixes.

Il existe deux types de modules USB :

- Les dongles, ou clés USB, largement utilisés comme mémoires de stockage. Leur principal avantage est leur petite taille, comparée à toute autre carte Wi-Fi. Certaines clés USB Wi-Fi possèdent une antenne, parfois amovible. Certains constructeurs associent à leur clé USB Wi-Fi une mémoire de stockage de 64 Mo ou davantage.

- Les modules USB Wi-Fi externes reliés à l'ordinateur. Comme les clés USB, certains modules peuvent être équipés d'une antenne amovible.

La figure 7.6 illustre, de gauche à droite, un module USB Wi-Fi 802.11b intégrant une carte PCMCIA, une clé Wi-Fi 802.11b et un module USB 2.0 externe Wi-Fi 802.11g.

Figure 7.6
Modules USB Wi-Fi

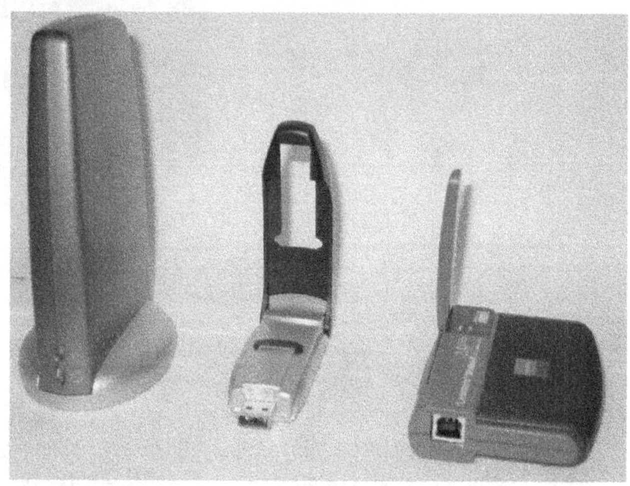

Les cartes PCI

L'intérêt des cartes Wi-Fi PCI est plus limité du fait qu'elles ne peuvent être utilisées que par une station fixe, contrairement aux deux autres cartes, qui peuvent servir aussi bien aux ordinateurs fixes que portables.

L'avantage de ces cartes est de comporter généralement un connecteur d'antenne. Dans ce cas, il faut bien faire attention au type de connecteur proposé.

Comme l'illustre la figure 7.7, la carte PCI s'appuie généralement sur une carte PCMCIA. Certains constructeurs, notamment D-Link et Linksys, utilisent toutefois une carte Mini-PCI pour leurs cartes PCI Wi-Fi.

Figure 7.7
Carte PCI Wi-Fi Cisco

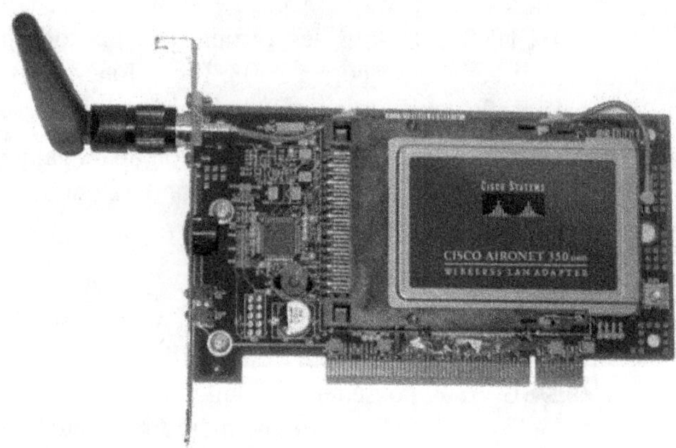

Les points d'accès Wi-Fi

Contrairement aux cartes Wi-Fi, les points d'accès ne sont pas disponibles dans des formats différents. Le choix d'un point d'accès se fait donc en fonction des fonctionnalités proposées.

La fonction première du point d'accès est de permettre les communications dans sa zone de couverture. Les fonctionnalités proposées sont assez limitées et dépendent du cadre d'utilisation du point d'accès : domestique, en entreprise ou dans un hotspot.

Certains constructeurs proposent des points d'accès dits logiciels. Ces derniers ne sont rien d'autre que des stations, généralement des ordinateurs fixes, équipées de cartes Wi-Fi dans lesquelles un logiciel est installé pour les transformer en points d'accès. Des logiciels libres, comme Host AP, permettent de configurer une station Wi-Fi en point d'accès Wi-Fi.

Les points d'accès domestiques

Le rôle d'un point d'accès domestique est de permettre la connexion sans fil à Internet. Dans le cas où l'on souhaite connecter plusieurs stations, le point d'accès doit permettre le partage de connexion.

Ce type de point d'accès incorpore les mécanismes suivants :

- **Modem ADSL/câble.** L'intégration d'un modem ADSL/câble est de plus en plus courante. Elle évite l'achat de ce type de matériel auprès du fournisseur d'accès Internet (FAI), dans le cas où ce dernier ne le fournit pas gratuitement.
- **NAT (Network Address Translation)**. Ce mécanisme permet le partage de la connexion Internet.
- **DHCP** (Dynamic Host Configuration Protocol). Ce mécanisme s'appuie sur une architecture client-serveur pour permettre la configuration automatique des paramètres réseau des terminaux Wi-Fi. DHCP est totalement transparent pour l'utilisateur, mais il faut auparavant que les stations soient configurées pour permettre ce paramétrage automatique.
- **Pare-feu.** Du fait que la connexion Internet est partagée, il est nécessaire d'appliquer un pare-feu pour prévenir toute tentative d'attaque (virus, cheval de Troie ou vers) en bloquant l'utilisation de certaines applications susceptibles d'offrir une porte d'entrée à ces attaques.

La plupart des points d'accès intègrent un commutateur Ethernet 1 à 5 ports permettant le partage de la connexion Internet aussi bien pour le réseau Wi-Fi que pour Ethernet.

Dans le cas où la zone de couverture du point d'accès ne permet pas la connexion de toutes les stations au réseau, une modification d'antenne est nécessaire. Les points d'accès destinés aux particuliers disposent soit d'un connecteur d'antenne, dans le cas où l'antenne du point d'accès est interne, soit de la possibilité de modifier l'antenne ou les antennes externes d'origine. Avant tout changement d'antenne, il faut évidemment vérifier le type de connecteur proposé.

Même si la sécurité est un élément important à prendre en compte, on se contente généralement, dans le cadre d'un réseau Wi-Fi domestique, d'utiliser les mécanismes de base de Wi-Fi :

- Non-diffusion du SSID (Secure Set IDentifier).
- ACL (Access Control List), qui permet de définir les terminaux autorisés à se connecter.
- WEP (Wired Equivalent Privacy), de préférence sur 128 bits, qui permet d'authentifier et de chiffrer les communications au moyen d'une clé définie par l'utilisateur.

Ces mécanismes ne sont pas sans faille, mais on considère qu'ils sont suffisants pour sécuriser les connexions des particuliers. L'ajout de systèmes de sécurité spécifiques entraînerait celui d'équipements réseau supplémentaires, ce qui compliquerait la configuration et engendrerait un coût non négligeable.

Le prix d'un point d'accès d'usage domestique varie de 100 à 200 euros.

La figure 7.8 illustre un point d'accès destiné aux particuliers.

Figure 7.8
Point d'accès Wi-Fi 802.11g domestique de marque Linksys

Les points d'accès d'entreprise

Contrairement aux points d'accès pour particuliers, les points d'accès d'entreprise possèdent généralement les fonctionnalités de partage de la connexion Internet par routeur, de NAT et de serveur DHCP, ce dernier étant en outre utilisé dans le cadre du réseau Ethernet.

Dans une entreprise, le point d'accès doit faciliter la configuration, l'évolutivité, l'installation et les connexions avec une sécurité accrue.

Les fonctionnalités proposées sont les suivantes :

- **Configuration du point d'accès.** L'optimisation du réseau Wi-Fi est un critère essentiel pour l'administrateur réseau. Cette optimisation passe essentiellement par la configuration de différents paramètres liés à la partie radio ou au standard 802.11. Par exemple, la limitation de la puissance d'émission du point d'accès ou les débits autorisés sont assez souvent des critères déterminants.
- **Évolutivité.** Pour éviter de changer tout le parc d'équipement installé, il est nécessaire que le point d'accès permette l'ajout de modules le transformant en point d'accès multistandard.
- **PoE (Power over Ethernet).** Lors de l'installation d'un point d'accès, ce dernier doit être connecté au réseau de l'entreprise par le biais d'un câble Ethernet et alimenté par une prise électrique. Le PoE réalise les deux fonctions en une, alimentant en électricité tout équipement par le biais du câble Ethernet.
- **Log des événements réseau.** Il est important pour l'administrateur réseau de savoir ce qui se passe sur son réseau pour se prémunir de tout type d'attaque. Le point d'accès doit donc permettre le stockage en mémoire de toutes les connexions, réussies comme échouées.
- **Handover.** Le handover, ou déplacement cellulaire, permet de garder la transmission en cours lorsqu'on se déplace d'une cellule à une autre, autrement dit d'un point d'accès à un autre. Cette fonctionnalité n'étant pas présente dans le standard 802.11, elle est définie de manière propriétaire par les constructeurs. Si l'entreprise souhaite s'équiper d'un système de téléphonie Wi-Fi, ce mécanisme est nécessaire sous peine d'avoir une coupure de la conversation lors d'une phase de handover.
- **Sécurité.** Compte tenu des faiblesses de sécurité de Wi-Fi, il est nécessaire que le point d'accès incorpore tous les systèmes de sécurité disponibles, comme 802.1x (EAP-TLS, EAP-TTLS ou PEAP), 802.11i, HTTPS et surtout VPN (Virtual Private Network), ou réseau privé virtuel.
- **VLAN (Virtual Local Area Network).** Ce mécanisme permet de créer plusieurs réseaux virtuels au sein d'un même réseau physique et d'allouer des configurations spécifiques pour chaque réseau virtuel créé.

Lorsque la zone de couverture ne permet pas la connexion de toutes les stations en un endroit particulier de l'entreprise ou que le point d'accès doit être utilisé pour établir une liaison directive, ce dernier doit permettre l'ajout d'antennes supplémentaires, ce qui est généralement le cas aujourd'hui.

Si l'entreprise possède plus d'une dizaine de points d'accès, il est utile de disposer d'une solution logicielle ou matérielle permettant de configurer automatiquement tous les points d'accès.

Le prix de revient d'un point d'accès d'entreprises varie de 800 à 1 500 euros.

La figure 7.9 illustre un point d'accès Wi-Fi 802.11b avec son extension 802.11a sous la forme d'une carte PCMCIA équipée d'une antenne particulière.

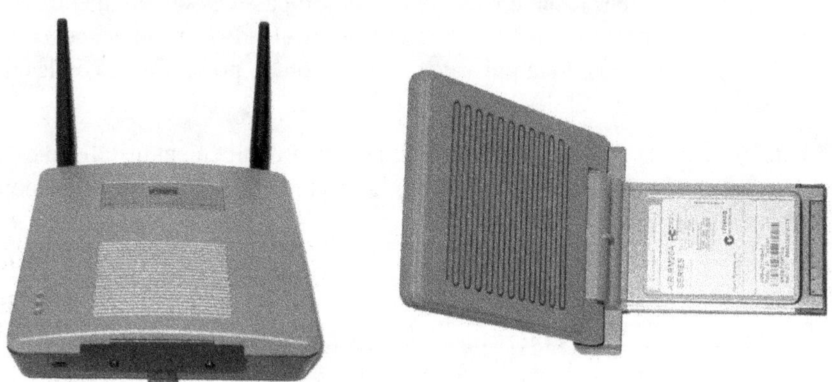

Figure 7.9
Point d'accès Wi-Fi 802.11g et son extension 802.11a

Les points d'accès pour hotspot

Le rôle d'un hotspot est d'offrir des connexions transparentes pour les clients. Le réseau Wi-Fi doit donc accepter toutes connexions venant de terminaux divers et variés. Les hotspots sont le plus souvent équipés en 802.11b ou 802.11g et très rarement en 802.11a.

Les caractéristiques de ces points d'accès sont similaires à celles des points d'accès d'entreprise, comme la configuration ou l'évolutivité, puisque les hotspots doivent supporter les différents standards.

La transparence des communications nécessite les deux mécanismes suivants :

- **Dynamicité des paramètres réseau.** La configuration des paramètres réseau d'une station peut être statique ou dynamique. Dans le cas où elle est dynamique, l'utilisation de DHCP permet d'allouer ces paramètres dynamiquement. Dans le cas où ces paramètres sont statiques, l'adresse IP de la station et celle du réseau ne correspondent pas, et il est impossible à la station de communiquer avec le réseau hotspot. Ce mécanisme permet d'allouer virtuellement à la station une adresse du réseau hotspot sans qu'elle change physiquement son adresse IP, permettant ainsi à la station de communiquer avec le réseau hotspot.
- **Réacheminement SMTP.** Contrairement aux paramètres réseau d'une station, les paramètres de messagerie POP et SMTP sont configurés manuellement par l'utilisateur ou l'administrateur de la machine. Or les serveurs SMTP étant propres à un FAI ou à une entreprise, lorsqu'on se déplace d'un domaine à un autre, il n'est pas possible d'envoyer de messages. Le réacheminement SMTP permet, de manière transparente, l'envoi d'e-mail sans que l'utilisateur ait à changer la configuration de son client de messagerie. C'est le point d'accès qui se charge de réacheminer l'e-mail en modifiant

directement le serveur SMTP. Sachant que la messagerie est l'application la plus utilisée dans un hotspot, avec 80 p. 100 du trafic, il est essentiel pour un hotspot d'implémenter cette fonctionnalité.

Le nombre de points d'accès installés dans un hotspot tel qu'un aéroport ou une gare étant de l'ordre d'une centaine, il est indispensable d'avoir une solution logicielle ou matérielle permettant de configurer tous les points d'accès en même temps et non séquentiellement.

Le prix de revient d'un point d'accès pour hotspot est compris entre 800 et 1 500 euros.

Les ponts Wi-Fi

Comme un pont Ethernet, un pont Wi-Fi a pour fonction d'étendre le réseau. Dans le cas de Wi-Fi, on étend le réseau Ethernet sur le réseau Wi-Fi et réciproquement.

La figure 7.10 illustre un pont Wi-Fi.

Figure 7.10
Pont Wi-Fi

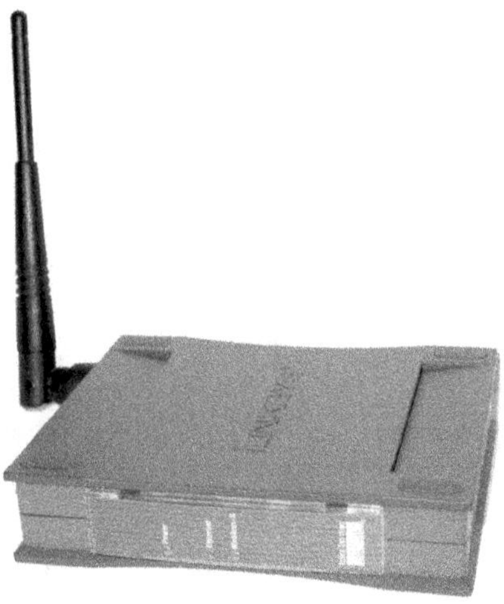

L'un des principaux usages des ponts Wi-Fi est de relier les bâtiments entre eux grâce à une liaison Wi-Fi spécialisée. Pour cela, le pont doit permettre l'ajout d'une antenne spécifique et le réseau posséder tous les mécanismes de sécurité nécessaires.

La figure 7.11 illustre une liaison directive par l'utilisation de ponts Wi-Fi.

Pont-carte Wi-Fi

Le pont peut aussi être utilisé comme une carte Wi-Fi. On peut en effet imaginer un ordinateur, portable ou fixe, auquel on connecte un pont Wi-Fi par l'intermédiaire d'un câble Ethernet. L'inconvénient de cette méthode vient de la nécessité de brancher le pont à une prise électrique.

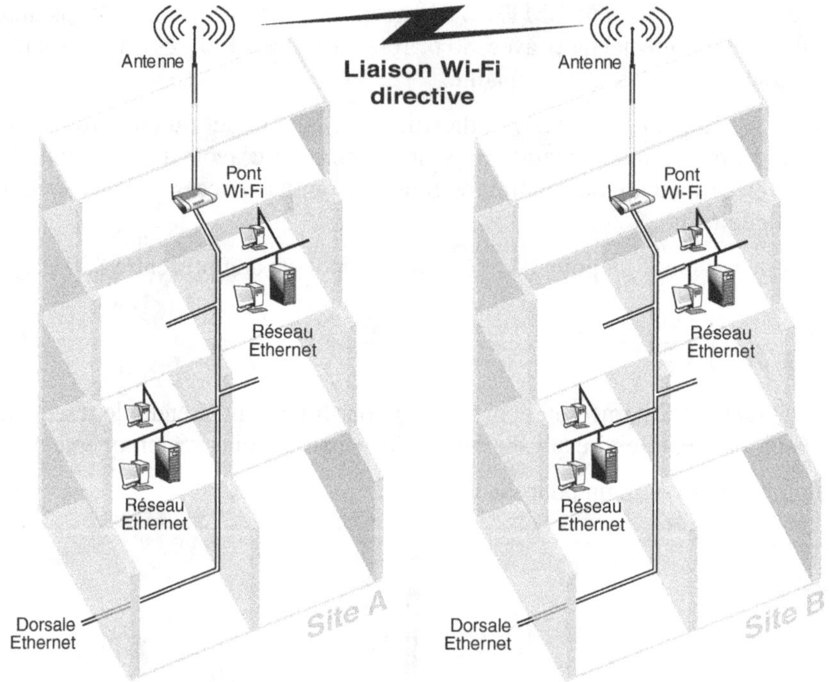

Figure 7.11
Liaison directive Wi-Fi à l'aide de ponts

Un autre usage des ponts est d'offrir l'accès à Internet, par le biais du point d'accès auquel il est connecté, à une console de jeux. Toutes les consoles de jeux de dernière génération (PlayStation 2, XBox et GameCube) possèdent en effet une connexion réseau Ethernet. Par le biais d'un module particulier, il suffit de relier le pont Wi-Fi à la console au moyen d'un câble Éthernet pour bénéficier de la connexion.

Ce fonctionnement est illustré à la figure 7.12.

Figure 7.12
Partage de la connexion Internet avec une console de jeux

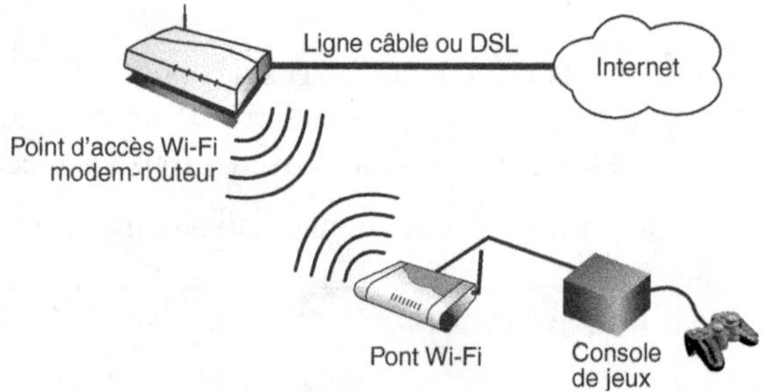

Selon son utilisation, le prix de revient d'un pont est compris entre 100 et 300 euros.

Les antennes Wi-Fi

Dans un réseau Wi-Fi, le signal transmis entre deux stations ou entre une station et un point d'accès peut être soumis à des interférences, dues à des obstacles à franchir ou à des équipements émettant dans la même bande de fréquences. La portée du signal radio est fonction à la fois de ces interférences et obstacles présents dans l'environnement et de la puissance d'émission. Cette dernière est réglementée par des organismes tels que l'ART (Autorité de régulation des télécommunications) en France.

Si la portée de votre réseau Wi-Fi ne convient pas à l'utilisation que vous souhaitez en faire, des équipements tels que les amplificateurs permettent d'accroître la zone de couverture du réseau en augmentant la puissance du signal transmis, sachant que cette puissance ne doit pas excéder la valeur fixée par l'ART.

En pratique, chaque carte Wi-Fi est équipée d'une antenne omnidirectionnelle interne, qui ne peut être mobile que si la station elle-même est mobile. Si une station se trouve cachée par un obstacle tel que mur, meuble, personne, etc., ou qu'elle soit assez éloignée du point d'accès, il se peut qu'elle ne puisse accéder au réseau.

Dans certains cas, même si la station et la carte sont placées dans un endroit clos, derrière un bureau, par exemple, l'antenne peut fonctionner correctement. En effet, Wi-Fi permet de récupérer les transmissions issues des réflexions des ondes radio dans l'environnement. Suivant l'environnement, ces réflexions peuvent être plus ou moins fortes, mais cela permet à certaines stations de fonctionner malgré leurs contraintes spatiales. Dans les cas où la carte ne fonctionne pas très bien, voire pas du tout, l'ajout d'une antenne directionnelle est indispensable.

La figure 7.13 illustre un réseau Wi-Fi équipé d'antennes.

Figure 7.13

Un réseau Wi-Fi équipé d'antennes

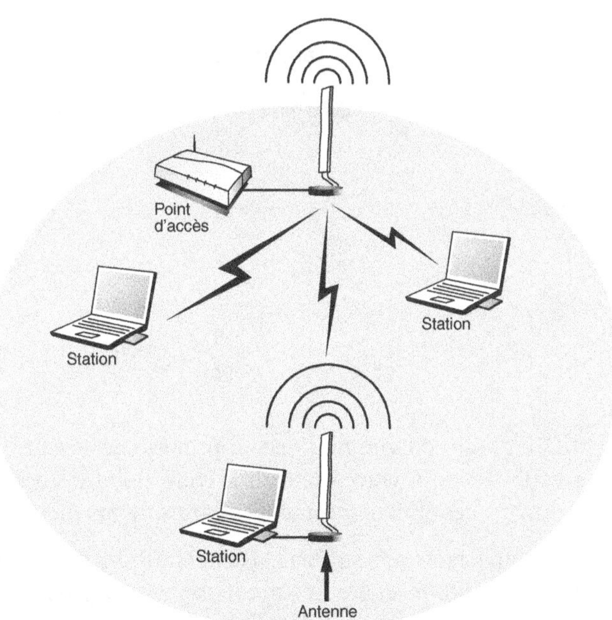

Une antenne peut être utilisée aussi bien par les stations qui se trouvent en périphérie du réseau, là ou le signal est le plus faible, que par le point d'accès ou les ponts pour étendre la zone de couverture du réseau. Le rôle de l'antenne n'est pas d'amplifier le signal, comme le ferait un amplificateur, mais d'améliorer la réception et l'émission des signaux. L'utilisation d'une antenne peut aussi permettre de créer des liaisons directives entre des bâtiments situés à des distances pouvant atteindre 30 kilomètres.

Pour améliorer la couverture d'un réseau Wi-Fi, une antenne omnidirectionnelle est recommandée. Une station peut se satisfaire d'une antenne directionnelle, voire sectorielle. Dans le cas de liaisons Wi-Fi entre bâtiments, le choix est limité aux antennes directives. Cette notion de directivité est liée au gain de l'antenne. Plus le gain est important, plus la directivité est forte et plus la zone de couverture est restreinte.

Cette directivité est exprimée par le gain de l'antenne, qui est calculé en fonction d'une antenne qui rayonnerait de manière homogène, c'est-à-dire à 360° et aurait comme zone de couverture une sphère parfaite. Ce type d'antenne n'existe que théoriquement, du fait des contraintes physiques des ondes électromagnétiques.

Le gain d'une antenne est exprimé en décibel isotropique (dBi). Ce gain est équivalent à une puissance, d'où les formules suivantes :

$$P = 10^{G/10}$$

et

$$G = 10 \log P$$

où G correspond au gain (en dBm ou dBi) et P à la puissance (en mW).

Le tableau 7.1 donne la correspondance entre la puissance et le gain.

Tableau 7.1 Correspondance gain-puissance

Gain (en dBm)	Puissance (en mW)
3	2
5	3,1
7	5
9	8
15	31,6
19	79,4
24	251,1

D'un point de vue pratique, il importe de vérifier si l'antenne peut se brancher à votre carte Wi-Fi, à votre pont ou à votre point d'accès par l'intermédiaire d'un connecteur prévu à cet effet, car toutes les cartes, ponts ou point d'accès n'en possèdent pas.

Comme pour les stations, l'antenne doit être placée à un endroit stratégique et non derrière un obstacle. Les meilleurs emplacements sont ceux qui offrent une vue directe sur les stations ou le point d'accès.

Le prix de revient d'une antenne dépend de sa directivité. Plus l'antenne est directive, plus son prix augmente. Il n'existe pas de certification Wi-Fi concernant les antennes. De surcroît, aucune technologie ne justifie leur prix, souvent exorbitant. Dans bien des cas, une antenne « maison », fabriquée avec des objets du quotidien, fait l'affaire.

Gain et puissance d'émission

La réglementation française autorise une puissance d'émission maximale en intérieur de 100 mW dans la bande des 2,4 GHz et à l'extérieur de 100 mW dans la bande 2,400-2,454 GHz et 10 mW dans la bande 2,454-2,483 5 GHz. La bande des 5 GHz n'est utilisable qu'en milieu intérieur et est formellement interdite à l'extérieur.

Le choix d'une antenne dépend de ce que l'on veut en faire. Pour le cas illustré à la figure 7.14, la puissance d'émission, ou PIRE (puissance isotropique rayonnée effective), équivaut à la somme des puissances de l'émetteur (P_e), de l'amplificateur (P_{ampli}) et du gain de l'antenne ($G_{antenne}$) moins la perte sur la ligne, exprimée en dBm. Dans le cas où il n'y a pas d'amplificateur, le calcul se résume à la somme de la puissance de l'émetteur et du gain de l'antenne moins la perte sur la ligne due au câble reliant l'antenne à l'émetteur.

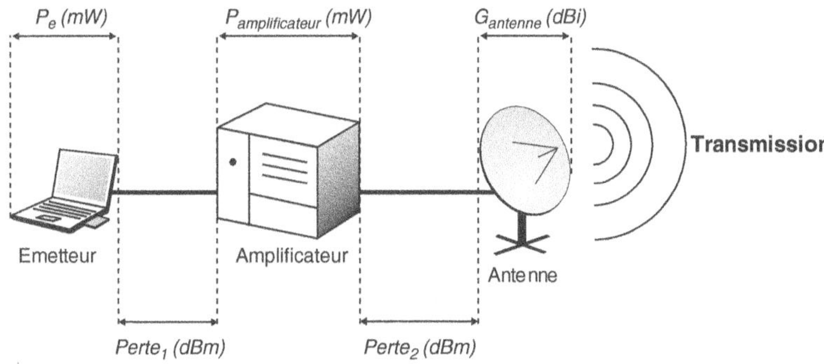

Figure 7.14
Calcul de la PIRE

Considérons une carte Wi-Fi 802.11b ayant une puissance d'émission de 30 mW. On voudrait se connecter par le biais d'un ordinateur portable à un point d'accès se trouvant à quelques kilomètres. La capacité de l'antenne interne de la carte n'autorisant une zone de couverture que de l'ordre d'une centaine de mètres, il est nécessaire de connecter une antenne à la carte. Nous choisissons une antenne de type parabole ayant un gain de 24 dBi reliée par un câble de 3 m dont la perte est de 2 dB/m. La perte totale est donc de 6 dB.

Pour trouver la PIRE, il faut que toutes les valeurs de la somme aient le même indice. En appliquant la formule précédente, une puissance de 30 mW correspond à un gain de 14,77 dBm. La PIRE équivaut à 14,77 + 24 – (3 × 2), soit 32,77 dBm. Cela correspond à 1 892 mW, soit près de 20 fois la puissance maximale autorisée. Le déploiement dans ces conditions est illégal.

Connecteurs et câbles

Avant d'installer une antenne, il faut reconnaître le connecteur mâle ou femelle. Si le pas de vis est interne, il s'agit d'un connecteur mâle. Dans le cas contraire (pas de vis externe), il s'agit d'un connecteur femelle.

Il existe deux formats de connecteurs, le format classique et le format à polarité inversée, ou RP (Reverse Polarity). Cette différence se traduit par la présence d'un trou ou d'une « pinoche » (broche) au centre du connecteur. Un connecteur mâle classique est caractérisé par la présence d'une pinoche. Un connecteur femelle, ou RP, comporte un trou. Les connecteurs RP sont les plus utilisés en Wi-Fi.

Différents types de connecteurs sont utilisés dans le cadre de Wi-Fi. Les plus courants sont les connecteurs N, TNC et SMA. On les retrouve aussi bien sur les points d'accès que sur les ponts ou les cartes PCI. Certains connecteurs sont spécifiques de certains constructeurs, comme les connecteurs MMCX chez Cisco Systems.

Le tableau 7.2 recense les différentes familles de connecteurs.

Tableau 7.2 Connecteurs utilisés dans Wi-Fi

	Mâle	Femelle
RP-N	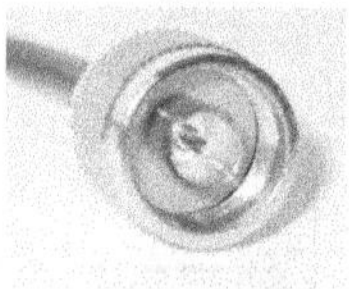	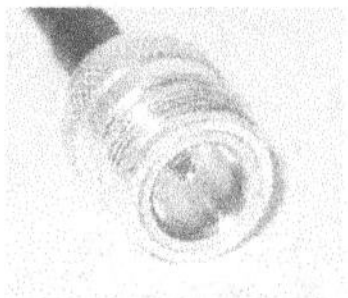
TNC		
SMA		
MMCX	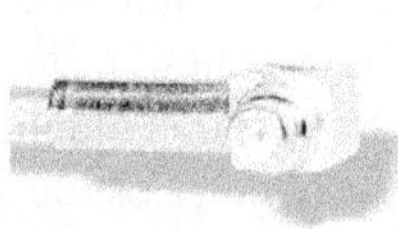	
Lucent		

Dans le cas où l'antenne est installée en extérieur, elle est susceptible d'être frappée par la foudre et d'endommager tout équipement connecté. Il est possible d'utiliser un parafoudre pour éviter une surcharge massive d'électricité en cas d'orage et empêcher la détérioration des équipements reliés à l'antenne.

Le choix du câble dépend du type de connecteur mais surtout de ses caractéristiques (perte). Le tableau 7.3 recense les différents types de câbles que l'on peut trouver dans Wi-Fi.

Tableau 7.3 Caractéristiques des câbles utilisés dans Wi-Fi

Câble	Diamètre (en mm)	Perte (en dB/m)	Connecteur
LMR 195	6	0,6	RP-N, TNC, SMA
LMR 400	10	0,22	N, TNC
RG 58 C/U	4,95	0,87	RP-N, TNC, SMA
RG 174	2,55	2	Lucent
RG 213	11	0,6	RP-N, TNC, SMA
AIRCOM +	10,3	0,215	RP-N, TNC, SMA

Les types d'antennes

Différents types d'antennes sont utilisables en Wi-Fi, notamment omnidirectionnelles ou directionnelles.

Les sections qui suivent illustrent les principales caractéristiques de ces antennes.

Omnidirectionnelle, ou omni

Ces antennes ressemblent à de longs cylindres verticaux, comme illustré à la figure 7.15. Elles constituent l'antenne de base fournie sur les cartes ou les points d'accès.

Leur gain est compris entre 2,4 et 15 dBi et leur prix varie entre 50 et 150 euros.

Figure 7.15
Antenne omnidirectionnelle

Les antennes omni permettent d'arroser une large zone sur 360°, comme l'illustre la figure 7.16. Leur inconvénient vient de la qualité souvent médiocre du signal transmis du fait qu'elles captent le bruit de l'environnement ambiant.

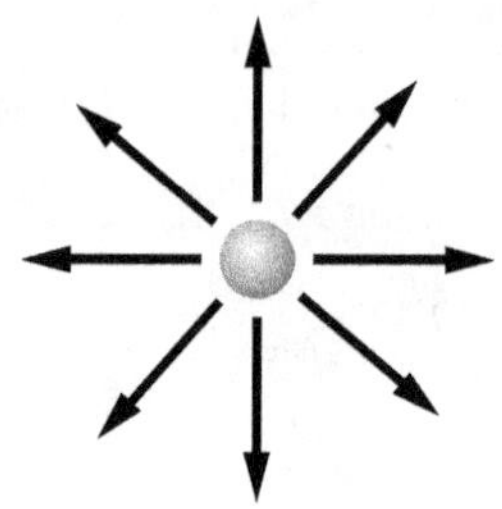

Figure 7.16
Zone d'émission d'une d'antenne omnidirectionnelle

Directionnelle

On pourrait dire de ces antennes qu'il s'agit de moitiés d'omni, puisque leur zone de couverture est comprise entre 180° et 60°, comme l'illustre la figure 7.17.

Les principales antennes de ce type sont les Patch, Yagi et paraboles.

Les antennes de type Patch sont les plus utilisées. Leur prix de revient est compris entre 100 et 400 euros et leur gain va de 5 à 15 dBi.

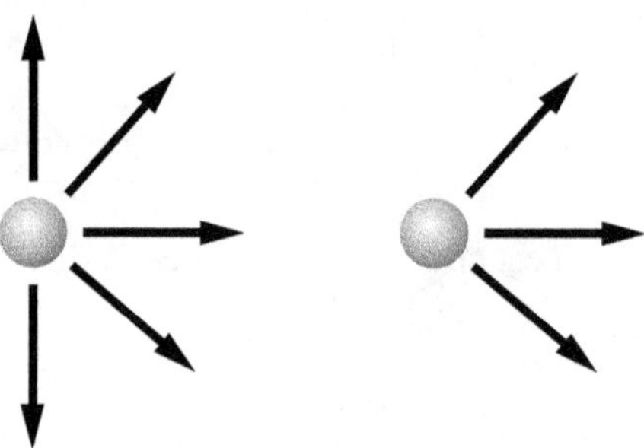

Figure 7.17
Zone d'émission d'une d'antenne directionnelle

Sortes de longs cylindres, les antennes Yagi sont utilisées essentiellement à l'horizontale, comme l'illustre la figure 7.18. Fortement directives (entre 15 et 60°), leur gain est compris entre 10 et 20 dBi et leur prix varie entre 100 et 300 euros.

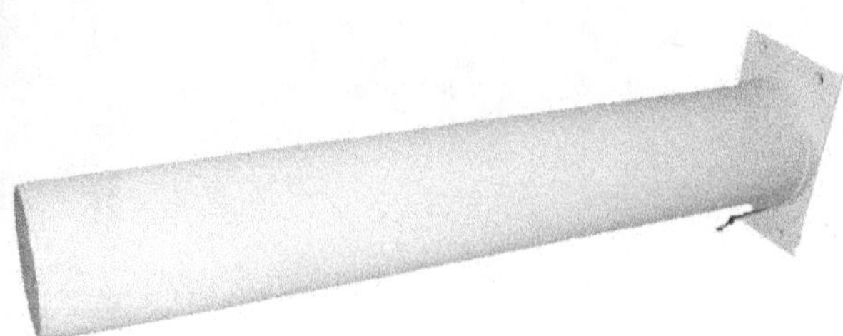

Figure 7.18
Antenne Yagi

Les paraboles sont généralement fortement directives (18 à 24 dBi) et comptent parmi les plus chères (entre 400 et 1 000 euros).

La figure 7.19 illustre une antenne parabolique.

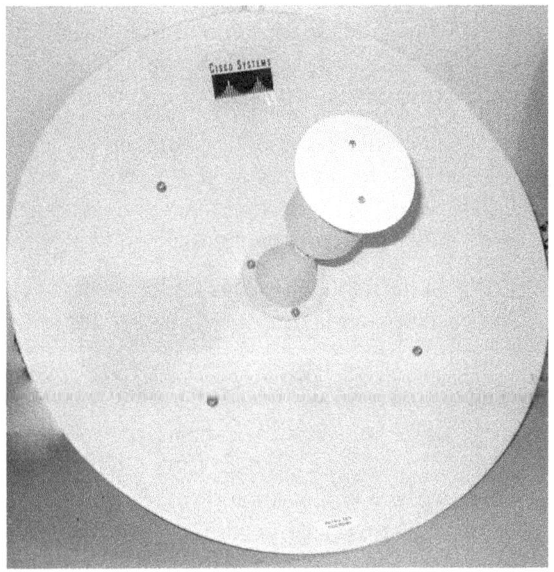

Figure 7.19
Antenne parabolique

Maison

La plupart des antennes que l'on trouve dans le commerce sont hors de prix en comparaison de la technologie utilisée.

Il est possible de fabriquer son antenne pour peu que l'on soit un peu bricoleur. Il suffit d'un cylindre métallique, auquel on ajoute un connecteur de type N. Une antenne comme celle illustrée à la figure 7.20 peut rivaliser sans problème avec certaines antennes du commerce.

Figure 7.20
Antenne maison

Les coûts de Wi-Fi

Comme nous l'avons vu tout au long de ce chapitre, les équipements Wi-Fi reviennent relativement cher comparés à ceux d'Ethernet. Pour constituer un réseau Wi-Fi de quatre stations (quatre cartes Wi-Fi et un point d'accès), il faut compter plus de 400 euros, alors qu'un même réseau Ethernet comprenant quatre cartes Ethernet 10/100baseT, quatre câbles RJ-45 droits et un commutateur (switch) ne coûte qu'environ 100 euros, soit quatre fois moins.

Précisons toutefois que les équipements Wi-Fi, surtout les points d'accès, incorporent désormais toutes sortes de fonctionnalités et jouent les rôles de modem, routeur, pare-feu, serveur DHCP et commutateur, soit cinq équipements en un. Si l'on prend en compte le coût de toutes ces fonctionnalités, leur prix est finalement assez attractif.

D'autant qu'il faut ajouter le fait de ne plus avoir de câble à poser ni de trou à percer. Cela semble emporter la décision de passer au sans-fil pour beaucoup d'utilisateurs, notamment les particuliers.

Pour une entreprise, le problème est tout autre. En effet, pour câbler une entreprise en Ethernet, il faut tirer des câbles dans toutes les pièces et installer des armoires de brassage. Le coût de ce type d'installation est assez important mais reste sensiblement inférieur à celui d'une installation Wi-Fi de même taille. L'avantage de Wi-Fi sur Ethernet est dans ce cas le changement dynamique de topologie qu'il permet. Dans Ethernet, en effet, le changement de topologie demande généralement la pose de nouveaux câbles et se traduit par des coûts supplémentaires.

Le rôle de Wi-Fi dans une entreprise n'est pas de remplacer le réseau Ethernet mais d'étendre ce réseau afin de faciliter la connexion des utilisateurs. Le coût pour une première installation peut être assez important, environ 4 000 euros pour cinq points d'accès. Précisons tout de même que ces points d'accès sont évolutifs et qu'ils incorporent toutes les fonctionnalités citées précédemment.

La démocratisation d'interfaces Wi-Fi intégrées, qui est déjà d'actualité dans les ordinateurs portables et certains PDA, le sera aussi pour les ordinateurs fixes dans les années à venir, soustrayant ainsi le coût des cartes.

La mise en place de liaisons directives en Wi-Fi est relativement peu coûteuse en comparaison de la pose d'un câble. En choisissant deux antennes paraboliques (2 000 euros), deux ponts ou deux points d'accès associés (400 ou 1 600 euros) et les câbles (100 euros), on obtient un coût maximal de 3 700 euros.

Avant toute installation de ce type, il convient cependant de s'assurer que la liaison Wi-Fi est sécurisée par l'utilisation de mécanismes d'authentification et de chiffrement, ce qui peut augmenter son prix de revient. Un tel dispositif autorise une distance entre les bâtiments de plusieurs kilomètres tout en respectant la réglementation. Son coût est fixe, sauf à renouveler le matériel.

En comparaison, la pose d'un câble implique de creuser une tranchée (quelques milliers d'euros selon la distance), de poser le câble et de louer chez un opérateur une liaison particulière. On arrive facilement à plus de 5 000 euros sans le coût de location, qui peut se faire au mois ou à l'année. Ce coût, variable mais au finale important, pousse un certain nombre d'entreprises à passer à des liaisons directives Wi-Fi.

Le tableau 7.4 récapitule les prix des différents équipements Wi-Fi (cartes tout format confondu, points d'accès et antennes).

Tableau 7.4 Prix des équipements Wi-Fi

Équipement	Prix (en euro)
Carte PCMCIA 802.11g	50-50
Carte PCMCIA 802.11a	100-200
Carte PCMCIA multistandard	150-250
Carte Mini-PCI 802.11g	150-200
Carte Mini-PCI 802.11a	150-200
Carte Compact Flash 802.11b	70
SD Card 802.11b	100
Memory Stick 802.11b	120
Carte PCI 802.11g	50-100
Carte PCI 802.11a	100-200
Carte adaptatrice PCMCIA	100-200
Pont 802.11g	100-300
Point d'accès particulier 802.11g	100-200
Point d'accès entreprise 802.11g	800-1 500
Point d'accès entreprise multistandard	800-1 500
Point d'accès hotspot 802.11g	800-1 500
Point d'accès hotspot multistandard	800-1 500
Antenne omni	50-150
Antenne Patch	100-400
Antenne Yagi	100-300
Parabole	400-1 000

8

Installation

Le caractère sans fil, et donc radio, de Wi-Fi implique des problématiques de configuration spécifiques, inconnues des réseaux Ethernet. La bande de fréquences utilisée, la zone de couverture, la configuration des canaux, le débit ou encore la sécurité sont autant de contraintes fortes à prendre en compte lors de l'installation d'un réseau Wi-Fi, sous peine de connaître des baisses de performances.

La configuration des canaux est une étape essentielle de l'installation d'un réseau Wi-Fi, qu'il soit domestique ou professionnel. Cette configuration régit la structure de la topologie du réseau par l'agencement des cellules et empêche tout risque d'interférence avec d'autres réseaux Wi-Fi existants.

Une autre contrainte concerne les débits réels de Wi-Fi, ceux annoncés ne correspondant jamais à ce dont dispose réellement l'utilisateur. L'influence de certains mécanismes proposés par Wi-Fi sont généralement la cause de cette baisse inattendue du débit. Cette baisse peut toutefois être minimisée par le choix de mécanismes appropriés et de paramètres associés lors de la configuration du point d'accès.

Les mécanismes de sécurité de Wi-Fi, notamment le WEP, sont faillibles. Depuis cette découverte, nombre de programmes disponibles sur le Web permettent d'exploiter ces failles afin de se connecter à tout réseau Wi-Fi sécurisé par ces mécanismes. Ces derniers peuvent aussi être utilisés à bon escient afin de tester la résistance du réseau ou pour effectuer un audit de site afin d'affecter un bon plan fréquentiel au réseau, évitant tout risque d'interférences.

Les bandes de fréquences

Wi-Fi utilise deux bandes de fréquences, la bande ISM (Industrial, Scientific and Medical), située dans les 2,4 GHz, pour 802.11b et 802.11g, et la bande U-NII (Unlicensed-National Information Infrastructure), située dans les 5 GHz, pour 802.11a.

Ces deux bandes sont dites sans licence, signifiant qu'il n'y a pas d'autorisation à demander ni d'abonnement à payer pour les utiliser. Elles sont toutefois réglementées en France par l'ART (Autorité de régulation des télécommunications), qui a imposé certaines contraintes pour leur utilisation et n'en a libéré qu'une partie pour les réseaux Wi-Fi, l'autre partie ne pouvant être utilisée que sous certaines conditions, que nous décrivons dans la suite de ce chapitre.

Un inconvénient des bandes de fréquences vient du fait qu'elles ne sont pas utilisées en totalité dans Wi-Fi, y compris la bande ISM, mais sont divisées en sous-bandes, ou canaux, sur lesquelles ont lieu les transmissions. Ces canaux étant relativement proches, leur choix doit être effectué de façon rigoureuse afin de prévenir toute interférence.

Réglementation des fréquences radio

802.11b comme 802.11g restreignent les transmissions à la bande des 2,4-2,483 5 GHz, appelée bande ISM. En Europe, c'est l'ETSI (European Telecommunications Standards Institute) qui a standardisé cette bande pour les réseaux locaux radioélectriques, ou RLAN. Cette standardisation est toutefois soumise à l'agrément d'organismes de réglementation nationaux, telle l'ART en France. C'est ce qui explique qu'il n'existe pas d'homogénéisation européenne quant à la disponibilité des bandes de fréquences.

Jusqu'en 1995, la bande ISM était réservée par le ministère de la Défense. Avec l'accroissement des réseaux personnels et sans fil tels que Bluetooth et Wi-Fi, seule la partie de cette bande comprise entre 2,446 5 et 2,483 5 GHz a été libérée par l'armée.

Jusqu'en 2001, toute utilisation de fréquences dans ce spectre devait faire l'objet d'une demande auprès de l'ART. Depuis lors, la réglementation a changé, et les dispositions suivantes régissent actuellement l'utilisation de la bande ISM en métropole :

- Pour une utilisation à l'intérieur des bâtiments, aucune autorisation n'est nécessaire. Sous contrainte d'une puissance d'émission inférieure à 100 mW, la totalité de la bande ISM est disponible.
- Pour une utilisation à l'extérieur, aucune autorisation n'est requise mais des limitations sont imposées :
  - Pour une puissance d'émission inférieure à 100 mW, seule la bande des 2,4-2,454 5 GHz est disponible.
  - Pour une puissance d'émission inférieure à 10 mW, seule la bande des 2,454 5-2,483 5 GHz est disponible.

Une demande d'autorisation auprès de l'ART est à demander pour une utilisation complète de la bande ISM avec une puissance maximale de 100 mW en extérieur, sauf dans le cas où le réseau Wi-Fi en extérieur est connecté à un réseau public ayant déjà été approuvé par l'ART.

En Guadeloupe et en Martinique, ainsi qu'à Saint-Pierre-et-Miquelon et à Mayotte, la totalité de la bande ISM est disponible, aussi bien en intérieur qu'en extérieur, avec une puissance maximale de 100 mW.

En Guyane et à la Réunion, la totalité de la bande est disponible en intérieur pour une puissance de 100 mW. En extérieur, seule la bande 2,42-2,483 5 GHz est disponible avec une puissance de 100 mW, l'autre partie de la bande étant interdite.

Aucune réglementation n'a été définie pour les autres départements et territoires d'Outre-Mer.

Des pourparlers sont toujours en cours entre l'ART et le ministère de la Défense pour aboutir à la libération complète de la bande ISM en extérieur pour une puissance d'émission maximale de 100 mW.

Bien que cette réglementation se soit peu à peu assouplie, elle reste assez contraignante lors d'une utilisation de Wi-Fi à l'extérieur, notamment du fait des puissances autorisées, limitées à 10 et 100 mW. Ces puissances sont trop faibles pour permettre des déploiements suffisants en extérieur *(voir le chapitre 7)*. De nombreuses voix se sont élevées pour réclamer une modification de la réglementation. Une pétition a même été lancée sur le Web *(http://www.petitiononline.com/500)* afin de faire passer la puissance en extérieur autorisée de 100 à 500 mW.

Pour la bande U-NII, située dans les 5 GHz, la largeur de bande disponible est de 200 MHz. Son utilisation n'est autorisée qu'en intérieur et à une puissance maximale de 200 mW. Cette puissance n'est accessible que si les mécanismes DFS (Dynamic Channel Selection) ou TPC (Transmit Power Control) ou équivalents sont utilisés *(voir le chapitre 2)*. Définis par l'amendement 802.11h, ces mécanismes doivent être disponibles dans les équipements 802.11a. Dans le cas où seul le TPC est utilisé, la puissance maximale autorisée est de 100 mW.

Affectation des canaux

Comme expliqué précédemment, 802.11b et 802.11g n'utilisent qu'une partie du spectre de fréquences de la bande ISM pour les transmissions de données. Cette partie de la bande est divisée en canaux de 20 MHz. Bien que quatorze canaux soient disponibles dans la bande 2,4-2,483 5 GHz en Europe comme en France, seuls les canaux 1 à 13 peuvent être utilisés.

Un réseau Wi-Fi, qu'il soit en mode infrastructure ou ad-hoc, ne transmet que par l'intermédiaire d'un unique canal. La communication entre les différentes stations ou entre les stations et un point d'accès s'effectue par le biais de ce canal de transmission, configuré au niveau du point d'accès dans un réseau d'infrastructure et au niveau des stations dans un réseau en mode ad-hoc.

L'affectation d'un canal de transmission ne pose pas réellement de problème lorsque la zone à couvrir est peu importante et que le réseau n'est équipé que d'un seul point d'accès ou qu'il est composé d'un nombre important de points d'accès dont les zones de couverture ne se recouvrent pas. En revanche, lorsqu'on veut couvrir un environnement assez vaste, il faut disposer de plusieurs points d'accès et, dans la mesure du possible, affecter à chaque point d'accès un canal de transmission différent.

Un mauvais plan fréquentiel peut entraîner des interférences entre points d'accès et engendrer de piètres performances du réseau. Malheureusement, cette affectation n'est pas évidente.

La figure 8.1 illustre les 13 canaux disponibles, dont un certain nombre se recouvrent. Si un réseau comporte plusieurs points d'accès et que l'on affecte à ces points d'accès les canaux 1, 2, 3, etc., on peut voir d'après la figure que ces canaux se recouvrent et interfèrent mutuellement, pouvant entraîner de fortes baisses des performances.

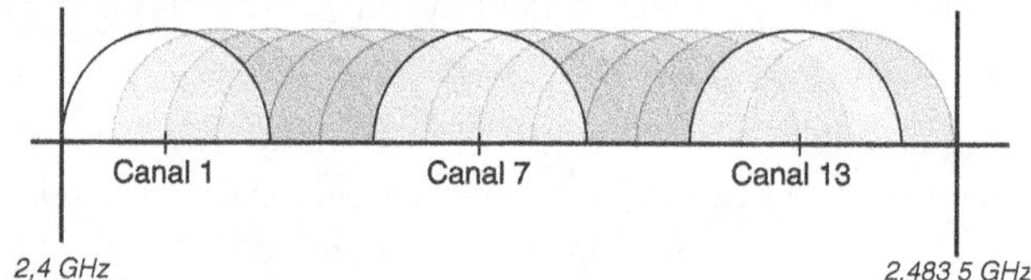

Figure 8.1
Recouvrement des canaux de la bande ISM

Il est donc essentiel d'affecter à chaque point d'accès des canaux qui ne se recouvrent pas et d'éviter d'affecter des canaux adjacents. Sur la figure, les canaux 1, 7 et 13 ou 1, 6 et 11 peuvent être affectés à trois points d'accès de façon à garantir qu'il n'y ait pas d'interférences entre eux. Même si l'on dispose de treize canaux, seuls trois d'entre eux peuvent être réellement utilisés dans le cas où le réseau est composé d'un certain nombre de points d'accès.

Certaines études ont montré que l'affectation de quatre canaux simultanément était possible dans un réseau Wi-Fi. Dans ce cas, chaque canal choisi doit être séparé du suivant de 4 canaux, par exemple les canaux 1, 5, 9 et 13. Cette configuration, illustrée à la figure 8.2, n'engendre que de légères interférences, qui n'entraînent pas de forte dégradation des performances du réseau.

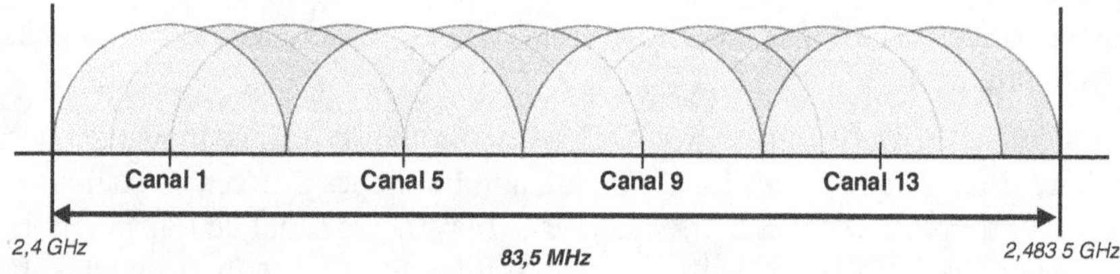

Figure 8.2
Affection de 4 canaux dans la bande ISM

Lorsque le réseau compte plus de trois points d'accès, il faut affecter à ces derniers des canaux qui ne se perturbent pas mutuellement. La figure 8.3 illustre la topologie d'un réseau composé de sept points d'accès, dont l'affectation des canaux ne perturbe en rien les performances du réseau. En cas d'utilisation de 4 canaux, cette configuration est simplifiée.

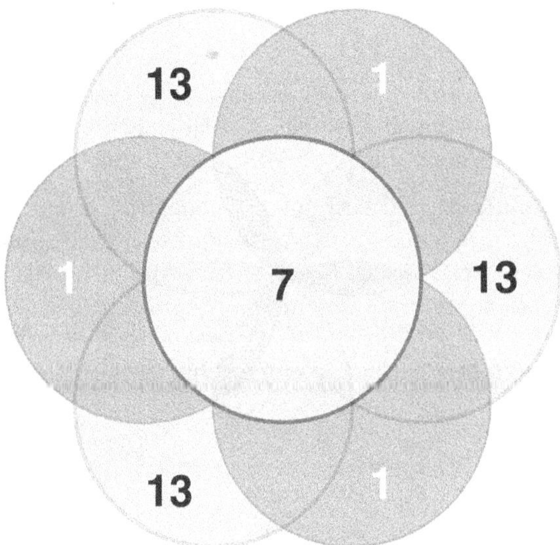

Figure 8.3
Affectation de canaux pour sept points d'accès dans la bande ISM

La bande 2,446 5-2,483 5 GHz correspond à l'ancienne réglementation, mais certains équipements l'utilisent encore aujourd'hui. Étant donné l'étroitesse de cette bande, seuls quatre canaux peuvent être utilisés, les canaux 10, 11, 12 et 13, comme illustré à la figure 8.4. Comme tous les canaux se recouvrent, il n'est pas possible de placer plusieurs points d'accès au sein d'une même zone en raison des interférences. Une solution à ce problème pourrait consister à affecter un même canal aux points d'accès et à éloigner ces derniers afin d'éviter tout recouvrement.

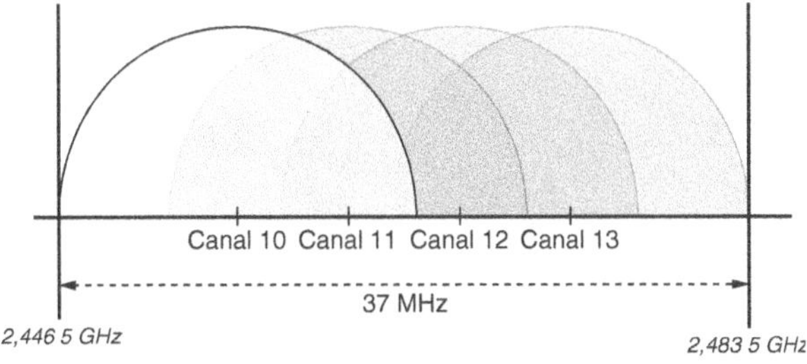

Figure 8.4
Les canaux de la bande 2,446 5-2,483 5 GHz

La bande U-NII de 802.11a à huit canaux ne connaît pas les mêmes contraintes que la bande ISM. Les canaux étant suffisamment espacés, il est possible d'avoir huit points d'accès 802.11a dans un même espace possédant chacun un canal différent, le tout sans risque d'interférence.

Choix de la topologie

La topologie est un élément important à considérer pour l'installation d'un réseau sans fil. Elle doit prendre en compte aussi bien les caractéristiques de l'environnement que le nombre d'utilisateurs à connecter.

La taille d'une cellule dépend de l'environnement où le point d'accès est placé. Les murs et les meubles, ainsi que les personnes qui se déplacent dans cet environnement, peuvent en faire varier la portée. Les schémas qui illustrent les réseaux sans fil, y compris ceux de ce livre, représentent le plus souvent les cellules sous la forme de cercles ou d'ovales parfaits. En réalité, la zone de couverture d'un point d'accès, ou cellule, n'a pas une forme parfaite, comme l'illustre la figure 8.5. Elle peut de surcroît évoluer avec le temps.

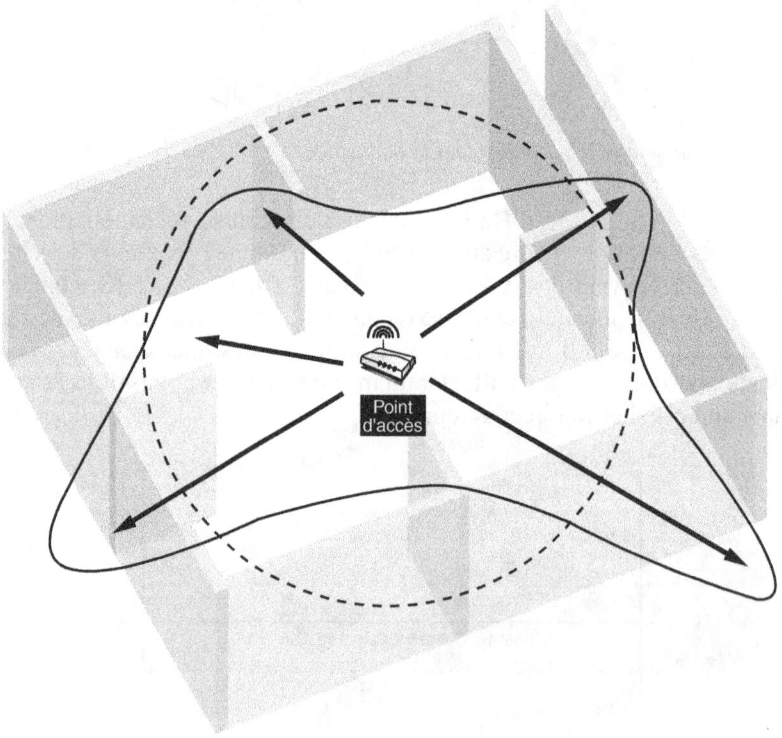

Figure 8.5

Zone de couverture d'un point d'accès

La qualité du signal radio d'un point d'accès diminue chaque fois que le signal franchit un obstacle, notamment les personnes, au facteur d'absorption beaucoup plus important que tout autre obstacle.

Le nombre d'utilisateurs à connecter est un autre facteur important à prendre en compte. À un même point d'accès peuvent être associées plus d'une centaine de stations. Pour des raisons évidentes d'efficacité, il vaut mieux n'affecter à un point d'accès qu'une trentaine voire une vingtaine de stations.

Suivant la zone de couverture de la cellule et le nombre d'utilisateurs du réseau, les topologies suivantes sont possibles :

- **Toutes les cellules du réseau sont disjointes.** Cette topologie, illustrée à la figure 8.6, se justifie en cas de faible nombre de canaux disponibles ou si l'on souhaite éviter toute interférence. Il est toutefois difficile de discerner si les cellules sont réellement disjointes, sauf lorsqu'elles sont relativement éloignées. La mobilité n'est pas possible dans ce type d'architecture.

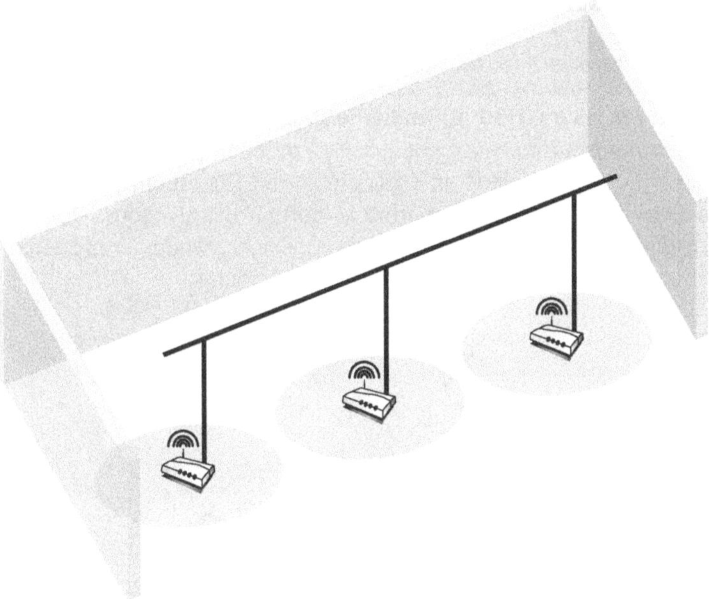

Figure 8.6
Topologie à cellules disjointes

- **Chaque cellule du réseau se recouvre.** Cette topologie, illustrée à la figure 8.7, est caractéristique des réseaux sans fil. Elle permet d'offrir un service de mobilité continue aux utilisateurs du réseau tout en exploitant au maximum l'espace disponible mais demande en contrepartie une bonne affectation des canaux afin d'éviter les interférences dans les zones de recouvrement. Cette topologie est à privilégier en cas de déploiement d'une solution de téléphonie IP Wi-Fi *(voir le chapitre 11).*

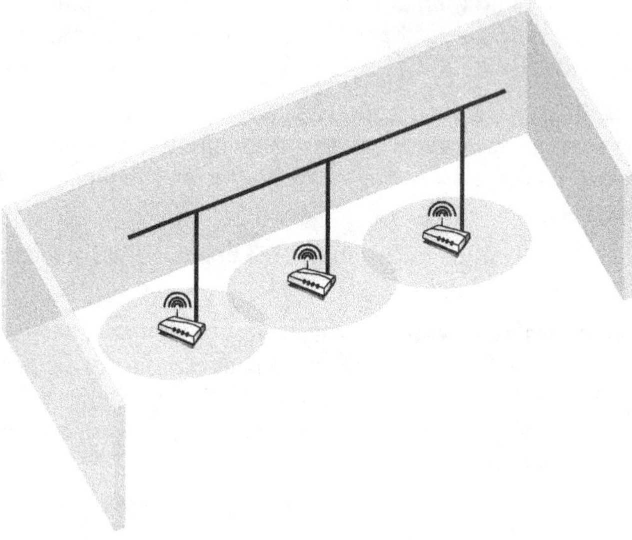

Figure 8.7
Topologie à cellules partiellement recouvertes

- **Les cellules se recouvrent mutuellement.** Dans cette topologie, illustrée à la figure 8.8, une bonne configuration des canaux est également nécessaire afin d'éviter les interférences. Elle permet, dans un espace restreint pratiquement à une cellule, de fournir la connectivité sans fil à un nombre important d'utilisateurs. C'est pourquoi elle est utilisée dans les salles de réunion ou lors des grandes conférences dans le but de fournir un accès sans fil fiable à tous les participants.

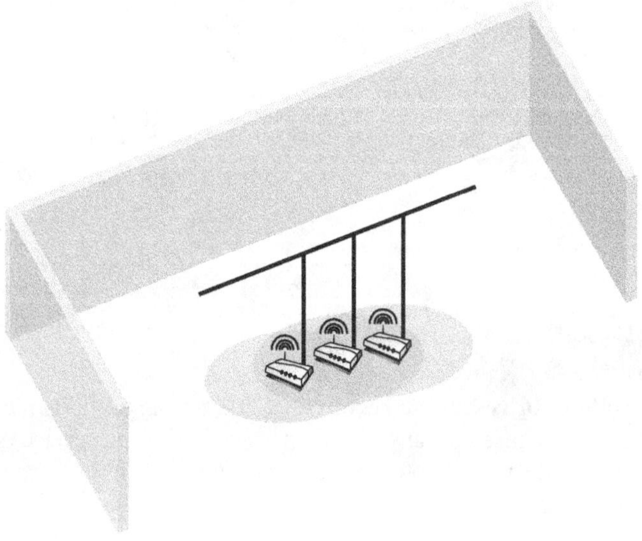

Figure 8.8
Topologie à cellules recouvertes

Le choix de l'une ou l'autre de ces topologies dépend, d'une part, du nombre de personnes à connecter et de leur situation géographique, et, d'autre part, du nombre de canaux de transmission disponibles, de la puissance des matériels Wi-Fi utilisés et du type d'application utilisé dans le réseau Wi-Fi.

Zone de couverture

La zone de couverture d'un réseau Wi-Fi varie selon l'environnement dans lequel ce dernier est installé. Dans un milieu fermé, tel que l'intérieur d'un bâtiment, les murs, meubles, cages d'ascenseur, portes ou même personnes sont autant d'obstacles à la transmission des ondes radio. En milieu extérieur, le caractère limitant des obstacles est moins prononcé.

Le premier facteur limitant est la puissance du signal émis. Plus cette dernière est faible, plus la zone de couverture est restreinte. Le deuxième facteur de limitation est la qualité du signal radio, qui diminue sur la distance mais aussi chaque fois que le signal rencontre des obstacles ou des interférences dans le réseau.

Un autre facteur limitant cette zone est le débit du réseau. Un réseau au débit de 54 Mbit/s a une zone de couverture plus petite qu'un réseau à 1, 2 ou 5 Mbit/s. Plus le débit est important, plus la zone de couverture est restreinte.

Dans un réseau Wi-Fi, la zone de couverture s'étend au-delà de la surface d'un étage pour atteindre les étages supérieurs et inférieurs. Cette zone n'est donc pas un simple cercle en 2D mais une forme 3D beaucoup plus complexe, comme illustré à la figure 8.9.

Figure 8.9
Zone de couverture d'un point d'accès Wi-Fi

En milieu intérieur

Si, compte tenu de la réglementation en vigueur, la mise en place des réseaux Wi-Fi se fait surtout en milieu intérieur, il n'en reste pas moins que ce milieu est loin d'être favorable à l'implantation de tels réseaux. En effet, la zone de couverture d'un réseau Wi-Fi en milieu fermé dépend, comme expliqué précédemment, de l'endroit dans lequel on se trouve, de l'architecture du bâtiment, de la composition des murs, des équipements utilisant la même bande, ainsi que de la puissance du signal.

Le tableau 8.1 donne la portée d'un réseau Wi-Fi 802.11b à l'intérieur des bâtiments en fonction du débit. Ces valeurs ne sont toutefois pas absolues et ne peuvent être considérées que comme base de réflexion lors de l'installation d'un réseau Wi-Fi, chaque environnement d'installation ayant des portées différentes.

Tableau 8.1 Portée d'un réseau Wi-Fi 802.11b en milieu intérieur

Débit (en Mbit/s)	Portée (en mètre)
11	50
5,5	75
2	100
1	150

Le tableau 8.2 donne la portée d'un réseau Wi-Fi 802.11g en intérieur. Comme pour 802.11b, plus le débit est important, plus la portée baisse mais de manière encore plus prononcée.

Tableau 8.2 Portée d'un réseau 802.11g en milieu intérieur

Débit (en Mbit/s)	Portée (en mètre)
54	10
48	17
36	25
24	30
18	40
12	50
9	60
6	70

En milieu extérieur

Même si 802.11g propose des débits assez conséquents, la portée associée à ces débits n'est pas très importante, si bien qu'il est préférable d'utiliser les débits définis par 802.11b en extérieur. L'utilisation de 802.11a est pour sa part interdite en extérieur en France.

Comme le montre le tableau 8.3, la portée d'un réseau 802.11b est bien supérieure en milieu extérieur qu'à l'intérieur des bâtiments. Cela vient du fait qu'il y a moins d'obstacles et que l'air favorise la transmission des ondes radio.

Tableau 8.3 Portée d'un réseau 802.11b à l'extérieur

Debit (Mbit/s)	Portée (en mètre)
11	200
5,5	300
2	400
1	500

Interférences

Le support de transmission de 802.11b et 802.11g est la bande des 2,4 GHz. Cette bande sans licence peut être soumise à des interférences pour de multiples raisons, notamment les suivantes :

- Présence de un ou plusieurs réseaux Wi-Fi 802.11b ou 802.11g ou 802.11 DSSS utilisant un canal proche ou le même canal.
- Présence d'un réseau Bluetooth, lequel partage la même bande des 2,4 GHz.
- Proximité de fours micro-ondes en fonctionnement.
- Présence de tout type d'appareil utilisant la bande des 2,4 GHz, tels les systèmes de vidéo-surveillance.
- Les ordinateurs utilisant un processeur dont la fréquence est de 2,4 GHz.

Avant l'installation du réseau Wi-Fi, il faut donc vérifier qu'il ne risque pas d'être soumis à de telles interférences. Il est possible d'effectuer un audit de site par l'intermédiaire d'un des outils décrits à la section suivante afin de vérifier la présence d'autres réseaux Wi-Fi dans l'environnement et de configurer correctement les canaux.

Comparé à la bande des 2,4 GHz, celle des 5 GHz utilisée par 802.11a est relativement préservée des interférences.

Les contraintes réseau

En plus des contraintes radio, un réseau Wi-Fi est soumis à des contraintes liées au standard lui-même. Ces dernières concernent le débit, qui ne correspond jamais à celui espéré, et la sécurité, toujours faillible dans un tel environnement.

Les débits

Les débits de 802.11b sont compris entre 1 et 11 Mbit/s. Le débit de 11 Mbit/s n'est qu'une valeur théorique, correspondant approximativement à 5 Mbit/s de débit utile, soit 0,625 Mo/s. Il en va de même pour 802.11a et 802.11g, qui offrent tous deux un débit théorique compris entre 6 et 54 Mbit/s pour un débit utile compris entre 4 et 20 Mbit/s.

Cette différence s'explique essentiellement par la taille des en-têtes des trames utilisées dans 802.11 ainsi que par l'utilisation d'un certain nombre de mécanismes qui permettent de fiabiliser la transmission dans un environnement radio. Une partie des données transmises sert au contrôle et à la gestion de la transmission afin de la fiabiliser. Seule une fraction du débit émis par la station ou le point d'accès correspond aux données que l'utilisateur a réellement transmises.

Calcul du débit utile

Le débit utile est par définition le débit des données transmises à un niveau *n* de la couche OSI. Les débits utiles de niveau 1, 2, 3, etc., correspondent aux débits des données respectifs de ces niveaux, calculés en fonction de l'overhead utilisé pour la gestion et l'envoi de la transmission.

Le standard 802.11, duquel est issu Wi-Fi, définit une couche physique et une couche liaison de données correspondant aux deux premiers niveaux de la couche OSI.

Les débits annoncés par les différents standards, 802.11b, 802.11a et 802.11g, correspondent à la vitesse de transmission sur l'interface air et non à des débits réels. Comme nous l'avons vu chapitre 5, les données envoyées sur cette interface air correspondent à une trame physique, ou PLCP-PDU. Cette trame est constituée d'un en-tête PLCP, composé de deux champs et de données issues de la couche MAC. Comme illustré à la figure 8.10, chaque partie de la PLCP-PDU est envoyée à des vitesses différentes.

L'en-tête PCLP-PDU comporte deux champs, le préambule PLCP et l'en-tête PLCP. Deux types de préambules sont définis, un long (192 bits) et un court (132 bits). Un préambule long permet de fiabiliser la connexion au réseau et donc les transmissions. L'en-tête PLCP-PDU est transmis à 1 Mbit/s dans le cas du préambule long. Pour un préambule court, le préambule PLCP est transmis à 1 Mbit/s et l'en-tête PLCP à 2 Mbit/s, comme l'illustre la figure 8.10.

Le troisième champ de la PLCP-PDU correspond à la trame MAC elle-même. Cette dernière est envoyée à des débits pouvant aller de 1 à 2, 5,5 ou 11 Mbit/s pour ce qui concerne 802.11b. Le mécanisme de variation de débit de Wi-Fi lui permet en effet de transmettre à des débits différents en fonction des caractéristiques de l'environnement radio.

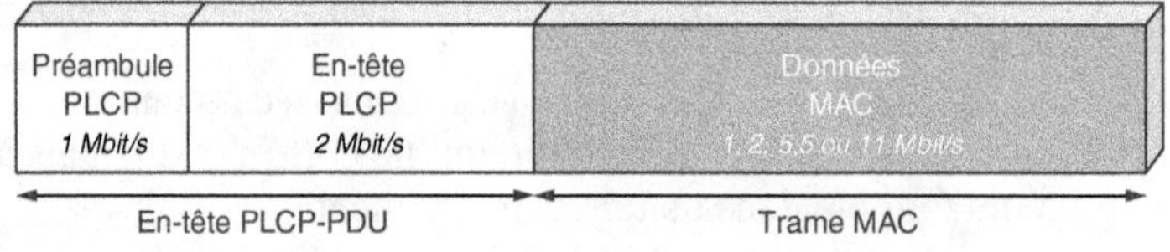

Figure 8.10
Structure d'une PLCP-PDU

Afin de calculer le débit utile de niveau 2, il faut connaître le temps de transfert, qui est égal au temps de propagation augmenté du temps de transmission. Comme l'interface air est utilisée comme support de transmission, nous pouvons considérer que le temps de propagation est nul étant donné qu'il est équivalent à la vitesse de la lumière. Le temps de transmission (Tt) correspond au temps nécessaire pour envoyer les données.

Par définition, le débit utile (Du) de niveau 2 correspond aux données utiles transmises divisées par le temps de transmission global, soit :

$$\text{Du} = \frac{\text{Données}}{\text{Tt}}$$

Considérons un réseau 802.11b dont les trames utilisent un préambule court et où la vitesse de transmission est de 11 Mbit/s pour toutes les stations. Nous allons calculer le débit utile (Du_1) d'une PLCP-PDU lors de l'envoi de données d'une taille de 1 500 octets. La taille des données utiles étant connue, reste à calculer le temps de transmission, qui équivaut à la somme du temps de transmission de l'en-tête PLCP-PDU et de celui des données MAC.

Les données de la trame MAC comportent un en-tête sur 34 octets. Leur taille est donc de 1 534 octets. Leur temps de transmission (Tt_{MAC}) est fourni par la formule :

$$Tt_{MAC} = \frac{1\,534 \text{ octets} \times 8 \text{ bits/octet}}{11 \text{ Mbit/s}} \approx 0{,}001\,115 \text{ s}$$

L'en-tête PLCP-PDU, dont la taille est de 120 bits (72 pour le préambule PLCP et 48 pour l'en-tête PLCP), est envoyé respectivement à 1 et 2 Mbit/s. Son temps de transmission ($Tt_{PLCP\text{-}PDU}$) est donc de :

$$Tt_{PLCP\text{-}PDU} = \frac{72 \text{ bits}}{1 \text{ Mbit/s}} + \frac{48 \text{ bits}}{2 \text{ Mbit/s}} \approx 96\ \mu\text{s}$$

Le temps de transmission total (Tt_1) équivaut donc à :

$$Tt_1 = Tt_{MAC} + Tt_{PLCP\text{-}PDU} \approx 0{,}001\,211 \text{ s}$$

Le débit utile équivaut à la taille des informations transmises, soit 1 500 octets (12 000 bits), divisée par le temps de transmission, soit 1,211 ms, ce qui correspond à 9,9 Mbit/s :

$$Du_1 = \frac{1\,500 \text{ octets} \times 8 \text{ bits/octet}}{Tt_1} \approx 9{,}9 \text{ Mbit/s}$$

Dans le cas où l'on utilise un préambule long, le débit utile associé est de 9,1 Mbit/s. Le gain est donc relativement faible.

Cependant, ce débit ne correspond pas à la réalité. Dans Wi-Fi, l'envoi de données doit respecter certaines règles liées à la méthode d'accès CSMA/CA (Carrier Sense Multiple Access/Collision Avoidance). Cette dernière s'appuie sur un certain nombre de mécanismes, décrits en détail au chapitre 2, qui engendrent un overhead assez important.

Dans le cas idéal où une seule station transmet sur le support, lorsque la station transmet des données, elle écoute le support. Si celui-ci est libre, elle retarde sa transmission en attendant un temps DIFS. À l'expiration du DIFS, et si le support est toujours libre, elle transmet ses données. Une fois la transmission des données terminée, la station attend un temps SIFS pour savoir si ses données ont été acquittées. Comme illustré à la figure 8.11, l'overhead minimal engendré par les transmissions des temporisateurs DIFS et SIFS, de l'ACK et des en-têtes est loin d'être négligeable.

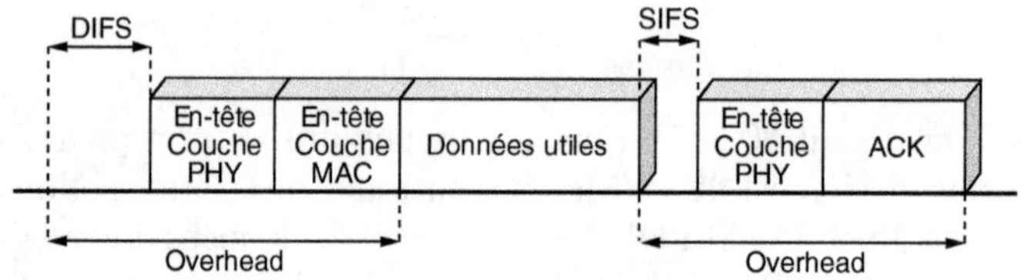

Figure 8.11
Overhead minimal lors d'une transmission de données

Nous allons calculer le débit utile associé à ce cas idéal (Du_2). Comme dans l'exemple précédent, nous prenons en compte l'utilisation de préambule court pour des données de 1 500 octets transmises à une vitesse de 11 Mbit/s.

D'après nos calculs précédents, le temps de transmission des données correspond à Tt_1, soit :

$$Tt_{Données} = \frac{1\,534 \text{ octets} \times 8 \text{ bits/octet}}{11 \text{ Mbit/s}} + 96\ \mu s \approx 0{,}001\,211 \text{ s}$$

La trame ACK ayant une taille de 14 octets, soit 112 bits, son temps de transmission est de :

$$Tt_{ACK} = \frac{1\,534 \text{ octets} \times 8 \text{ bits/octet}}{11 \text{ Mbit/s}} + 96\ \mu s \approx 0{,}000\,106\,2 \text{ s}$$

Le DIFS et le SIFS sont des temporisateurs à valeur fixe définis dans le standard. Cette valeur varie d'un standard à un autre. Pour 802.11b, le DIFS est de 50 µs et le SIFS de 10 µs.

Le temps de transmission global est donc de :

$$Tt_2 = DIFS + Tt_{Données} + SIFS + Tt_{ACK} \approx 0{,}001\,377 \text{ s}$$

Le débit utile de notre cas idéal est donc le suivant :

$$Du_2 = \frac{1\,500 \text{ octets} \times 8 \text{ bits/octet}}{Tt_2} \approx 8{,}7 \text{ Mbit/s}$$

Pour un préambule long, le même calcul aurait donné un débit utile de 7,6 Mbit/s, soit une différence plus prononcée que dans le calcul précédent. On voit ainsi que plus l'overhead est important, plus le débit utile diminue. Étant donné qu'une seule station transmet sur le support, ce débit correspond au débit maximal utile.

Tout se complique lorsque le réseau est composé de plus de deux stations qui essaient simultanément de transmettre sur le support. Lorsqu'une station entend que le support est occupé après avoir essayé d'accéder au support ou après avoir attendu un DIFS, elle retarde sa transmission. Elle arme pour cela un temporisateur, calculé au moyen de l'algorithme de back-off.

Le temps d'attente supplémentaire et le temporisateur de back-off aléatoire augmentent évidemment l'overhead, comme l'illustre la figure 8.12.

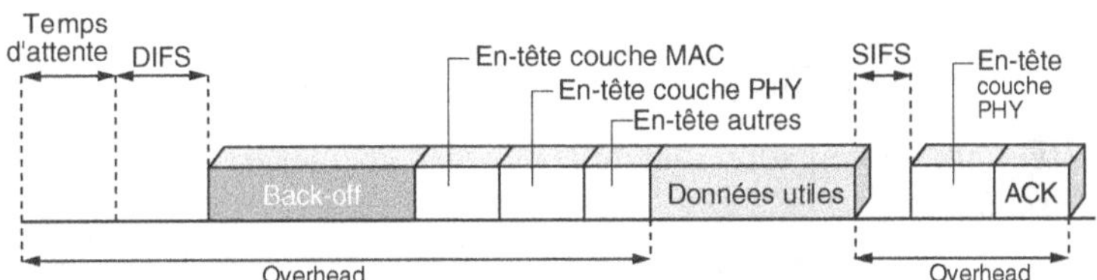

Figure 8.12
Overhead maximal lors d'une transmission de données

Le temps de transmission (Tt_3) devient :

$$Tt_3 = T_{attente} + DIFS + T_{Backoff} + Tt_{Données} + SIFS + Tt_{ACK}$$

Le temps d'attente et le temporisateur de back-off n'étant pas fixes, il est difficile d'en déterminer les valeurs. On peut toutefois considérer que la somme du temps d'attente et du temps de back-off équivalent généralement au temps de transmission du cas idéal. Le temporisateur de back-off peut être considéré comme nul par rapport au temps d'attente. Quant à ce dernier, il correspond au temps de transmission d'une autre station.

Le débit utile équivaut donc à :

$$Du_3 = \frac{Données}{Tt_3} = \frac{Données}{Tt_{attente} + Tt_{Backoff} + Tt_1}$$

et s'écrit :

$$Du_3 = \frac{Données}{2\ Tt_1} \approx \frac{Du_2}{2}$$

Lorsque le réseau est composé de deux stations, le débit utile de chaque station est à peu près égal au débit maximal utile divisé par le nombre de stations composant le réseau. On peut généraliser cette formule pour un réseau Wi-Fi composé de *n* stations émettant à la même vitesse.

Le débit utile pour chaque station équivaut à :

$$Du_3 \approx \frac{Du_2}{n}$$

Comme expliqué précédemment, ces calculs correspondent aux cas les plus simples, dans lesquels ne sont pas pris en compte les mécanismes optionnels proposés par 802.11, lesquels ajoutent un overhead plus ou moins important.

Ces mécanismes sont les suivants :

- **Réservation RTS/CTS.** Les trames RTS/CTS sont transmises à une vitesse de 1 Mbit/s afin que toutes les stations du réseau puissent les recevoir. Cette transmission nécessite deux SIFS supplémentaires.
- **Fragmentation.** Les données sont fragmentées, et chaque fragment est acquitté. Il y a autant de SIFS et d'acquittements que de fragments.
- **Économie d'énergie.** Chaque station en mode veille retarde sa transmission de données.
- **Sécurité.** L'implémentation logicielle des mécanismes de chiffrement peut retarder les transmissions.

De surcroît, nos calculs précédents n'ont pris en compte que le débit utile de niveau 2. Or les données de la trame MAC correspondent à une trame LLC, avec un en-tête sur 4 octets, qui contient un paquet IP, avec un en-tête sur 20 octets. Le paquet IP comporte lui-même un segment TCP, avec un en-tête sur 24 octets, contenant les données de l'utilisateur. On a au total 48 octets d'overhead supplémentaires. Nous n'avons pas non plus pris en compte le traitement des données dans les couches supérieures, 3 et 4, qui engendre également de l'overhead.

En conclusion, on peut dire qu'un réseau Wi-Fi n'atteint jamais la capacité annoncée sur le support physique. Si l'information est émise à la vitesse de 11 Mbit/s, le nombre de bits utiles pour l'utilisateur ne représente qu'approximativement la moitié de la capacité brute de l'interface radio, soit en moyenne 5 Mbit/s (625 Ko/s) dans notre exemple.

Le débit utile de Wi-Fi

Après avoir calculé à la section précédente les débits utiles de niveau 2 de Wi-Fi, nous allons monter à un niveau supérieur. Nous utiliserons pour cela le générateur de trafic Iperf, disponible à l'adresse *http://dast.nlanr.net/Projects/Iperf/.*

Iperf permet de générer tout type de trafic entre un client et un serveur. Pour notre test, illustré à la figure 8.13, nous utilisons les éléments suivants :

- deux ordinateurs portables DELL Lattitude C600 fonctionnant sous Windows XP SP1 ;
- point d'accès Linksys WRT54G 802.11g ;
- point d'accès Proxim 802.11a ;
- carte PCMCIA Linksys WT54G 802.11g ;
- carte PCMCIA Proxim Harmony 802.11a ;
- câble croisé de catégorie 5 d'une longueur de 5 m.

Le client (192.168.1.100), le serveur (192.168.1.110) et le point d'accès (192.168.1.120) doivent être configurés de manière à avoir la même adresse réseau, faute de quoi aucune communication n'est possible.

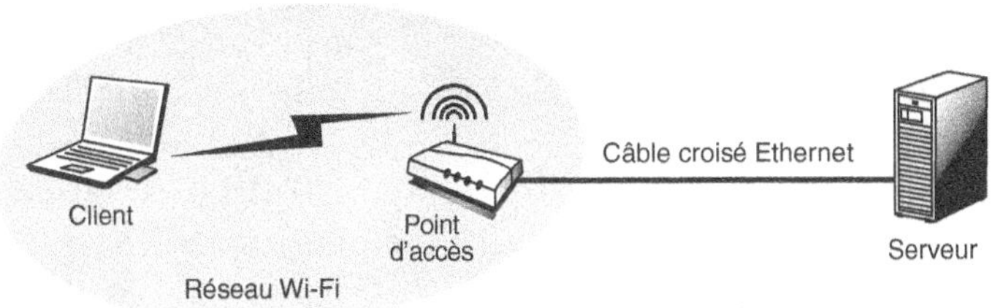

Figure 8.13
Configuration de test

Le test consiste à générer un trafic TCP de 100 Mo et à vérifier le débit utile associé en fonction du réseau traversé ou des mécanismes utilisés. Chaque valeur correspond à la moyenne de trois tests afin d'en garantir la fiabilité en excluant toute oscillation trop importante.

Au niveau du serveur, il suffit de saisir dans une fenêtre MS-DOS **iperf –s** pour initier le serveur. Côté client, la saisie de **iperf –c 192.168.1.110 –n 100000000** dans une fenêtre MS-DOS initie la transmission TCP de 100 Mo.

Avant de commencer ce test, comparons les débits utiles des différents réseaux locaux existants tels que récapitulés au tableau 8.4.

Tableau 8.4 Débit utile en fonction du débit théorique et des mécanismes utilisés

Standard	Débit utile (Mbit/s)
Ethernet 10	8,08
Ethernet 100	90,06
802.11 (2 Mbit/s)	1,6
802.11b (11 Mbit/s)	6,56
802.11a (54 Mbit/s)	20,6
802.11g (54 Mbit/s)	22,6

Comparé à la vitesse de transmission sur le support, le débit utile est beaucoup plus important dans Ethernet que dans Wi-Fi, d'autant plus que, dans le cas de Wi-Fi, nous nous plaçons dans le cas idéal où une seule station est connectée au point d'accès et aucun mécanisme optionnel n'est utilisé.

L'outil de configuration fourni avec la carte Linksys ne permet pas de configurer tous les mécanismes définis dans Wi-Fi, comme la réservation du support, la fragmentation ou encore le mécanisme d'économie d'énergie. Comme expliqué au chapitre 9, il est possible d'accéder à une configuration plus fine grâce aux propriétés des drivers de la carte. Il suffit pour cela de double-cliquer sur l'icône correspondant à la carte Linksys dans la barre des tâches puis de cliquer sur le bouton Propriétés pour afficher une nouvelle fenêtre. En cliquant sur Configurer et en choisissant l'onglet Avancé, nous accédons à l'écran illustré à la figure 8.14.

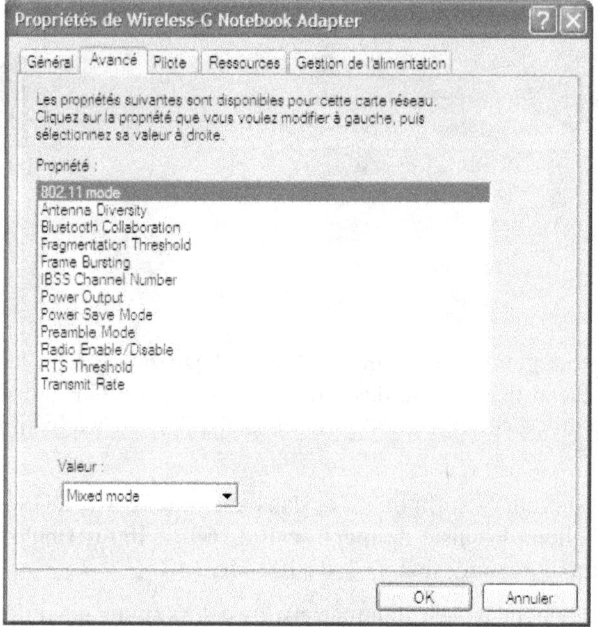

Figure 8.14

Configuration de la carte Linksys

Nous disposons désormais de la plupart des éléments qui vont nous permettre d'effectuer les tests.

Les tableaux 8.5 et 8.6 montrent les différences entre débit théorique et débit utile en fonction des mécanismes définis pour 802.11g et 802.11b.

Tableau 8.5 Débits réels en Mbit/s dans 802.11g

Débit théorique	Sans mécanisme	WEP (64 bits)	WEP (128 bits)	Fragmentation (500 octets)	Réservation (500 octets)	Économie d'énergie
54	22,6	22,3	22,3	14,5	19,2	11,9
48	22	21,13	21,5	14,1	17,53	11,76
36	18	17,53	18	12,66	15,36	10,8
24	14	13,9	13,63	10,2	13	9,5
12	8,08	8,05	7,84	6,67	7,75	6,6
9	6,37	6,2	6,22	5,35	5,89	5,11
6	4,44	4,44	4,43	3,83	4,38	3,78

Pour effectuer les tests en 802.11b, nous avons utilisé la carte Linksys 802.11g, qui supporte bien évidemment ce standard.

Tableau 8.6 Débits réels en Mbit/s dans 802.11b

Débit théorique	Sans mécanisme	WEP (64 bits)	WEP (128 bits)	Fragmentation (500 octets)	Réservation (500 octets)	Économie d'énergie
11	6,56	6,54	6,56	4,77	5,6	3,29
5,5	3,85	3,81	3,82	3,1	3,54	2,1
2	1,6	1,58	1,57	1,36	1,42	0,935
1	0,795	0,786	0,749	0,704	0,768	0,482

Comme, le montrent ces tableaux, l'utilisation des mécanismes optionnels de Wi-Fi en fait chuter le débit utile, notamment le mécanisme d'économie d'énergie. L'utilisation du WEP, en revanche, n'a aucun effet sur le débit.

Comparée aux autres cartes 802.11b, la carte Linksys propose un débit plus élevé, notamment pour un débit théorique de 11 Mbit/s. Les autres cartes atteignent généralement à peine 5 Mbit/s en utile alors que la Linksys est à 6,56 Mbit/s.

Variation du débit

Dans un réseau Wi-Fi, les contraintes liées à l'interface radio peuvent entraîner une variation du débit offert par le réseau. Comme expliqué précédemment, des interférences avec d'autres équipements émettant dans la même bande, tels que Bluetooth, les fours micro-ondes ou un autre réseau Wi-Fi dont le canal est proche de celui que l'on utilise, sont autant d'exemples qui peuvent entraîner des variations de débit.

La variation du débit de Wi-Fi s'effectue automatiquement dès que surviennent des interférences dans l'environnement ou qu'une station du réseau s'éloigne trop du point d'accès. Ce mécanisme est transparent aux yeux des utilisateurs. Le débit de 802.11b passe ainsi de 11 Mbit/s à 5,5 puis 2, voire 1 Mbit/s lorsque l'environnement est fortement dégradé ou qu'une station se trouve très loin du point d'accès.

La variation automatique du débit permet de donner à n'importe quelle station du réseau un débit différent. La station située près du point d'accès a un débit de 11 Mbit/s, alors que celle qui se trouve en périphérie de la zone de couverture voit son débit chuter à 1 Mbit/s.

> **Valeurs seuils**
>
> Le mécanisme de variation du débit de Wi-Fi utilise certaines valeurs seuils en fonction du signal pour basculer d'un débit à un autre. Ces valeurs seuils peuvent varier d'une carte à une autre, certaines fonctionnant à 11 Mbit/s et d'autres à 5,5 Mbit/s.

Bien que ce mécanisme semble être assez intéressant, son utilisation provoque un effet secondaire qui entraîne une forte baisse du débit. Lorsque le réseau est composé de plusieurs stations, nous avons vu que le débit de chaque station correspondait au débit maximal utile divisé par le nombre de station. Or nous avons considéré que le temps d'attente était égal au temps de transmission d'une station donnée en considérant que la vitesse des transmissions était égale pour toutes les stations.

Dans les cas où les vitesses ne sont pas égales pour toutes les stations, le temps d'attente est prolongé. De ce fait, le débit global du réseau baisse fortement. Si une station du réseau émet à une vitesse de 1 Mbit/s, son temps de transmission est 11 fois supérieur à celui d'une station émettant à 11 Mbit/s. Cette station doit donc attendre 11 fois plus longtemps avant de transmettre ses données. Son débit utile moyen tend vers 1 Mbit/s.

D'une manière générale, si un réseau Wi-Fi ne bloque pas l'utilisation du mécanisme de réservation, le débit d'une station de ce réseau correspond au débit maximal utile de la station ayant la plus faible vitesse de transmission divisé par le nombre de stations du réseau.

La sécurité

Comme expliqué au chapitre 4, la faible sécurité des réseaux Wi-Fi est le principal grief retenu contre eux. Il est vrai que le WEP est un mécanisme de sécurité peu fiable, que de nombreux outils peuvent casser, notamment les suivants :

- **Wepcrack** *(http://sourceforge.net/projects/wepcrack).* Comme Airsnort, ce logiciel libre permet de déchiffrer le WEP. Il est toutefois moins complet qu'Airsnort.
- **Airopeek** *(http://www.wildpackets.com/products/airopeek).* Ce logiciel payant (2 500 dollars) permet de vérifier la sécurité d'un réseau et par voie de conséquence de déchiffrer le WEP.
- **Sniffer Wireless** *(http://www.sniffer.com).* Ce logiciel payant (9 000 dollars) permet de vérifier la sécurité d'un réseau Wi-Fi.

Les deux derniers logiciels permettent de s'appuyer sur leurs fonctions d'écoute du réseau pour en vérifier la sécurité. On trouve beaucoup d'autres outils de ce type sur le Web permettant d'auditer et de tester la sécurité d'un réseau Wi-Fi en détectant les intrusions ou les points d'accès pirates, notamment ceux présentés dans les sections suivantes.

Netstumbler

Avant toute installation d'un réseau, il est essentiel de réaliser un audit du site et de vérifier s'il n'existe pas d'autres réseaux Wi-Fi susceptibles d'entrer en interférences. L'audit de site consiste précisément à savoir s'il existe d'autres réseaux Wi-Fi dans la zone de couverture du réseau audité.

Les logiciels de configuration des points d'accès permettent généralement de réaliser des tests de qualité du signal mais pas de présence d'autres réseaux Wi-Fi.

Netstumbler *(http://www.netstumbler.com)* est un logiciel gratuit, qui ne demande qu'une station, mobile ou fixe, possédant une carte Wi-Fi pour faire un audit de l'environnement radio et détecter la présence d'autres réseaux Wi-Fi tout en testant la sécurité du réseau audité. Cette détection ne peut se faire que si les autres réseaux Wi-Fi sont ouverts.

Les figures 8.15 et 8.16 illustrent les informations fournies par ce logiciel au sujet d'un réseau Wi-Fi en mode infrastructure ayant pour SSID AirPort et utilisant le canal 10 lorsque le WEP est utilisé. Ces informations portent sur les éléments suivants :

- adresse MAC du point d'accès ;
- nom du réseau, ou SSID ;
- nom du point d'accès ;

- canal de transmission utilisé par le point d'accès ;
- constructeur du point d'accès ;
- topologie du réseau, infrastructure (AP) ou ad-hoc ;
- mécanisme de chiffrement (WEP), activé ou désactivé ;
- qualité du signal radio (SNR, Signal, Bruit).

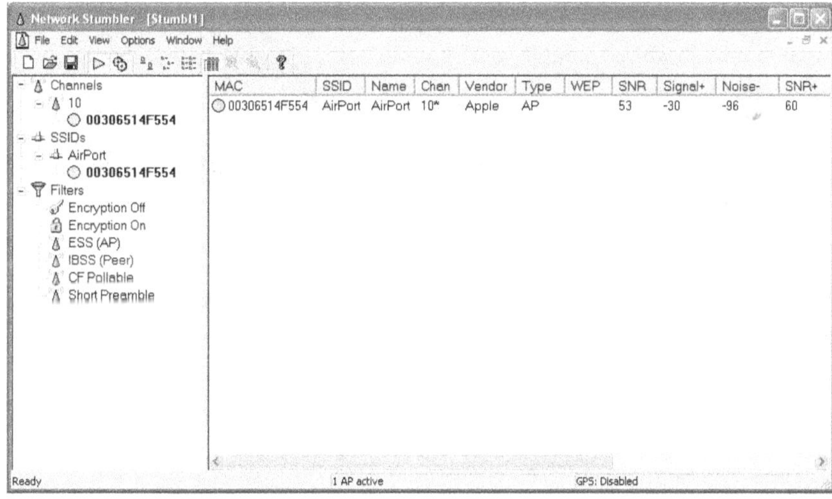

Figure 8.15

Interface du logiciel d'audit Netstumbler

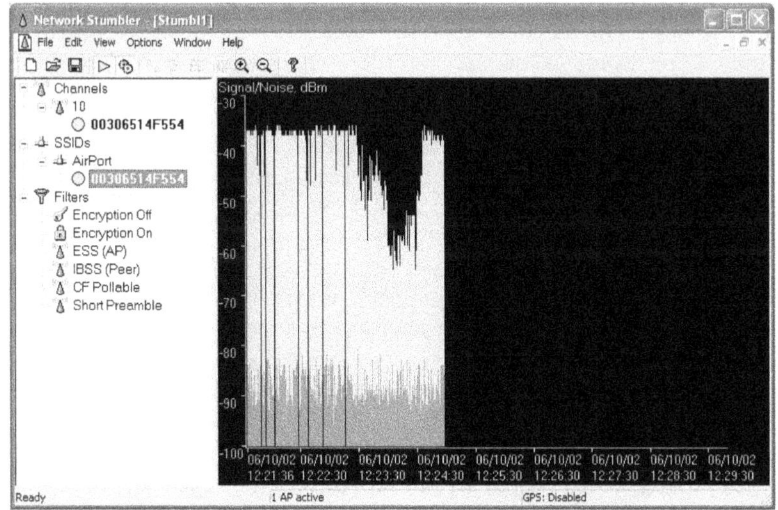

Figure 8.16

Audit du rapport signal sur bruit dans le logiciel Netstumbler

Le rapport signal sur bruit (Signal/Noise), calculé en décibel par milliwatt (dBm), permet de connaître l'état de l'environnement radio. Plus ce rapport est grand, plus le signal est fort, et mieux il est transmis.

Le signal est défini par la technique de transmission utilisée, tandis que le bruit est un élément toujours présent dans un environnement radio car lié à différents facteurs.

En cas d'interférences ou de présence d'obstacles ou encore si l'on s'éloigne du point d'accès, le signal diminue, de même que l'écart entre le bruit de l'environnement et le signal, entraînant une baisse du rapport signal sur bruit. Or plus le rapport signal sur bruit est faible, plus l'environnement radio est dégradé, entraînant des pertes de performances.

Le tableau 8.7 donne l'état du signal en fonction du rapport signal sur bruit.

Tableau 8.7 État du signal en fonction du rapport signal/bruit

Rapport signal/bruit (en dBm)	État du signal
50	Excellent
40	Très bon
30	Bon
20	Moyen
10	Faible

Airsnort

Cet utilitaire libre disponible à l'adresse *http://airsnort.shmoo.com/* fonctionne sous Linux et Windows. Il permet de récupérer la clé secrète partagée d'un réseau Wi-Fi sécurisé par le WEP en écoutant le réseau afin de récupérer entre 100 Mo et 1 Go de données pour en déduire la clé. Comme Airsnort capture toutes les données qui circulent sur le réseau, le déchiffrement peut prendre quelques jours, voire quelques semaines, selon la charge du réseau, jusqu'à ce que la quantité de données soit suffisante.

Son seul inconvénient est qu'un nombre limité de cartes Wi-Fi uniquement 802.11b peuvent être utilisées (Orinoco, Cisco Aironet ou carte Prism 2).

Kismet

Kismet est un programme libre disponible à l'adresse *http://www.kismetwireless.net/*. Fonctionnant uniquement sous Linux, il regroupe les fonctionnalités de Netstumbler et d'Airsnort. Il détecte les réseaux Wi-Fi présents dans l'environnement, qu'ils soient ouverts ou fermés, et permet de casser le WEP. Il incorpore notamment un outil de monitoring du réseau qui permet de sniffer toutes les trames qui y circulent. L'ensemble de ces outils en fait un programme performant aussi bien dans l'audit de site que pour tester la sécurité du réseau Wi-Fi en détectant les intrusions ou des points d'accès pirates.

Contrairement à Airsnort, il supporte plus d'une vingtaine de cartes Wi-Fi, essentiellement 802.11b.

9

Configuration

L'installation d'un réseau sans fil est assez simple. Il suffit de brancher un point d'accès à un réseau Ethernet ou à un modem (ADSL, câble ou RTC) en prenant en compte les contraintes évoquées au chapitre précédent. Au niveau du terminal, il suffit d'insérer la carte Wi-Fi ou d'activer l'interface intégrée.

Après l'installation du réseau, vient la configuration des terminaux et du ou des points d'accès. Nous détaillons dans ce chapitre la configuration du terminal et de la carte Wi-Fi et présentons les différentes fonctionnalités proposées par les points d'accès selon l'utilisation visée, domestique ou professionnelle.

La configuration du terminal passe par l'installation et la configuration logicielle de la carte Wi-Fi, que cette dernière soit externe (PCMCIA ou USB) ou interne (PCI, Mini-PCI, interface intégrée). L'installation de la carte diffère selon le système d'exploitation utilisé. Sa configuration, en revanche, est à peu près similaire d'un système à un autre car elle s'appuie sur les paramètres issus du standard 802.11.

Les sections qui suivent détaillent pas à pas les étapes de configuration du terminal pour trois systèmes d'exploitation différents, Windows, Pocket PC 2003 et Linux. Les deux topologies couvertes dans chaque cas sont le mode infrastructure, dans lequel la station se connecte à un point d'accès, et le mode ad-hoc, où la station communique directement avec d'autres stations, sans passer par un point d'accès.

Une fois la carte Wi-Fi configurée, le terminal n'est pas totalement prêt pour communiquer avec le réseau. Pour établir la communication, il est encore nécessaire de lui affecter des paramètres réseau corrects, tels que adresse IP, masque, etc.

Configuration d'un réseau Wi-Fi en mode infrastructure

Un réseau Wi-Fi en mode infrastructure est composé d'un point d'accès, auquel s'associent un certain nombre de stations. Le point d'accès est l'élément critique de ce type de réseau. Chaque station voulant s'y connecter doit être configurée de la même manière que lui. La configuration des stations correspond en réalité à celle de la carte Wi-Fi.

Avant de vous lancer dans la configuration de la carte, il vous faut télécharger la dernière version des drivers et de l'outil de configuration sur le site du constructeur, ceux fournis avec la carte risquant d'être dépassés. Le constructeur a pu également mettre à jour le firmware, ou logiciel, de la carte. Dans ce cas, il est impératif de récupérer le dernier firmware avant de commencer toute installation. Mieux vaut effectuer cette mise à jour logicielle depuis le site, généralement américain, du constructeur. En dépit de la contrainte de la langue, celui-ci offre les plus récentes mises à jour, ce qui est rarement le cas des sites relais français. Ajoutons que la plupart des outils de configuration actuels sont en anglais.

Les sections qui suivent décrivent la façon d'installer les drivers et de configurer une carte Wi-Fi sous Windows, Pocket PC 2003 et Linux.

Installation et configuration d'une carte Wi-Fi sous Windows XP

L'installation d'une carte Wi-Fi sous Windows commence par l'installation du driver, qui permet de reconnaître la carte sous Windows. Une fois la carte installée, il vous faut mettre a jour le firmware, ou logiciel, de la carte. Vient ensuite la phase de configuration, qui fait appel soit au logiciel de configuration fourni par le constructeur, soit à un outil de configuration inclus dans le système d'exploitation, ce qu'offre Windows XP, par exemple.

La version de Windows XP utilisée ici est celle intégrant le SP1 (Service Pack 1), qui constitue un ensemble de correctifs pour Windows XP. Le SP1 est téléchargeable à la section Windows du site de Microsoft, à l'adresse *http://www.microsoft.com/france/download/packs.asp*. Il existe aussi un second SP1, appelé SP1a, dont la seule différence avec l'autre est qu'il ne comporte pas de machine virtuelle Java.

Pour connaître votre version de Windows XP, il vous suffit, par clic droit, d'accéder aux propriétés du Poste de travail situé sur le Bureau. Si, à la section Système, la mention Service Pack 1 est présente, c'est que le système d'exploitation est à jour. Dans le cas contraire, il est recommandé d'installer le SP1 ou le SP1a.

Installation logicielle

Le driver d'une carte peut se présenter de deux façons :

- Sous la forme d'un exécutable, **setup.exe** par exemple, qu'il suffit d'exécuter.
- Sous la forme d'un fichier compacté, qu'il faut préalablement décompresser dans un répertoire temporaire ou préexistant avant d'installer les drivers de façon manuelle.

Sous Windows 98, Me, NT, 2000 ou XP, la carte Wi-Fi une fois insérée est automatiquement détectée par le système d'exploitation. Comme expliqué précédemment, il faut toutefois impérativement installer le dernier driver.

Sous Windows XP, la plupart des cartes Wi-Fi 802.11b sont reconnues, ce qui n'est pas le cas des cartes 802.11a et 802.11g. Si la carte n'est pas détectée ou qu'elle elle ne fonctionne pas correctement ou encore si un nouveau driver est disponible, apportant des améliorations ou des corrections, son installation s'impose.

Nous avons retenu dans cette section la carte PCMCIA 802.11g de Linksys illustrée à la figure 9.1. Appelée Wireless-G Notebook Adapter, cette carte n'est pas labellisée Wi-Fi. La présence du sigle 54g indique toutefois qu'il s'agit d'une carte 802.11g au débit maximal de 54 Mbit/s. La procédure d'installation et de configuration décrite ci-après est sensiblement la même pour toutes les cartes.

Figure 9.1
Carte PCMCIA Wireless-G Notebook Adapter de Linksys

Si l'équipement est récent, la manière la plus simple d'installer le programme du constructeur est d'insérer le CD-ROM fourni avec la carte. La procédure d'installation est alors lancée automatiquement. Si l'équipement est plus ancien, il est préférable de ne pas installer le driver fourni et de télécharger un driver à jour depuis le site du constructeur.

Tous les constructeurs proposent sur leurs sites Web un support pour leurs équipements sous forme de documentation, d'outils de configuration, de firmware, d'aide en ligne et parfois même d'aide technique. Tous ces éléments sont disponibles soit dans une rubrique support, soit dans la description de l'équipement.

Pour la carte qui nous intéresse ici, il suffit de se connecter au site de Linksys *(www.linksys.com)* et d'accéder aux rubriques Support puis Download pour télécharger le driver. La référence est indiquée au dos : Model No WPCG54. Une fois choisi le système d'exploitation, Windows XP dans notre cas, une page propose drivers, documentation, firmware et guide d'installation rapide. La procédure de téléchargement des drivers s'initie par la récupération du fichier **wpc54g_driver_utility_v1.3.zip.**

Si le driver est fourni sous forme d'exécutable au format **.exe,** la procédure d'installation se lance par double-clic. Un répertoire d'installation est alors demandé. S'il s'agit d'un fichier compressé, il faut d'abord l'ouvrir par double-clic en indiquant un répertoire pour stocker l'archive décompressée. Il peut arriver qu'en plus de l'exécutable du driver le fichier contienne l'outil de configuration de la carte.

Dans notre cas, il s'agit d'un fichier compressé, qu'il faut décompresser par le biais de logiciels gratuits tels que WinZip *(www.winzip.com)* ou WinRAR *(www.rarlab.com).* Avec WinRAR, il suffit de double-cliquer sur le fichier puis de cliquer sur l'icône Extract to et de spécifier un répertoire de destination, comme illustré à la figure 9.2.

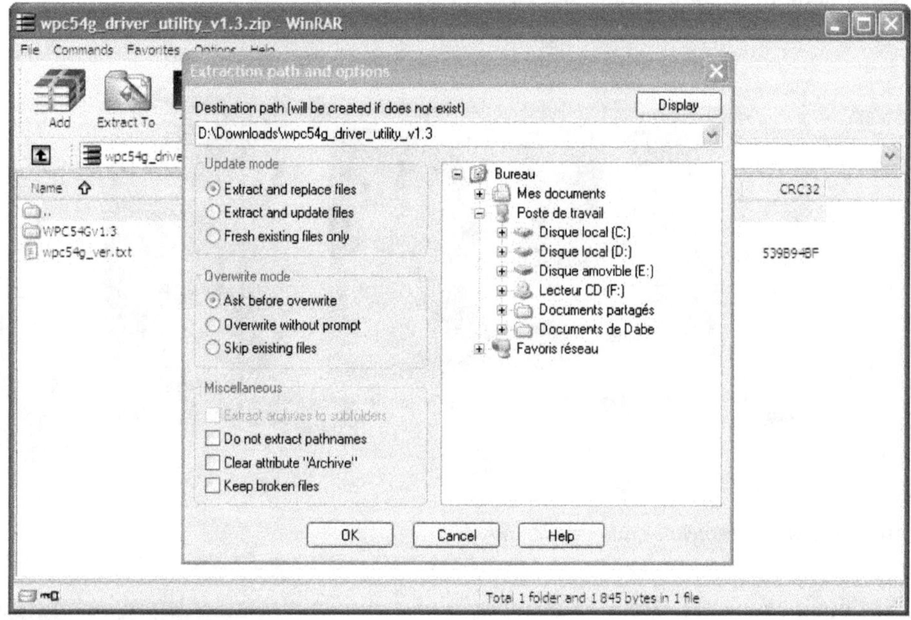

Figure 9.2
Décompression du fichier exécutable du driver

La décompression du fichier donne accès aux dossiers illustrés à la figure 9.3.

Figure 9.3
Arborescence de dossiers du fichier du constructeur

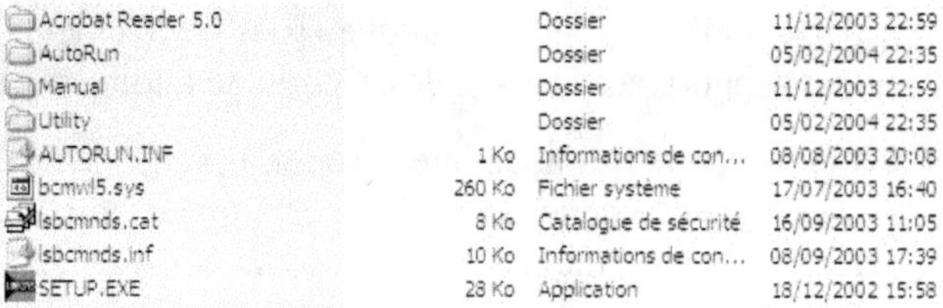

Acrobat Reader 5.0		Dossier	11/12/2003 22:59
AutoRun		Dossier	05/02/2004 22:35
Manual		Dossier	11/12/2003 22:59
Utility		Dossier	05/02/2004 22:35
AUTORUN.INF	1 Ko	Informations de con...	08/08/2003 20:08
bcmwl5.sys	260 Ko	Fichier système	17/07/2003 16:40
lsbcmnds.cat	8 Ko	Catalogue de sécurité	16/09/2003 11:05
lsbcmnds.inf	10 Ko	Informations de con...	08/09/2003 17:39
SETUP.EXE	28 Ko	Application	18/12/2002 15:58

La présence du fichier **setup.exe** signifie qu'il est possible d'installer non seulement le driver mais aussi l'outil de configuration *(voir figure 9.4)*. Si vous ne souhaitez pas installer l'outil de configuration, il vous suffit d'installer, par le biais du fichier **lsbcmnds.inf,** les drivers de la carte.

Figure 9.4
Logiciel d'installation de Linksys

Toute installation d'utilitaire demande l'acceptation du contrat de licence illustré à la figure 9.5, sous peine de stopper l'installation.

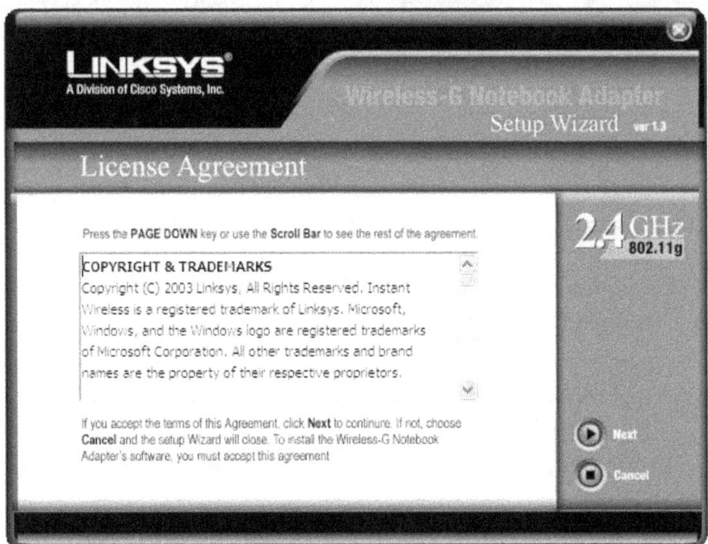

Figure 9.5
Contrat de licence

Une fois le contrat accepté, l'utilitaire demande vers quel type de réseau le terminal doit se connecter *(voir figure 9.6).* L'alternative proposée est entre les modes infrastructure (réseau composé de un ou plusieurs points d'accès qui gèrent les communications) et ad-hoc (réseau composé de stations qui communiquent entre elles).

Dans les deux cas, le SSID, ou nom du réseau auquel vous souhaitez vous connecter, doit être spécifié. Par défaut, le SSID est **linksys.** S'il existe déjà un réseau Wi-Fi, spécifiez le SSID de ce réseau. Dans le cas contraire, autant laisser **linksys** et procéder ultérieurement à la configuration de la carte à l'aide de l'outil de configuration.

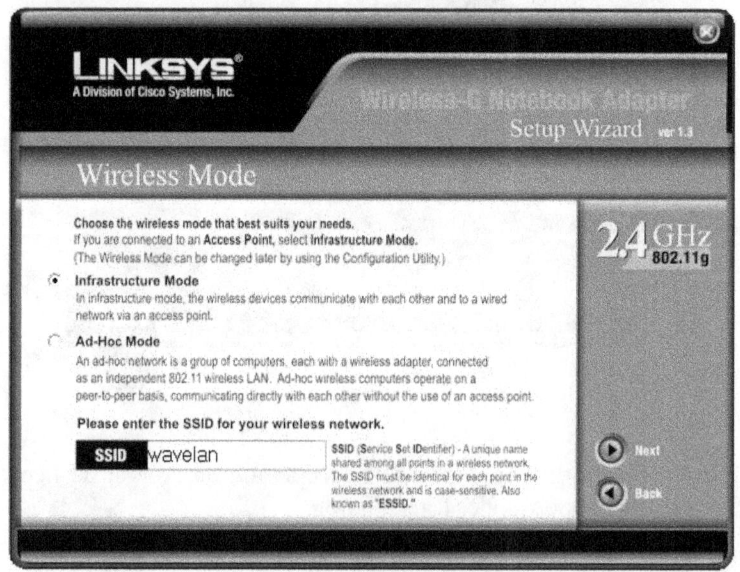

Figure 9.6
Configuration du mode de connexion

Pour le mode ad-hoc, spécifiez le canal de transmission (compris entre 1 et 11) ainsi que le mode de connexion. Deux choix sont offerts : Mixed Mode ou G-Only Mode. Le premier correspond à un réseau ad-hoc comprenant des stations en mode ad-hoc 802.11b à 11 Mbit/s et 802.11g à 54 Mbit/s qui communiquent entre elles. G-Only Mode définit un mode où la station ne peut se connecter qu'avec des stations en mode ad-hoc 802.11g. Ces choix sont illustrés à la figure 9.7.

Une fois le type de réseau choisi, le logiciel affiche les choix de l'utilisateur *(voir figure 9.8),* qui permettent de spécifier le mode de connexion (ici infrastructure), le SSID (wavelan) et le canal de transmission (6 est la valeur par défaut des équipements Wi-Fi Linksys). Pendant toute la procédure d'installation, l'utilisateur peut revenir sur ses choix en cliquant sur Back.

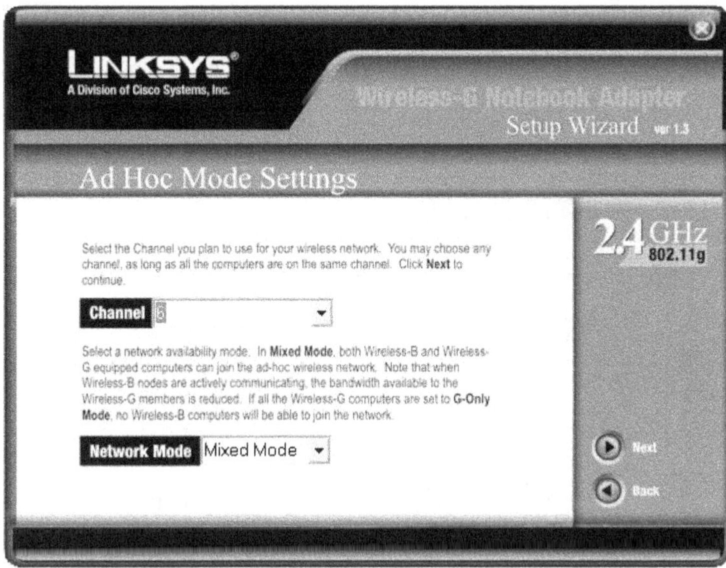

Figure 9.7

Configuration du mode ad-hoc

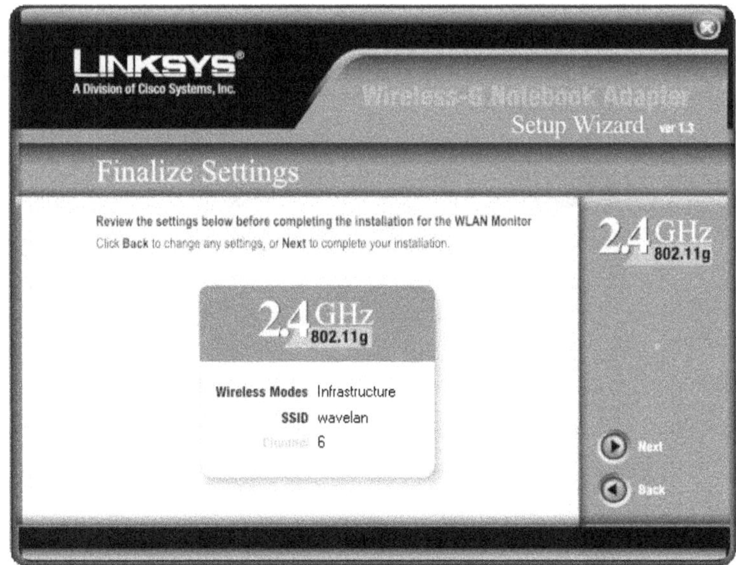

Figure 9.8

Confirmation des choix utilisateur

Après confirmation de vos choix, la fenêtre illustrée à la figure 9.9 confirme l'installation réussie de la suite logicielle de Linksys.

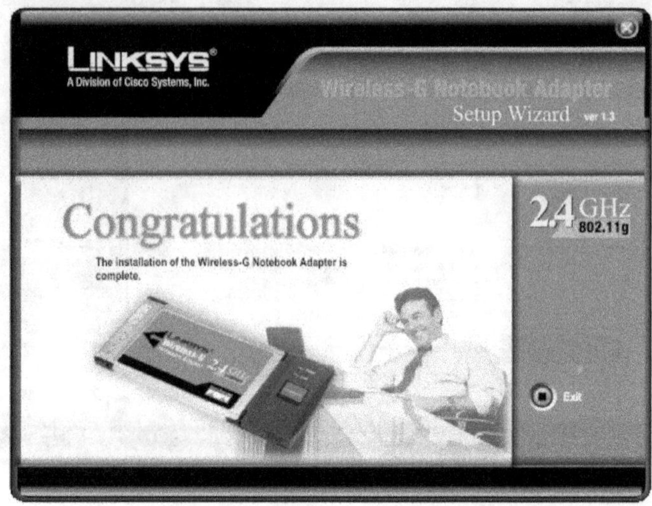

Figure 9.9
Installation réussie de la suite Linksys

Une fois le processus d'installation terminé, le logiciel demande le redémarrage de la machine *(voir figure 9.10)*. Même si le redémarrage n'est pas toujours de réelle utilité, il est recommandé de l'effectuer.

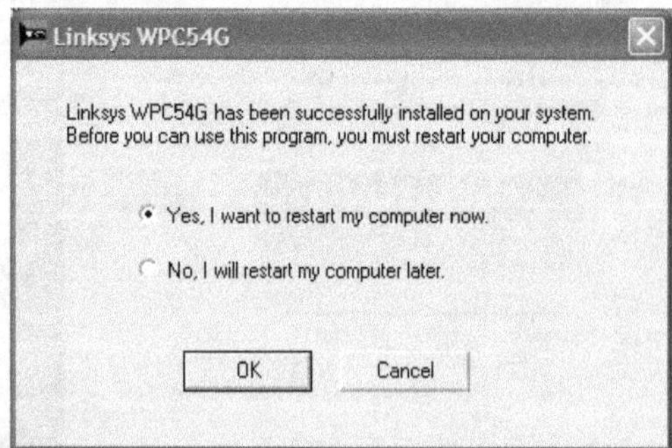

Figure 9.10
Demande de redémarrage

Installation des drivers

Le processus de configuration décrit ci-dessous correspond à Windows XP SP1. À quelques détails près, il est le même pour les autres versions de Windows.

Une fois la carte insérée dans la station, elle est automatiquement détectée par le système d'exploitation, qui recherche les drivers correspondants. Une info-bulle apparaît au niveau de la barre des tâches *(voir figure 9.11)*, signifiant la connexion d'un nouveau matériel et spécifiant de quel type il s'agit, ici d'un contrôleur de réseau (équivalent d'un périphérique réseau).

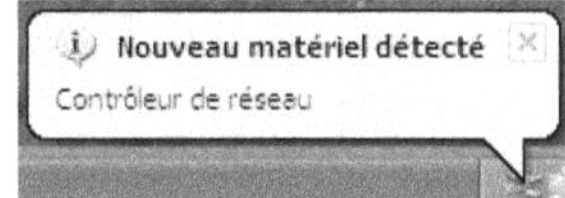

Figure 9.11
Détection d'un nouveau matériel

Il peut arriver que le matériel ne soit pas détecté automatiquement. Pour forcer la détection, il vous suffit d'ouvrir le Panneau de configuration (*via* le menu Démarrer) et de choisir l'option Ajout de matériel. L'Assistant Ajout de nouveau matériel détecté s'ouvre alors.

Si la carte est détectée, autrement dit si les drivers sont intégrés à Windows XP SP1, l'icône apparaît dans la barre des tâches, confirmant l'installation du driver et l'activation d'une nouvelle interface réseau. Dans le cas contraire, les drivers ne sont pas trouvés, et l'Assistant Ajout de nouveau matériel détecté est lancé, comme illustré à la figure 9.12.

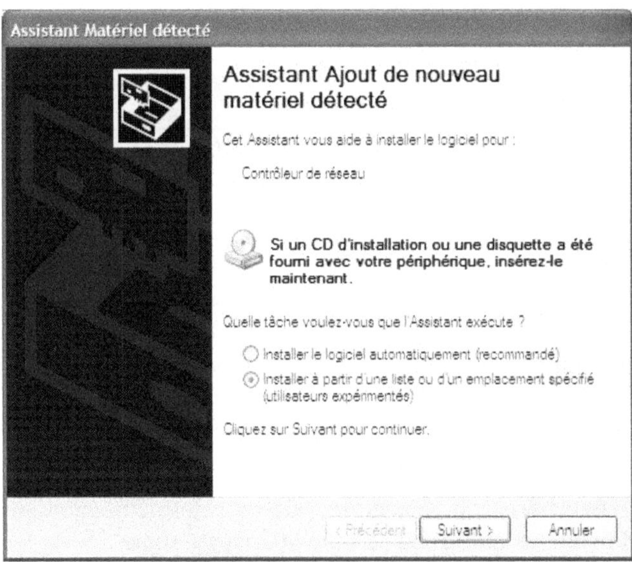

Figure 9.12
L'Assistant Ajout de nouveau matériel détecté de Windows

Deux options sont offertes *(voir figure 9.13)* :

- **Installation automatique.** Si la carte n'est pas reconnue par le système d'exploitation, ce type d'installation ne permet pas de l'installer correctement.

- **Installation à partir d'une liste ou d'un emplacement spécifié.** C'est l'option que nous allons utiliser, puisque le driver téléchargé est stocké dans un emplacement spécifique.

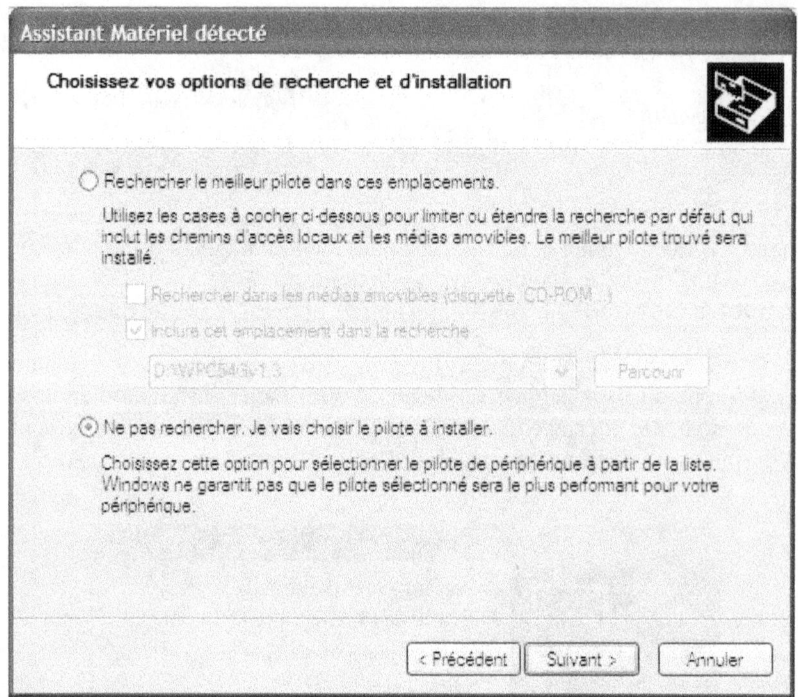

Figure 9.13
Choix du type d'installation

À nouveau, deux options sont proposées :

- **Rechercher le meilleur pilote.** C'est la méthode à suivre si les drivers sont situés sur un CD-ROM, une disquette ou encore un emplacement sur le disque dur. Il se peut toutefois qu'elle soit peu fiable, pour des raisons inhérentes à Windows. Nous recommandons plutôt la seconde option.
- **Ne pas rechercher.** Cela vous permet de spécifier de manière plus fine quel type de matériel doit être installé et où se situe le driver associé.

Une nouvelle fenêtre s'ouvre, comme illustré à la figure 9.14 (gauche), demandant de choisir la famille de matériel. Sélectionnez Cartes réseau. La fenêtre illustrée à la figure 9.14 (droite) affiche alors les différents fabricants de carte réseau ainsi que, pour chacun, les équipements associés. Ici, Linksys n'apparaît pas. Le driver n'est donc pas intégré à Windows.

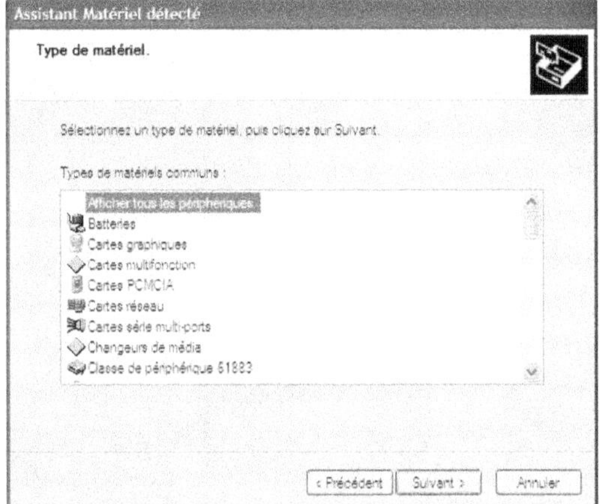

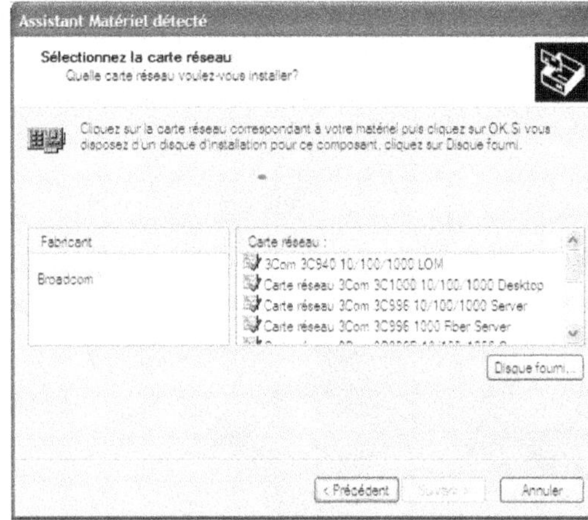

Figure 9.14

Sélection du périphérique

Mieux vaut installer manuellement le matériel plutôt que de choisir un des matériels compatibles disponibles. Pour cela, cliquez sur Disque fourni, et parcourez l'arborescence du ou des disques afin d'accéder au répertoire où le driver a été décompacté *(voir figure 9.15).*

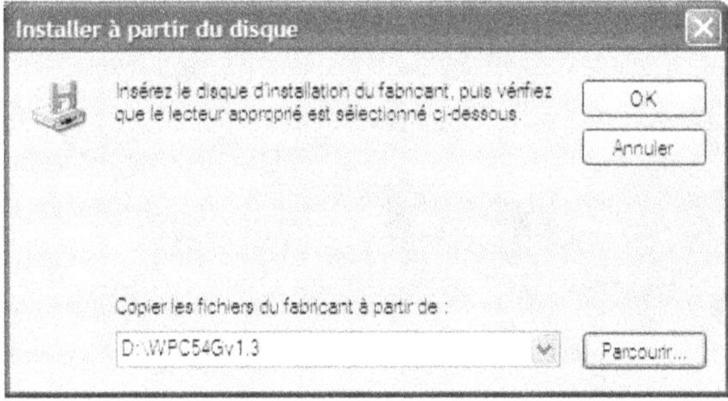

Figure 9.15

Installation à partir du disque

Une fois le répertoire trouvé, un fichier **x.inf** apparaît dans la fenêtre, comme illustré à la figure 9.16, **x** correspondant au nom du driver de la carte, soit ici **lsbcmnds.inf.** Ce fichier est un fichier d'information qui permet d'installer le driver.

Double-cliquez sur le nom du fichier. Une nouvelle fenêtre apparaît avec le driver de la carte, ici Wireless-G Notebook Adapter, comme illustré à la figure 9.17.

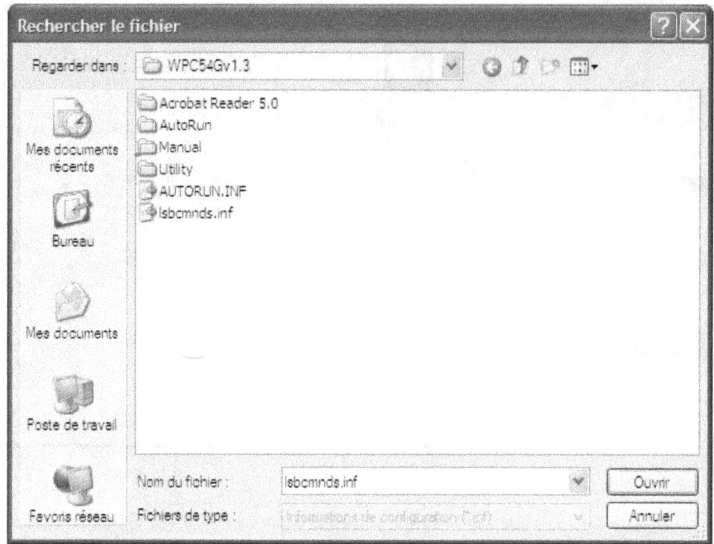

Figure 9.16

Recherche du fichier de configuration dans l'arborescence du disque

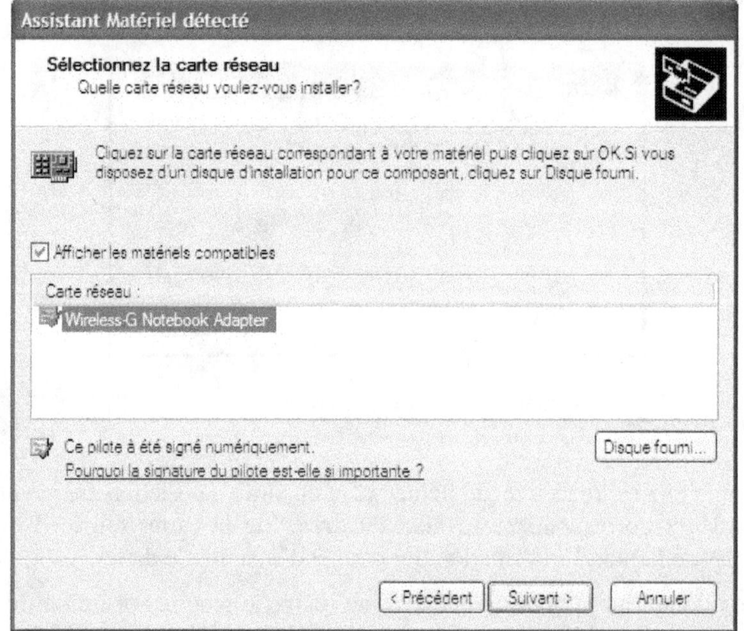

Figure 9.17

Liste des drivers compatibles avec la carte

Sélectionnez le driver, et double-cliquez. Les drivers s'installent automatiquement.

Dans certains cas, Windows préconise de ne pas utiliser un driver pour cause d'incompatibilité ou parce que le driver n'est pas signé. Cette signature est conçue pour signifier à l'utilisateur que les drivers sont testés par Microsoft et qu'ils ne possèdent pas de virus ni de défaut. Les drivers ne possèdent toutefois que très rarement une signature Microsoft. Dans notre cas, le driver de la carte comporte cette signature. Il suffit donc de cliquer sur Suivant.

Dans le cas où les drivers ne sont pas signés, une nouvelle fenêtre apparaît demandant à l'utilisateur de poursuivre ou non l'installation. La figure 9.18 illustre cette demande lors de l'installation d'une autre carte, en l'occurrence une carte PCMCIA 802.11a de marque Intel. Il suffit de cliquer sur Continuer pour poursuivre l'installation.

Figure 9.18

Installation d'un driver non signé par Microsoft

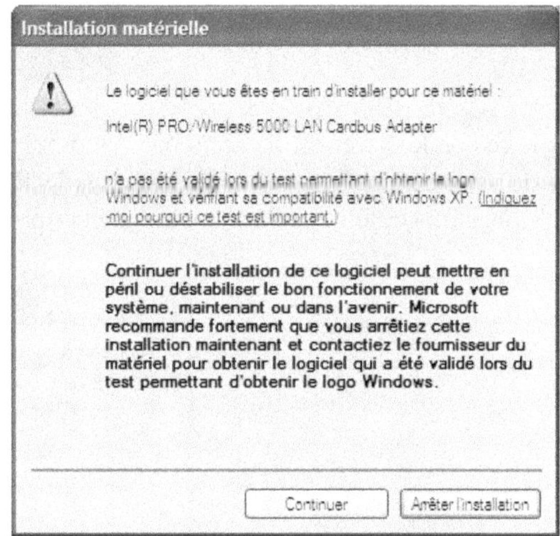

Les drivers étant installés, cliquez sur Terminer. La carte peut dès lors être configurée, comme illustré à la figure 9.19.

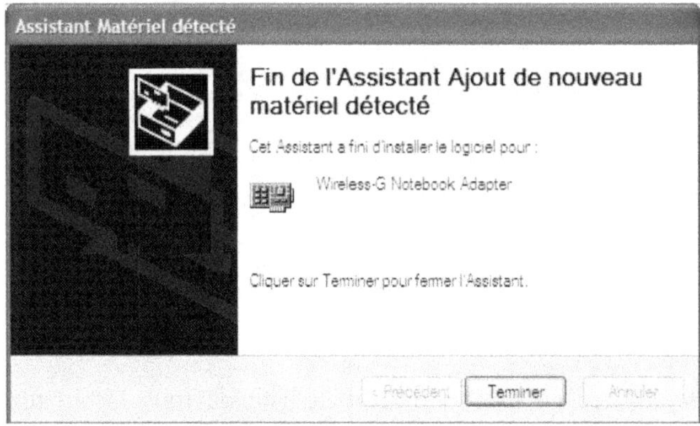

Figure 9.19

Installation de la carte achevée avec succès

Une fois le driver correctement installé, l'icône apparaît dans la barre des tâches, signifiant qu'une nouvelle carte réseau à été installée et qu'une nouvelle interface réseau est disponible.

Dès l'installation du driver, la carte sans fil peut être configurée au moyen de l'outil de configuration de Windows XP ou de celui fourni par le constructeur.

Si une erreur s'est produite pendant l'installation, une info-bulle en informe l'utilisateur, comme l'illustre la figure 9.20. Dans ce cas, mieux vaut reprendre l'installation depuis le début.

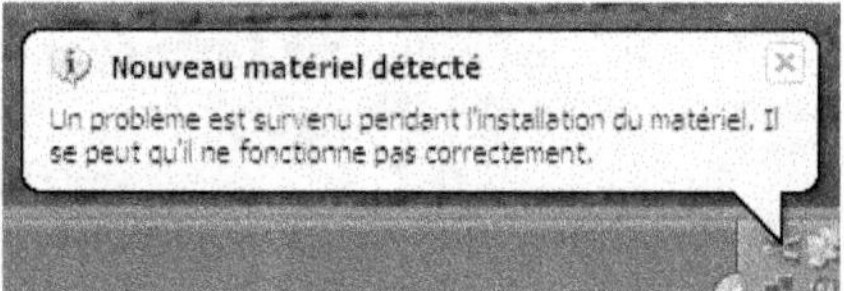

Figure 9.20
Fenêtre de configuration du pilote de la carte

Dans le cas où le driver est reconnu par Windows mais que vous vouliez le mettre à jour, il suffit de sélectionner l'option Système dans le Panneau de configuration puis de choisir l'onglet Matériel et le volet Gestionnaire de périphériques, comme illustré à la figure 9.21.

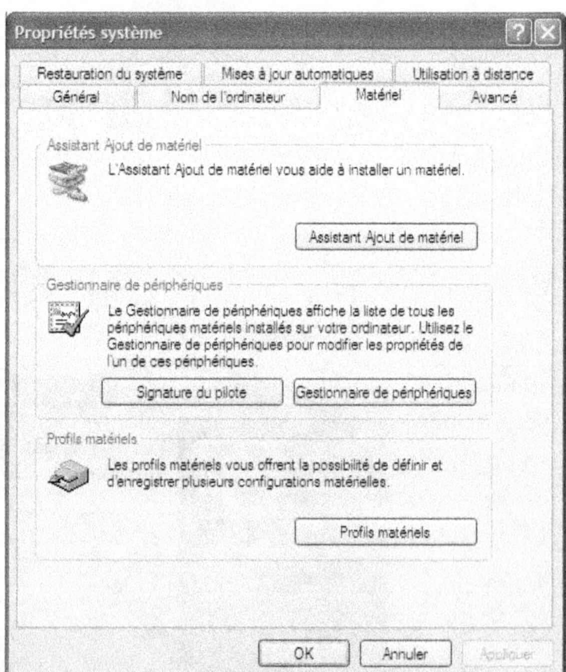

Figure 9.21
Fenêtre de configuration du matériel

Une nouvelle fenêtre apparaît affichant la liste de tous les matériels installés sur la machine *(voir figure 9.22)*. Sélectionnez le matériel dont le driver doit être mis à jour, soit ici la carte réseau Wireless-G Notebook Adapter, et double-cliquez.

Figure 9.22

Le Gestionnaire de périphériques

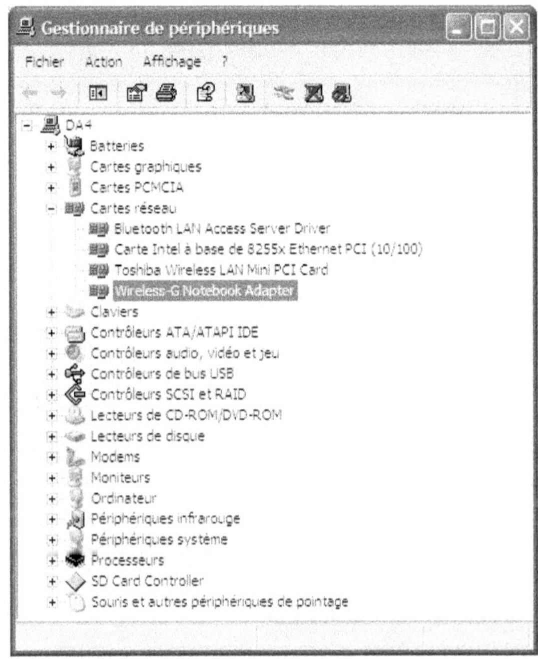

Une nouvelle fenêtre vous informe des caractéristiques du matériel *(voir figure 9.23)*. Il vous suffit de sélectionner l'onglet Pilote et de choisir Mettre à jour le pilote pour lancer l'Assistant d'Ajout de nouveau matériel.

Figure 9.23

Fenêtre de configuration du pilote de la carte

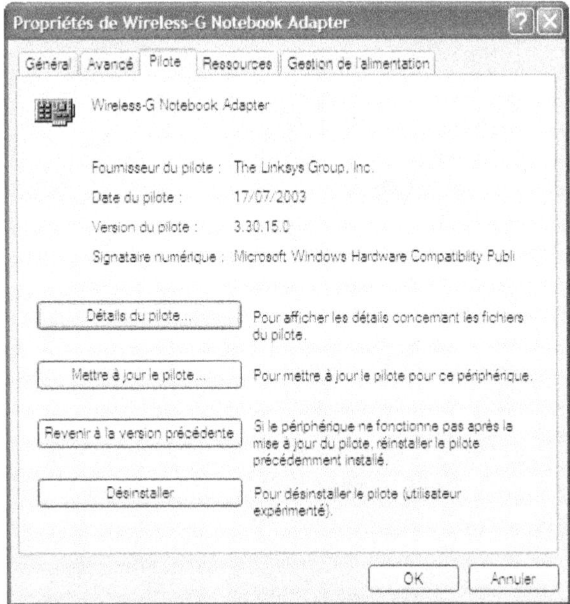

Dans certains cas, l'onglet Avancé permet de configurer certains paramètres de la carte, voire servir d'outil de configuration. Pour ce qui concerne la carte Linksys, l'onglet ne permet pas de la configurer et n'offre que certaines fonctionnalités avancées, comme l'illustre la figure 9.24.

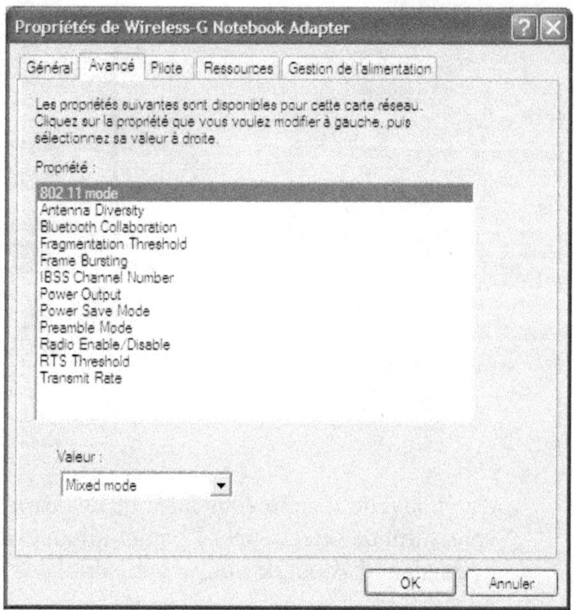

Figure 9.24
Configuration avancée de la carte Linksys

> **Problèmes d'installation**
>
> Les drivers des cartes Wi-Fi variant d'un constructeur à un autre, il peut arriver que vous rencontriez des problèmes durant l'installation. La carte est normalement livrée avec une notice explicative présentant l'installation et la configuration et aidant l'utilisateur en cas de problème. Le site Web de certains constructeurs propose assez souvent à la rubrique Support une aide en ligne, voire une aide technique.

Mise à jour du firmware

Le firmware est un logiciel qui, à la manière d'un driver, permet de mettre à jour la partie software contenue dans le hardware de la carte pour lui apporter des correctifs suite à des bogues, ainsi que de nombreuses améliorations. Généralement, ce type de logiciel n'est disponible que sous Windows.

Il existe deux types de firmware, ceux qui utilisent une interface graphique, qui constituent la majorité, et ceux qui font appel aux commandes MS-DOS.

Le firmware de la carte Wi-Fi 802.11b d'Avaya, par exemple, est du premier type. Il suffit de l'exécuter pour voir apparaître la fenêtre illustrée à la figure 9.25. Pour mettre à jour la carte, cliquez sur Update.

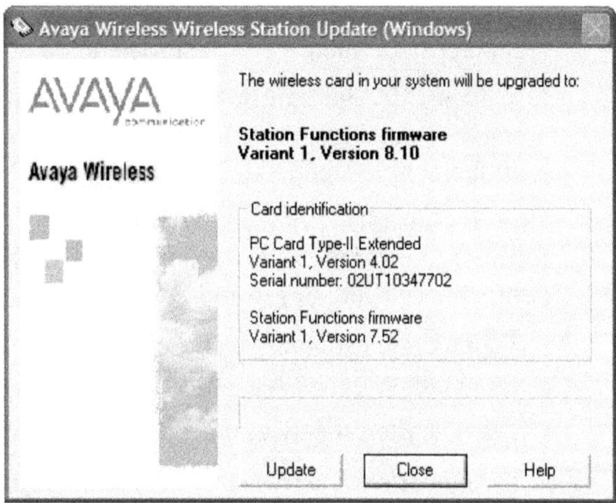

Figure 9.25
Firmware d'Avaya

> **Mise à jour du firmware**
>
> La mise à jour du firmware ne peut être utilisée que si le driver de la carte est installé et que la carte est reconnue par le système.
>
> La mise à jour du firmware est une phase critique, même si elle peut être rapide. Si la carte est retirée malencontreusement ou que la machine dans laquelle se trouve la carte s'éteigne brusquement, il y a de fortes chances que la carte ne fonctionne plus et qu'elle soit bonne à jeter à la poubelle.

Une fois la mise à jour terminée, une fenêtre informe du bon déroulement de l'opération, comme illustré à la figure 9.26.

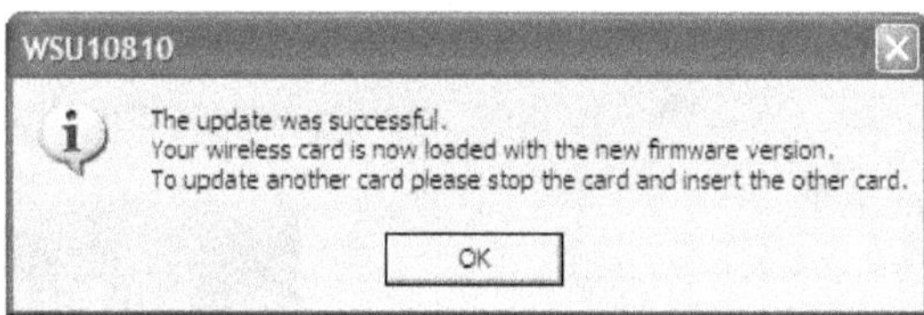

Figure 9.26
Mise à jour du firmware réussie

Configuration de la carte sous Windows

Selon le système d'exploitation utilisé, la configuration de la carte peut être différente. Avec Windows 98, Me, NT ou 2000, l'utilisation de l'outil de configuration de la carte est indispensable, ce qui n'est pas le cas avec Windows XP, qui propose son propre outil de configuration fonctionnant avec tout type de carte Wi-Fi.

Nous présentons ci-après en détail le processus de configuration à l'aide de ces deux types d'outils.

Utilisation de l'outil de configuration de la carte

Chaque carte est livrée avec un CD-ROM incluant un certain nombre de programmes, dont l'outil de configuration propre à la carte. Comme pour le driver, la version de l'outil de configuration fourni avec le CD-ROM peut être obsolète, et il vaut toujours mieux récupérer la dernière version sur le site du constructeur.

Les étapes décrites ici devraient permettre à quiconque de configurer sa carte Wi-Fi, même s'il ne s'agit pas d'une carte Linksys, les paramètres à prendre en compte étant pratiquement les mêmes.

Une fois installé, l'outil de configuration WLAN Monitor apparaît au démarrage sous forme d'icône dans la barre des tâches. Suivant l'état de connexion de la carte, l'icône peut prendre l'une des formes suivantes :

- La carte est inactive et n'est donc pas insérée dans l'ordinateur ou a été désactivée de manière logicielle.
- La carte est active, mais elle n'est connectée à aucun réseau.
- La carte est active et est connectée à un réseau.

Vous pouvez ainsi vérifier l'état de la connexion à tout moment. Comme l'illustre la figure 9.27, en faisant reposer la souris sur l'icône de la barre des tâches, vous obtenez des informations sur l'état de la connexion, notamment la puissance du signal et la qualité du lien radio.

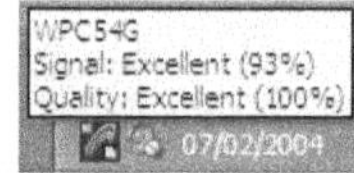

Figure 9.27
Information sur l'état de la connexion

> **Lien et débit**
> Plus la qualité du lien baisse, plus le débit diminue.

WLAN Monitor se présente comme illustré à la figure 9.28.

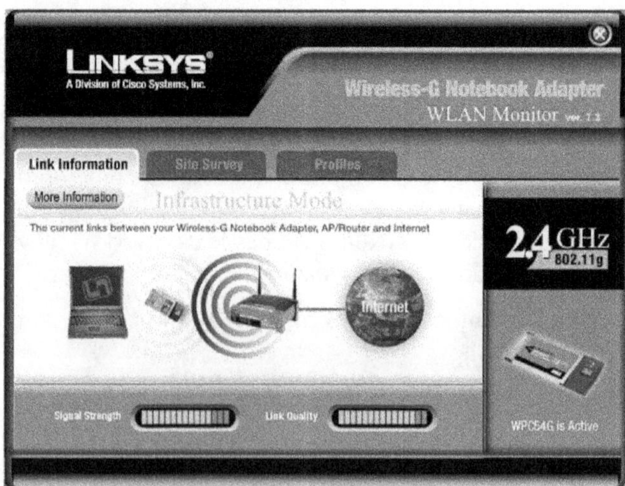

Figure 9.28
WLAN Monitor de Linksys

Il propose trois fonctionnalités par le biais des onglets suivants :

- **Link Information.** Donne des informations sur la connexion en cours.
- **Site Survey.** Permet d'effectuer un audit du site et d'obtenir ainsi des informations sur les différents réseaux Wi-Fi (802.11b ou 802.11g), aussi bien en mode infrastructure qu'en mode ad-hoc, présents dans l'environnement du terminal.
- **Profiles.** Permet de configurer différents profils en fonction des réseaux auxquels vous souhaitez vous connecter.

La fenêtre d'introduction à WLAN Monitor fournit quatre éléments : la présence ou non de la carte (active ou inactive), l'état de la connexion, le type de connexion (mode infrastructure ou mode ad-hoc) et la qualité du lien ainsi que la puissance du signal pour la connexion exprimée en pourcentage.

Cliquez sur le bouton More Information pour obtenir les informations suivantes sur le réseau Wi-Fi auquel la carte est connectée *(voir figure 9.29)* :

- état de la connexion (state) : connecté (connected) ou non ;
- SSID, ou nom de réseau (wavelan) ;
- canal de transmission utilisé (11) ;
- mécanisme de sécurité activé (On) ou désactivé (Off) ;
- paramètres réseau de la station, tels que adresse IP, masque, passerelle par défaut, adresses DNS et MAC de la carte.

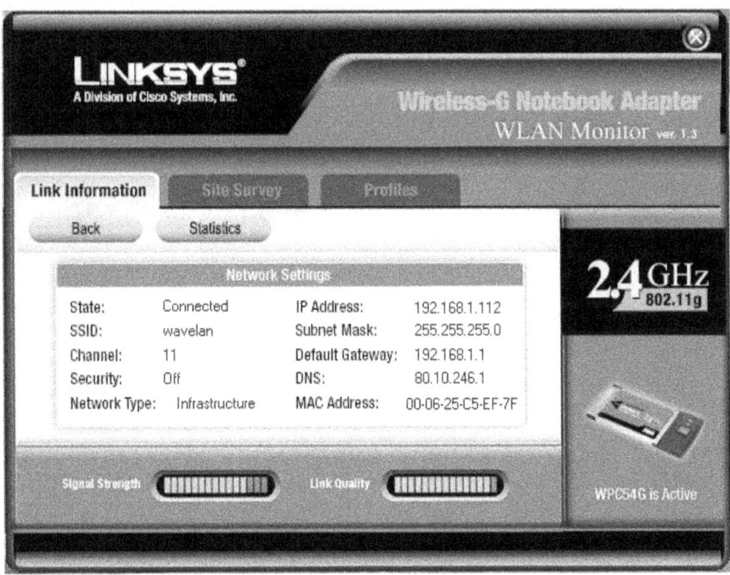

Figure 9.29
Information réseau

Le bouton Statistics illustré à la figure 9.29 permet d'obtenir les détails suivants sur la connexion *(voir figure 9.30)* :

- débit montant (de la station vers le point d'accès) ;
- débit descendant (du point d'accès vers la station) ;
- type d'authentification, ouverte (Open) ou partagée (Shared) ;
- type de connexion (Network mode) : Mixed-Mode (stations 802.11b et 802.11g) ou G-Only Mode (stations 802.11g uniquement) ;
- nombre de paquets envoyés ;
- nombre de paquets reçus ;
- rapport signal sur bruit indiqué en décibel (dB).

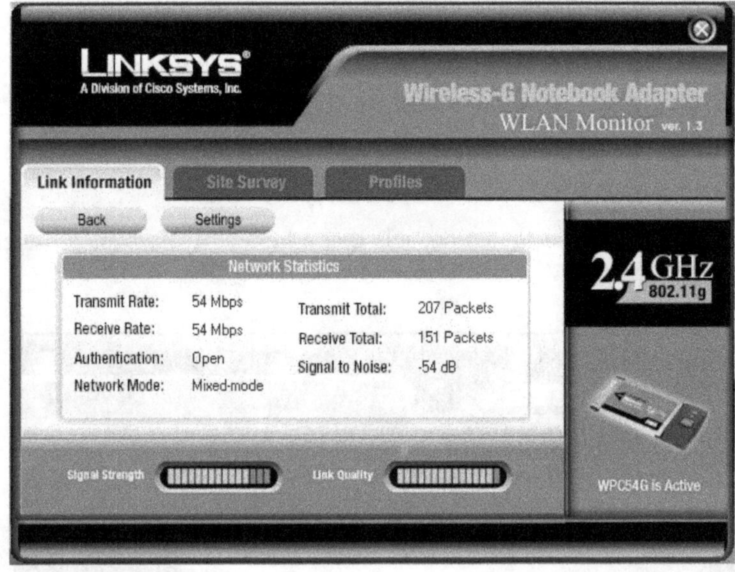

Figure 9.30
Statistiques de la connexion

L'audit de site (Site Survey) permet de voir tous les réseaux Wi-Fi 802.11g ou 802.11b présents dans la zone de couverture du terminal. La figure 9.31 illustre la présence de trois réseaux, deux en mode infrastructure dont un sécurisé et un en mode ad-hoc. La signification des icônes est la suivante :

- Représente un point d'accès et caractérise un réseau en mode infrastructure.
- Représente une carte PCMCIA et caractérise un réseau en mode ad-hoc.
- Cadenas signifiant que lorsque les réseaux sont sécurisés, le mécanisme de chiffrement est activé.

Pour chaque réseau, le mode, le canal de transmission, l'utilisation ou non du mécanisme de chiffrement, l'adresse MAC du point d'accès ou de la station en mode ad-hoc ainsi que l'heure de l'audit sont spécifiés.

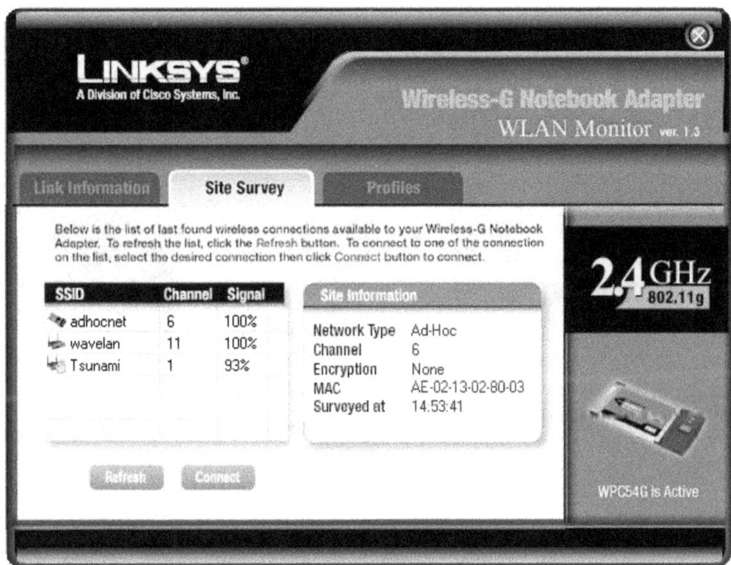

Figure 9.31
Audit du site

Le bouton Refresh permet d'actualiser l'audit et le bouton Connect de se connecter à l'un des réseaux trouvés.

L'audit de site ne peut prendre en compte que les réseaux ouverts, c'est-à-dire ceux dont le SSID est envoyé en clair sur le réseau. Dans le cas où un réseau n'autorise pas l'envoi de SSID en clair, ce dernier n'apparaît pas dans l'audit. Pour se connecter à un tel réseau, il faut donc connaître son SSID.

L'onglet Profiles permet de définir une ou plusieurs configurations de connexion. Pour se connecter à un réseau, il suffit de choisir son profil associé et de cliquer sur le bouton Connect.

Configuration de la carte en mode infrastructure

Les étapes qui suivent montrent comment configurer la carte en mode infrastructure.

Sélectionnez l'onglet Profiles du WLAN Monitor, et choisissez New pour définir un nouveau profil. Le profil Default est celui défini lors de l'installation de WLAN Monitor.

De nombreux profils peuvent être créés, permettant à la station de se connecter à différents réseaux Wi-Fi ayant chacun des paramètres spécifiques *(voir figure 9.32)*. Il est aussi possible de modifier (Edit) ou de supprimer (Delete) un profil prédéfini. WLAN

Monitor permet aussi d'exporter (Export) un ou plusieurs profils vers un fichier sur le disque dur, une disquette ou une carte mémoire. L'opération inverse (Import) est également possible.

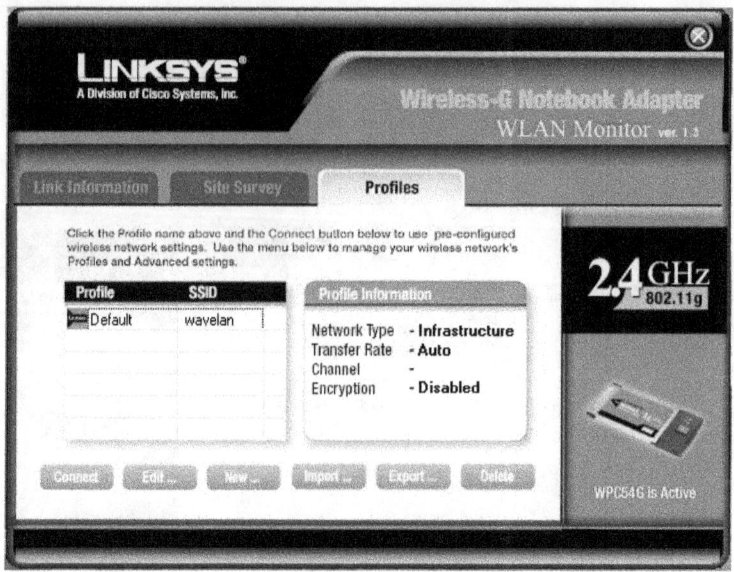

Figure 9.32
Configuration du profil de l'utilisateur

Dès l'édition d'un nouveau profil, une fenêtre demande sous quel nom doit être stocké le nouveau profil *(voir figure 9.33)*. Le nom du profil a peu d'importance. Il faut simplement se souvenir à quel profil correspond une configuration particulière. Il est pratique de donner comme nom du profil le SSID du réseau auquel vous voulez vous connecter.

Figure 9.33
Création d'un profil

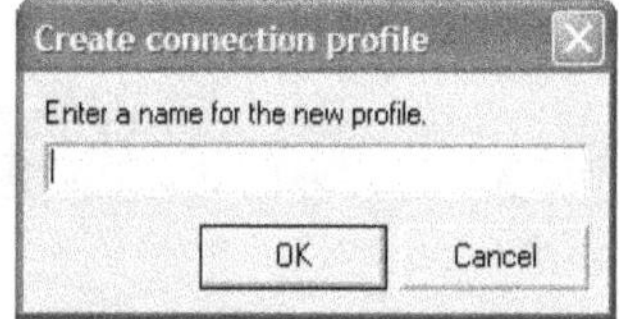

Après avoir spécifié le nom du profil, il vous faut choisir le type de réseau auquel vous connecter. Les deux options suivantes sont proposées *(voir figure 9.34) :*

- **Mode infrastructure.** La station se connecte à un point d'accès pour communiquer avec le réseau.
- **Mode ad-hoc.** La station se connecte à d'autres stations en mode ad-hoc afin quelles communiquent entre elles.

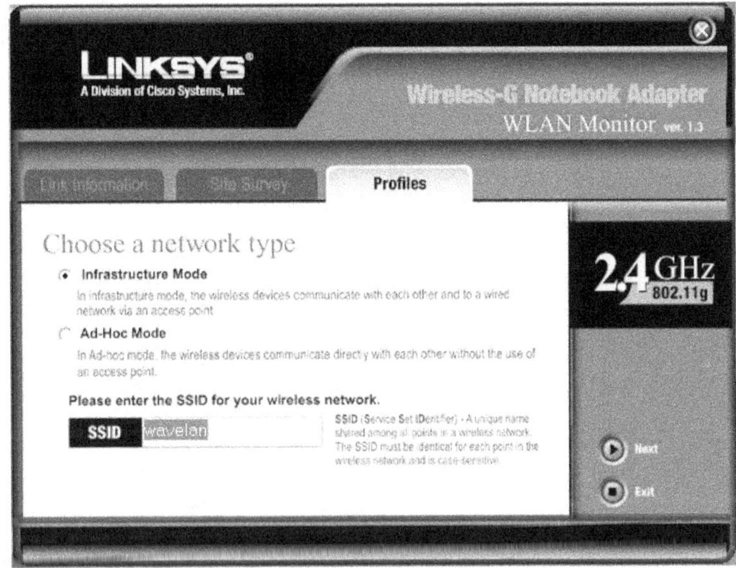

Figure 9.34
Choix du mode de fonctionnement de la carte

Sélectionnez le mode infrastructure. Pour chaque mode, le SSID ou le nom du réseau est demandé. Spécifiez le bon SSID sous peine de ne pouvoir accéder au réseau.

Après sélection du type de réseau, WLAN Monitor demande les paramètres réseau de la carte, comme illustré à la figure 9.35. Si les paramètres sont fournis automatiquement par le réseau, il suffit de cocher la première case, à savoir Obtain an IP address automatically (DHCP).

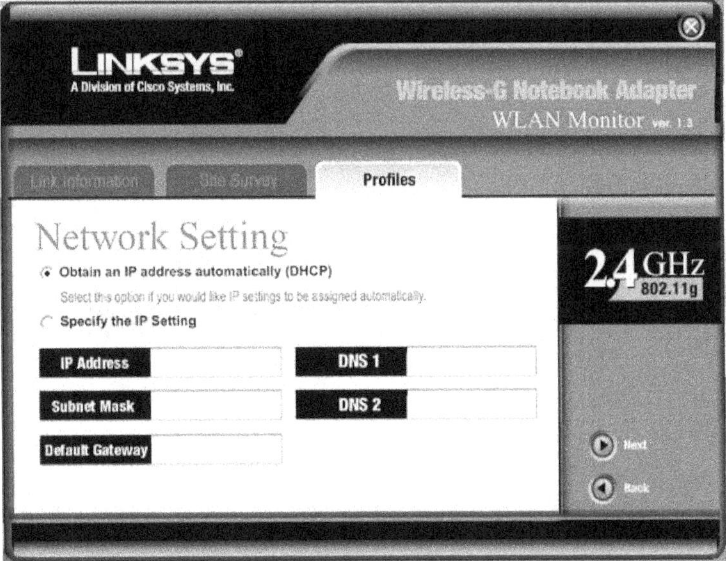

Figure 9.35
Spécification des paramètres réseau de la carte

Dans le cas contraire, où si vous souhaitez spécifier vous-même vos paramètres réseau, différents champs sont proposés pour être définis manuellement, tels que adresse IP, masque de sous-réseau, passerelle par défaut et adresses DNS. L'avantage de cette solution est que vous n'avez pas besoin de paramétrer la configuration réseau par le biais de l'outil de configuration réseau fourni avec Windows. Ce dernier a en effet pour principale lacune de prendre un certain temps avant de valider les paramètres réseau que vous venez de définir.

La fenêtre suivante vous permet de définir les paramètres de sécurité, comme illustré à la figure 9.36. Vous pouvez notamment préciser quel mécanisme de sécurité utiliser. Quatre choix sont possibles, WEP (Wired Equivalent Privacy), WPA-PSK (Wi-Fi Protected Access-Pre Shared Key), WPA-RADIUS et RADIUS.

Il est possible de n'utiliser aucun mécanisme de sécurité en choisissant l'option Disabled. Chaque fois qu'un mécanisme de sécurité est choisi, un court descriptif est proposé, comme l'illustre la partie gauche des figures 9.37 à 9.40.

Sécurité et performance

L'activation des mécanismes de sécurité entraîne des baisses de performance du réseau, comprises entre 5 p. 100 et 60 p. 100, selon la carte utilisée.

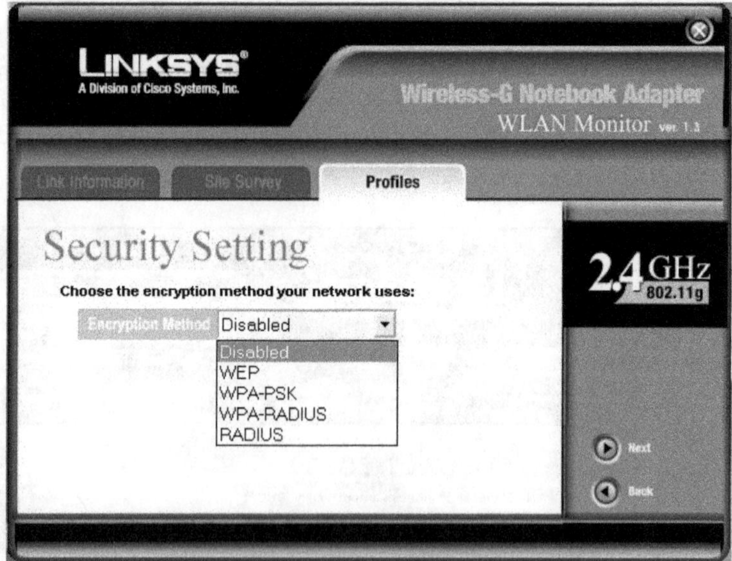

Figure 9.36

Configuration des paramètres de sécurité

Le WEP correspond au mécanisme de base proposé par Wi-Fi. Il s'appuie sur l'utilisation d'une clé secrète partagée, qui est la même entre tous les éléments du réseau (point d'accès et terminaux). Si le réseau est sécurisé, le terminal doit posséder la clé sous peine de ne pas pouvoir se connecter au réseau.

Le paramétrage du WEP passe par le choix de la taille de la clé (64 ou 128 bits) et du mécanisme d'authentification (Authentication), qui peut être ouvert (Open) ou partagé (Shared). Le mécanisme d'authentification est lui aussi défini par le réseau. Dans le cas d'une authentification ouverte, il n'y a pas d'authentification du terminal, tandis que l'authentification partagée repose sur l'utilisation de la clé pour appliquer ce mécanisme.

La clé (Key) correspond à un nombre de caractères hexadécimaux (0 à 9 et A à F) dont le nombre dépend de la taille de la clé. Une clé sur 64 bits correspond à 10 caractères hexadécimaux et une clé sur 128 bits à 26 caractères hexadécimaux. Il est possible de spécifier jusqu'à quatre clés différentes, mais seulement une d'entre elles sera utilisée pour la connexion configurée (Transmist Key). Dans le cas où vous souhaitez spécifier une clé aléatoire, utilisez le Passphrase.

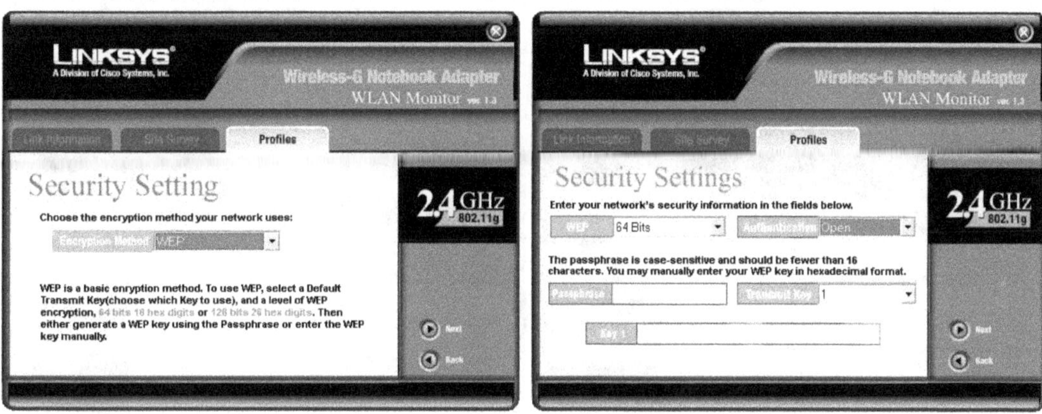

Figure 9.37

Configuration des paramètres WEP

WPA-PSK *(voir figure 9.38)* est une version light de WPA. Il ne propose pas de système d'authentification mais seulement un mécanisme de chiffrement fondé sur l'utilisation d'une clé secrète partagée.

Après avoir choisi l'algorithme de chiffrement, TKIP (Temporal Key Integrity Protocol), qui repose sur le WEP, ou AES (Advanced Encryption Standard), un Passphrase est demandé. Celui-ci constitue la clé qui sera utilisée pour le chiffrement et qui doit être la même que celle configurée au niveau du point d'accès. Cette méthode permet de dériver la clé à intervalle de temps particulier et de créer ainsi de nouvelles clés de chiffrement. Cette méthode est donc plus fiable que le WEP mais nécessite un point d'accès compatible WPA-PSK.

WPA-RADIUS *(voir figure 9.39)* correspond à la certification WPA définie par la Wi-Fi Alliance. WPA-RADIUS repose sur un chiffrement TKIP ou AES et un mécanisme d'authentification qui nécessite l'utilisation d'un serveur RADIUS. La présence d'un tel serveur sur le réseau est donc nécessaire.

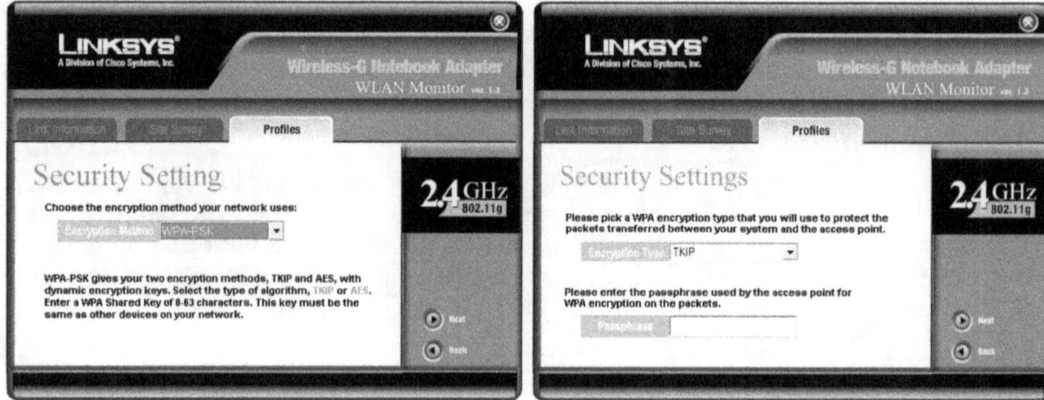

Figure 9.38

Configuration des paramètres de WPA-PSK

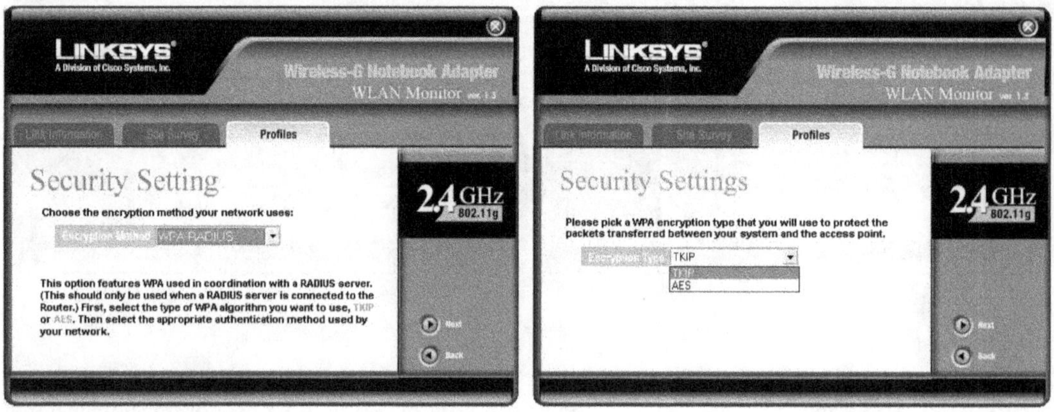

Figure 9.39

Configuration des paramètres de WPA-RADIUS

Les méthodes d'authentification disponibles sont EAP-TLS, EAP-MD5, PEAP et LEAP. Certaines de ces méthodes reposent sur l'utilisation d'un simple login, comme EAP-MD5 ou LEAP. EAP-TLS et PEAP s'appuient sur des certificats, un login et une seconde méthode d'authentification. Les certificats ne sont toutefois pas obligatoires. Bien évidemment, le serveur RADIUS doit être présent dans le réseau et parfaitement configuré pour accepter ces méthodes d'authentification.

RADIUS *(voir figure 9.40)* ne permet que l'authentification des stations et ne peut servir de mécanisme de chiffrement. Les mécanismes d'authentification sont les mêmes que ceux définis dans WPA-RADIUS.

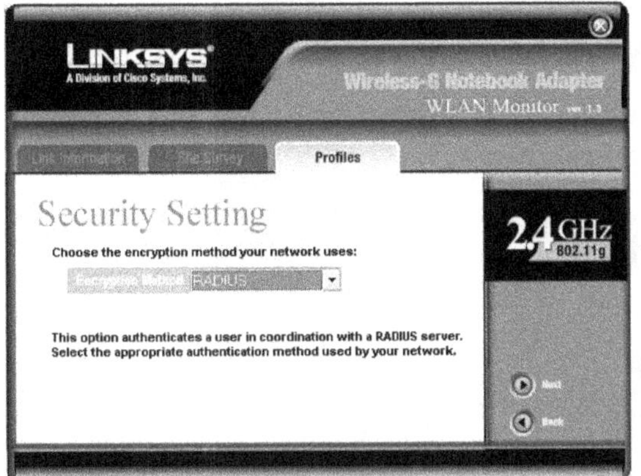

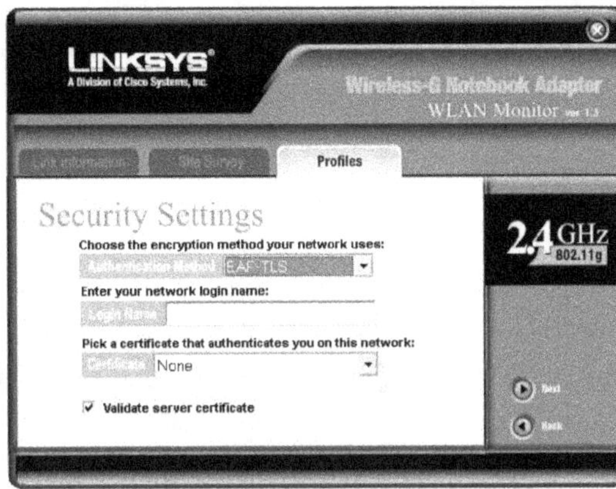

Figure 9.40

Configuration des paramètres de RADIUS

La partie sécurité clôt la configuration du profil. WLAN Monitor affiche alors les différents paramètres du profil *(voir partie gauche de la figure 9.41)*, qui, une fois validés par l'utilisateur, peuvent être activés ou non à la fin de la configuration *(voir partie droite de la figure 9.41)*.

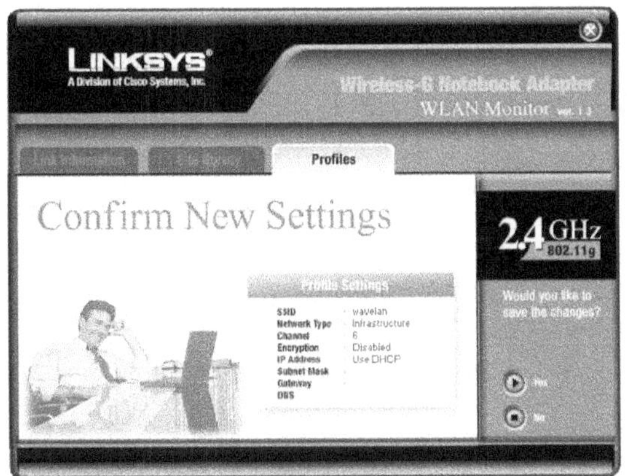

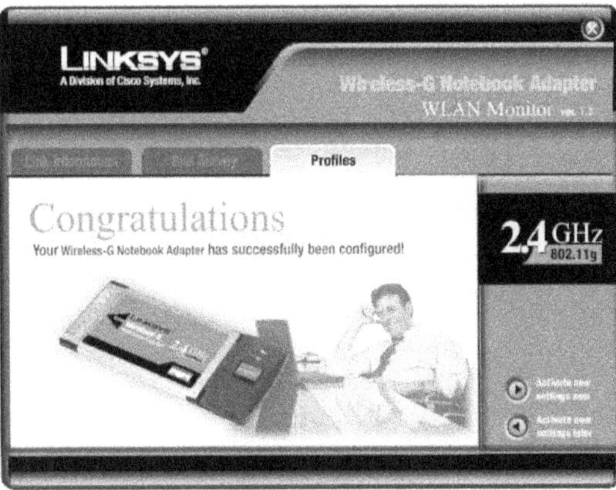

Figure 9.41

Description et activation de profil utilisateur de l'outil de configuration de Windows XP

Configuration de la carte *via* Windows XP

Windows XP possède son propre outil de configuration permettant de configurer la carte Wi-Fi ainsi que d'en connaître l'état.

Pour connaître l'état d'une connexion Wi-Fi, sélectionnez le menu Démarrer puis, dans le menu Connexions, Afficher toutes les connexions *(voir figure 9.42)*.

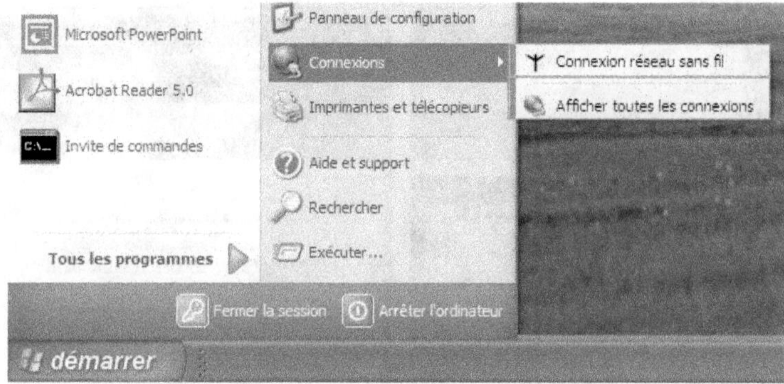

Figure 9.42
Liste des connexions disponibles

La fenêtre qui s'ouvre présente les différents types de connexion disponibles sur l'ordinateur. À chaque type correspond une carte associée, comme illustré à la figure 9.43.

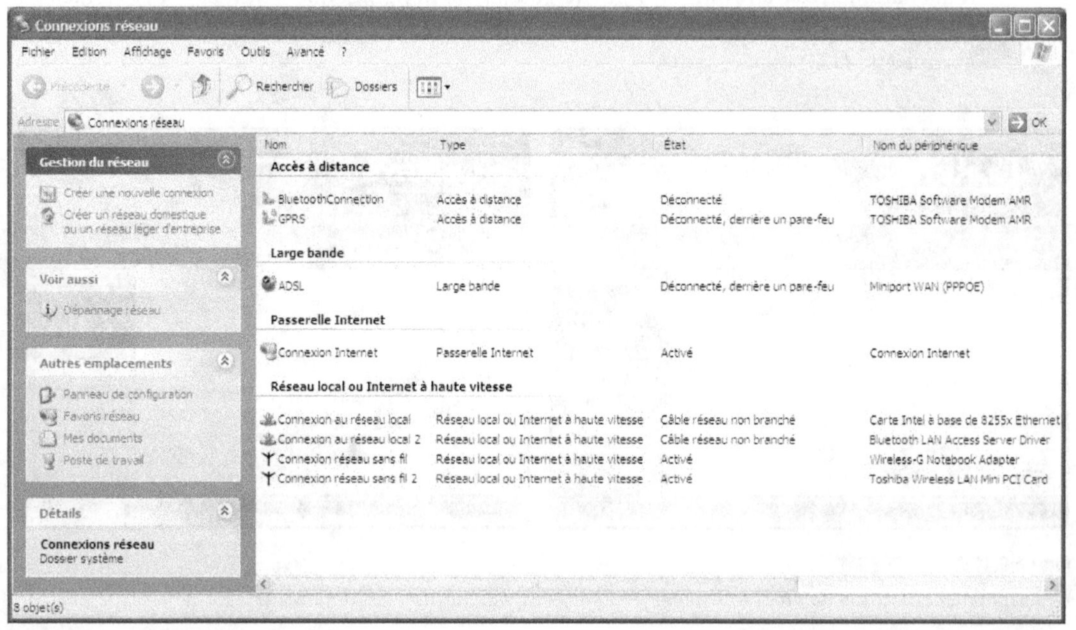

Figure 9.43
Configuration du réseau

Faites un clic droit sur Connexion réseau sans fil, et choisissez Afficher les connexions sans fil.

Une info-bulle vous informe lorsque un ou plusieurs réseaux sont présents dans la zone de couverture du terminal *(voir figure 9.44)*. Cliquez sur l'icône pour afficher les connexions sans fil.

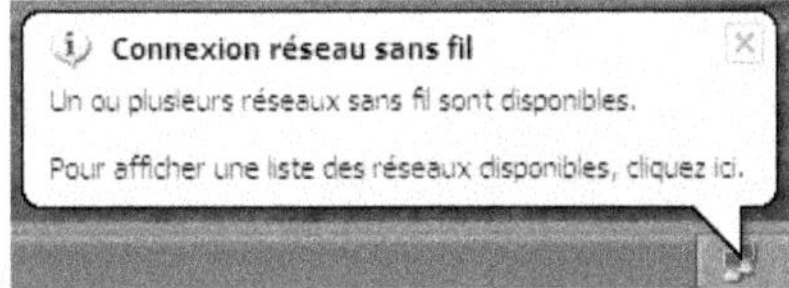

Figure 9.44
Détection des réseaux Wi-Fi

La fenêtre qui s'ouvre vous informe sur les réseaux Wi-Fi présents dans l'environnement, comme illustré à la figure 9.45. Dans notre cas, il y en a trois, ayant pour noms wavelan, Tsunami et adhocnet.

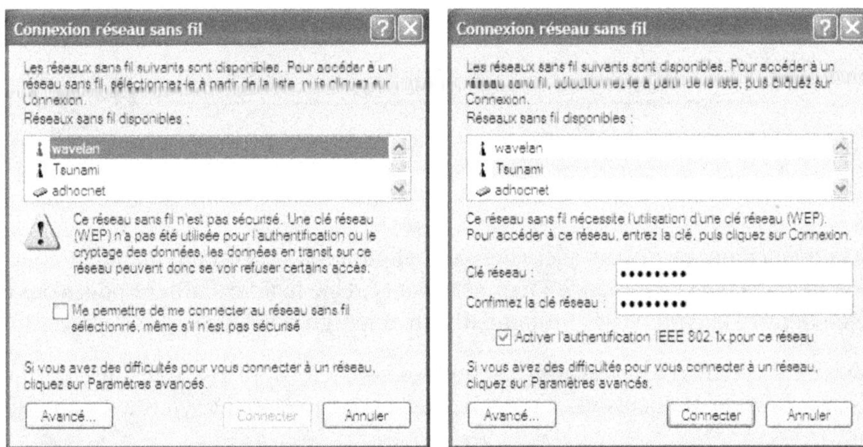

Figure 9.45
Fenêtre de connexion à un réseau Wi-Fi

- L'icône signifie que le réseau auquel vous souhaitez vous connecter est en mode infrastructure, utilisant donc un point d'accès.
- L'icône signifie que le réseau auquel vous souhaitez vous connecter est en mode ad-hoc, ou point-à-point.

Cette fenêtre ne laisse apparaître que les réseaux ouverts, c'est-à-dire ceux dont le point d'accès transmet en clair le nom de réseau (SSID). Si le point d'accès est configuré pour interdire la diffusion en clair du nom de réseau, ce nom n'est pas divulgué et n'apparaît pas dans la fenêtre.

La fenêtre de connexion ne distingue pas clairement les réseaux sécurisés des réseaux non sécurisés, à la différence de celle de WLAN Monitor. Ce n'est qu'au moment du choix d'un des réseaux que l'utilisateur est informé. À la partie gauche de la figure 9.45, le réseau wavelan n'est pas sécurisé. Pour s'y connecter, il faut cocher la case Me permettre de me connecter… Une information met en garde contre l'utilisation de réseau non sécurisé.

Dans le cas illustré à la partie droite de la figure 9.45, le réseau Tsunami est sécurisé, et une clé ainsi que la confirmation de cette clé est demandée. Si vous choisissez une clé trop petite, le système retourne un message d'erreur spécifiant les différentes tailles de clés possibles en fonction de la taille de la clé et du format utilisé *(voir figure 9.46).*

Dans le cas où le réseau utilise une architecture 802.1x, la case associée doit être cochée. Pour vous connecter au réseau après avoir coché la case si le réseau n'est pas sécurisé ou après avoir donné la clé, cliquez sur le bouton Connecter.

Figure 9.46
Message d'erreur sur la taille des clés

Si la connexion au réseau nécessite la configuration de certains paramètres tels que la sécurité ou le type de réseau, cliquez sur Avancé. Une fenêtre s'affiche pour vous permettre de configurer la carte Wi-Fi, comme illustré à la figure 9.47.

La fenêtre montre les réseaux disponibles, dont le nom est transmis en clair, et les réseaux favoris, auxquels vous vous êtes déjà connecté ou que vous avez configurés :

- Les icônes représentant une antenne en forme de , ou de signifient que le réseau auquel vous souhaitez vous connecter est en mode infrastructure avec point d'accès.
- Les icônes représentant une carte , ou correspondent à un réseau en mode ad-hoc.
- Les icônes et indiquent que les réseaux sont disponibles, contrairement aux icônes et .
- Les icônes ou indiquent le réseau auquel la carte est connectée.

Lors de l'insertion ou de l'activation de la carte, Windows vérifie d'abord si les réseaux présents dans Réseaux favoris sont disponibles. Dans le cas contraire, il vérifie si d'autres réseaux sont présents.

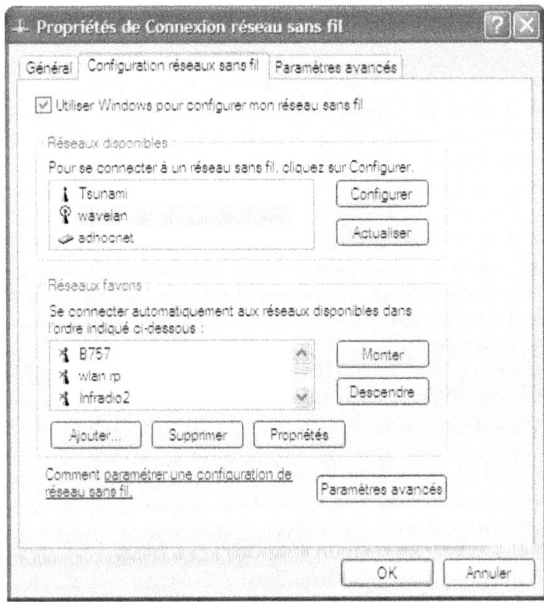

Figure 9.47
Configuration de la carte Wi-Fi

Comme vous pouvez le remarquer sur la capture d'écran de la figure 9.47, l'utilitaire de configuration vous laisse le choix de ne pas utiliser Windows XP pour configurer la connexion sans fil.

Actualisation de la connexion

Lors de l'insertion de la carte Wi-Fi, il se peut que la connexion ne se fasse pas instantanément, même si la carte est bien configurée. Pour remédier à ce défaut, le bouton Actualiser permet de mettre à jour les réseaux disponibles et de se connecter immédiatement.

Si le terminal est un ordinateur portable qui possède une carte Wi-Fi intégrée (Mini-PCI) et que celle-ci ne soit pas allumée, l'outil de configuration de Windows initie une connexion avec le réseau en mode ad-hoc présent dans Réseaux favoris, s'il y en a un. Il ne faut donc pas s'étonner de ce comportement relativement bizarre de l'outil de configuration de Windows XP.

Le bouton Paramètres avancés de l'onglet Configuration réseaux sans fil permet de signifier à la carte à quel type de réseau elle doit se connecter : réseau infrastructure avec point d'accès, réseau en mode ad-hoc ou les deux. Une option permet en outre de se connecter automatiquement aux réseaux disponibles dans l'environnement où l'on se trouve, comme illustré à la figure 9.48.

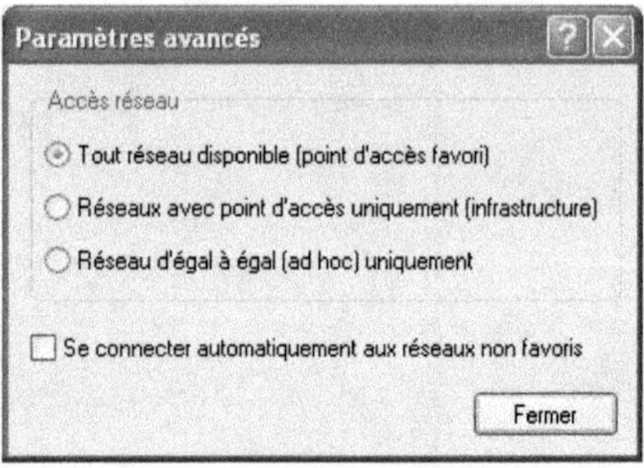

Figure 9.48
Choix du mode de connexion

La configuration d'un nouveau réseau ou la reconfiguration d'un réseau existant se fait par l'intermédiaire des boutons Ajouter ou Configurer dans le cas d'un nouveau réseau et Propriétés pour la reconfiguration d'un réseau présent dans Favoris réseau.

En cliquant sur Propriétés ou Ajouter, vous affichez la fenêtre illustrée à la figure 9.49.

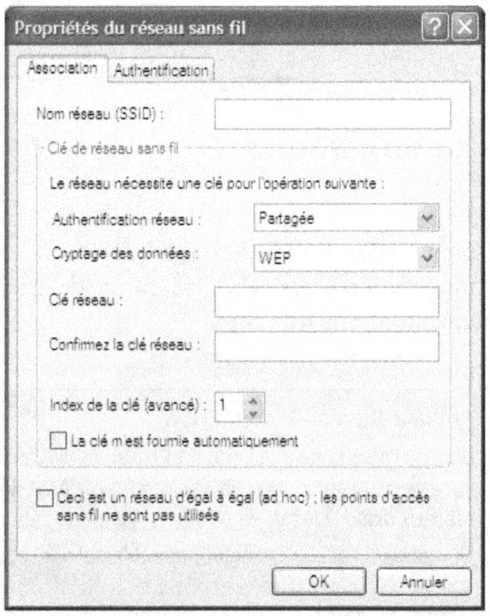

Figure 9.49
Onglet Association des propriétés du réseau sans fil

L'onglet Association propose les options suivantes :

- **Nom réseau (SSID).** Permet de signifier à la carte à quel réseau elle doit se connecter.
- **Clé réseau sans fil (WEP).** Permet d'activer ou non le chiffrement des données et l'authentification (Ouverte ou Partagée). Aussi bien le chiffrement que l'authentification reposent sur l'utilisation d'une clé. Sans elle, la station ne peut se connecter au point d'accès. Comme son nom l'indique, une authentification ouverte permet la connexion du terminal au réseau sans authentification. L'authentification partagée repose sur l'utilisation de la clé.

Le format de la clé peut être spécifié (ASCII ou hexadécimal), de même que sa longueur (104 ou 40 bits). La clé entrée par l'utilisateur doit être chaque fois confirmée. Si vous ne spécifiez pas les bonnes longueurs de clé en fonction du nombre de caractères, un message d'erreur vous informe des formats à utiliser selon la taille de la clé et son format, comme illustré à la figure 9.46. L'index de clé permet de définir jusqu'à quatre clés différentes, mais une seule peut être utilisée pour une connexion donnée.

Taille de la clé

La taille de clé utilisée par le WEP peut être de 64 ou de 128 bits. Cette caractéristique est propre à chaque carte. Comme expliqué au chapitre 4, la clé de chiffrement est composée de deux parties, une de 24 bits, appelée Initialization Vector, et le reste qui correspond à la clé entrée par l'utilisateur et qui peut être de 40 bits pour une clé de 64 bits et de 104 bits pour une clé de 128 bits.

- **La clé m'est fournie automatiquement.** La fonctionnalité de distribution dynamique des clés (TKIP ou AES) ne peut être utilisée que si le point d'accès le permet, ce qui n'est le cas que des plus récents modèles. La distribution dynamique facilite la configuration de la carte par l'utilisateur et améliore la sécurité dans un réseau Wi-Fi.
- **Réseau d'égal à égal (ad-hoc).** Permet de spécifier que le réseau que l'on souhaite créer est en mode ad-hoc.

L'onglet Authentification permet d'activer le protocole d'authentification 802.1x *(voir figure 9.50)*. Pour supporter cette fonctionnalité, les points d'accès doivent être compatibles 802.1x. Le réseau auquel est connecté le point d'accès doit en outre incorporer un serveur d'authentification, RADIUS, par exemple.

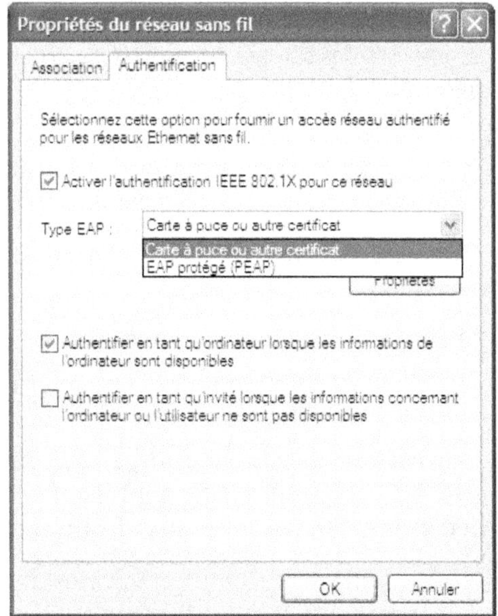

Figure 9.50
Configuration de l'authentification

Deux choix d'authentification sont possibles, par carte à puce ou par PEAP. Dans les deux cas, le bouton Propriétés illustré à la figure 9.50 donne accès à la page des propriétés EAP protégées illustrée à la figure 9.51. Cette dernière vous propose de paramétrer la connexion au serveur d'authentification, ainsi que les certificats qui seront utilisés pour l'authentification du terminal et les méthodes d'authentification supplémentaires.

Figure 9.51
Propriétés EAP protégées

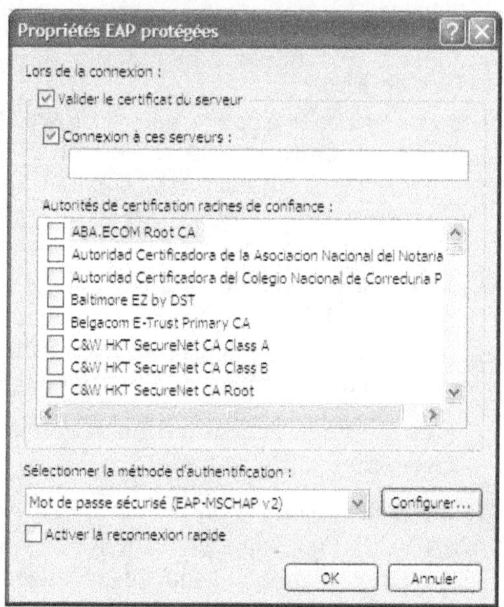

Authentification par carte à puce

L'authentification par carte à puce n'est pas complètement implémentée par Windows XP et ne fonctionne donc pas dans certains cas.

L'onglet Paramètres avancés de la boîte de dialogue Propriétés de Connexion réseau sans fil illustré à la figure 9.52 permet de configurer les deux fonctionnalités suivantes :

- Pare-feu, ou firewall, pour interdire certains types de trafic entre l'ordinateur et le réseau.
- Partage de la connexion Internet, permettant de partager sa connexion avec toute machine du réseau connectée. Cette option n'est pas très intéressante dans notre cas puisque le point d'accès peut jouer ce rôle.

L'onglet Général de la boîte de dialogue Propriétés de Connexion réseau sans fil illustré à la figure 9.53 permet de configurer l'interface réseau de la carte (adresse IP, adresse passerelle par défaut, DNS, etc.) mais aussi le driver de la carte en cliquant sur le bouton Configurer.

Il est conseillé de sélectionner la case Afficher une icône dans la zone de notification une fois la connexion établie, de façon à y accéder plus facilement.

Figure 9.52

Propriétés avancées de la connexion sans fil

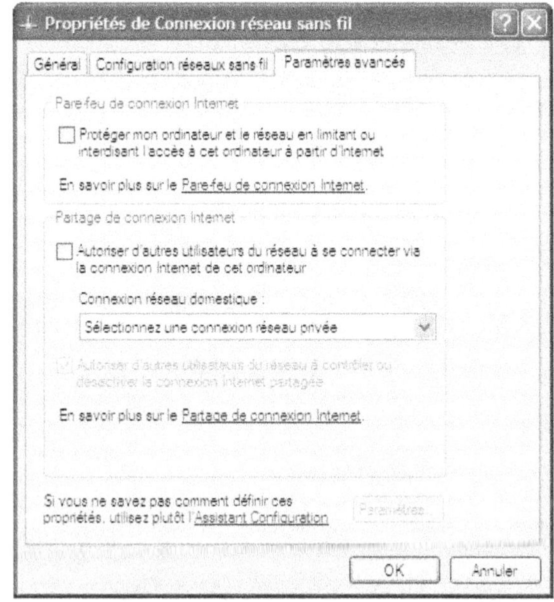

> **Économie d'énergie**
>
> Windows XP ne propose pas d'option de configuration du mode économie d'énergie de la carte.

Figure 9.53

Onglet Général des propriétés de la connexion

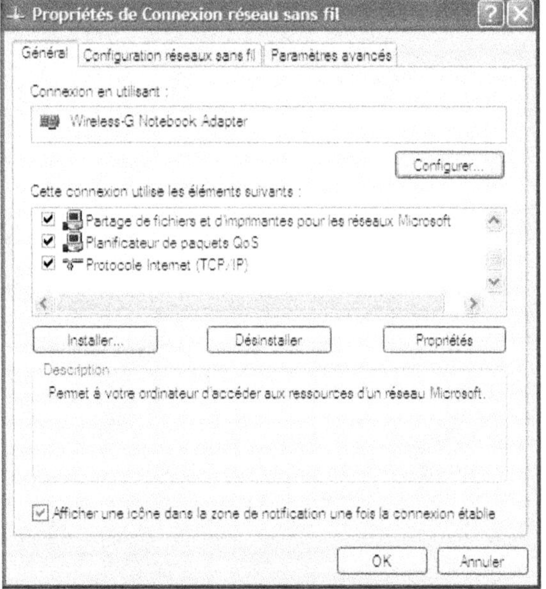

Une fois configurée, la carte se connecte directement. Une bulle d'information indique le réseau auquel vous êtes connecté ainsi que la qualité du signal *(voir figure 9.54).*

Figure 9.54
État de la connexion sans fil

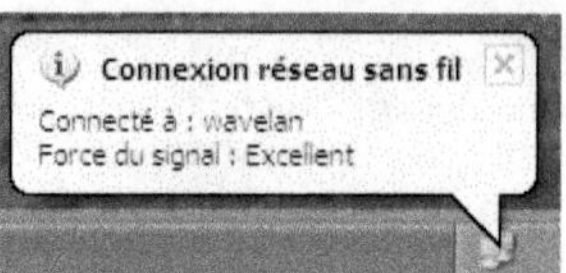

Pour connaître l'état d'une connexion, comme illustré à la figure 9.55 (nom du réseau, vitesse de transmission et qualité du signal), il suffit de laisser reposer le pointeur de la souris sur l'icône de connexion.

Figure 9.55
État de la connexion sans fil (suite)

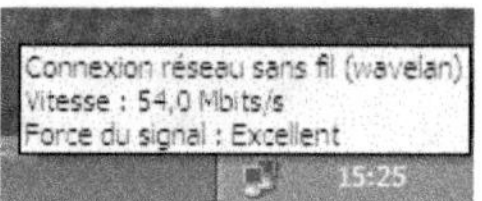

Double-cliquez sur cette même icône pour ouvrir la boîte de dialogue État de Connexion réseau sans fil et accéder à davantage d'informations sur l'état de la connexion *(voir figure 9.56).*

Figure 9.56
État détaillé de la connexion sans fil

Windows XP fournit l'état de la qualité du signal sous forme de barre, mais celle-ci ne s'affiche que dans la boîte de dialogue, et non dans la barre des tâches.

Le bouton Propriétés permet de revenir à la fenêtre de configuration de la connexion. L'onglet Prise en charge fournit les informations concernant les paramètres TCP/IP de la carte *(voir partie gauche de la figure 9.57).*

Le bouton Détails fournit de plus amples informations sur les paramètres TCP/IP de la carte, tels que les adresses MAC, IP et serveur DHCP, le bail, etc. *(voir partie droite de la figure 9.57).*

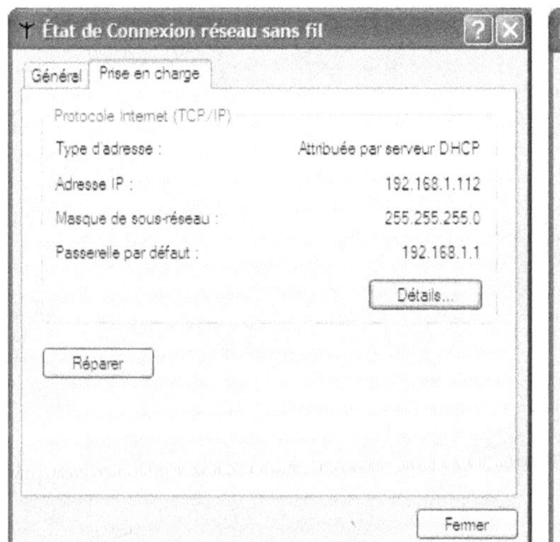

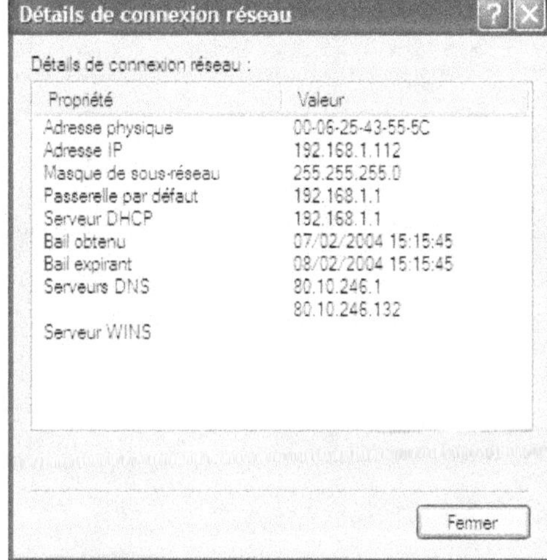

Figure 9.57
Paramètres TCP/IP de la carte Wi-Fi

Il peut arriver que la carte Wi-Fi ne réponde plus ou qu'elle ne veuille plus se connecter au réseau alors que celui-ci est bien présent. Aucune connexion à un réseau n'est alors possible, même en essayant la méthode d'actualisation décrite précédemment. Ce problème est généralement lié à un bogue du driver de la carte. L'unique solution à ce problème consiste à réinitialiser la carte, une fonctionnalité que propose Windows par le biais de la désactivation.

Pour désactiver la carte, il suffit de faire un clic droit sur l'icône de connexion au réseau sans fil situé dans la barre des tâche et de choisir Désactiver, comme illustré à la figure 9.58.

Figure 9.58
Désactivation de la carte

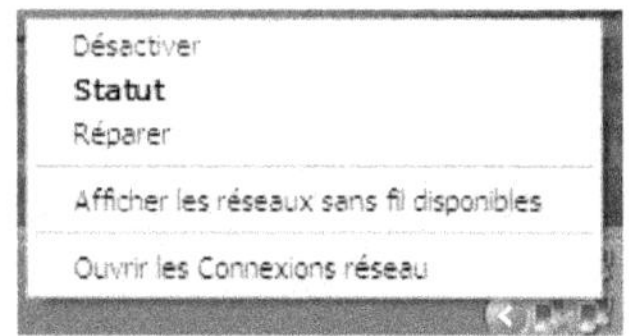

Une fois la carte désactivée, il suffit, pour la réinitialiser, de l'activer à nouveau par le biais de l'option Connexion réseau du menu Démarrer. Une nouvelle fenêtre montre les différents types de connexion du terminal ainsi que leur état. À la figure 9.59, la carte Wirless-G network adapter est dans l'état Désactivé.

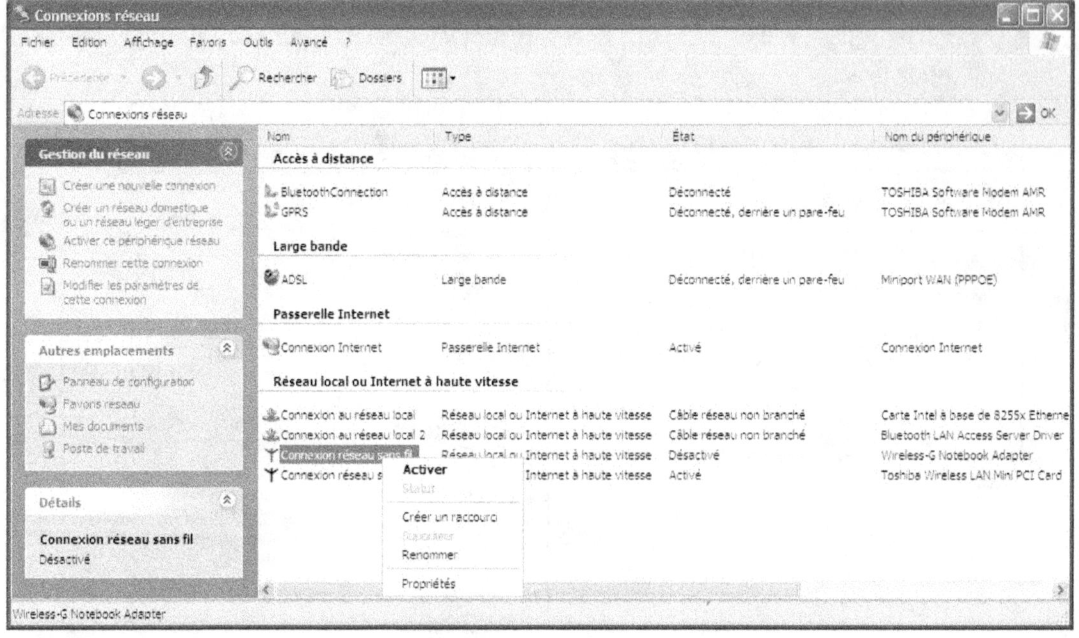

Figure 9.59
Désactivation de la carte

Pour réactiver la carte, il suffit de faire un clic droit sur la connexion désactivée et de choisir l'option Activer, qui initie l'activation illustrée à la figure 9.60.

Figure 9.60
Réactivation de la carte

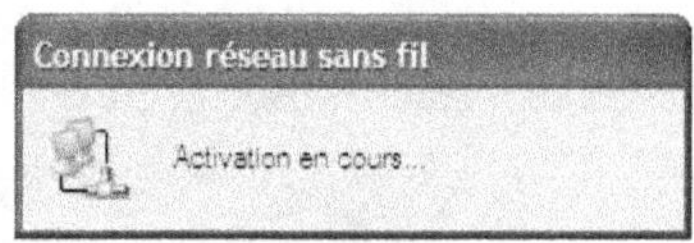

Une fois activée, la carte se connecte automatiquement au réseau Wi-Fi présent.

Configuration d'une carte Wi-Fi sous Windows Mobile 2003

Devenus des terminaux courants, les PDA permettent désormais de se connecter à des réseaux Wi-Fi aussi facilement qu'à des réseaux Ethernet.

Il existe deux familles de PDA, les Palm et les Pocket PC. Notre choix se porte dans cette section sur un Pocket PC HP 5550, qui intègre une carte Wi-Fi et tourne sous le système d'exploitation Windows Mobile 2003.

La plupart des PDA intègrent une interface Wi-Fi, si bien que l'ajout de carte tend à disparaître. Nous n'illustrons donc pas la phase d'installation du driver de la carte.

La figure 9.61 illustre l'interface d'accueil du système d'exploitation Windows Mobile 2003, qui est un Windows allégé destiné aux PDA. Certaines fonctionnalités de Windows Mobile 2003 sont proches de celles d'un Windows classique, mais d'autres sont propres à l'environnement mobile (PDA ou SmartPhone).

Figure 9.61
Interface d'accueil de Pocket PC 2003

La première étape de configuration d'une carte Wi-Fi intégrée passe par son activation.

Cliquez sur le menu Démarrer, et choisissez l'option iPAQ Wireless, comme illustré à la partie gauche de la figure 9.62. La fenêtre d'activation montre les différentes interfaces sans fil disponibles *(voir partie droite de la figure 9.62)*. Ici, deux interfaces sans fil sont proposées : Bluetooth et WLAN.

Cliquez sur WLAN pour activer la carte.

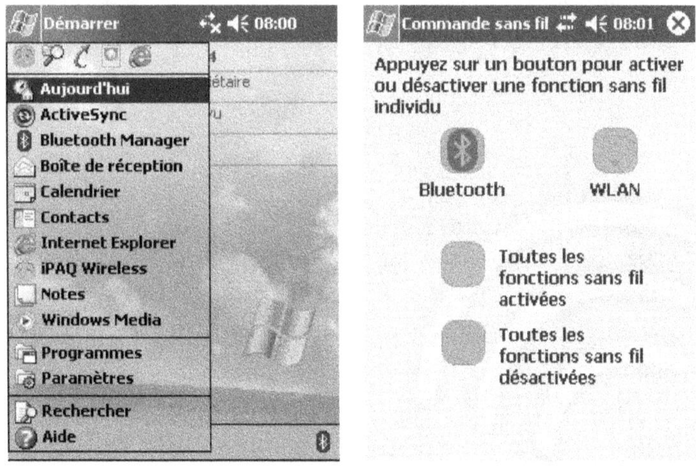

Figure 9.62
Activation de la carte Wi-Fi

Comme sous Windows XP, une fois la carte activée, le système vérifie si des réseaux sont présents dans l'environnement du PDA. Si c'est le cas, une bulle d'information montre les différents réseaux disponibles en spécifiant leur SSID.

La partie gauche de la figure 9.63 illustre la présence de trois réseaux Wi-Fi. Cette bulle d'information ne précise que les noms de réseau (SSID) et non leur mode (infrastructure ou ad-hoc) ou s'ils utilisent un mécanisme de sécurité.

Si, lors du choix d'un réseau, certains réseaux qui implémentent un mécanisme de sécurité, comme le WEP, demandent l'utilisation d'une clé pour se connecter, vous devez fournir cette clé, comme l'illustre la partie droite de la figure 9.63.

Nous supposerons dans la suite de cette section que la carte veut se connecter à Internet. La connexion au Bureau permet un échange d'information entre le PDA et un autre terminal, comme un ordinateur fixe, qui a été synchronisé avec le PDA.

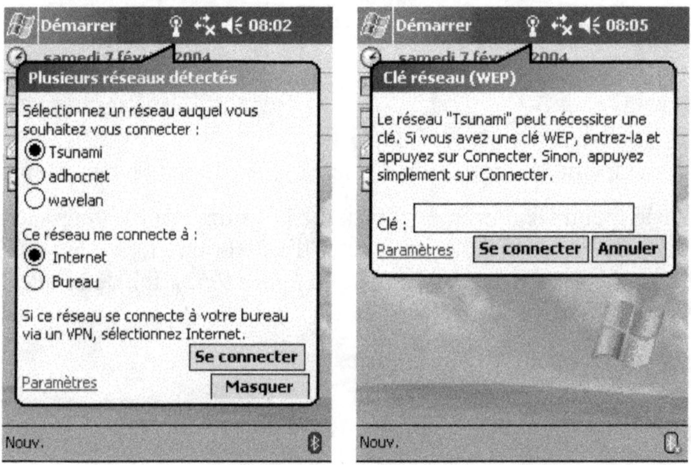

Figure 9.63
Connexion à un réseau

À tout moment, l'utilisateur peut savoir si la carte est connectée à un réseau ou non. L'icône indique que la carte est connectée à un réseau en spécifiant à l'aide de barres la qualité du lien pour cette connexion *(voir partie gauche de la figure 9.64)*. L'icône indique que la carte n'est pas connectée à un réseau *(voir partie droite de la figure 9.64)*.

Dans les deux cas, il est possible d'éteindre comme d'allumer la carte Wi-Fi intégrée au cas ou la connexion à un réseau Wi-Fi n'a pas d'utilité, évitant ainsi un gaspillage de la batterie. Si aucun réseau n'est trouvé, la carte s'éteint automatiquement.

L'option Paramètres permet soit de configurer une nouvelle connexion, soit de modifier une connexion existante. Dans l'onglet Avancé, le bouton Carte réseau permet de configurer la carte, comme l'illustre la partie gauche de la figure 9.65.

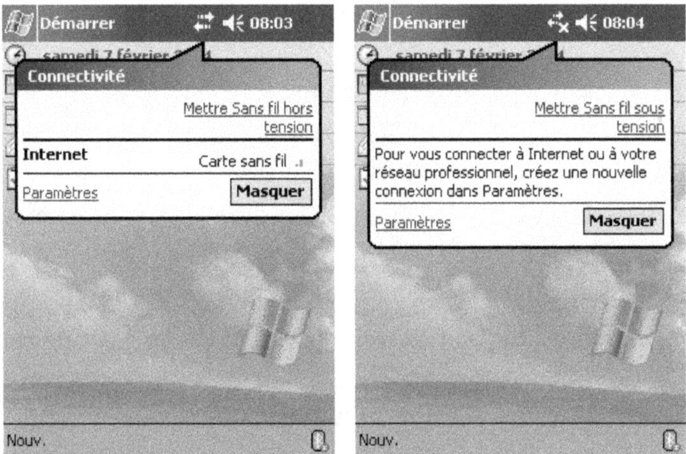

Figure 9.64
Statut de la connexion

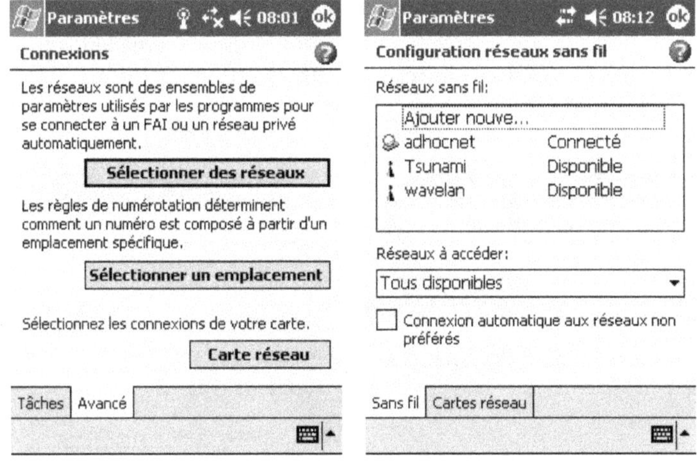

Figure 9.65
Sélection des réseaux

Le processus de configuration de la carte est à quelques détails près similaire à celui de Windows XP.

On retrouve ainsi les icônes suivantes, qui permettent de définir le réseau :

- et signifient que le réseau auquel vous souhaitez vous connecter est en mode infrastructure avec point d'accès.
- , et correspondent à un réseau en mode ad-hoc.

- et indiquent que les réseaux sont disponibles, contrairement aux icônes et .
- et indiquent le réseau auquel la carte est connectée.

Cette fenêtre *(voir partie droite de la figure 9.65)* montre aussi bien les réseaux existants que ceux qui ont été configurés auparavant.

Comme sous Windows XP, vous pouvez définir vers quel type de réseau vous souhaitez vous connecter dans Réseaux à accéder :

- **Tous disponibles.** Autorise la connexion à tous les types de réseaux.
- **Seulement points d'accès.** N'autorise la connexion qu'à des réseaux en mode infrastructure.
- **Seulement ordinateur à ordinateur.** N'autorise la connexion qu'à des réseaux en mode ad-hoc.

Il est aussi possible d'autoriser la connexion à tout type de réseau, même si ce réseau n'a pas été auparavant configuré, en cochant la case Connexion automatique aux réseaux non préférés.

Pour configurer une nouvelle connexion, cliquez sur Ajouter nouve… Pour modifier une connexion existante, cliquez sur un des réseaux présents dans la liste. À chaque nouvelle connexion, le SSID, ou nom de réseau pour une connexion, est demandé *(voir partie gauche de la figure 9.66).*

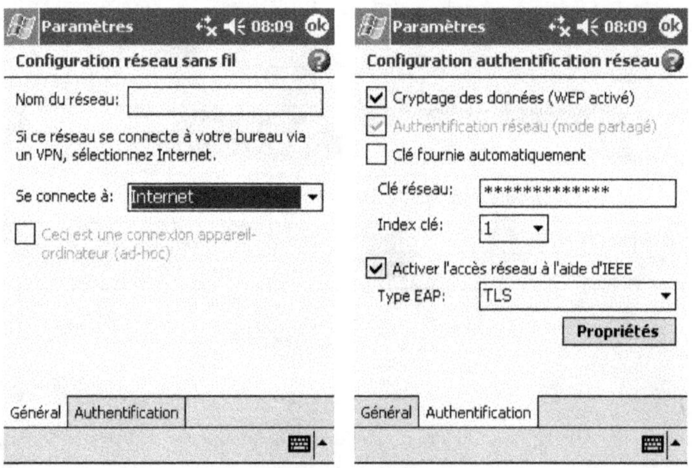

Figure 9.66
Configuration de la sécurité

L'onglet Authentification *(voir partie droite de la figure 9.66)* spécifie si le WEP ou l'authentification peuvent être utilisés. Si le WEP est utilisé, la clé doit être entrée par l'utilisateur.

Comme précédemment, vous pouvez spécifier jusqu'à quatre clés différentes, sachant que seulement une clé peut être utilisée pour la connexion. Si le point d'accès dispose d'un mécanisme de clé dynamique, tel que TKIP, la clé est automatiquement fournie par le point d'accès. Si c'est le cas, cochez la case Clé fournie automatiquement.

De même, si le réseau auquel vous souhaitez vous connecter supporte une architecture 802.1x, et comprend donc un serveur d'authentification, il est possible d'utiliser les mécanismes EAP-TLS ou PEAP. Dans ce cas, un certificat doit être auparavant récupéré.

Un clic sur le bouton ok, en haut à droite, valide la configuration de la carte.

Installation et configuration d'une carte Wi-Fi sous Linux

L'installation et la configuration d'une carte Wi-Fi est beaucoup plus complexe pour un non-initié sous Linux que sous Windows.

Nous détaillons dans les sections qui suivent chacune des phases d'installation et de configuration.

Installation du driver

Les dernières distributions de Linux, telles que Debian, Red Hat, Mandrake ou Suse, reconnaissent les principales cartes Wi-Fi PCMCIA. Pour les autres types de cartes, tout dépend du constructeur.

Nous utilisons ici la distribution Debian Woody et une carte PCMCIA Wi-Fi de marque Orinoco.

Reconnaissance de la carte

Il existe une manière empirique de savoir si une carte PCMCIA Wi-Fi que l'on insère dans sa machine est reconnue ou non. Si l'insertion de la carte PCMCIA dans un ordinateur portable sous Linux provoque deux bips aigus, c'est que la carte est détectée et reconnue par le système. Il n'y a alors pas d'installation de driver à effectuer, sauf évidemment si ce dernier ne fonctionne pas. Si le portable ne produit qu'un bip aigu suivi d'un grave, cela indique que la carte ne fonctionne pas correctement. Il faut alors installer où réinstaller le driver.

Une fois la carte détectée automatiquement, saisissez `lsmod` pour connaître les modules lancés :

```
# lsmod
Module                  Size  Used by    Not tainted
orinoco_cs              4712   2
orinoco                29448   0  [orinoco_cs]
hermes                  3364   0  [orinoco_cs orinoco]
ds                      6568   2  [orinoco_cs]
i82365                 22384   2
pcmcia_core            41312   0  [orinoco_cs ds i82365]
```

Le nom du module est généralement lié au nom de la carte elle-même. Dans notre exemple, `orinoco_cs` renvoie aux cartes Orinoco. Un module permet de connaître le driver qui gère la carte.

Si la carte n'est pas détectée ou si elle est mal installée, il faut réinstaller les drivers. Cette installation peut se faire soit en configurant le noyau du système, soit en installant un ensemble de packages, appelés PCMCIA-CS, soit encore en installant directement les drivers Linux de la carte.

> **Formats de carte**
>
> Il convient de distinguer les cartes PCMCIA classiques (PC Card) et celles au format CardBus. Les systèmes d'exploitation Windows reconnaissent les deux types. Sous Linux, seuls les noyaux 2.4 et 2.6 reconnaissent le format CardBus. Actuellement, les cartes 802.11b sont au format PCMCIA, mais les nouvelles sont seulement au format CardBus, notamment les cartes 802.11g et 802.11a.

L'installation de nouveaux programmes requiert l'accès **root** à la machine.

Il vous faut connaître la version du noyau de la distribution. Pour cela il suffit de saisir `uname -a` :

```
# uname -a
Linux Thor 2.4.21 #4 Fri Oct 3 09:16:42 CEST 2003 i686 unknown
```

Nous avons ici un noyau 2 .4.21.

> **Noyaux Linux**
>
> Dans Linux, trois types de noyaux sont généralement utilisés, 2.2, 2.4 et maintenant 2.6. Les noyaux 2.2 sont les plus anciens et les plus stables, même s'ils intègrent moins de fonctionnalités. Les noyaux 2.4 sont plus récents et incorporent davantage de fonctionnalités en ce qui concerne les réseaux sans fil. L'utilisation d'un noyau 2.4 est préférable car l'installation de drivers d'une carte Wi-Fi est rarement nécessaire pour ce type de noyau. Le noyau 2.6 est assez récent et ajoute un grand nombre de fonctionnalités
>
> Il est préférable d'utiliser des noyaux stables. Ainsi, il faut disposer pour le 2.2.*x* d'un noyau supérieur ou égal à 2.2.26, pour le 2.4 d'un noyau supérieur ou égal à 2.4.26 et pour le 2.6.5 d'un noyau supérieur à 2.6.2. Si ce n'est pas le cas, il vous faut mettre à jour le noyau de votre distribution et le recompiler.

Un fois le noyau connu, vous devez avoir la possibilité de le recompiler et, pour cela, disposer des sources du noyau. Généralement, les sources se trouvent dans un répertoire situé dans **/usr/src.** Si ce n'est pas le cas, il vous suffit de télécharger sur *http://www.kernel.org/* les sources correspondant au numéro du noyau utilisé par le système et de les décompresser dans le répertoire indiqué précédemment.

Les sources étant obtenues, il vous faut configurer le noyau. Cette configuration s'effectue dans le répertoire où se trouvent les sources du noyau, **usr/src/kernel-2.4.21,** par exemple, par le biais de la commande `make xconfig`, si vous êtes en mode graphique, ou de la commande `make menuconfig`, si vous êtes en mode texte. La commande `make config` peut aussi être utilisée pour le mode texte, mais pour une configuration à la main, ce qui n'est guère convivial.

Pour les noyaux 2.6, la commande `make xconfig` demande que les bibliothèques QT soient installées. Un autre mode graphique peut être utilisé par la le biais de la commande `make gconfig`, qui demande la bibliothèque GTK+ 2.0. Sans ces bibliothèques, la configuration en mode graphique n'est pas possible pour ce noyau.

Pour chaque type de noyau, des options différentes doivent être sélectionnées. Pour chaque option, trois choix sont disponibles : `y` (oui), `m` (modules) et `n` (non). L'option sélectionnée par `m` s'exécute sous forme de module et celle par `y` par le noyau. Les options sélectionnées par `n` ne sont pas configurées dans le noyau. Lorsque vous avez le choix entre `y` et `m`, `m` est préférable pour éviter d'alourdir le noyau.

Pour chaque noyau, nous détaillons et illustrons les options les plus importantes.

Pour les noyaux 2.2.*x*, les options disponibles sont illustrées à la figure 9.67.

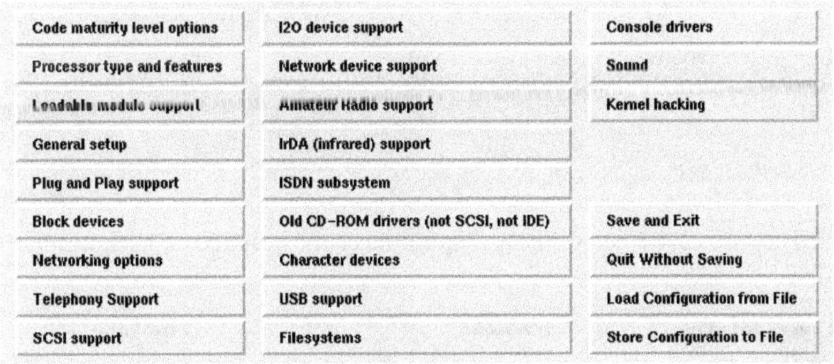

Code maturity level options
Processor type and features
Loadable module support
General setup
Plug and Play support
Block devices
Networking options
Telephony Support
SCSI support
I2O device support
Network device support
Amateur Radio support
IrDA (infrared) support
ISDN subsystem
Old CD-ROM drivers (not SCSI, not IDE)
Character devices
USB support
Filesystems
Console drivers
Sound
Kernel hacking
Save and Exit
Quit Without Saving
Load Configuration from File
Store Configuration to File

Figure 9.67
Configuration d'un noyau 2.2

- **Loadable module support.** Enable loadable module support *(voir figure 9.68)* permet de configurer le support de l'utilisation des modules.

Loadable module support
y
n
Enable loadable module support
Help
Set version information on all module symbols
Kernel module loader
Main Menu
Next
Prev

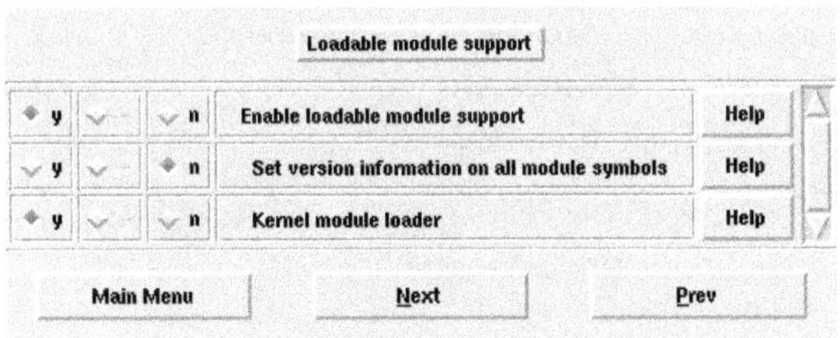

Figure 9.68
Support des modules

- **Network device support.** Wireless LAN (non-hamradio) *(voir figure 9.69)* configure l'interface Wireless LAN et permet d'accéder au fichier **/proc/net/wireless.**

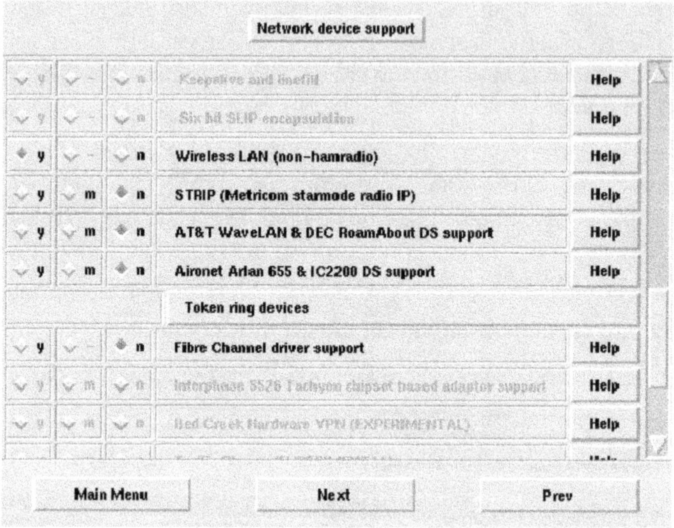

Figure 9.69
Configuration du support réseau

Pour les noyaux 2.4.*x*, les options disponibles sont illustrées à la figure 9.70.

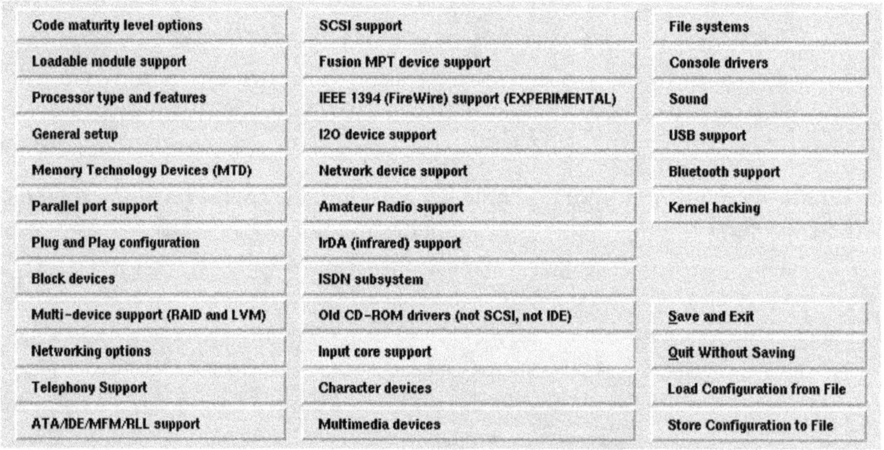

Figure 9.70
Configuration du noyau 2.4

- **Loadable module support.** Enable loadable module support *(voir figure 9.71)* permet d'activer le support des modules.
- **General setup.** Pour configurer les différentes interfaces de la station *(voir figure 9.72).*

Figure 9.71
Support des modules

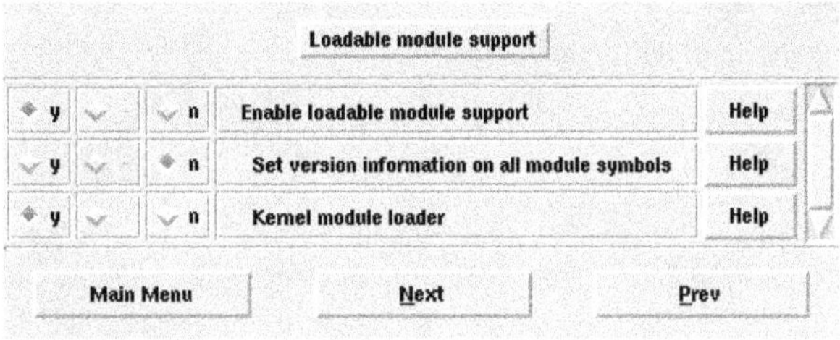

Figure 9.72
Configuration générale

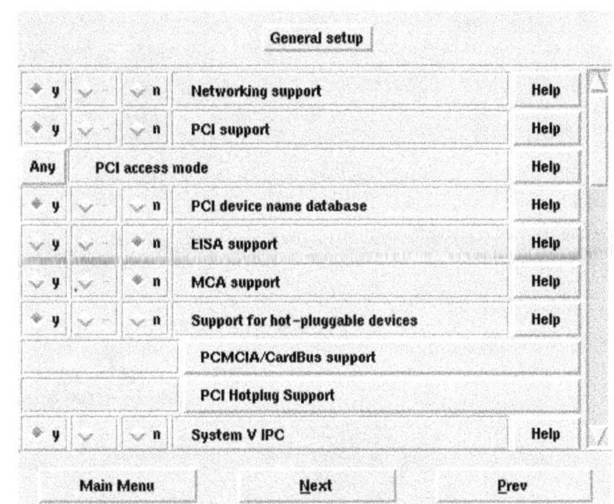

- **Support for hot-pluggable device.** Active le support des périphériques Hot Plug and Play, qui peuvent être reconnus et configurés aussitôt connectés à la station.
- **PCMCIA CardBus support.** Supporte les cartes aux formats PCMCIA et CardBus. Pour une carte CardBus, mieux vaut cocher toutes les options de ce menu *(voir figure 9.73)*.

Figure 9.73
Configuration du support PCMCIA/Cardbus

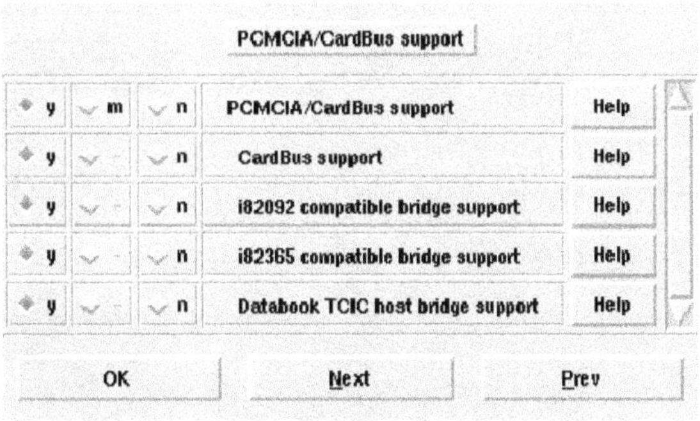

- **Network device support.** Configure le support réseau *(voir figure 9.74)*.

Figure 9.74

Configuration du support réseau

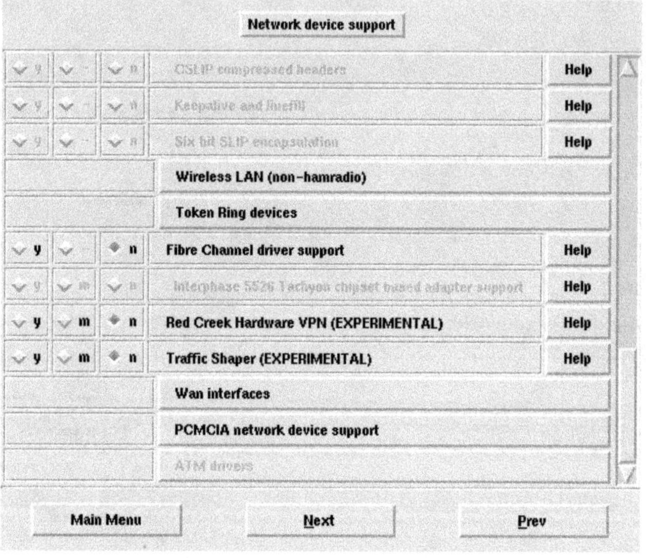

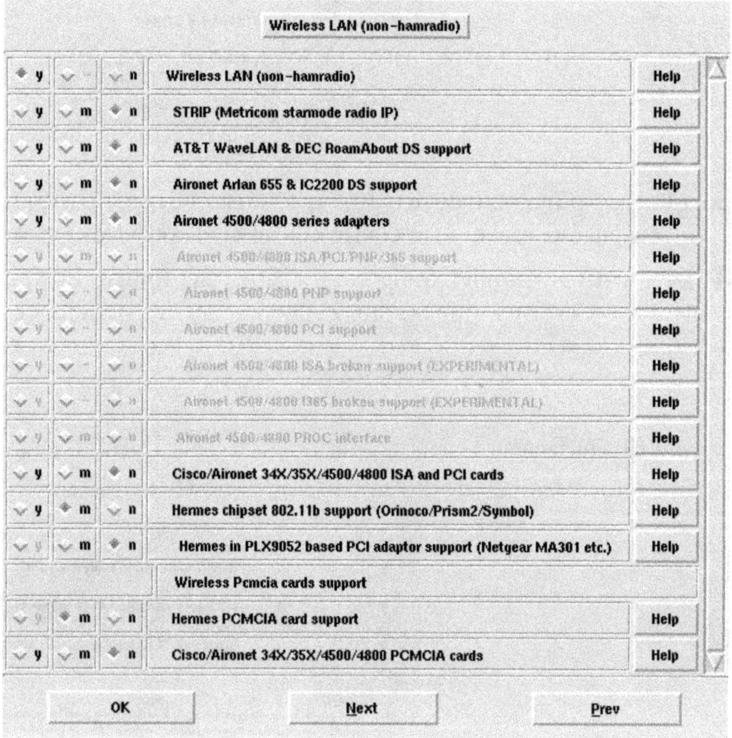

Wireless LAN (non-hamradio)

y	m	n	Option	
y	-	n	Wireless LAN (non-hamradio)	Help
y	m	n	STRIP (Metricom starmode radio IP)	Help
y	m	n	AT&T WaveLAN & DEC RoamAbout DS support	Help
y	m	n	Aironet Arlan 655 & IC2200 DS support	Help
y	m	n	Aironet 4500/4800 series adapters	Help
y	m	n	Aironet 4500/4800 ISA/PCI/PNP/365 support	Help
y	-	n	Aironet 4500/4800 PNP support	Help
y	-	n	Aironet 4500/4800 PCI support	Help
y	-	n	Aironet 4500/4800 ISA broken support (EXPERIMENTAL)	Help
y	-	n	Aironet 4500/4800 I365 broken support (EXPERIMENTAL)	Help
y	m	n	Aironet 4500/4800 PROC interface	Help
y	m	n	Cisco/Aironet 34X/35X/4500/4800 ISA and PCI cards	Help
y	m	n	Hermes chipset 802.11b support (Orinoco/Prism2/Symbol)	Help
y	m	n	Hermes in PLX9052 based PCI adaptor support (Netgear MA301 etc.)	Help
			Wireless Pcmcia cards support	
y	m	n	Hermes PCMCIA card support	Help
y	m	n	Cisco/Aironet 34X/35X/4500/4800 PCMCIA cards	Help

OK | Next | Prev

Figure 9.75

Configuration du réseau sans fil

- **Wireless LAN (non-hamradio).** Configure les réseaux sans fil *(voir figure 9.75).* Wireless LAN (non-hamradio) permet de configurer l'interface Wireless LAN et d'accéder au fichier **/proc/net/wireless.** Choisissez le type de support qui correspond à votre carte. Si votre carte n'est pas présente, il vous faut installer les packages PCMCIA-CS, voire le driver de la carte.
- **PCMCIA network device support.** Permet de configurer les interfaces réseau au format PCMCIA *(voir figure 9.76).* Comme dans le cas précédent, choisissez le driver de votre carte PCMCIA s'il se trouve dans la liste.

Figure 9.76
Configuration des cartes PCMCIA

Pour les noyaux 2.6.*x*, les options de configuration de la carte sans fil restent les mêmes que pour le noyau 2.4.*x*, malgré une interface différente, comme l'illustrent les figures 9.77 à 9.79.

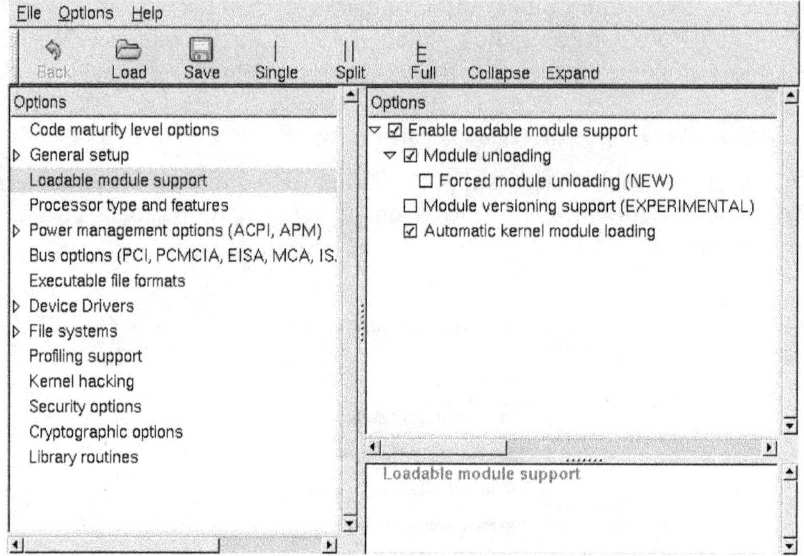

Figure 9.77

Configuration du support des modules

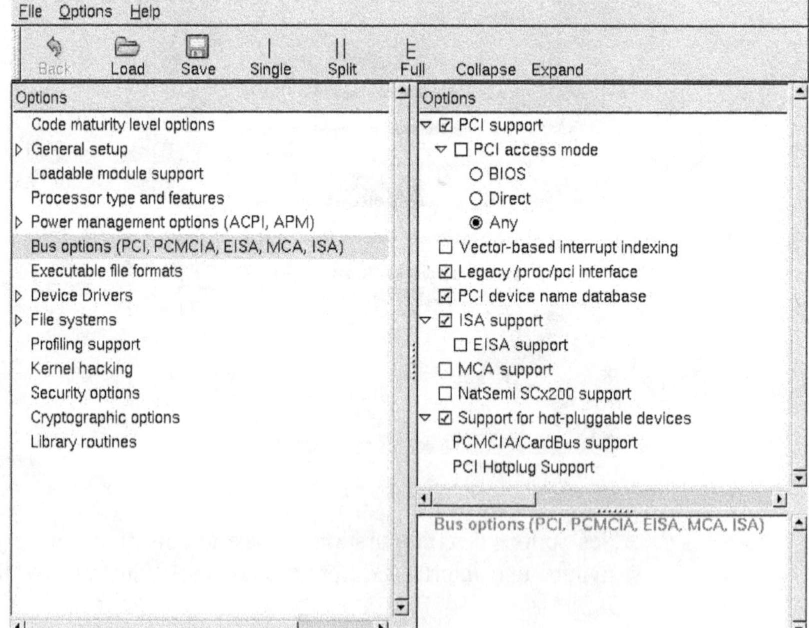

Figure 9.78

Configuration du support PCMCIA/CardBus

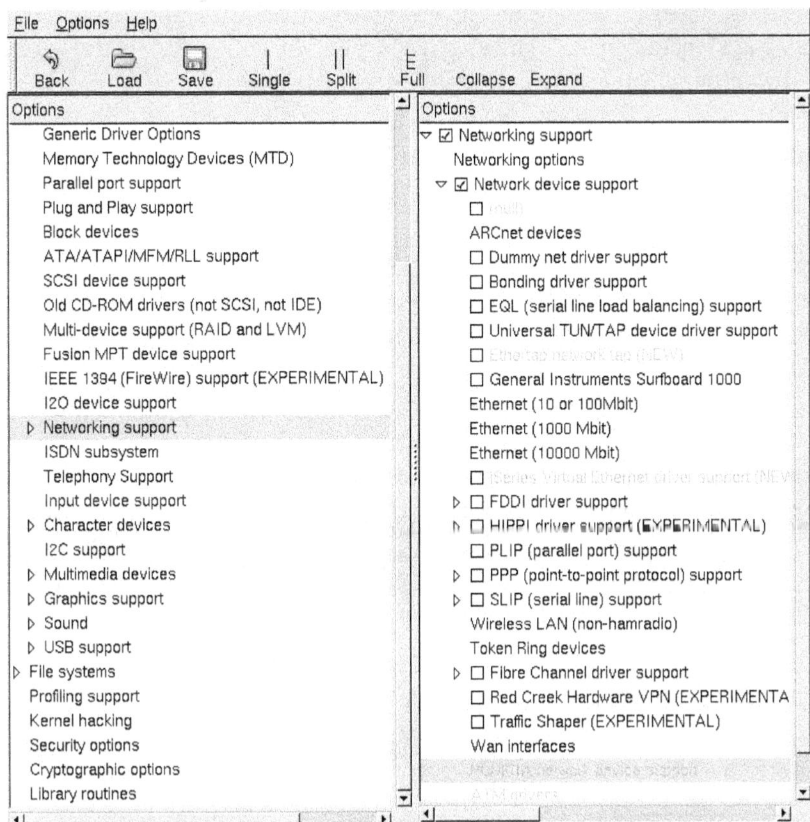

Figure 9.79

Configuration du réseau sans fil

Une fois le noyau configuré, il ne vous reste qu'à le compiler de la manière suivante :

```
# make dep
# make clean
# make bzImage
# make modules
# make modules_install
```

Une fois le noyau compilé, il vous faut copier ce noyau dans le répertoire de **boot** puis lancer la commande suivante :

```
# cp arch/i386/boot/bzImage /boot/vmlinuz-2.x.x
```

Enfin, il vous faut modifier la configuration du bootloader (`lilo` ou `grub`) afin de permettre de démarrer sur le nouveau noyau.

Il vous suffit alors de redémarrer et de vérifier que le nouveau noyau ne génère pas d'erreur au démarrage. En cas d'erreur, la commande `dmesg` vous permet d'afficher séparément tous les messages du noyau au lieu de les voir défiler rapidement lors de la séquence de boot.

Comme vous avez pu le constater, un noyau 2.4 ou 2.6 offre plus de fonctionnalités qu'un noyau 2.2. Généralement, le driver n'a pas à être installé lorsqu'un noyau 2.4 ou 2.6 est utilisé, contrairement à ce qui se produit avec un noyau 2.2.

Si la carte ne fonctionne pas, même avec un noyau 2.4 ou 2.6, le driver PCMCIA doit être installé.

Le package PCMCIA-CS

Le package PCMCIA-CS (*http://pcmcia-cs.sourceforge.net/*) est un driver permettant d'installer et de gérer sous Linux n'importe quel type de carte PCMCIA, qu'elle soit Ethernet, Wi-Fi ou autre. Ce driver offre par ailleurs de nombreux outils permettant la gestion des cartes PCMCIA sous Linux (`cardmgr`).

Avant d'installer le package PCMCIA-CS, il vous faut configurer le noyau afin qu'il ne supporte pas les cartes PCMCIA (PCMCIA/CardBus support). Dans certains cas, l'activation de cette option peut provoquer des conflits et empêcher le fonctionnement de la carte PCMCIA.

PCMCIA-CS est généralement installé sur toutes les distributions. Si toutefois la carte ne fonctionne pas, cela peut signifier que la version du package PCMCIA-CS utilisée ne la reconnaît pas.

La commande `/sbin cardmgr -V` permet de connaître la version du package PCMCIA-CS, sachant que la version actuelle est la 3.2.7 :

```
# /sbin cardmgr - V
cardmgr version 3.2.7
```

Version du package

Le package PCMCIA-CS évoluant très rapidement, mieux vaut télécharger et installer la dernière version.

Une fois le package PCMCIA-CS récupéré, décompactez-le dans le répertoire de votre choix ou dans le répertoire par défaut (`pcmcia-cs-3.2.7`), non sans vous assurer au préalable que les sources du noyau sont disponibles afin de pouvoir poursuivre l'installation.

La procédure d'installation est la suivante :

```
# tar xzvf pcmcia-cs-3.2.7.tar.gz
# cd pcmcia-cs-3.2.7
# make config
# make all
# make install
```

Après quoi vous devez rebooter la machine.

Message d'erreur

Il peut arriver que des messages d'erreur surviennent pendant l'installation. Cela peut être dû à la version du noyau utilisée. Le fait de changer de version de noyau peut résoudre le problème.

Si la carte Wi-Fi ne fonctionne toujours pas, il est préférable d'installer le driver de la carte. Vous devez pour cela récupérer sur le site du constructeur le driver de la carte Wi-Fi sous Linux. Il se présente généralement sous la forme `nom_drivers.tgz`.

Avant de commencer, il vous faut :

- avoir le driver Linux de la carte, appelé `drivers.tgz` ;
- avoir le dernier package PCMCIA-CS, appelé `pcmcia-cs-3.2.7.tar.gz` ;
- avoir les sources du noyau installés de préférence dans le répertoire `/usr/src/linux-2.x.x`.

Pour installer le driver, commencez par décompresser le package PCMCIA-CS dans n'importe quel répertoire au moyen de la commande `tar zxvf pcmcia-cs-3.2.7.tar.gz`.

Copiez le driver dans le répertoire où a été décompressé le package PCMCIA-CS, et décompressez-le :

- `cp drivers.tgz nom_repertoire_pcmcia_cs`
- `cd nom_repertoire_pcmcia_cs`
- `tar zxvf drivers.tgz`

Dans le répertoire contenant à la fois le driver et le package PCMCIA-CS, entrez :

- `make config` (vérifie si le système est bien configuré).
- `make all` (compilation).
- `make install` (installe le module PCMCIA dans `/lib/modules/version_du_noyau/pcmcia`).

Le driver étant maintenant installé, il suffit de redémarrer pour vérifier son fonctionnement.

Si, au redémarrage, deux bips aigus se produisent, le driver est reconnu. Dans le cas contraire, une anomalie est survenue, et il faut recommencer l'installation soit avec un nouveau noyau, soit avec un autre driver.

Configuration de la carte

Comme expliqué précédemment, la configuration de la carte peut se faire soit en passant par le driver, soit en installant un logiciel de configuration.

En mode texte, il suffit de lire le « man » du driver (module) pour connaître les différents paramètres configurables. Avant d'apporter toute modification au driver, il faut le désinstaller par le biais de la commande `rmmod nom_du_driver`.

Pour installer la carte, utilisez la commande `insmod` avec les paramètres voulus : `insmod nom_du_driver param1 param2`, etc.

Le nom du driver officiel sous Linux pour les cartes Orinoco étant `wavelan2_cs`, il suffit de faire un `man wavelan2_cs` pour connaître tous les paramètres nécessaires à la configuration de la carte.

Voici la description de quelques-uns de ces paramètres :

- `network_name` définit le nom du réseau, ou SSID. Par défaut, il est mis à `ANY`.
- `port_type` définit le type de topologie du réseau :
  - 1 – Mode infrastructure (valeur par défaut) ;
  - 3 – Mode ad-hoc.
- `channel` définit la valeur du canal qui va être utilisé. Cette valeur ne peut être utilisée que lorsque la station est en mode ad-hoc. En mode infrastructure, c'est le point d'accès qui définit la valeur du canal de transmission. Le choix se fait entre 0 et 14, sachant que l'utilisation de certains canaux est particulièrement réglementée en France.
- `distance_between_aps` définit la distance entre les points d'accès d'un même réseau. Cette valeur permet de régler certains paramètres inhérents à la couche physique :
  - 1 – Large (valeur par défaut) ;
  - 2 – Medium ;
  - 3 – Small.
- `transmit_rate` définit le débit de la station :
  - 1 – Fixed Low ;
  - 2 – Fixed Standard ;
  - 3 – Auto Rate Select (High) (valeur par défaut) ;
  - 4 – Fixed Medium ;
  - 5 – Fixed High ;
  - 6 – Auto Rate Select (Standard) ;
  - 7 – Auto Rate Select (Medium).
- `medium_reservation` définit la valeur pour laquelle les trames de réservation RTS/CTS vont être utilisées. Cette valeur est comprise entre 0 et 2347 (valeur par défaut).
- `card_power_management` définit si le mécanisme d'économie d'énergie est utilisé ou non :
  - N – Désactivé (valeur par défaut) ;
  - Y – Activé.
- `microwave_robustness` définit si la station est soumise à des interférences liées à l'utilisation de fours micro-ondes. Cette option permet de prévenir ce type d'interférences sans toutefois les éliminer :
  - N – Désactivé (valeur par défaut) ;
  - Y – Activé.

- `receive_all_multicasts` définit si les trames multicast peuvent être transmises ou non lorsque la station est en mode d'économie d'énergie :
  - N – Désactivé ;
  - Y – Activé (valeur par défaut).
- `maximum_sleep_duration` définit le temps de veille de la station lorsque celle-ci est en mode d'économie d'énergie. Cette valeur est comprise entre 0 et 65 535 millisecondes. La valeur par défaut est 100 millisecondes.
- `mac_address` permet d'allouer une adresse MAC différente de celle allouée par le constructeur.
- `station_name` définit le nom de la station. Par défaut, ce nom est Linux.
- `enable_encryption` définit si les trames sont chiffrées ou non :
  - N – Désactivé (valeur par défaut) ;
  - Y – Activé.
- `key_1, key_2, key_3, key_4` définissent la clé utilisée pour le chiffrement.
  - `transmit_key_id` définit quelle clé (1 à 4) sera utilisée pour le chiffrement. Par défaut, la valeur est 1.

Les commandes suivantes permettent de reconfigurer une carte pour qu'elle se connecte au réseau d'infrastructure dont le SSID est `wavelan` sur le canal 10 :

```
# rmmod wavelan2_cs
# insmod wavelan2_cs port_type=1 network_name=wavelan channel=10
```

Pour éviter de saisir ces lignes chaque fois que vous allumez l'ordinateur, les paramètres de la carte peuvent être définis dans le fichier `/etc/pcmcia/wireless.opts`.

Monitoring de la carte

Linux offre l'avantage de ne pas nécessiter de logiciel propriétaire pour connaître l'état du lien.

Il suffit d'ouvrir le fichier `/proc/net/wireless` pour connaître l'état de l'environnement radio.

Pour accéder à cette option, il faut que l'option Wireless LAN (`non-hamradio`) soit cochée dans Network device support.

Pour connaître, l'état du lien en temps réel, il faut utiliser la commande `watch`, comme ci-dessous :

```
# watch -n 0 cat /proc/net/wireless
Inter-| sta-|  Quality  |  Discarded packets   | Missed
 face | tus | link level noise | nwid crypt frag retry misc | beacon
  eth0: 003f   0.   41.    0     0    0    0    0  101    0
```

La colonne `Quality` fournit toutes les informations sur la qualité du lien radio (`link`), le niveau du signal (`level`) et celui du bruit (`noise`).

Les autres colonnes donnent des indications sur le type d'interface, son état ou encore les paquets rejetés.

De nombreux utilitaires graphiques sous Linux permettent de connaître la qualité du lien radio. Ces utilitaires font appel au fichier `wireless`.

Les Wireless Tools

Les Wireless Tools sont un ensemble de quatre outils permettant de configurer au mieux et de manière simple une carte Wi-Fi. Créés par Jean Tourrilhes, ils sont disponibles sur sa page Web, à l'adresse : *http://www.hpl.hp.com/personal/Jean_Tourrilhes/Linux/Tools.html.*

Ces outils sont les suivants :

- `iwconfig` remplace `ifconfig` et permet de modifier les paramètres de la carte Wi-Fi (SSID, WEP, économie d'énergie).
- `iwlist` donne différentes informations sur les fréquences et les débits.
- `iwspy` renseigne sur la qualité du lien radio.
- `iwpriv` permet de modifier des informations propres à certaines cartes.

Pour utiliser ces outils, il suffit de les récupérer sur le site, de les décompacter puis de les installer :

```
# tar xvf wireless_tools.26.tar.gz
# cd wireless_tools.26
# make
# make install
```

Pour profiter pleinement des Wireless Tools, il est nécessaire de vérifier si votre noyau possède la même version des Wireless Extensions que les Wireless Tools. Sans cela, certaines fonctionnalités, comme la limitation de la puissance de la carte, risquent de ne pas être accessibles. Cette vérification peut se faire sur le site Web de Jean Tourrilhes.

La commande `iwconfig` permet, à la manière de `ifconfig`, de paramétrer la carte de la manière la plus simple. Pour connaître tous les paramètres de `iwconfig`, il suffit de consulter son `man`, par `man iwconfig`.

Un simple `iwconfig` fournit déjà un nombre important d'informations, comme nous pouvons le voir ci-dessous :

```
# iwconfig
eth0      ORiNOCO  ESSID:"tsunami"  Nickname:"Linux"
          Mode:Managed  Frequency:2.442GHz  Access Point: 00:40:96:41:F3:C6
          Sensitivity:1/3
          RTS thr:off
          Encryption key:off
          Link Quality:46/92  Signal level:-46 dBm  Noise level:-92 dBm
          Rx invalid nwid:0  Rx invalid crypt:0  Rx invalid frag:0
          Tx excessive retries:0  Invalid misc:1   Missed beacon:0
```

La commande suivante permet de configurer la carte (`eth1`) à un réseau en mode infrastructure ayant pour SSID `wavelan` avec un débit pour la connexion de 1 Mbit/s et une clé WEP :

```
# iwconfig eth1 mode managed essid "wavelan" rate 1M key:s qwerty
```

Configuration d'un réseau Wi-Fi en mode ad-hoc

La configuration d'un réseau en mode ad-hoc est encore plus simple que celle d'un réseau Wi-Fi de type infrastructure puisque seules les cartes doivent être configurées, une fois les drivers et outils de configuration installés.

L'utilisation de serveurs et le concept de point centralisé n'existent pas en mode ad-hoc. Certaines fonctionnalités, comme le mode d'économie d'énergie ou les mécanismes d'authentification reposant sur l'utilisation d'un serveur, ne sont donc pas disponibles dans un tel réseau.

La carte configurée en mode ad-hoc doit avoir la même adresse IP réseau que les autres stations du réseau. Windows alloue une adresse IP de type 169.254.*x*.*x*. Si la carte est en mode d'adressage automatique, il n'est pas nécessaire de configurer les adresses IP des stations.

Sous Linux, il est nécessaire de configurer manuellement l'adresse IP de la carte.

Configuration sous Windows

Sous Windows, la configuration en mode ad-hoc suit les mêmes étapes que celle en mode infrastructure.

Lors de la création d'un nouveau profil dans WLAN Monitor, il vous suffit de choisir le mode ad-hoc, comme illustré à la figure 9.80.

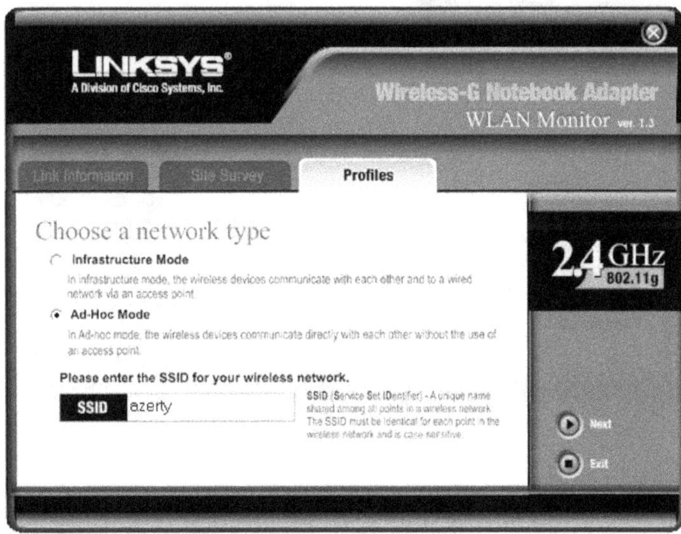

Figure 9.80

Configuration d'un profil utilisateur en mode ad-hoc

Renseignez le numéro de canal et le mode de connexion (Mixed Mode pour une connexion à un réseau ad-hoc 802.11b/802.11g ou G-Only Mode pour une connexion à un réseau ad-hoc 802.11g), comme illustré à la figure 9.81. Comme il n'y pas de point d'accès, c'est au niveau de la carte que doit être assigné le canal de transmission.

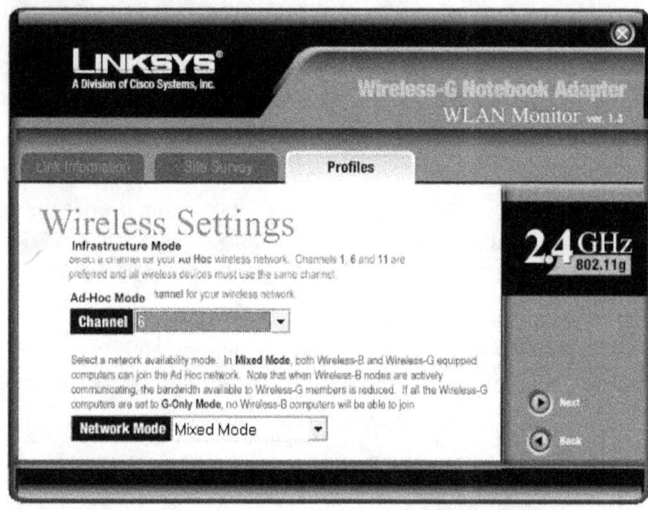

Figure 9.81

Choix du canal de transmission et du mode de connexion

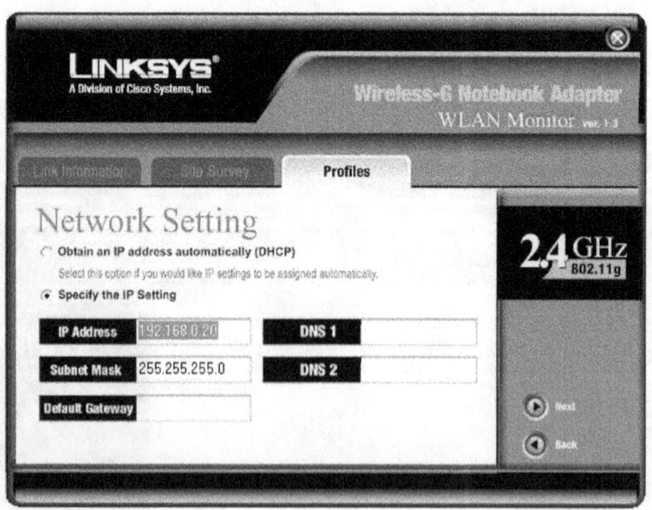

Figure 9.82

Configuration des paramètres réseau

Comme pour la configuration en mode infrastructure, il est possible de configurer les paramètres réseau de la carte. Toutefois, l'obtention d'une adresse IP par DHCP n'est pas nécessaire étant donné qu'un réseau en mode ad-hoc ne possède pas de serveur DHCP. Autant utiliser l'adresse par défaut définie par Windows.

En mode ad-hoc la sécurité ne repose que sur WEP ou WPA-PSK, qui s'appuient tous deux sur l'utilisation d'une clé secrète partagée *(voir figure 9.83)*. Les autres solutions, WPA-RADIUS ou RADIUS, ne peuvent être utilisées puisque aucun serveur d'authentification ne peut être utilisé.

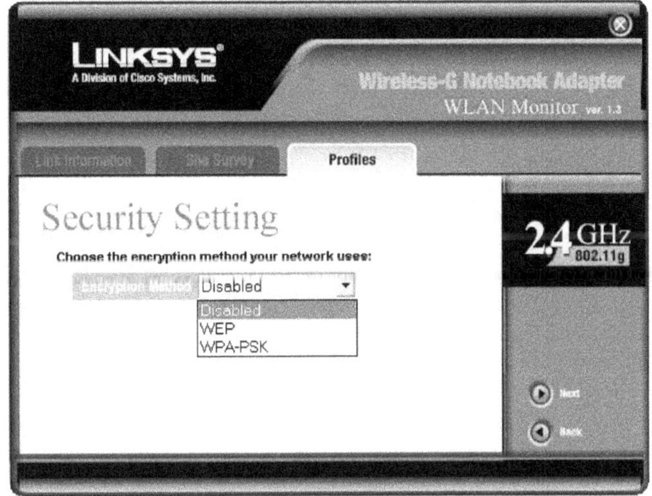

Figure 9.83
Configuration de la sécurité

La configuration du mode ad-hoc est terminée. WLAN Monitor vous demande la confirmation des paramètres de connexion, comme illustré à la figure 9.84.

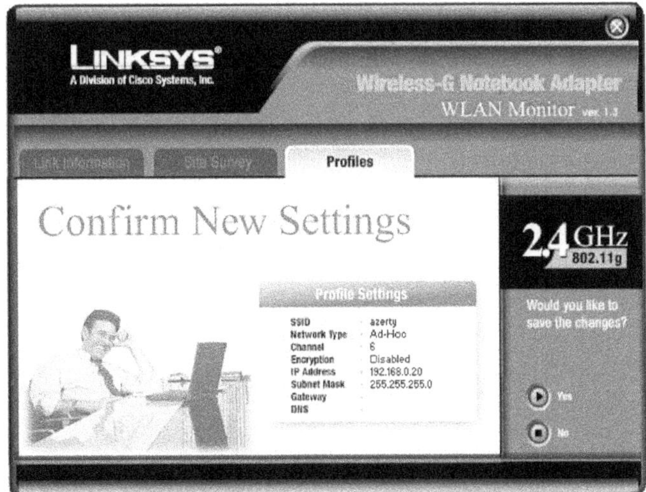

Figure 9.84
Confirmation du comportement TCP/IP

Une fois les paramètres confirmés, l'utilisateur peut activer directement ou non la connexion au réseau en mode ad-hoc.

Sous Windows XP, la configuration de la carte en mode ad-hoc s'effectue de la même manière que celle en mode infrastructure mais en cochant la case Ceci est un réseau d'égal à égal (ad hoc)… illustrée au bas de la figure 9.85.

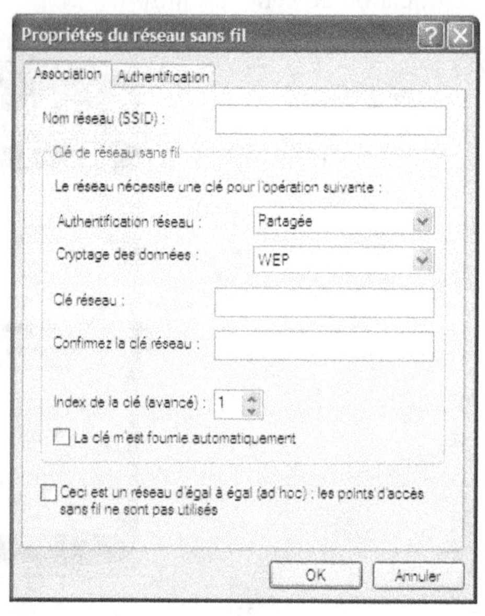

Figure 9.85

Configuration d'un réseau Wi-Fi en mode ad-hoc sous Windows XP

Configuration sous Windows Mobile 2003

Sous Windows Mobile 2003, la configuration d'un réseau en mode ad-hoc est presque équivalente à celle en mode infrastructure. Lors de la configuration du réseau sans fil, il suffit de cocher la case Ceci est une connexion appareil-ordinateur (ad-hoc), comme l'illustre la partie gauche de la figure 9.86.

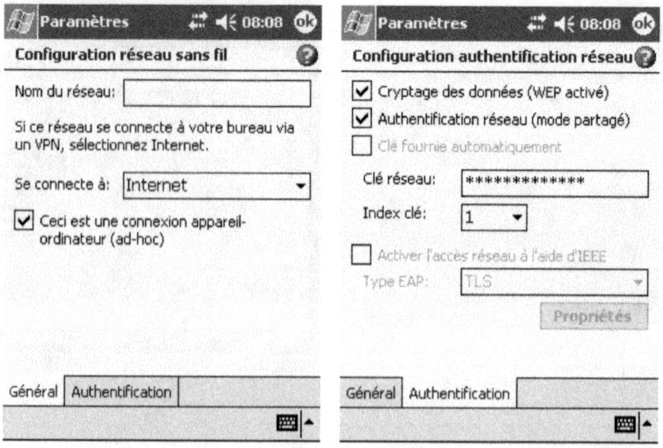

Figure 9.86

Configuration du mode ad-hoc sous Windows Mobile 2003

La configuration de l'authentification est identique à celle en mode infrastructure. Les seules différences sont qu'il n'est pas possible d'avoir une clé fournie automatiquement ni une méthode d'authentification, comme illustré à la partie droite de la figure 9.86.

Configuration sous Linux

Sous Linux, une fois les modules installés, il suffit de les reconfigurer en mode ad-hoc.

Dans le cas où le driver de la carte Orinoco est déjà installé, reconfigurez le module en utilisant `port_type=3` pour permettre à la carte de passer en mode ad-hoc :

```
# rmmod wavelan2_cs
# insmod wavelan2_cs port_type=3 network_name=AdhocNet  channel=10
```

Une autre solution consiste à utiliser les Wireless Tools avec la commande `iwconfig`.

Choisissez le mode `ad-hoc` plutôt que le mode `managed`, qui correspond au mode infrastructure. L'exemple ci-dessous permet de connecter la carte (`eth1`) à un réseau en mode ad-hoc dont le SSID est `azerty` à la vitesse de 1 Mbit/s :

```
# iwconfig eth1 mode ad-hoc essid "azerty" rate 1M
```

Configuration des paramètres réseau

Une fois la configuration du terminal en mode ad-hoc achevée, le terminal doit pouvoir communiquer avec le reste du réseau, qu'il soit en mode infrastructure ou ad-hoc. Pour cela, il est nécessaire de lui affecter les bons paramètres de réseau, incluant la configuration de l'adresse IP, du masque de sous-réseau, de l'adresse de la passerelle par défaut et de l'adresse DNS.

Avant d'aborder les étapes de configuration proprement dites, les sections qui suivent rappellent quelques notions essentielles sur la gestion des communications réseau, telles que adresses IP, masque de sous-réseau et DNS.

Rappels sur les paramètres réseau

La gestion des communications dans un réseau est régie par un nombre important de fonctionnalités liées aux standards utilisés. L'un d'eux, le protocole IP (Internet Protocol), définit la manière de communiquer par un système d'adressage et des mécanismes de routage particuliers.

Les adresses IP

Chaque machine connectée à un réseau local ou à Internet utilise la combinaison de deux protocoles TCP (ou UDP) et IP, plus connue sous le nom TCP/IP ou UDP/IP. Pour communiquer, chaque machine possède une adresse IP unique. Les adresses IP sont de la forme *x.x.x.x*, où *x* correspond à un nombre compris entre 0 et 255.

Il existe deux versions du protocole, IPv4 et IPv6. L'adresse IPv4, que l'on utilise actuellement, est sur 4 octets et ne dispose que de fonctionnalités limitées, tournant essentiellement autour du routage. IPv6 est l'évolution future d'IPv4. Son adresse est sur 16 octets, et elle comporte de nombreuses fonctionnalités, comme la gestion de la mobilité et la sécurité.

Structure d'une adresse IPv4

L'adresse est constituée de 4 octets, soit 32 bits (1 octet équivaut à 8 bits).

Chaque adresse IP comporte deux parties :

- l'adresse réseau ;
- un numéro d'hôte correspondant à l'adresse de la machine elle-même.

Supposons un réseau composé de trois machines, dont les adresses sont respectivement 145.41.12.1, 145.41.12.2 et 145.41.12.3. L'adresse réseau est en ce cas 145.41.12.x, 1, 2 et 3 correspondant aux adresses hôtes des machines.

Avec un tel plan d'adressage, le réseau peut connecter des machines ayant des adresses comprises entre 145.41.12.1 et 145.41.12.254. 145.41.12.255 est une adresse réservée, appelée adresse de broadcast ou adresse de diffusion, qui permet d'envoyer une information à toutes les stations du réseau. Un tel plan d'adressage n'offre que peu de possibilités en terme de connectivité au réseau, puisqu'il n'adresse que 254 machines potentielles.

Selon la taille de l'adresse réseau, le nombre de réseaux et donc le nombre d'hôtes associés peuvent être différents. Des classes d'adresses ont été définies pour tenir compte de cette différence.

Les classes d'adresses

Dans IPv4, les cinq classes d'adresses récapitulées au tableau 9.1 ont été définies.

Tableau 9.1 Classes d'adresses IPv4

Adresse	Plage d'adresses	Nombre de réseaux	Nombre d'hotes par réseau
Classe A	1.0.0.0 à 126.0.0.0	126	16 777 214
Classe B	128.0.0.0 à 191.255.0.0	16 384	65 534
Classe C	192.0.0.0 à 223.255.255.0	2 097 152	254
Classe D	224.0.0.0 à 225.0.0.0	Adresses de groupes (multicast)	
Classe E	225.0.0.0 à 240.0.0.0	Expérimental	

Ces classes d'adresses principales sont définies en fonction du nombre d'octet utilisé pour l'adresse réseau :

- Pour les adresses de classe A, le premier octet (8 bits) est réservé pour l'adresse réseau avec le premier bit à zéro. Ainsi l'adresse réseau est comprise entre 0000000 et 0111111 en format binaire. Sachant que les adresses 0.0.0.0. et 127.0.0.0 sont réservées, il y a donc $2^7 - 2$, soit 126 adresses réseau de classe A disponibles, allant de 1.0.0.0 à 126.0.0.0.

- Le nombre d'hôtes est défini sur 3 octets (24 bits). L'adresse de diffusion (x.x.x.255) et l'adresse x.x.x.0 étant réservées, cela donne $2^{24} - 2$, soit 16 777 214 hôtes possibles par adresse réseau de classe A.
- Pour les adresses de classe B, les deux premiers octets (16 bits) sont utilisés pour définir l'adresse réseau avec les deux premiers bits à 1 et 0. Il existe donc $2^{14} - 2$, soit 16 384 adresses réseau de classe B disponibles, allant de 128.0.0.0 à 191.255.0.0.
- Le nombre d'hôtes par adresse réseau est défini sur 2 octets. Comme pour les adresses de classe A, l'adresse de diffusion et l'adresse x.x.x.0 étant réservées, il y a donc $2^{16} - 2$, soit 65 534 hôtes possibles par adresse réseau de classe B.
- Pour les adresses de classe C, les trois premiers octets (24 bits) sont utilisés avec les trois premiers bits à 1,1 et 0, ce qui donne $2^{21} - 2$, soit 2 097 152 adresses réseau de classe C disponibles, allant de 192.0.0.0 à 223.255.255.0.
- Le nombre d'hôtes est défini sur un octet (8 bits). De même, l'adresse de diffusion et l'adresse x.x.x.0 étant réservées, il y a $2^8 - 2$, soit 254 hôtes par adresse réseau de classe C.

Les adresses de classes C et D sont réservées pour un adressage multicast expérimental.

L'affectation des adresses IP n'est pas automatique, et l'on ne peut affecter n'importe quelle plage d'adresses à un réseau. C'est l'IANA (Internet Assigned Numbers Agency) qui est en charge de fournir ces adresses à tout demandeur. Il faut toutefois remarquer que toutes les adresses de classes A et B disponibles sont déjà allouées.

Les adresses IP sont des adresses routables, et elles ne peuvent être utilisées pour un usage privé.

Afin d'éviter une utilisation abusive, l'IANA a réservé pour un usage strictement privé les trois plages d'adresses suivantes sur les trois principales classes :

- Classe A : 10.0.0.1 à 10.255.255.254 ;
- Classe B : 172.16.0.1 à 172.63.255.254 ;
- Classe C : 192.168.0.0 à 192.168.255.254.

Pour se connecter à un réseau ayant un plan d'adressage différent ou à Internet, chaque station possédant une adresse IP privée doit spécifier une adresse de passerelle par défaut. Cette adresse correspond à une station qui prend en charge le routage du réseau et permet l'envoi comme la réception de requêtes d'un milieu non routable (réseau privé) vers un milieu routable.

Dans le cas d'un partage de connexion Internet par le biais d'un point d'accès, c'est le point d'accès qui a la charge d'envoyer les requêtes d'un environnement privé, donc non routable, vers Internet, environnement routable. L'adresse de la passerelle par défaut est dans ce cas l'adresse IP du point d'accès.

Masque de sous-réseau

Le masque permet, par une soustraction binaire entre ce dernier et l'adresse IP d'une machine, de connaître l'adresse réseau de cette machine.

Si l'adresse IP d'une machine est 192.168.0.1 et qu'on lui applique le masque 255.255.255.0, la soustraction binaire de ces deux adresses donne 192.0.0.0, soit l'adresse réseau.

De manière générale, les adresses de classe A ont pour masque 255.0.0.0, les adresses de classe B 255.255.0.0 et celles de classe C 255.255.255.0.

Lors de la configuration du masque de deux machines, si l'une a pour adresse IP 192.168.1.1, avec comme masque 255.255.255.0, et la seconde 192.168.1.10, avec comme masque 255.225.0.0, leurs adresses réseau (192.168.0.x et 192.168.1.x) ne sont pas identiques. Elles n'appartiennent donc pas au même réseau et ne peuvent communiquer entre elles.

DNS (Domain Name Service)

Le DNS est une structure hiérarchique composée d'un ensemble de serveurs permettant d'associer une adresse IP à un nom de domaine constitué d'un nom d'organisation (par exemple google) et d'une classification (.fr, .com, etc.).

Il est de la sorte beaucoup plus facile de retenir des adresses de site Web, de messagerie ou encore FTP plutôt que leur adresse IP associée.

Il est toujours possible de connaître l'adresse IP d'un serveur particulier ou d'un site Web. Par exemple, un simple ping vers le site Web *www.google.fr* permet de connaître l'adresse IP de ce site, comme l'illustre la figure 9.87.

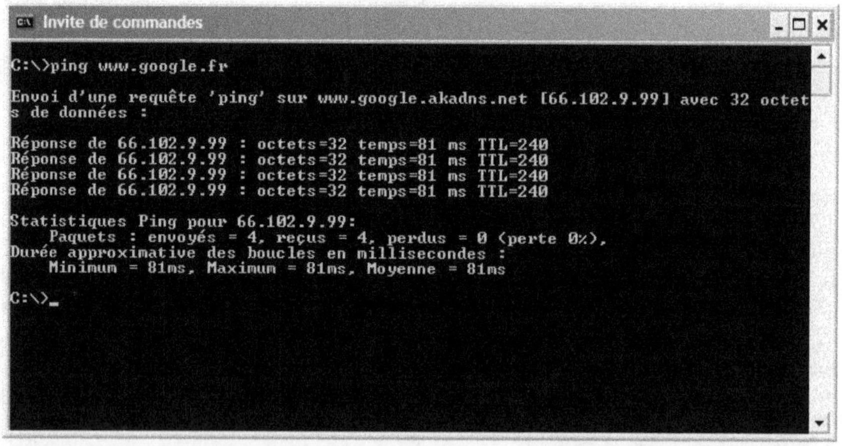

```
Invite de commandes

C:\>ping www.google.fr

Envoi d'une requête 'ping' sur www.google.akadns.net [66.102.9.99] avec 32 octet
s de données :

Réponse de 66.102.9.99 : octets=32 temps=81 ms TTL=240
Réponse de 66.102.9.99 : octets=32 temps=81 ms TTL=240
Réponse de 66.102.9.99 : octets=32 temps=81 ms TTL=240
Réponse de 66.102.9.99 : octets=32 temps=81 ms TTL=240

Statistiques Ping pour 66.102.9.99:
    Paquets : envoyés = 4, reçus = 4, perdus = 0 (perte 0%),
Durée approximative des boucles en millisecondes :
    Minimum = 81ms, Maximum = 81ms, Moyenne = 81ms

C:\>_
```

Figure 9.87
Adresse IP de www.google.fr

Généralement, deux adresses de serveur DNS sont demandées lors de la configuration des paramètres réseau afin de permettre d'accéder au réseau au cas où une panne surgisse sur un serveur. Les adresses DNS sont nécessairement des adresses IP.

Configuration des paramètres réseau sous Windows XP

Dans le Panneau de configuration, sélectionnez Réseau, puis, dans la zone des composants réseau, choisissez le composant TCP/IP de votre carte Wi-Fi, et cliquez sur Propriétés pour ouvrir la boîte de dialogue illustrée à la figure 9.88.

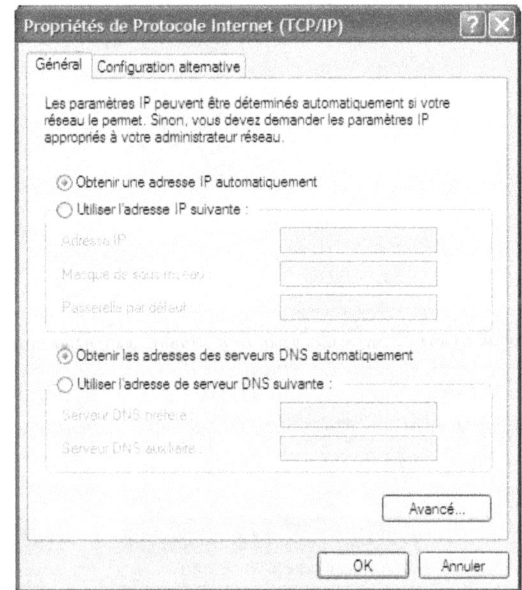

Figure 9.88
Paramétrage des propriétés TCP/IP de la carte

Renseignez les différents champs proposés en vous aidant le cas échéant des informations données par votre fournisseur d'accès :

- adresse IP correspondant à l'adresse IP de la machine ;
- masque de sous-réseau permettant de connaître l'adresse réseau et l'adresse de sous-réseau de l'adresse IP précédente ;
- passerelle par défaut correspondant à l'adresse de la machine du réseau connectée à Internet ;
- adresses DNS, généralement fournies par le FAI ou l'administrateur réseau.

Pour les versions de Windows autres que Windows 2000 et XP, un redémarrage est indispensable.

Dans le cas de Windows 2000 ou XP, l'activation des paramètres réseau définis par l'utilisateur peut prendre un temps de l'ordre d'une dizaine de secondes.

Configuration des paramètres réseau sous Windows Mobile 2003

Lors de la configuration de la connexion sans fil *(voir figure 9.65)*, l'onglet Carte réseau permet de configurer les paramètres réseau des différentes cartes présentes dans le PDA.

Notre choix se porte ici sur l'adaptateur sans fil WLAN iPAQ, comme illustré à la figure 9.89.

Figure 9.89
Choix de la carte réseau

Une fois la carte choisie, il est possible de configurer son adresse IP. Si l'adresse IP est allouée par un serveur (DHCP), elle apparaît comme illustré à la partie gauche de la figure 9.90. Si vous devez spécifier l'adresse IP vous-même, vous devez renseigner le masque et la passerelle par défaut *(voir partie droite de la figure 9.90).*

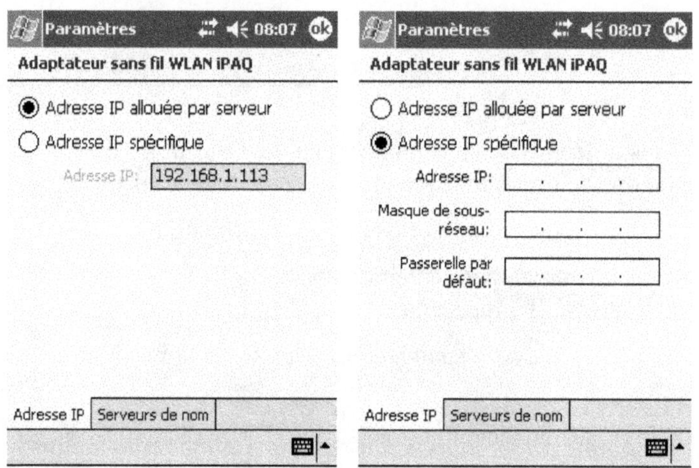

Figure 9.90
Configuration des paramètres réseau

L'onglet Serveurs de nom *(voir partie gauche de la figure 9.91)* permet de spécifier les adresses DNS ainsi que l'adresse WINS (Windows Internet Name Service) et l'adresse d'autres serveurs.

Cliquez sur le bouton ok en haut à gauche pour confirmer vos choix. Comme l'illustre la partie droite de la figure 9.91, l'activation des paramètres ne survient qu'à la prochaine utilisation de la carte.

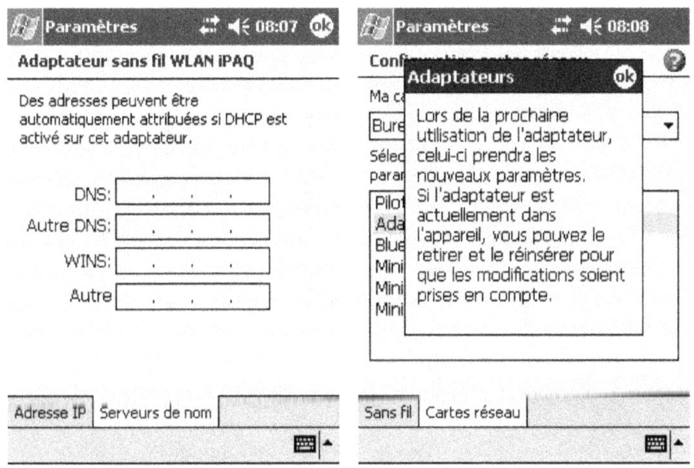

Figure 9.91
Configuration des paramètres réseau (suite)

Configuration des paramètres réseau sous Linux

Pour configurer l'adresse IP et le masque de sous-réseau de la carte, saisissez dans un shell :

```
# ifconfig eth0 10.0.0.2 netmask 255.255.255.0
```

Pour configurer l'adresse de la passerelle (ici 10.0.0.1), entrez :

```
# route add default gw 10.0.0.1
```

La commande `route` permet de vérifier si l'adresse de la passerelle a bien été ajoutée dans la table de routage :

```
# route
Kernel IP Routing Table
Destination     Gateway         Genmask          Flags Metric Ref    Use Iface
Default         10.0.0.1        0.0.0.0          UG    0      0        0 eth0
```

Pour configurer l'adresse du ou des serveurs de noms (DNS), il suffit d'éditer à l'aide de la commande `vi` le fichier `resolv.conf` se trouvant dans le répertoire `/etc` :

```
# vi/etc/resolv.conf
```

Voici un exemple pour le fichier `resolv.conf` :

```
nameserver adresse_IP_DNS
domain nom_de_domaine
```

`nameserver` permet de définir l'adresse de DNS primaire tandis que `domain` définit le nom de domaine du réseau, si celui-ci possède un domaine. Tout comme les adresses DNS, le nom de domaine est fourni par le FAI. S'il existe plusieurs adresses DNS, il suffit d'ajouter une ligne avec `nameserver adress_IP_DNS` pour chaque adresse DNS supplémentaire.

Cette configuration peut aussi se faire de manière semi-automatique en configurant le fichier `/etc/pcmcia/network.opts` dans le cas où la carte Wi-Fi est une carte PCMCIA ou le fichier `/etc/network/interfaces` pour une carte PCI ou Mini-PCI.

10

Wi-Fi domestique

Malgré le coût encore relativement élevé des équipements Wi-Fi, de plus en plus de particuliers sont tentés par l'installation d'un réseau domestique sans fil. L'absence de câbles à poser semble être le facteur déterminant d'un tel choix, alors même que, pour une topologie identique, le coût d'acquisition d'un réseau Ethernet est beaucoup moins élevé.

Il est vrai que l'installation d'un réseau Wi-Fi dans une maison ou dans un appartement est des plus simple. Il suffit de brancher le point d'accès et de le configurer. L'idéal est de disposer d'une connexion à Internet *via* un modem ADSL, câble, RNIS ou même 56 K, qu'il suffit de raccorder au point d'accès pour fournir un accès Internet à toutes les stations du réseau.

Cependant, cette vision tend à disparaître. La forte tendance qui se dégage actuellement est l'intégration du modem ADSL-câble dans le point d'accès, évitant par-là même une surcharge d'équipements. Dès à présent certains FAI proposent des modems ADSL Wi-Fi au prix de 100 euros, ce qui correspond au prix d'un modem ADSL d'il y a quelques années, lorsqu'il n'était pas encore offert gracieusement. On peut imaginer que, dans un avenir proche, il en ira de même avec les modems Wi-Fi. Certains FAI, comme Free avec sa Freebox v3, proposent d'ailleurs d'ores et déjà à leurs abonnées un modem Wi-Fi gratuit.

Le seul inconvénient d'une telle intégration vient de la partie Wi-Fi de l'équipement, qui souffre de défauts de jeunesse, comme l'absence de convivialité du logiciel de configuration ou le manque de fonctionnalités et de modularité.

La topologie d'un réseau domestique Wi-Fi peut varier en fonction des besoins. Celle qu'on rencontre le plus souvent correspond au mode infrastructure, dans lequel toutes les fonctionnalités sont incorporées dans le point d'accès. Il est toutefois possible de se passer du point d'accès, d'un prix généralement élevé, et de faire jouer ce rôle par une des stations du réseau.

La figure 10.1 illustre un réseau domestique Wi-Fi en mode infrastructure, où le point d'accès est connecté à Internet par le biais d'un modem, permettant de ce fait un partage de la connexion.

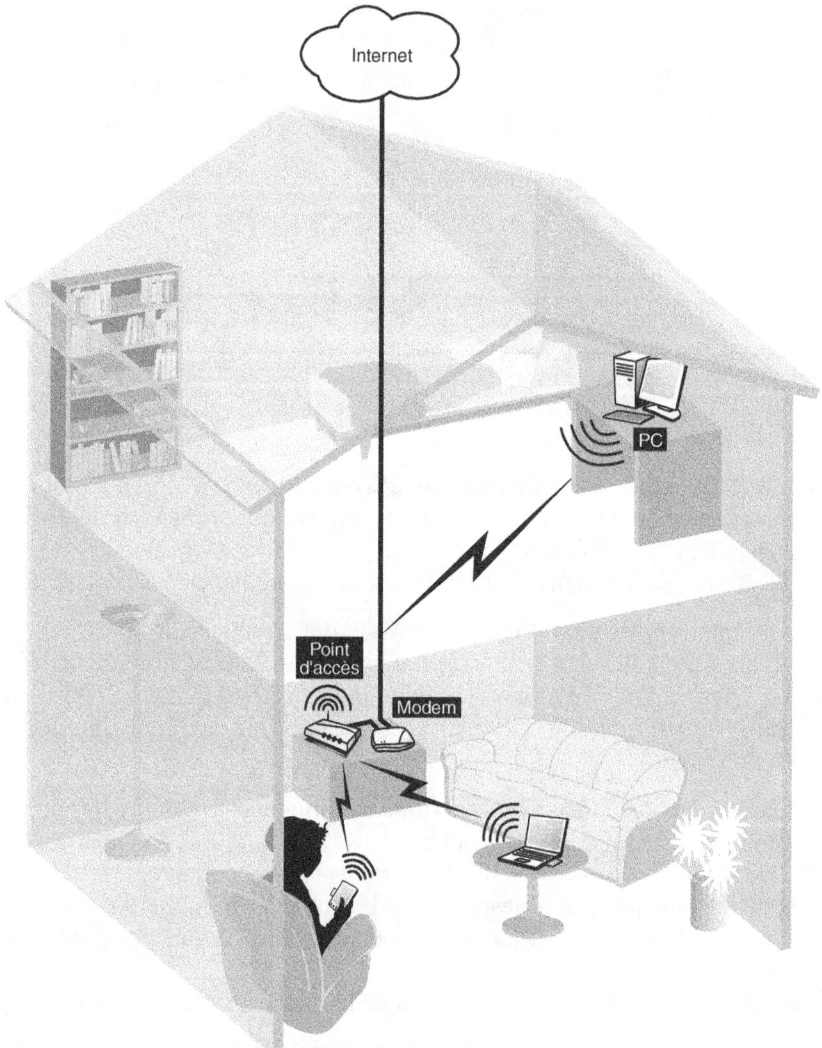

Figure 10.1
Réseau domestique Wi-Fi en mode infrastructure

Ce chapitre traite de la manière optimale d'installer un réseau Wi-Fi domestique, depuis le choix du point d'accès jusqu'à son installation et à sa configuration. L'installation d'un réseau domestique n'est pas une tâche très ardue, mais elle requiert de respecter certaines règles, concernant notamment la réglementation et la sécurité.

Choix du standard

Wi-Fi est une certification qui recoupe trois standards, 802.11b, 802.11g et 802.11a. Même s'ils partagent certaines fonctionnalités communes, ces standards possèdent des caractéristiques différentes *(voir les chapitres 1 et 2).*

802.11g est le standard à privilégier dans le cadre d'un réseau domestique, de par son débit important, de 54 Mbit/s théorique et 20 Mbit/s utile, sa compatibilité avec 802.11b et surtout son prix, équivalent à celui des produits 802.11b. La certification Wi-Fi pour ce standard devrait être disponible fin 2004. En attendant cette certification, il n'est pas possible de garantir l'interopérabilité entre les équipements de constructeurs différents supportant 802.11g. Il importe donc d'opter pour des équipements 802.11g provenant d'un même fabricant.

Avec l'arrivée de 802.11g, 802.11b devient obsolète, et l'achat de produits 802.11b est déconseillé.

802.11a possède les mêmes débits que 802.11g mais utilise une autre bande de fréquences, beaucoup moins saturée. Le seul avantage de ce standard est d'ailleurs son plan fréquentiel *(voir le chapitre 8).* Son prix d'acquisition élevé ne le recommande toutefois pas pour le marché domestique. Un équipement 802.11a revient en effet deux à trois fois plus cher que le même équipement 802.11g, alors même qu'il n'offre que peu de fonctionnalités.

Dans le cadre d'une utilisation domestique, le débit n'est pas le critère le plus important. Le débit des connexions Internet actuelles est compris entre 128 Kbit/s et 2 Mbit/s ce qui est amplement suffisant pour un réseau Wi-Fi 802.11b comme 802.11g. Certaines offres Internet proposent des débits de 5,5 Mbit/s. Ces débits sont acceptables pour 802.11g mais pas pour 802.11b, dont le débit utile se situe aux alentours de 5 Mbit/s *(voir le chapitre 8).*

Choix du point d'accès

L'avantage de la certification Wi-Fi est qu'elle garantit l'interopérabilité des produits qui portent ce sigle pour un standard donné (802.11b, 802.11g ou 802.11a), même s'ils proviennent de constructeurs différents. Les cartes Wi-Fi, par exemple, fonctionnent toutes avec n'importe quel type de point d'accès, et aucun critère particulier n'est à privilégier dans le choix d'une carte, excepté les fonctionnalités de sécurité, que nous détaillons dans la suite du chapitre.

Dans Wi-Fi, les fonctionnalités sont généralement implémentées dans le point d'accès et peuvent grandement différer d'un constructeur à un autre.

Les critères suivants peuvent être pris en compte pour l'acquisition d'un point d'accès :

- **Connexion à Internet.** L'idéal et le plus convivial est de connecter directement le point d'accès à un accès Internet existant, que ce dernier soit de type 56 K, RNIS, ADSL ou câble. Il faut donc s'assurer que le point d'accès possède les prises RJ-45 ou RJ-11 nécessaires aux connexions et que le logiciel de configuration permet de configurer l'accès Internet au niveau du point d'accès. Comme nous l'avons vu en introduction, la plupart des points d'accès intègrent désormais un modem ADSL-câble, simplifiant d'autant l'installation.

- **Nombre de canaux disponibles.** Un réseau Wi-Fi fonctionne sur un canal de fréquences donné, configuré au niveau du point d'accès. Comme expliqué précédemment dans l'ouvrage, le nombre de canaux offerts par le point d'accès peut varier entre quatre (canaux 10 à 13), qui correspond à l'ancienne réglementation, et treize (canaux 1 à 13). Datant de 2002, l'ancienne réglementation limitait la largeur de bande passante radio et ne permettait d'utiliser qu'un faible nombre de canaux (quatre). Celle-ci ayant évolué, il est désormais possible d'utiliser la totalité de la bande de fréquences, soit treize canaux. Certains constructeurs n'ont toutefois pas mis à jour leur matériel, même pour des équipements 802.11g. Plus le nombre de canaux est important, plus il est aisé de choisir un canal qui n'entre pas en interférences avec un canal proche, utilisé par un autre réseau. Si l'on possède deux réseaux Wi-Fi, et donc deux points d'accès, ceux-ci doivent être réglés sur des canaux espacés d'au moins cinq canaux *(voir le chapitre 8).*
- **Puissance du signal.** Chaque point d'accès utilise une puissance de signal donnée, généralement comprise entre 30 et 100 mW. Plus cette puissance est élevée, plus la zone de couverture du point d'accès est importante. Il est assez rare de pouvoir modifier la puissance du signal d'un point d'accès, mais certains constructeurs proposent cette fonctionnalité. Un autre critère important concerne la variation de la puissance du signal, qui permet de diminuer la zone de couverture du réseau et donc du point d'accès. Cette caractéristique peut être considérée comme un élément de sécurité limitant le risque d'écoute ou de tentative de connexion pirate.
- **DHCP (Dynamic Host Configuration Protocol).** Ce protocole permet de configurer directement les paramètres réseau de toute station connectée au réseau Wi-Fi.
- **NAT (Network Address Translation).** Ce protocole permet au point d'accès de partager une connexion Internet entre plusieurs machines, comme illustré à la figure 10.1. L'opérateur décerne à l'utilisateur une adresse IP liée au modem, qui est utilisée par le protocole NAT afin que chaque équipement terminal possédant une adresse distincte puisse utiliser la même connexion Internet. L'inconvénient de cette solution vient de l'impossibilité de se connecter de l'extérieur à une machine du réseau qui héberge, par exemple, des pages Web ou un serveur FTP.
- **DNS dynamique.** Le DNS dynamique est une solution à l'inconvénient du NAT. Pour accéder à cette fonctionnalité, il faut tout d'abord en faire la demande auprès d'un fournisseur, comme DynDNS ou TZO. Ce dernier effectue la correspondance entre l'adresse IP donnée par le FAI et un nom de domaine choisi par l'utilisateur, et ce de manière complètement transparente pour ce dernier. Cette solution est encore plus intéressante lorsque le forfait Internet implique l'affectation d'adresses IP dynamiques, et non pas fixes. Un point d'accès possédant une telle fonctionnalité permet l'accès à tout serveur (Web, FTP, etc.) depuis l'extérieur. L'abonnement à un service de DNS dynamique est souvent payant.

- **Pare-feu.** Internet n'étant pas un réseau sûr, un pare-feu peut être considéré comme une solution assez fiable pour se prémunir des différentes attaques de virus, vers, etc., ou de tentatives de pénétration du réseau.
- **Sécurité.** Depuis que le mécanisme de sécurité de Wi-Fi, le WEP (Wired Equivalent Privacy), a été cassé, de nombreux constructeurs proposent de nouvelles fonctionnalités de sécurité, telles que TKIP, 802.1x, WPA ou encore PSK (Pre Shared Key). TKIP est intéressant car il correspond à une extension du WEP fiabilisée. WPA est une certification qui préconise l'usage de TKIP et de l'architecture d'authentification 802.1x. PSK est un mécanisme issu du futur standard 802.11i. Ces fonctionnalités correspondent aux éléments de sécurité de base, que tout point d'accès actuel doit fournir. 802.1x fait appel à un serveur d'authentification et n'est pas vraiment recommandé dans le cadre d'un réseau Wi-Fi domestique. Cela complexifie la configuration du réseau et nécessite l'achat d'une machine supplémentaire. Nous revenons en détail sur ces questions ultérieurement dans ce chapitre.
- **Commutateur (switch).** Il n'est pas rare de trouver actuellement sur certains points d'accès un commutateur Ethernet 4 ports. Cela permet d'offrir certaines fonctionnalités du point d'accès, comme le partage de la connexion Internet, aussi bien au réseau Wi-Fi qu'au réseau Ethernet.
- **Antenne amovible.** Dans le cas où l'architecture du domicile ne favorise pas la propagation des ondes radio, il peut être intéressant de modifier la ou les antennes du point d'accès, même si cela implique un coût supplémentaire. Il est parfois plus simple de modifier l'antenne plutôt que de trouver l'endroit idéal pour l'installation du point d'accès. Les différents modèles d'antenne, ainsi que leurs règles d'installation, sont détaillés au chapitre 7.
- **Configuration du point d'accès.** Comme nous le verrons par la suite, la configuration du point d'accès peut se faire de deux manières différentes : soit par le biais d'un logiciel fourni par le constructeur, soit par l'intermédiaire d'une page Web. Cette dernière est bien évidemment à favoriser puisque tout terminal possède un navigateur Web.

Au vu de cet ensemble de fonctionnalités proposé par les points d'accès, la terminologie a évolué, et l'on parle désormais davantage de routeur Wi-Fi que de point d'accès Wi-Fi dans un cadre domestique, même si c'est un abus de langage. Les seules fonctions de routage qu'offrent les équipements Wi-Fi concernent en fait le partage de connexion par l'utilisation d'un NAT. Il en va de même pour les switch, ou commutateurs Wi-Fi, qui correspondent en réalité à un point d'accès Wi-Fi qui intègre un switch ou un commutateur Ethernet. Wi-Fi ne permet pas de faire de la commutation sans fil, à savoir allouer, comme dans Ethernet, la totalité de la bande passante à chaque connexion liant une station au point d'accès.

La sécurité étant un des critères les plus importants pour tout réseau Wi-Fi, autant choisir des équipements, carte et point d'accès, appartenant à une même gamme de produits et donc provenant d'un même constructeur. Les fonctionnalités de sécurité sont de la sorte compatibles.

Placement du point d'accès

Du fait que Wi-Fi est une technologie sans fil, il peut paraître simple de prime abord d'installer un point d'accès et d'imaginer que tout le domicile bénéficiera d'une connectivité sans fil. En réalité, il n'en est rien. Il est pratiquement impossible de déterminer la position optimale d'un point d'accès pour une architecture donnée. La propagation des ondes radio est un domaine particulier, régi par des lois extrêmement complexes. La seule méthode dont nous disposions est empirique. Elle consiste à essayer toutes les combinaisons possibles en fonction des différentes contraintes à respecter, à commencer par celle liée à la connexion Internet.

L'une des fonctions premières d'un point d'accès à usage domestique étant le partage de la connexion Internet, la première contrainte d'installation est la localisation de cette connexion, autrement dit l'emplacement du modem ou de la prise téléphonique, dans le cas où le point d'accès fait aussi office de modem. Si l'on ne souhaite pas partager sa connexion, le point d'accès peut être placé n'importe où.

Comme tout équipement réseau, un point d'accès doit être alimenté et nécessite l'utilisation d'une prise électrique. Associée à la précédente, cette contrainte restreint les possibilités d'installation du point d'accès.

Lorsque la connectivité à Internet est une contrainte forte et qu'on ne peut déplacer le point d'accès, il est possible de modifier l'antenne du point d'accès, si celui-ci le permet, en connectant un câble d'antenne relativement long et en y attachant une antenne omnidirectionnelle permettant de couvrir la zone voulue. Dans le même esprit, il est possible de recourir à un câble Ethernet, si un modem est utilisé, ou à une rallonge téléphonique pour trouver l'emplacement idéal du point d'accès.

Le point d'accès est généralement situé à l'intérieur de la maison, l'installation en extérieur s'accompagnant de contraintes réglementaires, comme expliqué au chapitre 8.

La zone de couverture, ou portée, du point d'accès est fonction du débit proposé et de la puissance d'émission, comme le montrent les tableaux 10.1 et 10.2. Certains points d'accès, mais pas tous, permettent de faire varier la puissance d'émission ou d'imposer un débit pour augmenter ou diminuer la portée.

Tableau 10.1 Portée en intérieur d'un réseau Wi-Fi 802.11b en fonction du débit

Débit (Mbit/s)	Portée (mètre)
11	50
5,5	75
2	100
1	150

En combinant variation de puissance et variation de débit, la zone de couverture du réseau peut être extrêmement variable.

Tableau 10.2 Portée en intérieur d'un réseau Wi-Fi 802.11b en fonction de la puissance d'émission

Puissance (milliwatt)	Portée (mètre)
100	50
75	30
50	25
25	15
10	10

Comme expliqué précédemment, la zone de couverture dépend aussi de la propagation des ondes radio, qui est propre à chaque environnement et donc à chaque bâtiment. Pour toutes ces raisons, il est pratiquement impossible de connaître avec précision la portée réelle d'un réseau Wi-Fi. Les deux tableaux précédents ne fournissent qu'un ordre d'idée et ne constituent donc pas une base de référence.

Dans le cadre d'un appartement, il arrive que la couverture d'un réseau Wi-Fi ne porte que sur une dizaine de mètres, ce qui est aussi valable pour une maison. Par ailleurs, le point d'accès ne permet pas de transmettre correctement en vertical, et il peut arriver que le signal ne parvienne que péniblement à un étage supérieur ou inférieur. Les facteurs limitant la zone couverture sont la structure des murs, des fenêtres, des meubles ou encore la présence d'un grand nombre de personnes dans l'environnement. Inversement, il se peut que l'environnement favorise la propagation par le biais d'effets de réflexion permettant d'étendre la couverture.

Le plus souvent, l'endroit idéal pour placer un point d'accès est en hauteur. Un tel emplacement n'est évidemment ni facile d'accès ni très esthétique chez un particulier.

La taille de la zone de couverture est un critère de sécurité important, car elle permet de limiter les risques d'attaque. Il est préférable de ne pas placer le point d'accès près d'un endroit susceptible de transmettre vers l'extérieur, comme une fenêtre. Faute de cela, et si la sécurité du réseau Wi-Fi n'est pas configurée correctement, un voisin malveillant situé de l'autre côte de la rue peut se connecter au réseau et utiliser la connexion Internet.

L'emplacement du point d'accès dépend aussi des équipements radio déjà présents dans l'environnement où doit être installé le réseau. De nombreux équipements peuvent entrer en interférences avec un réseau Wi-Fi. L'exemple le plus flagrant est le four micro-ondes. Bien que n'étant pas un équipement radio en soi, le four micro-ondes génère des ondes radio dans la même bande de fréquences des 2,4 GHz que Wi-Fi. Il est donc nécessaire d'éviter de placer points d'accès et stations Wi-Fi près d'un tel appareil.

D'autres sources d'interférences peuvent venir d'un réseau Wi-Fi se trouvant à proximité, par exemple chez un voisin. Pour éviter d'entrer en interférences dans un tel cas, il est possible de vérifier à l'aide d'un logiciel tel que Netstumbler *(voir le chapitre 8)* que les canaux de ce réseau Wi-Fi et de celui que l'on veut installer ne sont pas trop proches.

Interférences

Les interférences n'empêchent pas le réseau de fonctionner complètement mais entraînent une baisse de ses performances, en terme de débit utile notamment.

En conclusion, il n'est pas simple d'installer un point d'accès, surtout si la zone à couvrir est importante. Seuls l'installation et le test en situation réelle permettent de se faire une idée de la zone de couverture du point d'accès, laquelle définira l'emplacement idéal en fonction des contraintes de l'environnement.

Choix du canal radio

Avant tout installation d'un point d'accès, il faut penser à vérifier la présence ou non d'autres réseaux Wi-Fi. Pour cela, il est possible d'utiliser Netstumbler, comme expliqué précédemment. Toutefois, ce logiciel ne permet pas de déceler la présence de points d'accès configurés de telle sorte que leur SSID ne soit pas diffusé en clair. Il n'est donc pas possible de s'assurer à 100 p. 100 qu'il n'existe pas de réseau Wi-Fi dans l'environnement proche.

Le choix du canal radio est une phase critique de la configuration du réseau. S'il n'existe pas d'autre réseau dans l'environnement, ce choix est simple, n'importe quel canal étant disponible.

En revanche, dès que un ou plusieurs autres réseaux sont présents, le canal ne doit pas entrer en interférences avec ces derniers, comme expliqué au chapitre 8.

Paramétrage de la sécurité

Même dans un cadre domestique, la sécurisation d'un réseau Wi-Fi est une étape importante. L'utilisation des ondes radio implique que le réseau arrose une zone de couverture plus ou moins large, pouvant s'étendre au-delà du périmètre du domicile. Cela permet à quiconque d'accéder au réseau et, par exemple, d'en utiliser la connexion Internet.

Les réseaux Wi-Fi offrent des mécanismes de sécurité susceptibles de prévenir l'écoute clandestine, même si certains d'entre eux, comme le WEP, sont considérés comme peu fiables.

Comme expliqué précédemment, une des premières règles à suivre en matière de sécurité consiste à contrôler la zone de couverture du point d'accès en évitant autant que possible qu'elle s'étende vers l'extérieur. Le fait de pouvoir faire varier la puissance du signal et la valeur du débit permet de minimiser ou de maximiser cette zone de couverture, si toutefois le point d'accès le permet.

Pour sécuriser votre réseau de manière encore plus fiable, d'autres solutions existent, à base de pare-feu, de serveur d'authentification et de réseau privé virtuel.

Configuration du point d'accès

Tout point d'accès fournit par défaut un SSID et un mot de passe, qu'il est nécessaire de modifier dès la première configuration. Sans ces changements, il est facile pour n'importe qui, à l'aide de Netstumbler, par exemple, de connaître le nom du réseau, le SSID. Si celui-ci correspond à un SSID par défaut d'un constructeur, il est facile d'y associer le mot de passe par défaut et de reconfigurer le réseau à sa guise.

L'un des points faibles des points d'accès vient de leur configuration à partir du protocole SNMP (Simple Network Management Protocol). Ce dernier sert à gérer les nœuds d'un réseau IP mais comporte des failles bien connues permettant à un hacker d'avoir accès à la configuration du point d'accès et de la modifier. Ces failles sont généralement corrigées lors de la mise à jour du firmware du point d'accès par le constructeur.

Configuration de la sécurité Wi-Fi

Même si des fonctionnalités comme le WEP comportent des failles, le fait de fermer le réseau, empêchant de ce fait la récupération du SSID, en utilisant chiffrement, authentification et ACL garantit une certaine sécurité.

L'utilisation de nouveaux mécanismes, tels que TKIP ou PSK, réputés sans faille pour le moment, renforcent encore plus la sécurité.

Dans un cadre domestique, on estime toutefois que le niveau de sécurité requis est plus faible qu'en entreprise, le seul avantage apporté par l'attaque d'un tel réseau étant d'accéder à une connexion Internet. On peut donc considérer le WEP comme une solution satisfaisante en attendant la finalisation du standard 802.11i en remplacement du WEP.

Lors de la configuration du point d'accès, les quelques règles élémentaires suivantes doivent être respectées.

SSID

Chaque réseau Wi-Fi définit un SSID, ou nom de réseau, qui permet de l'identifier, que ce réseau soit composé de un ou plusieurs points d'accès. Il est nécessaire de :

- Modifier le SSID, de façon à ne pas conserver celui du constructeur ni à utiliser un SSID vide et encore moins le SSID « any », qui permet une connexion automatique de toute station au réseau.
- Configurer le réseau en sélectionnant l'option Closed network (ou SSID Broadcast), de façon qu'il ne puisse diffuser en clair le SSID. Ces options évitent de faire connaître la présence du réseau à toute personne utilisant un programme tel que Netstumbler.

ACL

Une ACL (Access Control List) est une liste des adresses MAC des cartes Wi-Fi autorisées. Ces adresses sont situées au dos des cartes. Même si cette fonctionnalité n'est pas sans faille, il est important de l'utiliser afin de n'autoriser l'accès qu'à vos stations.

Chiffrement

Wi-Fi fournit un ensemble de fonctionnalités permettant de chiffrer le trafic réseau et d'authentifier tous les utilisateurs connectés. Le WEP est le mécanisme par défaut défini par le standard 802.11, dont est issu Wi-Fi. TKIP correspond à une évolution du WEP le rendant plus sûr. PSK constitue la base du mécanisme de chiffrement qui sera introduit dans le futur standard 802.11i.

Le WEP définit une clé secrète partagée, qui permet de chiffrer les données et d'authentifier les stations qui se connectent au réseau. Cette clé doit être configurée au niveau du point d'accès et des stations. Comme expliqué au chapitre 4, le WEP est la seule technique par défaut supportée par toutes les cartes Wi-Fi actuelles. Malgré ses failles bien connues, il est nécessaire d'utiliser le chiffrement WEP si aucun autre mécanisme, tels ceux énoncés précédemment, n'est proposé par l'équipement retenu. En choisissant des clés de 104 bits plutôt que de 40 bits, on les rend plus difficiles à casser.

Clés de chiffrement

Une clé de 104 bits comporte 13 caractères alphanumériques alors qu'une clé de 40 bits n'en contient que 5.

De nombreux constructeurs implémentent TKIP et PSK. Tout comme le WEP, ces deux mécanismes reposent sur l'utilisation d'une clé secrète partagée. Un des avantages apportés par TKIP et AES PSK est la gestion dynamique des clés, qui permet de modifier de manière automatique une clé de chiffrement, par exemple toutes les dix minutes. Cette solution, bien que fondée sur le WEP pour TKIP, ne laisse pas assez de temps à un hacker pour récupérer la clé et pénétrer le réseau.

Le point d'accès et les cartes Wi-Fi doivent être configurés pour utiliser les mêmes mécanismes. Si ces fonctionnalités sont offertes par vos équipements, ils sont à préférer au WEP.

WPA et WPA2

WPA (Wi-Fi Protected Access) est une certification à l'initiative de la Wi-Fi Alliance qui vise à définir les mécanismes à apporter afin de sécuriser correctement un réseau Wi-Fi. WPA suppose l'utilisation de TKIP et de l'architecture d'authentification 802.11i. Une deuxième version de cette certification, appelée WPA2, devrait voir le jour une fois le standard 802.11i finalisé. Il n'est pas rare de rencontrer dans certaines configurations de point d'accès ou de carte Wi-Fi les termes WPA et WPA-PSK à la place respectivement de TKIP et d'AES PSK.

Pare-feu

La connexion au réseau Internet peut offrir aux hackers une porte d'accès à votre réseau. La seule solution pour prévenir ces attaques est l'utilisation d'un pare-feu, ou firewall. Le rôle d'un firewall est de n'autoriser que certains protocoles dans le réseau domestique en fonction du numéro de port utilisé.

Chaque protocole utilise un numéro de port spécifique, par exemple le port 80 pour HTTP (HyperText Transfer Protocol), qui lui permet d'être reconnu en tant que tel par le réseau. En n'autorisant que certains ports et donc certaines applications, comme la messagerie électronique, HTTP ou FTP, tous les autres ports sont interdits. De nombreux firewalls sont commercialisés, et il en existe des gratuits, comme celui disponible dans les distributions Linux utilisant un noyau 2.4 ou 2.6.

Windows XP permet d'instaurer des règles de firewalling logiciel de la connexion réseau d'une station, mais non de tout le réseau, à la différence des firewalls matériels, qui peuvent interdire un protocole sur tout un réseau.

Pour accéder au firewall logiciel de Windows XP, procédez de la façon suivante :

1. Dans le Panneau de configuration, sélectionnez Connexion réseau pour afficher la fenêtre illustrée à la figure 10.2.

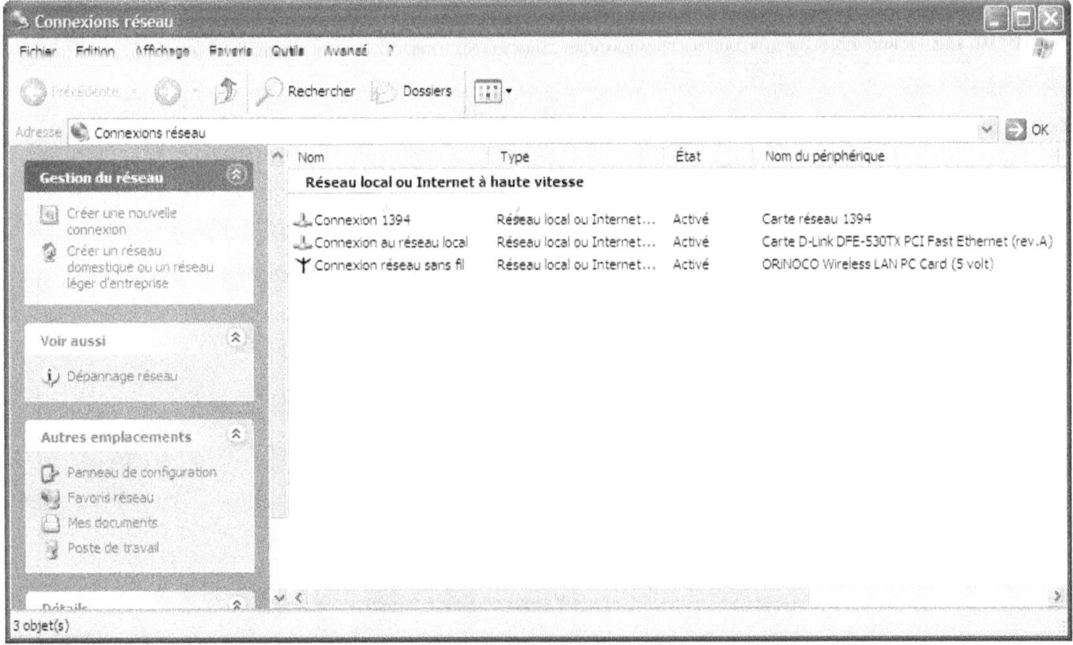

Figure 10.2

La fenêtre des connexions réseau de Windows XP

2. Choisissez Connexion réseau sans fil pour afficher la boîte de dialogue illustrée à la figure 10.3.
3. Cliquez sur Propriétés puis sur l'onglet Paramètres avancés, comme illustré à la figure 10.4.

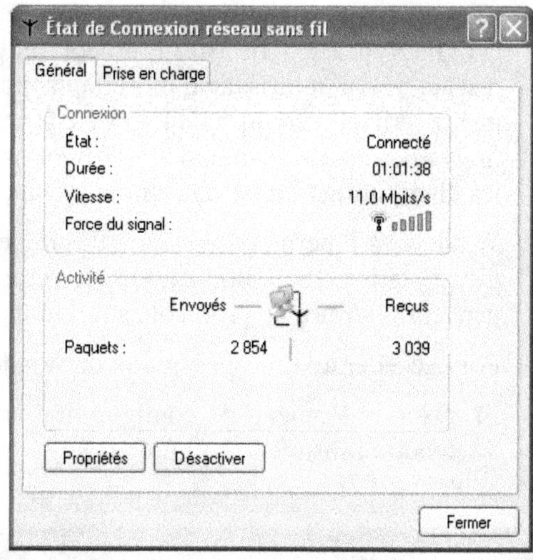

Figure 10.3

La boîte de dialogue État de Connexion réseau sans fil

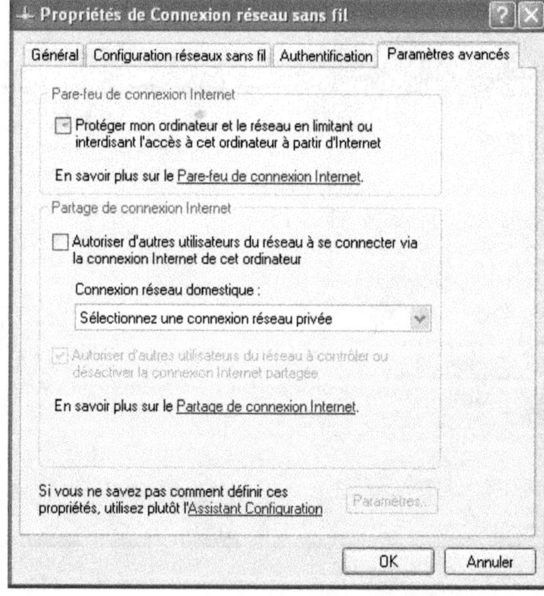

Figure 10.4

Les paramètres de configuration avancés de la connexion

4. Dans la zone Pare-feu de connexion Internet, cochez la case Protéger mon ordinateur…

L'installation d'un firewall matériel doit se faire sur la machine connectée à Internet, l'idéal étant une machine dédiée, telle la passerelle d'accès définie précédemment *(voir figure 10.5)*.

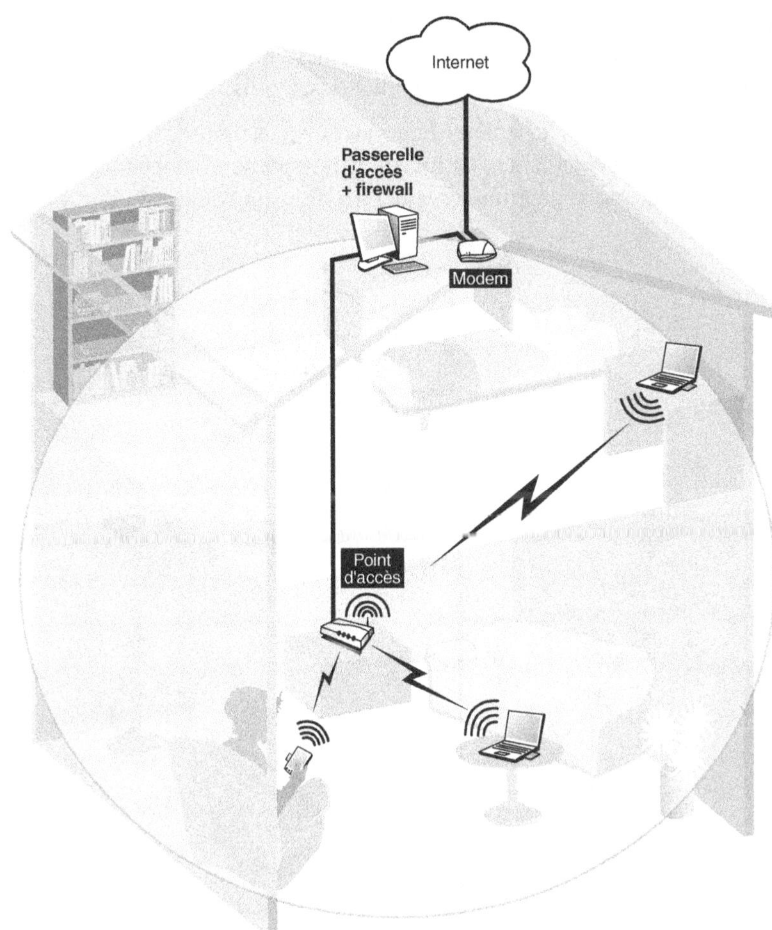

Figure 10.5
Réseau Wi-Fi avec passerelle d'accès sécurisée par firewall

VPN et 802.1x

Le seul moyen de garantir une totale sécurité d'un réseau Wi-Fi consiste, comme expliqué au chapitre 4, à recourir à un VPN (Virtual Private Network).

L'utilisation d'un serveur d'authentification n'est nécessaire que dans le cas où le réseau doit être fortement sécurisé. L'authentification permet, comme son nom l'indique, d'authentifier de manière fiable tout utilisateur voulant se connecter au réseau. Le protocole d'authentification le plus utilisé est RADIUS (Remote Authentication Dial-In User Server), dont une version gratuite, appelée freeradius, est disponible à l'adresse *http://www.freeradius.org*.

Pour sécuriser un réseau de manière encore plus fiable, un réseau privé virtuel, ou VPN (Virtual Private Network), est indispensable. Par le biais de mécanismes d'authentification et de chiffrement, le VPN permet de sécuriser complètement la liaison sans fil du réseau Wi-Fi. IPsec est le protocole le plus utilisé actuellement dans les VPN. L'utilisation d'un VPN IPsec demande toutefois des machines assez puissantes.

L'utilisation de serveurs d'authentification ou de serveurs VPN nécessite l'ajout des fonctionnalités correspondantes au niveau d'une passerelle spécifique, dans le cas où le point d'accès incorpore déjà un serveur DHCP et un routeur NAT, comme illustré à la figure 10.6.

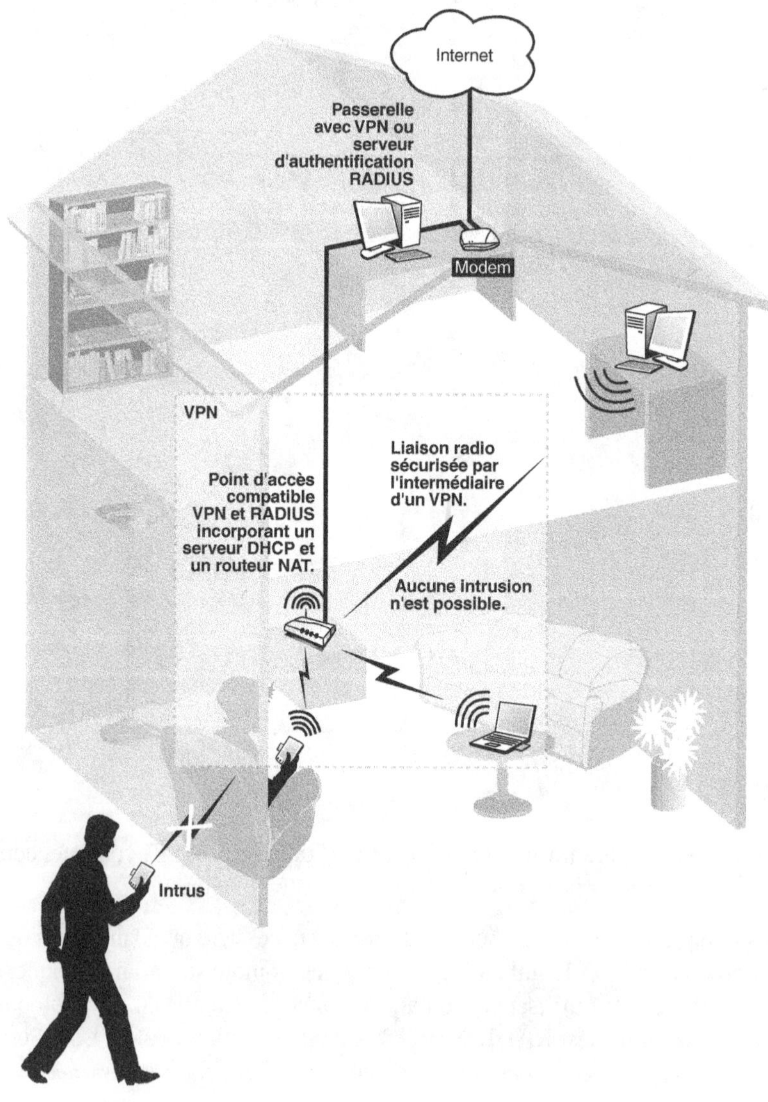

Figure 10.6

Réseau Wi-Fi avec passerelle sécurisée par VPN ou RADIUS

La figure 10.7 illustre le même réseau mais avec le serveur DHCP et le routeur NAT situés non plus dans le point d'accès mais dans la passerelle connectée à Internet.

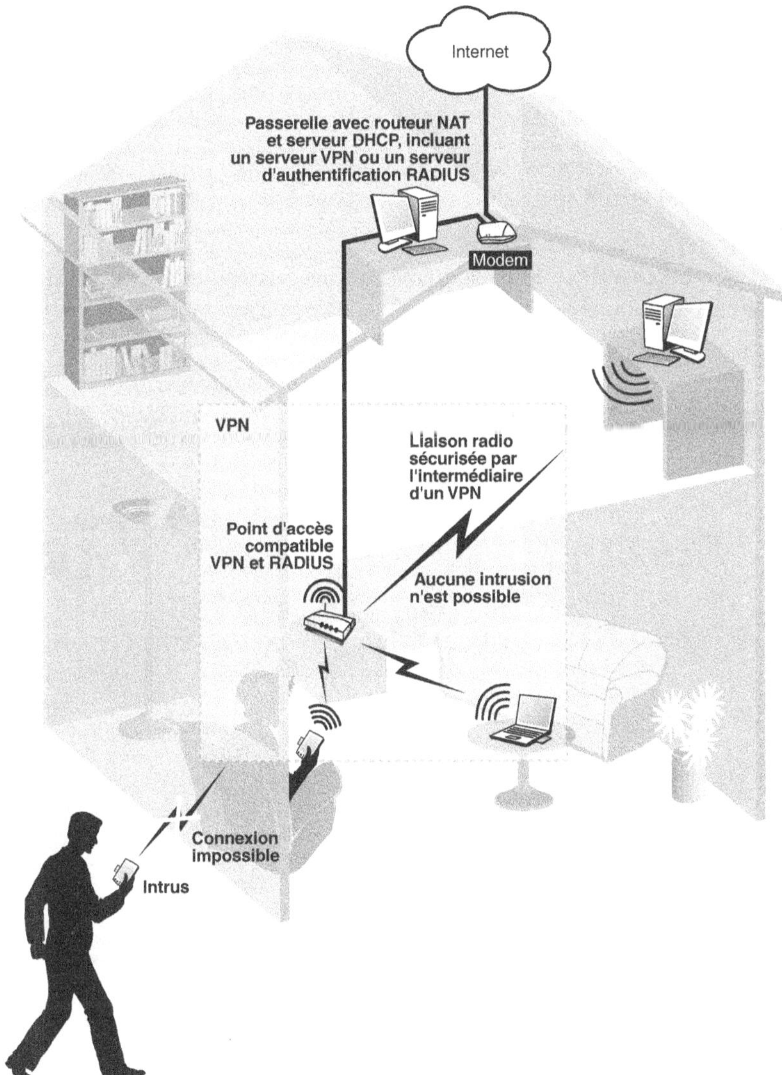

Figure 10.7

Réseau Wi-Fi avec passerelle d'accès sécurisée par NAT, DHCP, VPN et RADIUS

Configuration du point d'accès

La première phase de la configuration du point d'accès consiste à vérifier sur le site du constructeur si un firmware est disponible. Comme pour les cartes Wi-Fi, ces logiciels permettent de corriger ou d'améliorer certaines fonctionnalités.

Connexion au point d'accès

La configuration d'un point d'accès ne s'effectue pas par l'intermédiaire d'un driver mais au moyen d'un logiciel spécifique ou d'une page Web.

Par défaut, un point d'accès possède un nom de réseau, ou SSID, ainsi qu'un mot de passe et une adresse IP. Ces trois éléments sont les paramètres essentiels permettant à une station de se connecter au point d'accès et de le configurer, comme illustré à la figure 10.8.

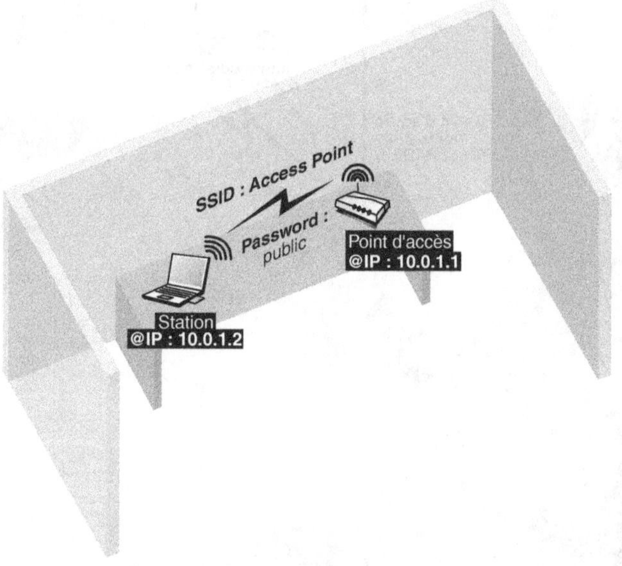

Figure 10.8
Configuration d'un point d'accès par l'intermédiaire d'une station Wi-Fi

Si, pour une raison ou une autre, il est impossible d'accéder au point d'accès à partir de la carte Wi-Fi, il est possible de s'y connecter de manière physique à l'aide d'un câble Ethernet, les points d'accès disposant d'une entrée-sortie Ethernet (voir figure 10.9).

La configuration d'un point d'accès est identique d'un constructeur à un autre tant qu'on se focalise sur la partie Wi-Fi. La plupart des points d'accès sont toutefois livrés avec d'autres mécanismes, qui ne sont pas propres à Wi-Fi, comme nous allons le voir avec l'Airport d'Apple.

Figure 10.9

Configuration d'un point d'accès par l'intermédiaire d'une liaison Ethernet

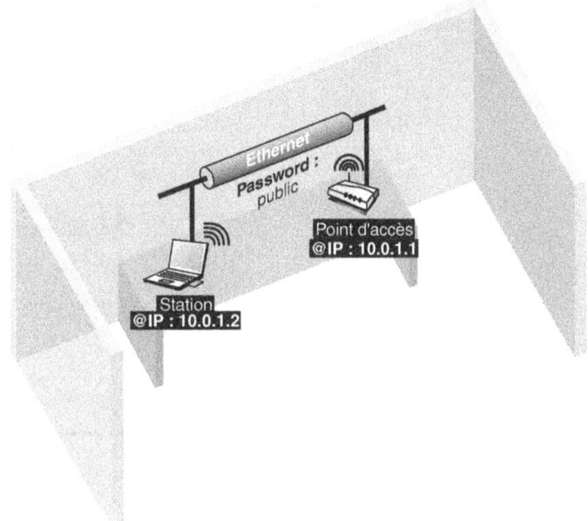

Configuration du point d'accès Airport d'Apple

AirPort est le point d'accès par excellence pour un réseau Wi-Fi 802.11b domestique. Outre ses fonctionnalités de point d'accès, il fournit dynamiquement les paramètres TCP/IP aux stations qui lui sont associées par l'intermédiaire de DHCP (Dynamic Host Configuration Protocol) et permet de partager une connexion Internet (modem, câble ou DSL).

> **Partage de connexion Internet**
>
> Le partage de connexion Internet ne peut se faire que si le contrat passé avec le FAI (fournisseur d'accès Internet) ne stipule pas que l'adresse qu'il fournit est destinée à une seule machine.

Bien qu'il s'agisse d'un produit Apple, ce point d'accès fonctionne avec tout type de plate-forme, Windows, Linux ou Macintosh. En revanche, le CD fourni avec le point d'accès est au seul format MAC. Pour la configuration du point d'accès sur une autre plate-forme que Macintosh, il faut télécharger le programme AirPort Admin Utility sur le site d'Apple, à l'adresse *http://www.apple.fr*, rubrique Support.

> **AirPort Base Station Configurator**
>
> Il est possible de télécharger un programme Java pour Linux ou Windows, appelé AirPort Base Station Configurator *(http://edge.mcs.drexel.edu/GICL/people/sevy/airport/)*, qui comporte les mêmes fonctionnalités que celui fourni par Apple.

AirPort Admin Utility permet de configurer des points d'accès AirPort par l'intermédiaire d'une station équipée d'une carte Wi-Fi ou Ethernet. Comme l'illustre la figure 10.10, AirPort Admin Utility fournit des informations sur les points d'accès AirPort du sous-réseau et leur adresse IP, ainsi que sur les caractéristiques des points d'accès, comme leur description ou leurs adresses MAC. Ici, il n'y a qu'un point d'accès, ayant pour nom Access Point et pour adresse IP 10.0.1.1.

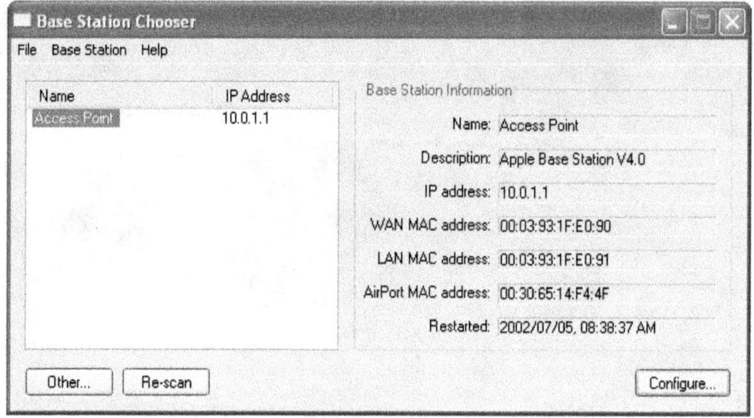

Figure 10.10

Le logiciel de configuration du point d'accès AirPort

Pour accéder à la fenêtre illustrée à la figure 10.11, procédez de la façon suivante :

1. Exécutez l'outil AirPort Admin Utility.
2. Pour lancer la configuration du point d'accès, cliquez sur Configure, puis donnez le mot de passe permettant d'accéder au point d'accès.
3. La fenêtre Configure "Access Point" Base Station s'affiche, comme illustré à la figure 10.11.

Figure 10.11

Configuration du point d'accès

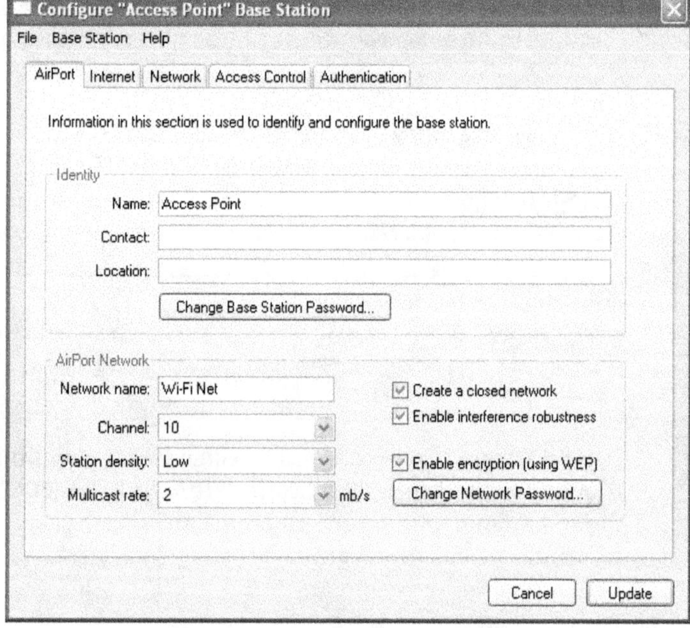

4. Ici commence la configuration du point d'accès proprement dite. Dans l'onglet AirPort affiché par défaut, la zone Identity vous permet de personnaliser le point d'accès (Name Contact et Location), ainsi que de modifier le mot de passe pour y accéder.

5. La zone AirPort Network permet de configurer la partie radio du point d'accès :

   - **Network name.** Permet de donner un nom de réseau (SSID) au point d'accès, ici Wi-Fi Net.
   - **Channel.** Permet de choisir le canal de transmission du point d'accès ou d'une carte du point d'accès. Le choix du canal est lié à la réglementation imposée dans chaque pays. Dans notre cas, seuls les canaux 10 à 13 sont disponibles.
   - **Station density.** Cette option permet de déterminer certaines valeurs seuils qui sont utilisées par des paramètres radio du point d'accès et qui sont transparentes pour l'utilisateur.
   - **Multicast rate.** Cette valeur définit à quelle vitesse les données multicast vont être transmises dans le réseau.
   - **Create a closed network.** Cette option permet de « fermer » le réseau en ne transmettant plus le SSID en clair dans le réseau, évitant ainsi les intrusions.
   - **Enable interference robustness**. Si le réseau est soumis à des interférences liées à l'utilisation de fours micro-ondes, par exemple, le fait de cocher cette case évite l'effondrement du réseau.
   - **Enable encryption (using WEP).** C'est la partie sécurité de Wi-Fi. L'option WEP permet d'assigner une clé sous forme de mot de passe à utiliser par toute station voulant se connecter au réseau. La taille de la clé varie de 40 à 128 bits (en réalité, la clé est sur 104 bits et non 128, et il s'agit là d'une erreur du logiciel), comme illustré à la figure 10.12.

Figure 10.12
Configuration de la clé WEP

6. L'onglet Internet illustré à la figure 10.13 permet de configurer la connexion du point d'accès à un réseau Ethernet ou directement à Internet.

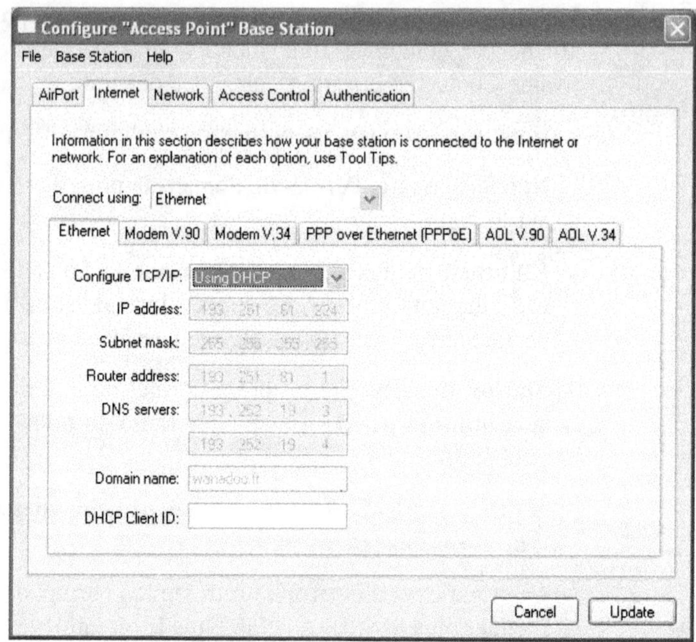

Figure 10.13

Configuration de la partie filaire du point d'accès

7. Si le point d'accès est connecté à un réseau Ethernet ne possédant pas de serveur DHCP, il faut configurer manuellement le point d'accès. Dans le cas contraire, c'est le serveur DHCP qui s'en charge.

8. Pour connecter le point d'accès à Internet, il faut d'abord choisir l'accès :

   – Par modem : V.90, V.34, AOL V.90 ou AOL V.34.

   – Par câble ou ADSL : PPPoE.

   Il suffit ensuite de configurer l'accès choisi à l'aide des identifiants fournis par le fournisseur d'accès Internet.

9. L'onglet Network illustré à la figure 10.14 permet de configurer le DHCP, autrement dit la gestion dynamique des adresses IP, et le NAT (Network Address Translation), qui est le protocole de partage réseau. Il suffit de cocher les cases correspondantes pour les utiliser ou non.

   – Dans le cas où le point d'accès est connecté à un réseau Ethernet fonctionnant en DHCP et ayant un accès Internet, aucune case ne doit être cochée.

   – Dans le cas où le point d'accès partage une connexion Internet, le DHCP et le NAT doivent être utilisés.

   – Lorsque le DHCP est utilisé sans le NAT, les adresses allouées aux stations qui se connectent au point d'accès peuvent être définies.

   – Le DHCP Lease Time définit la durée pour laquelle une adresse IP est donnée à une station. Une fois ce délai passé, la station doit négocier une nouvelle fois avec le serveur DHCP, c'est-à-dire avec le point d'accès.

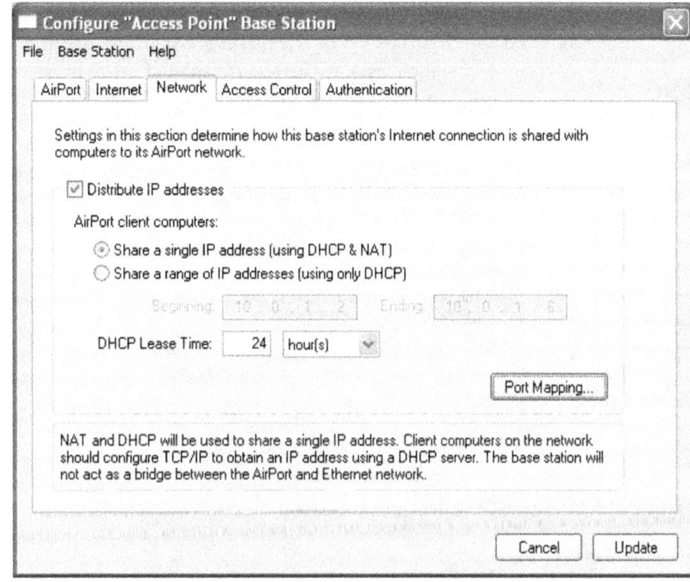

Figure 10.14
Configuration du serveur DHCP et du NAT

10. L'onglet Access Control illustré à la figure 10.15 permet d'interdire l'accès à toute station dont l'AirPort ID n'est pas inscrit dans la liste. Il s'agit d'un mécanisme permettant de mieux contrôler l'accès au point d'accès.

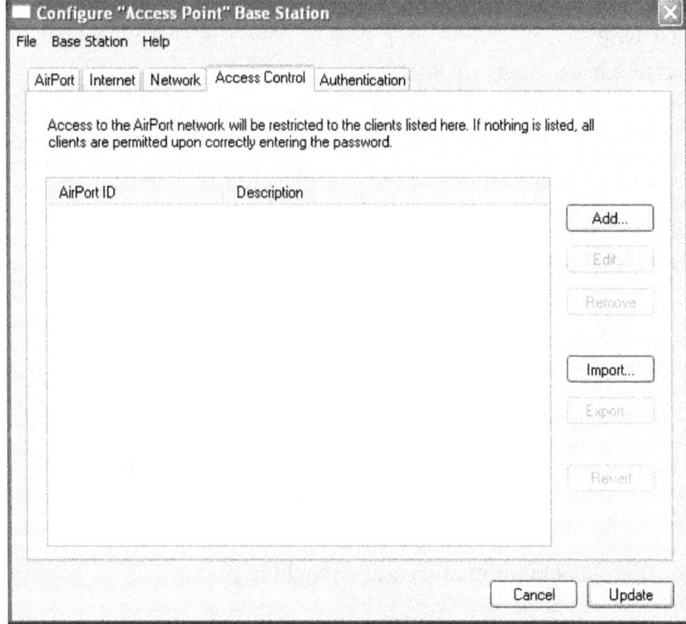

Figure 10.15
Configuration de l'accès au point d'accès

11. L'onglet Authentication illustré à la figure 10.16 permet de faire appel à un serveur RADIUS. Si un serveur RADIUS est disponible dans le réseau Ethernet ou dans un réseau accessible par Internet, il suffit d'indiquer l'adresse IP du serveur et un mot de passe (Shared Secret) identique à celui utilisé par le serveur.

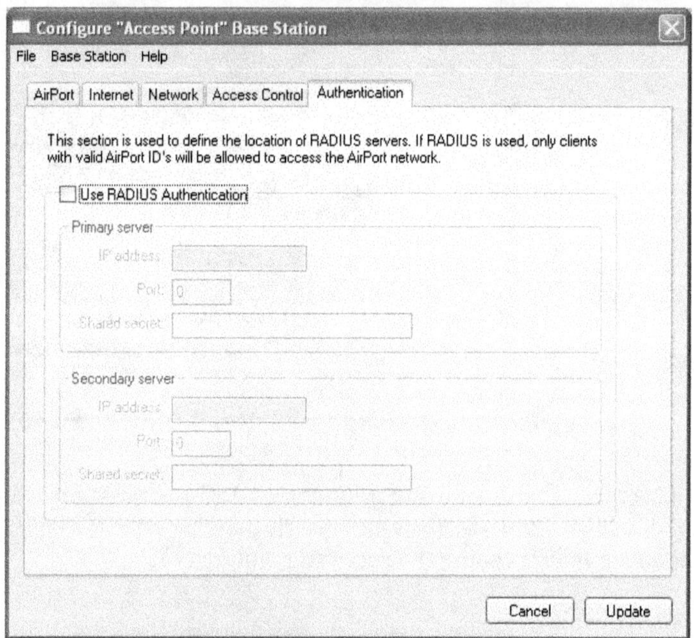

Figure 10.16

Configuration du protocole RADIUS

Une fois configuré, le point d'accès peut laisser passer les messages RADIUS entre un client se trouvant dans le réseau Wi-Fi et un serveur.

Configuration d'une passerelle Internet

Dans un réseau Wi-Fi, toute connexion Internet peut être utilisée : modem 56 K, RNIS, câble ou ADSL. Étant donné que la vitesse de transmission d'un réseau Wi-Fi est comprise entre 1 et 11 Mbit/s pour 802.11b et 1 à 54 Mbit/s pour 802.11g, les débits des connexions Internet actuellement disponibles sont largement couverts.

La connexion à Internet peut se faire de deux manières, soit en utilisant une machine dédiée, soit en connectant directement un point d'accès au modem, comme le permettent la plupart des points d'accès destinés à un usage domestique.

Dans le premier cas, une machine partage sa connexion, comme illustré à la figure 10.17.

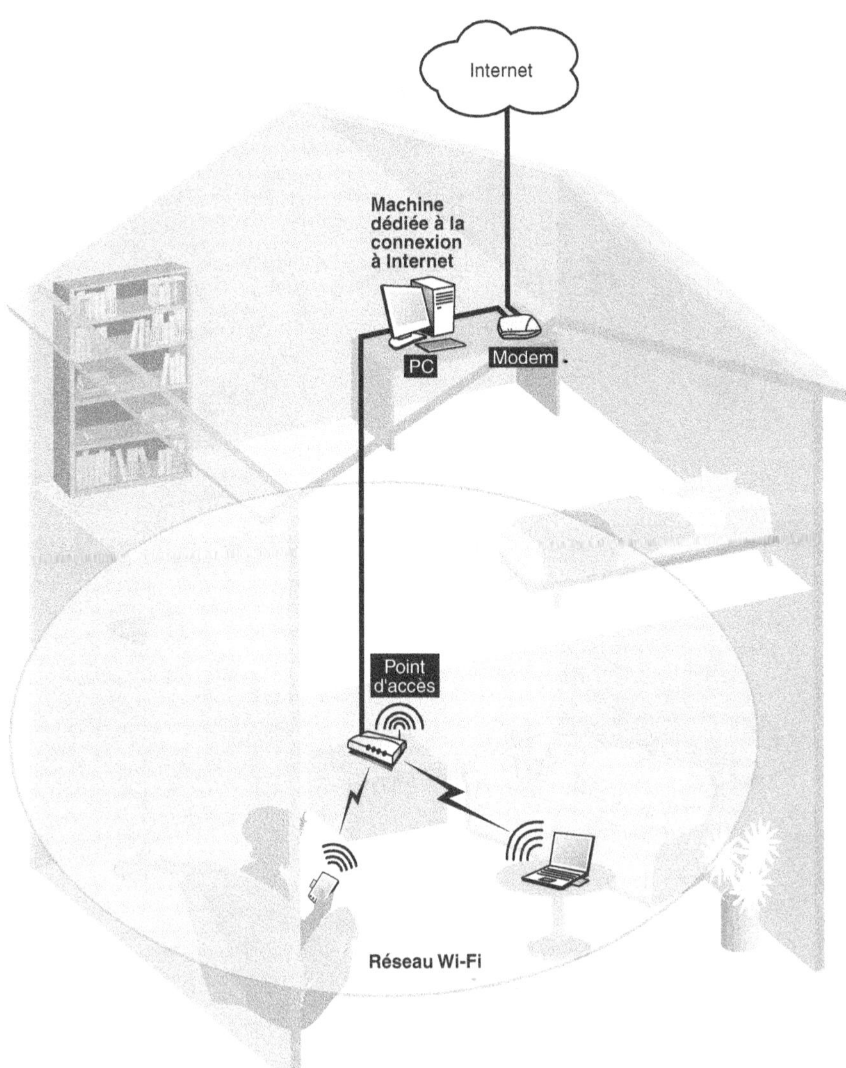

Figure 10.17
Connexion Internet par l'intermédiaire d'une machine dédiée

La figure 10.18 illustre un réseau domestique Wi-Fi dans lequel c'est le point d'accès qui est connecté à Internet.

L'inconvénient de ce dernier type de topologie est que le point d'accès ne possède que très rarement un pare-feu, ou firewall, permettant de bloquer différents types de trafics et d'empêcher les attaques sur le réseau, ou un VPN. Dans la topologie où une machine dédiée est utilisée pour la connexion à Internet, n'importe quel logiciel de firewalling ou un serveur VPN peuvent être installés pour protéger le réseau.

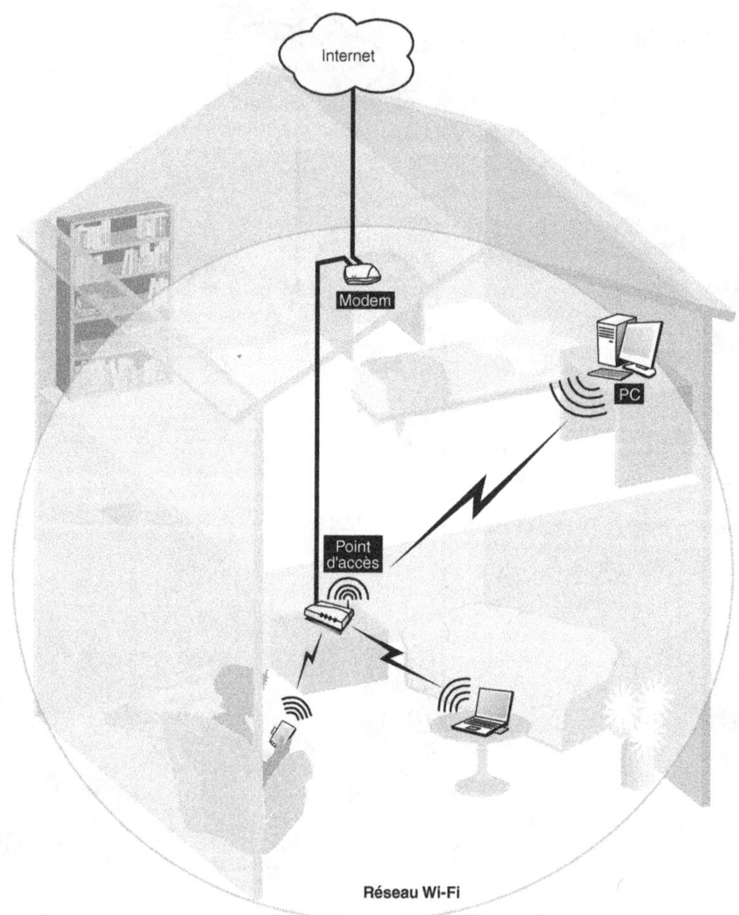

Figure 10.18

Connexion Internet par l'intermédiaire du point d'accès

Partage de la connexion

Pour partager une connexion Internet, deux protocoles sont utilisés, le NAT (Network Address Translation) et DHCP (Dynamic Host Configuration Protocol) :

- Le protocole NAT permet de partager une connexion Internet entre plusieurs stations tout en utilisant l'adresse IP donnée par le fournisseur d'accès (FAI). Une autre caractéristique du NAT est qu'il permet de prévenir certaines attaques. Certains points d'accès incorporent le NAT, mais il est possible de l'installer sur une machine dédiée connectée à Internet.
- DHCP est un protocole client-serveur qui permet d'allouer dynamiquement et pendant un certains temps (*lease time,* ou bail) les paramètres TCP/IP nécessaires à une station pour se connecter au réseau. Les paramètres fournis par le serveur DHCP auprès de la

station sont l'adresse IP de la machine, le masque, l'adresse de la passerelle par défaut et les adresses des serveurs de noms (DNS). DHCP offre une manière conviviale de configurer les stations, mais cette configuration peut aussi être faite manuellement en modifiant directement les paramètres de la carte.

> **Adresses DNS**
>
> Les adresses DNS sont données par le fournisseur d'accès Internet sauf si un DNS local est présent dans le réseau domestique.

En ce qui concerne les adresses IP, toutes les stations du réseau doivent avoir la même adresse de réseau, par exemple 192.168.0.*x* ou 10.0.*x*.*x*, avec *x* compris entre 1 et 254 dans les deux cas, comme l'illustre la figure 10.19.

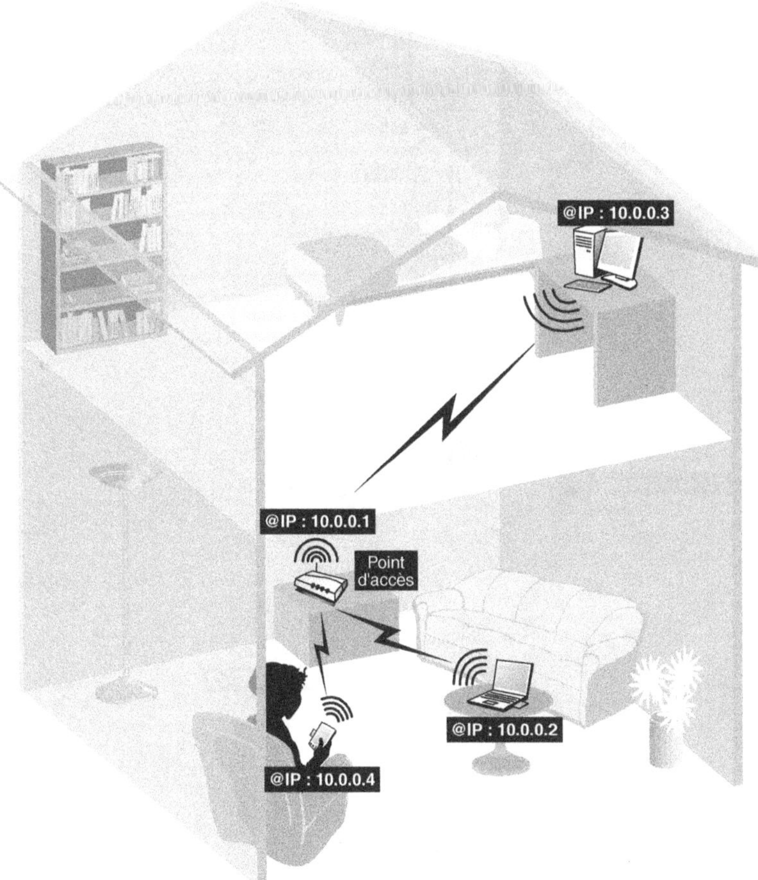

Figure 10.19

Configuration des adresses IP du réseau domestique Wi-Fi

Configuration de NAT et DHCP

L'architecture idéale d'un réseau domestique Wi-Fi est celle où le point d'accès fait à la fois office de routeur NAT et de serveur DHCP, le NAT permettant de partager la connexion Internet avec toutes les stations se connectant au réseau et le DHCP fournissant tous les paramètres permettant à la station d'être connectée au réseau. Ces fonctionnalités sont présentes dans la plupart des points d'accès Wi-Fi destinés au marché domestique.

Cette architecture idéale est illustrée à la figure 10.20.

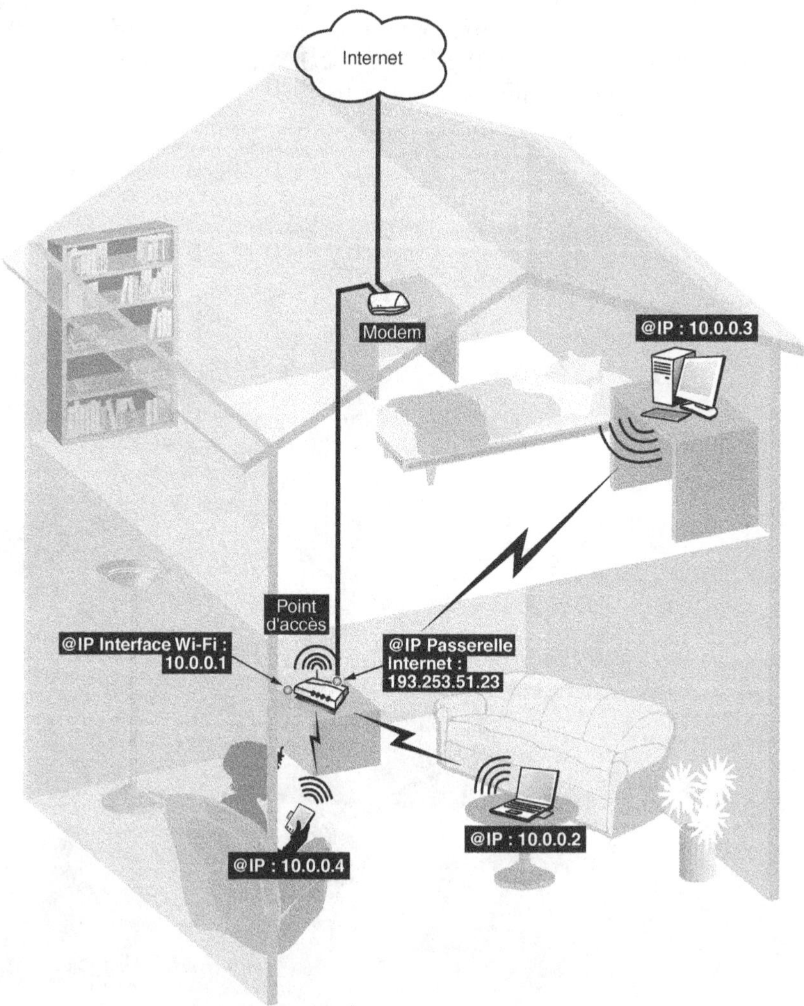

Figure 10.20

Architecture idéale d'un réseau domestique Wi-Fi

Dans le cas où les fonctionnalités du NAT et de DHCP ne sont pas incorporées dans le point d'accès, il est toujours possible de les utiliser mais en configurant une machine dédiée jouant le rôle de passerelle, comme illustré à la figure 10.21.

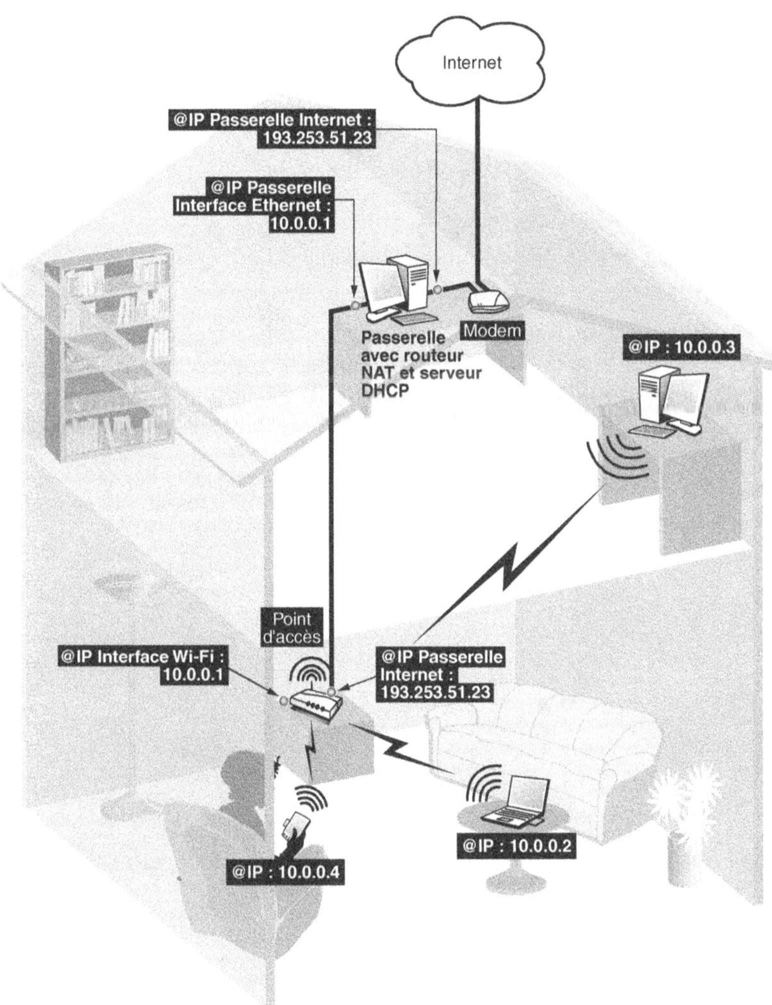

Figure 10.21
Architecture d'un réseau domestique Wi-Fi avec passerelle d'accès

L'idéal pour configurer une telle machine dédiée est d'utiliser Linux, dont les différentes distributions fournissent les fonctionnalités NAT et DHCP, alors que, sous Windows, il faut recourir à des logiciels payants. L'autre avantage de Linux est que le système ne demande pas d'énormes ressources. Pour configurer une machine faisant du NAT et incorporant un serveur DHCP, un processeur de la génération 486 et 32 Mo de mémoire suffisent largement. Autre avantage, cette machine peut rester allumée 24 h sur 24 h sans le moindre bogue.

DHCP (Dynamic Host Configuration Protocol)

Le protocole DHCP permet de fournir dynamiquement des paramètres IP aux stations qui se connectent au réseau. Ce protocole est de plus en plus utilisé, car il facilite l'administration du réseau, surtout quand ce dernier est composé d'un nombre assez important de machines.

Ce protocole a été conçu au départ pour compléter un autre protocole, BOOTP (BOOTstrap Protocol), qui est utilisé dans le même esprit. Les messages BOOTP sont compatibles avec DHCP, mais pas l'inverse. La différence entre DHCP et BOOTP est que DHCP peut fournir à une station une certaine plage d'adresses et que chacune de ces adresses est négociée et n'est valable que pour une certaine période de temps.

Architecture de DHCP

Le protocole DHCP s'appuie sur une architecture client-serveur. Dans le cas des réseaux Wi-Fi, le client DHCP est la station Wi-Fi et le serveur DHCP le point d'accès.

L'exemple illustré à la figure 10.22 ne comporte qu'un seul serveur DHCP situé au niveau du point d'accès, mais un réseau peut être composé de plusieurs points d'accès et donc de plusieurs serveurs DHCP. Le fait d'utiliser plusieurs serveurs DHCP n'entraîne aucune contrainte au niveau du réseau.

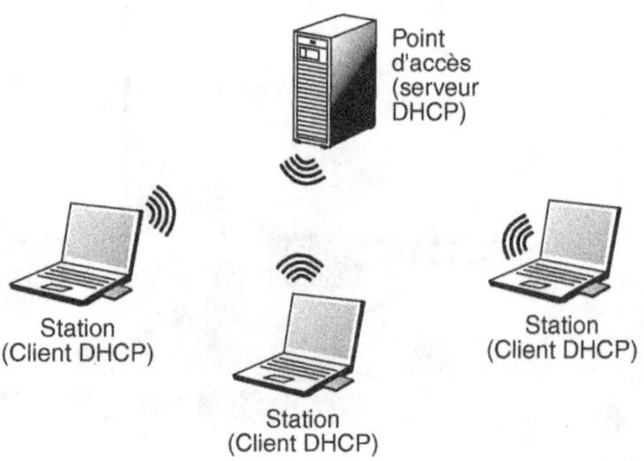

Figure 10.22
L'architecture DHCP

Lorsqu'une station initie le protocole DHCP, ce dernier lui fournit les différents paramètres suivants :

- adresse IP ;
- masque de sous-réseau ;
- passerelle par défaut ;
- adresse DNS ;
- nom de domaine.

Une fois ces paramètres reçus, l'ordinateur peut dialoguer librement avec d'autres machines du réseau ou accéder à Internet s'il existe un partage de la connexion. Ce mécanisme est transparent aux yeux de l'utilisateur et ne prend pas plus d'un seconde.

Une autre caractéristique de DHCP est le bail *(lease)*. Comme expliqué précédemment, les paramètres qui sont fournis à une station du réseau ne sont valables que pour une certaine période de temps définie par l'administrateur du réseau. Ce bail est négocié entre la station et le serveur lors de la demande de paramètre. À l'expiration de ce bail, celui-ci peut toujours être renégocié par la station.

Configuration d'un client DHCP

La configuration dynamique d'une station qui se connecte s'effectue en quatre phases, comme illustré à la figure 10.23.

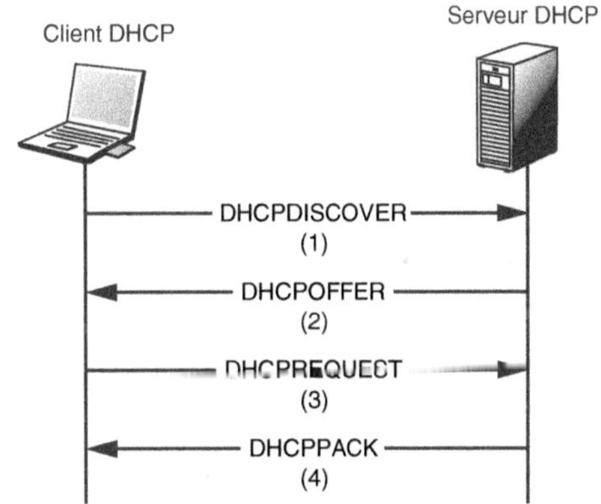

Figure 10.23
Configuration dynamique d'une station via *le protocole DHCP*

1. Lorsqu'un client DHCP accède à un réseau, aucune adresse ne lui est allouée, et il a comme adresse IP 0.0.0.0.
2. Pour se configurer, le client envoie une requête `DHCPDISCOVER` en broadcast — avec une adresse IP 255.255.255.255 — sur le réseau, dans laquelle il insère son adresse MAC.

> **Adresse MAC**
> L'adresse MAC est une adresse fixe affectée à chaque carte Ethernet ou Wi-Fi.

3. Le serveur DHCP lui répond avec un `DHCPOFFER`, toujours émis en broadcast puisque le client n'a pas encore d'adresse IP. Le `DHCPOFFER` est composé de l'adresse MAC du client, de la durée du bail ainsi que de l'adresse IP du serveur.

   Il est possible d'avoir plusieurs serveurs DHCP, mais nous n'en utilisons qu'un dans le contexte de cet ouvrage.
4. Si le client accepte cette offre, il envoie un `DHCPREQUEST` pour recevoir les paramètres.
5. Le serveur envoie un `DHCPACK` confirmant que le client accepte.

Configuration sous Windows

La configuration d'un client DHCP sous Windows XP est très simple :

1. Lorsque vous insérez une carte Wi-Fi sous Windows, elle est automatiquement configurée en tant que client DHCP par défaut.

2. Si la carte a déjà été configurée précédemment avec une adresse IP fixe, il suffit d'aller dans le Panneau de configuration et de sélectionner Connexion réseau pour afficher la fenêtre illustrée à la figure 10.24.

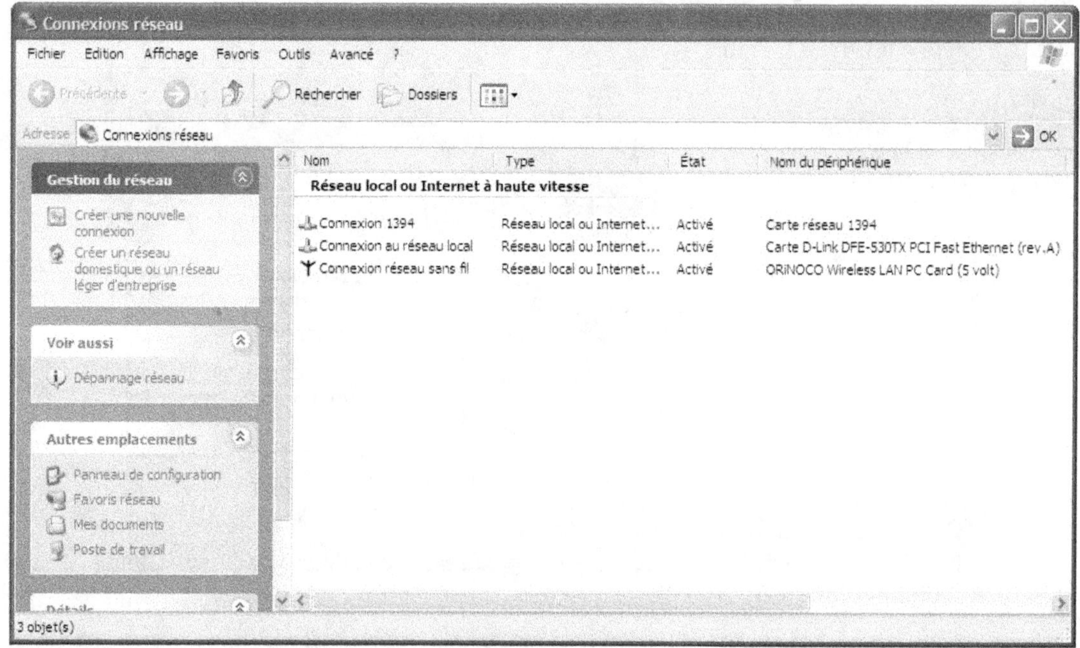

Figure 10.24

Configuration du réseau

3. Choisissez Connexion réseau sans fil. Vous obtenez la boîte de dialogue illustrée à la figure 10.25.

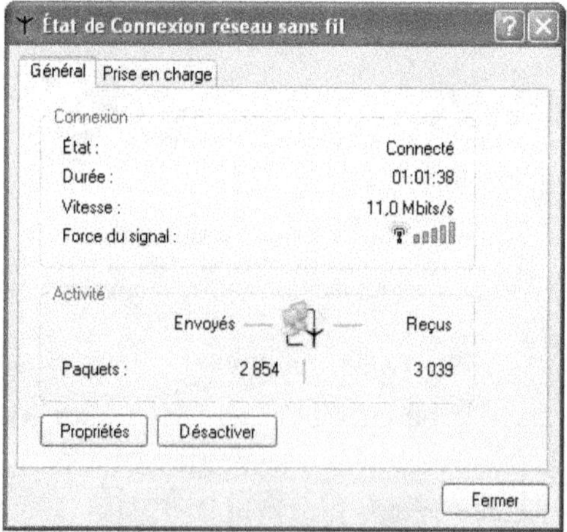

Figure 10.25

État de la connexion sans fil

4. Cliquez sur Propriétés pour afficher les propriétés de la connexion réseau sans fil, comme illustré à la figure 10.26.

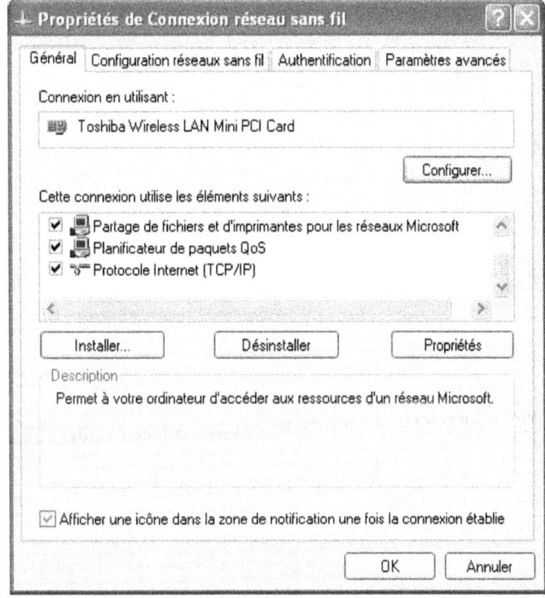

Figure 10.26
Propriétés de la connexion réseau

5. Cochez la case Protocole Internet (TCP/IP). La boîte de dialogue Propriétés de Protocole Internet (TCP/IP) s'affiche, comme illustré à la figure 10.27.

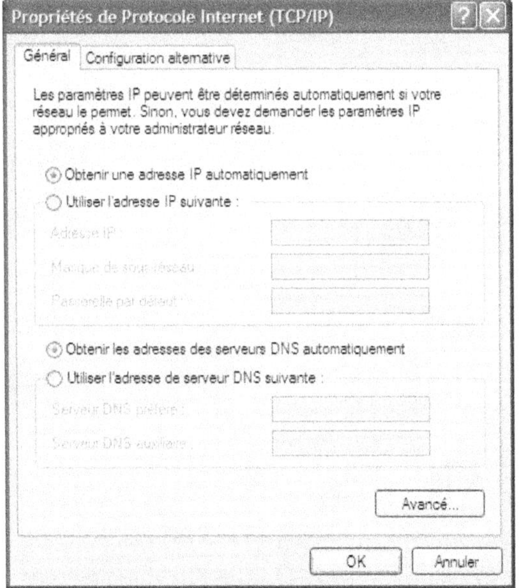

Figure 10.27
Configuration des paramètres TCP/IP de la carte Wi-Fi

6. Cochez la case Obtenir une adresse IP automatiquement. Votre ordinateur est maintenant configuré en DHCP.

7. Sous Windows 2000/XP, pour vérifier que la carte est bien configurée, il suffit de vérifier sa prise en charge dans la boîte de dialogue État de Connexion réseau sans fil, comme illustré à la figure 10.28 (voir l'étape 1 ci-dessus pour accéder à cette boîte de dialogue).

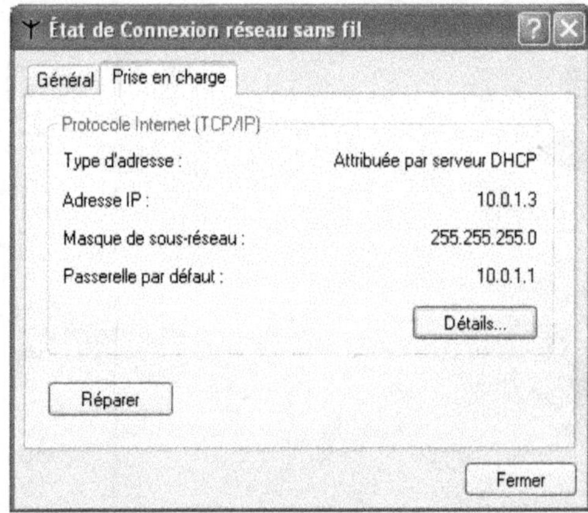

Figure 10.28
Paramètres TCP/IP de la carte Wi-Fi

8. Le bouton Détails donne plus de renseignements sur les paramètres de la carte (voir figure 10.29).

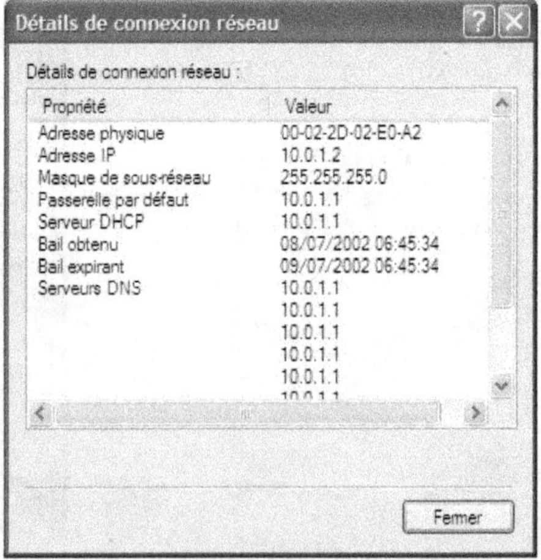

Figure 10.29
Paramètres TCP/IP détaillés de la carte Wi-Fi

9. Il est possible de vérifier la configuration de la carte par l'intermédiaire de la commande `ipconfig`. Ouvrez pour cela une invite MS-DOS, et allez dans le menu Démarrer.

10. Cliquez sur le bouton Exécuter, et entrez `cmd` pour ouvrir la commande MS-DOS.

11. À l'invite, saisissez `ipconfig /all` pour afficher toutes les informations concernant la carte réseau et vérifier qu'elle a bien été configurée. Vous constatez à la figure 10.30 que les informations sont les mêmes que celles obtenues précédemment.

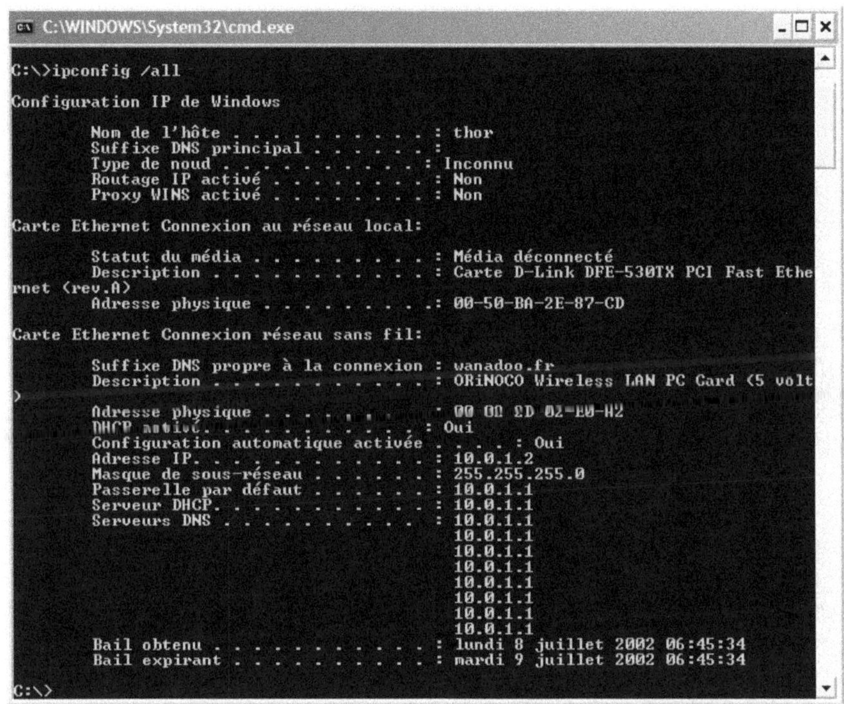

Figure 10.30

Paramètres TCP/IP de la carte par `ipconfig`

12. Il se peut que la carte n'ait pas été configurée par le serveur DHCP. Si tel est le cas, Windows attribue à la carte une adresse IP par défaut, de type 169.254.*x*.*x*. Pour réinitialiser une demande de requête au serveur DHCP, il suffit d'entrer `ipconfig /release` puis `ipconfig /renew`.

Configuration sous Linux

Avant de commencer la configuration du client DHCP, il convient de s'assurer que la carte Wi-Fi fonctionne sous Linux. Si ce n'est pas le cas, il faut installer les drivers pour cette carte.

Sous Linux, il existe deux clients DHCP très répandus : `dhclient` et `pump`, qui sont disponibles dans toutes les distributions Linux.

La configuration d'un client DHCP peut se faire de manière manuelle, en saisissant `dhclient eth0` ou `pump eth0` suivant le client concerné, `eth0` étant l'interface réseau, ou automatique, en modifiant le fichier `/etc/pcmcia/networks.opts`.

Comme dans le cas de Windows, il suffit de saisir `ifconfig eth0` — `eth0` étant l'interface sans fil — pour connaître l'état des paramètres de la carte et savoir si cette dernière est bien configurée. Si la carte n'a pas été configurée par le serveur DHCP, aucune adresse IP n'apparaît :

```
# ifconfig eth0
eth0      Link encap:Ethernet  HWaddr 00:02:2D:4C:05:B8
          inet addr:10.0.0.2  Bcast:10.0.1.255  Mask:255.255.255.0
          UP BROADCAST RUNNING MULTICAST  MTU:1500  Metric:1
          RX packets:1 errors:0 dropped:0 overruns:0 frame:0
          TX packets:0 errors:0 dropped:0 overruns:0 carrier:0
          collisions:0 txqueuelen:100
          Interrupt:3 Base address:0x100
```

Configuration du serveur DHCP

La plupart des distributions Linux proposent un serveur DHCP, nommé dhcpd. Si votre distribution n'en dispose pas, vous pouvez le télécharger sur le site de l'Internet Service.

La configuration du serveur DHCP ne demande que la création d'un fichier de configuration `dhcpd.conf`, qui sera placé dans le répertoire `/etc`. Voici un exemple de fichier `dhcpd.conf` :

```
subnet 10.0.0.0 netmask 255.255.255.0 {
range 10.0.0.2 10.0.0.50;
option routers 10.0.0.1;
option domain-name-servers 10.0.0.60;
default-lease-time 1000
max-lease-time 3600
}
```

- `subnet` permet de définir l'adresse réseau utilisée par les adresses IP.
- `netmask` définit le masque de sous-réseau.
- `range` définit la plage d'adresses fournie par le serveur dhcpd.
- `option routers` définit l'adresse IP de la passerelle par défaut.
- `option domain-name-servers` définit l'adresse DNS.
- `default-lease-time` définit la durée du bail par défaut, ici 1 000 secondes.
- `max-lease-time` définit la durée maximale du bail.

Le serveur dhcpd peut être lancé chaque fois que la passerelle est allumée en entrant la ligne :

```
# dhcpd eth0
```

où `eth0` est l'interface Ethernet connectée au point d'accès.

Il peut aussi être lancé de manière automatique en créant un script dans le répertoire `/etc/rc` en incorporant la commande suivante :

```
/usr/sbin/dhcpd eth0
```

NAT (Network Address Translation)

Le NAT est une technique qui permet de connecter à Internet plusieurs stations sur une même adresse IP. Le NAT a été et reste largement utilisé pour pallier le faible nombre d'adresses IP disponible.

Fonctionnement

Supposons un réseau Wi-Fi dans lequel un point d'accès Wi-Fi est connecté à Internet, comme illustré à la figure 10.31.

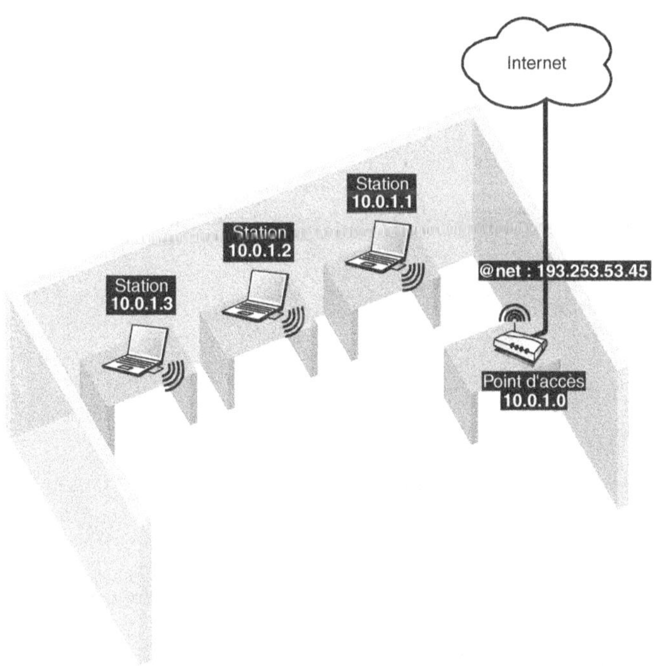

Figure 10.31
Un réseau Wi-Fi connecté à Internet

Les stations du réseau Wi-Fi ne peuvent accéder à Internet que si le point d'accès ou une autre entité dans le réseau incorpore des fonctions de routage NAT et est connecté à Internet. La plupart des points d'accès Wi-Fi incorporent le NAT.

Le routage NAT permet de n'utiliser qu'une seule adresse routable sur Internet pour un ensemble de stations possédant des adresses privées fixes, non routables.

Lorsqu'une station envoie des données qui ne sont pas destinées au réseau local, le routeur NAT — ici le point d'accès — remplace l'adresse IP de l'expéditeur par l'adresse IP de connexion donnée par le fournisseur d'accès Internet (**@net** sur la figure). Dans le même temps, le point d'accès inscrit dans une table de correspondance les informations de la connexion (adresse IP de l'expéditeur, protocole utilisé).

Lorsque le point d'accès reçoit des données provenant d'Internet, il vérifie dans sa table de correspondance à qui ces données sont destinées en comparant le type des données reçues aux informations contenues dans la table. Une fois le destinataire trouvé, l'adresse IP **@net** est remplacée par celle du destinataire. De la sorte, toutes les stations du réseau utilisent la même adresse IP pour accéder à Internet.

Grâce à ce système d'adressage, le NAT peut filtrer les paquets entrants et éviter les attaques externes. Si les stations ne sont pas à l'initiative de la connexion, les paquets extérieurs ne peuvent être traités par le routeur NAT.

Configuration du NAT

Contrairement au serveur DHCP, le NAT dépend du noyau utilisé, 2.2 ou 2.4/2.6. Dans les deux cas, et comme pour le serveur DHCP, vous pouvez soit lancer le NAT manuellement après avoir allumé la passerelle, soit écrire un script dans le répertoire `/etc/rc` de façon à automatiser l'exécution du NAT lors du démarrage de la passerelle.

1. Quel que soit le noyau utilisé, commencez par modifier le fichier `/etc/network/options`, à l'aide de la commande `vi` par exemple, et modifiez la ligne `ip_forward=no` en `ip_forward=yes`.
2. Pour les noyaux 2.2, utilisez la commande `ipchains` pour gérer le NAT :

```
/sbin/ipchains -A forward -i ppp0 -s 10.0.0.0/24 -j MASQ
```

   où `ppp0` est l'interface reliée à Internet.

3. Pour les noyaux 2.4 et 2.6, utilisez la commande `iptables` :

```
/sbin/iptables -t nat -A POSTROUTING -o ppp0 -s 10.0.0.0/24 -j MASQUERADE
```

   où `ppp0` est l'interface reliée à Internet.

Les réseaux domestiques Wi-Fi en mode ad-hoc

L'architecture d'un réseau Wi-Fi en mode ad-hoc évite l'utilisation d'un point d'accès dans le réseau, une station du réseau jouant ce rôle tout en faisant office de passerelle Internet, avec serveur DHCP, NAT, etc., comme illustré à la figure 10.32.

La station faisant office de passerelle doit être configurée en mode ad-hoc au moyen de Linux, comme expliqué au chapitre 9. Les autres stations peuvent utiliser n'importe quel système d'exploitation.

Dans ce mode ad-hoc, une station qui se trouve hors de la zone de couverture de la passerelle ne peut se connecter au réseau.

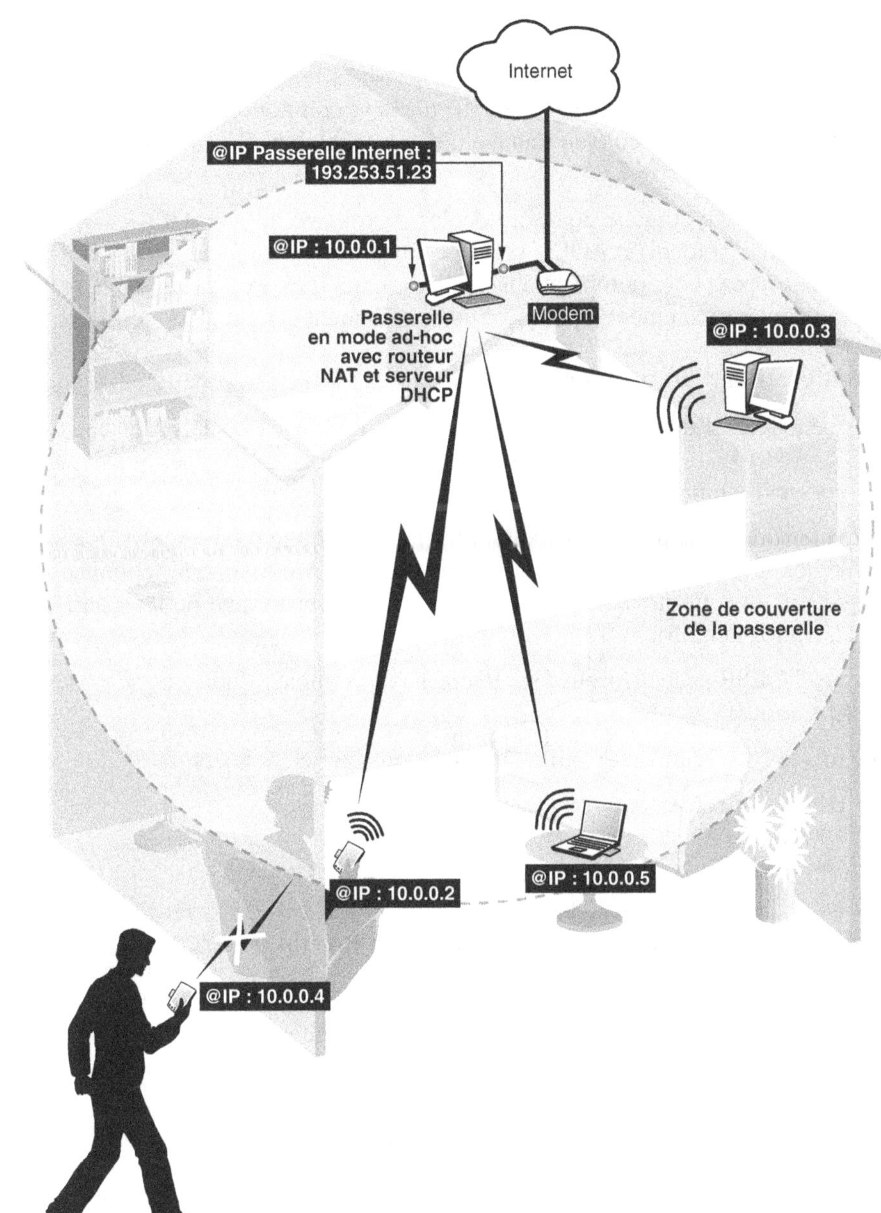

Figure 10.32

Réseau domestique Wi-Fi en mode ad-hoc avec passerelle

Les réseaux ad-hoc Wi-Fi

Comme les réseaux en mode ad-hoc, les réseaux ad-hoc permettent de se passer de point d'accès, mais avec l'avantage que chaque nœud se comporte comme un routeur. Malheureusement, aucun protocole de routage n'étant défini dans Wi-Fi, il vous faut en installer un vous-même.

Il existe à l'heure actuelle deux protocoles de routage ad-hoc, OLSR (Optimized Link State Routing Protocol) et AODV (Ad-hoc On demand Distance Vector). Ces deux protocoles ne sont pas encore totalement finalisés, mais il en existe des implémentations qui fonctionnent correctement et tournent essentiellement sur plate-forme Linux.

Configuration d'un protocole de routage

Pour bénéficier d'une véritable architecture de réseau ad-hoc, un des deux protocoles, OLSR ou AODV, doit être installé sur toutes les stations. Les étapes qui suivent décrivent le processus de configuration du protocole OLSR.

L'architecture d'OLSR s'appuie aussi bien sur Linux que sur Windows, mais Linux est à privilégier. Toutes les machines du réseau ad-hoc doivent donc fonctionner sous Linux, que ce soit sous un noyau 2.2, 2.4 ou 2.6 (AODV fonctionne pour sa part uniquement sous noyau 2.4 et 2.6).

Le code d'OLSR peut être trouvé sur Internet, par exemple à l'adresse *http://hipercom.inria.fr/olsr/* ou *http://qolsr.lri.fr.*

Une fois le code récupéré, il suffit de le décompacter et de le compiler :

```
# tar zxvf olsrd.tar.gz
# make all
# make install
```

Dès qu'OLSR est compilé, lancez `/usr/sbin/olsrd -i [interface réseau]`, `interface réseau` correspondant à la carte Wi-Fi, généralement `eth1` ou `eth0` :

```
# olsrd -i eth0
```

Chaque station du réseau doit utiliser OLSR et être configurée en mode ad-hoc. Par ailleurs, chaque station doit utiliser un client DHCP de façon que les paramètres de connexion réseau soient définis automatiquement.

La figure 10.33 illustre l'architecture d'un réseau ad-hoc avec OLSR.

Cette architecture ressemble à celle décrite précédemment, mais le fait d'utiliser un protocole de réseau ad-hoc augmente la couverture du réseau.

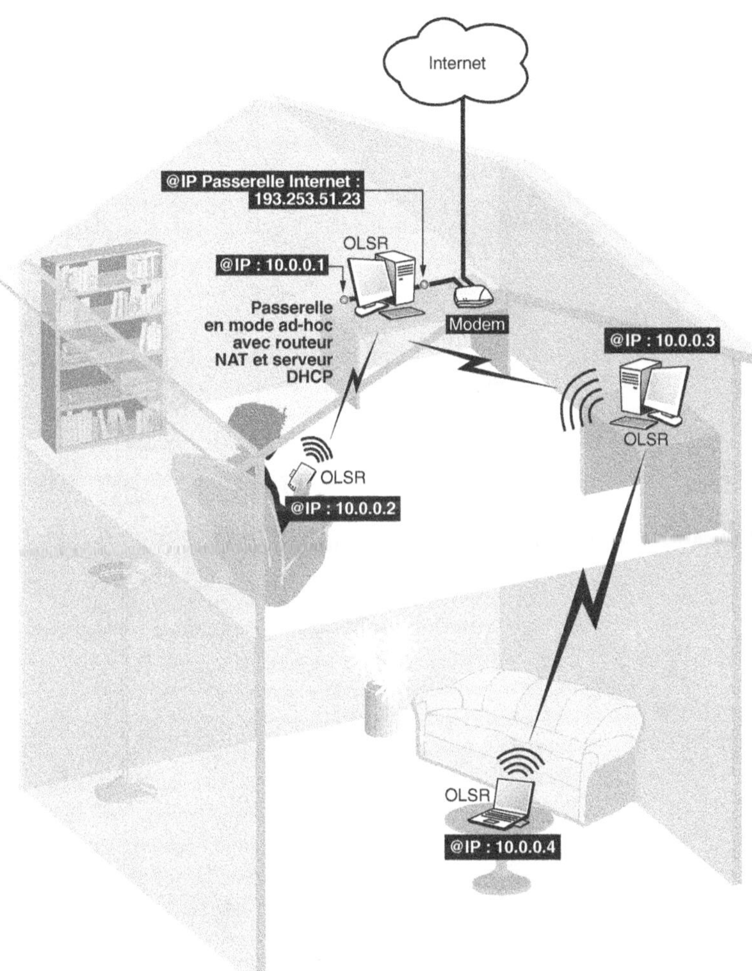

Figure 10.33

Architecture d'un réseau ad-hoc avec OLSR

11

Wi-Fi d'entreprise

Wi-Fi pénètre de plus en plus le monde de l'entreprise, surtout celui des petites entreprises, à faible effectif.

Un réseau Wi-Fi n'a généralement pas pour mission de remplacer le réseau Ethernet existant. Il est plutôt considéré comme une extension de ce réseau, offrant l'avantage d'une connectivité sans fil. Si l'entreprise occupe une superficie restreinte et n'a qu'un petit nombre de postes, par exemple une dizaine, Wi-Fi peut toutefois suffire, limitant l'achat et l'installation de prises Ethernet, de câbles et de switchs.

Le prix des équipements Wi-Fi n'est pas très élevé, pour peu que l'on raisonne à long terme et que l'on prenne en compte l'économie liée au matériel filaire (câble, prise, switch).

Au sein d'une entreprise, Wi-Fi peut être considéré soit comme un réseau d'exploitation, où la sécurité doit être accrue de façon à éviter les écoutes clandestines, soit comme un réseau dit d'invités, permettant, par exemple, aux visiteurs d'accéder à Internet. Dans ce dernier cas, il est préférable de séparer ce réseau de celui de l'entreprise.

L'avantage de Wi-Fi est que, s'agissant d'un standard IEEE, il est facile de l'intégrer à un autre environnement IEEE, comme Ethernet. De ce fait, l'installation d'un point d'accès Wi-Fi dans un réseau d'entreprise peut être comparée à celle d'un hub ou d'un switch.

Comme le chapitre précédent, consacré à l'installation d'un réseau Wi-Fi domestique, le présent chapitre décrit les étapes d'installation et de configuration d'un réseau Wi-Fi d'entreprise, en insistant sur la sécurité, qui constitue souvent un frein à son déploiement.

Architecture réseau

Dans une entreprise, l'architecture d'un réseau Wi-Fi peut différer grandement suivant la taille du réseau, le nombre de postes à connecter et les objectifs assignés à ce dernier. La sécurité tient un rôle prépondérant dans cette architecture.

L'architecture réseau d'une petite entreprise comprenant un seul point d'accès avec une connexion Internet par modem câble ou ADSL ne diffère pas de celle d'un réseau domestique, telle qu'illustrée au chapitre précédent.

Les seules options possibles tiennent à la gestion des fonctionnalités de serveur DHCP, de routeur NAT et de connexion Internet, qui peut s'effectuer soit au niveau du point d'accès, soit par le biais d'une passerelle dédiée. Par l'intermédiaire d'un switch, il est ensuite possible d'ajouter un ou plusieurs points d'accès.

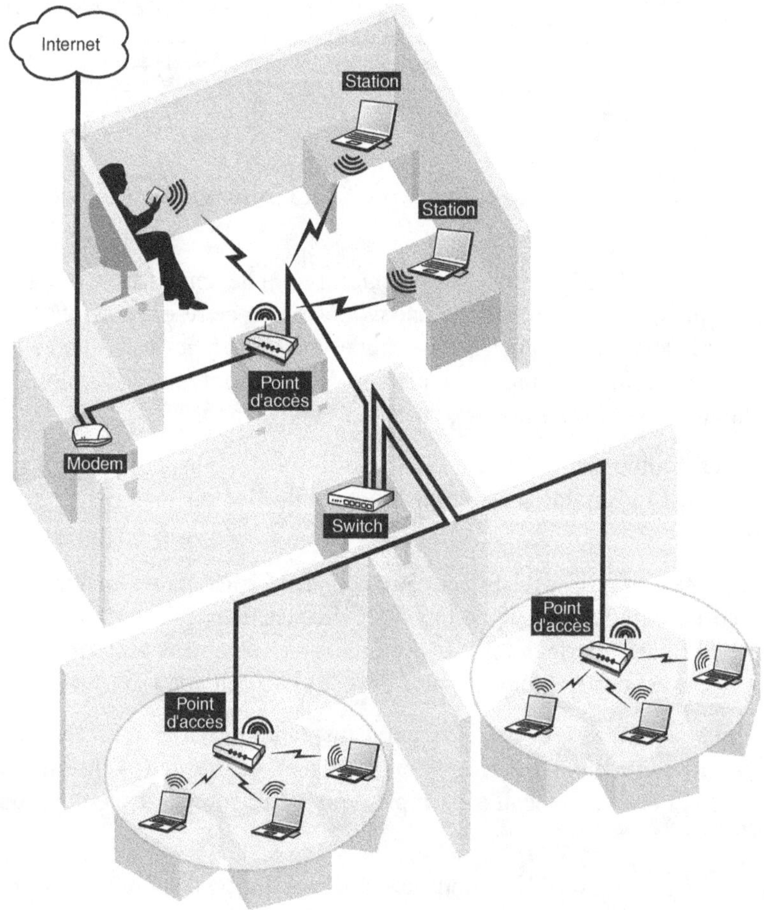

Figure 11.1

Architecture d'un réseau Wi-Fi comprenant plusieurs points d'accès reliés à un switch

La figure 11.1 illustre une architecture où le point d'accès joue le rôle de serveur DHCP, de routeur NAT et de passerelle de connexion Internet et où un switch lui est connecté pour permettre l'ajout de nouveaux points d'accès à l'architecture.

Dans le cas où le réseau utilise une passerelle, le switch doit être installé derrière la passerelle, et chaque nouveau point d'accès être connecté à celui-ci, comme illustré à la figure 11.2.

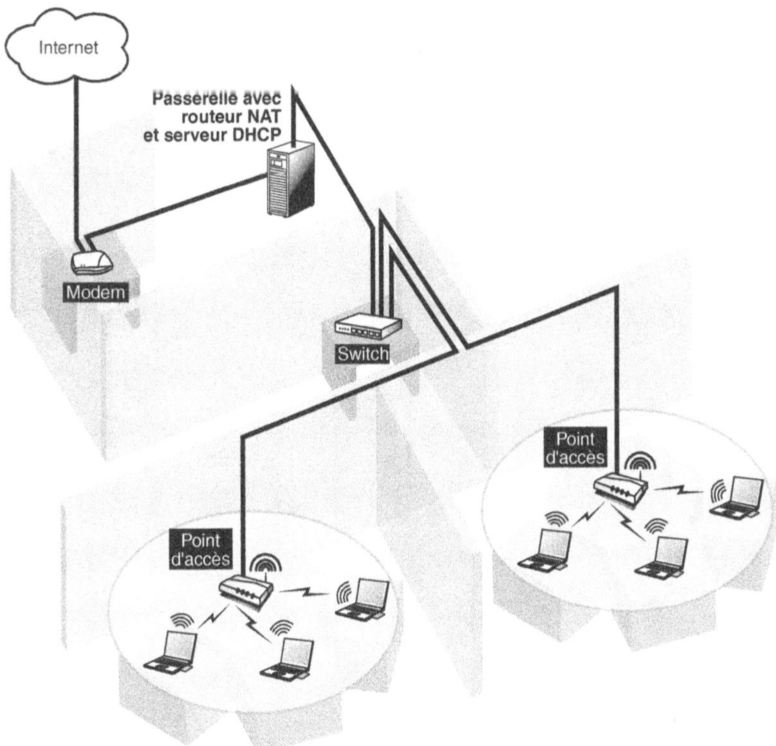

Figure 11.2
Architecture d'un réseau Wi-Fi avec passerelle comprenant plusieurs points d'accès reliés à un switch

Le plus souvent, le réseau Wi-Fi se greffe sur un réseau Ethernet existant, lequel possède déjà certaines fonctionnalités, telles que DHCP, la connexion Internet ou encore NAT.

La figure 11.3 illustre un réseau d'entreprise constitué de deux sous-réseaux connectés entre eux *via* un WAN (Wide-Area Network) par l'intermédiaire de routeurs.

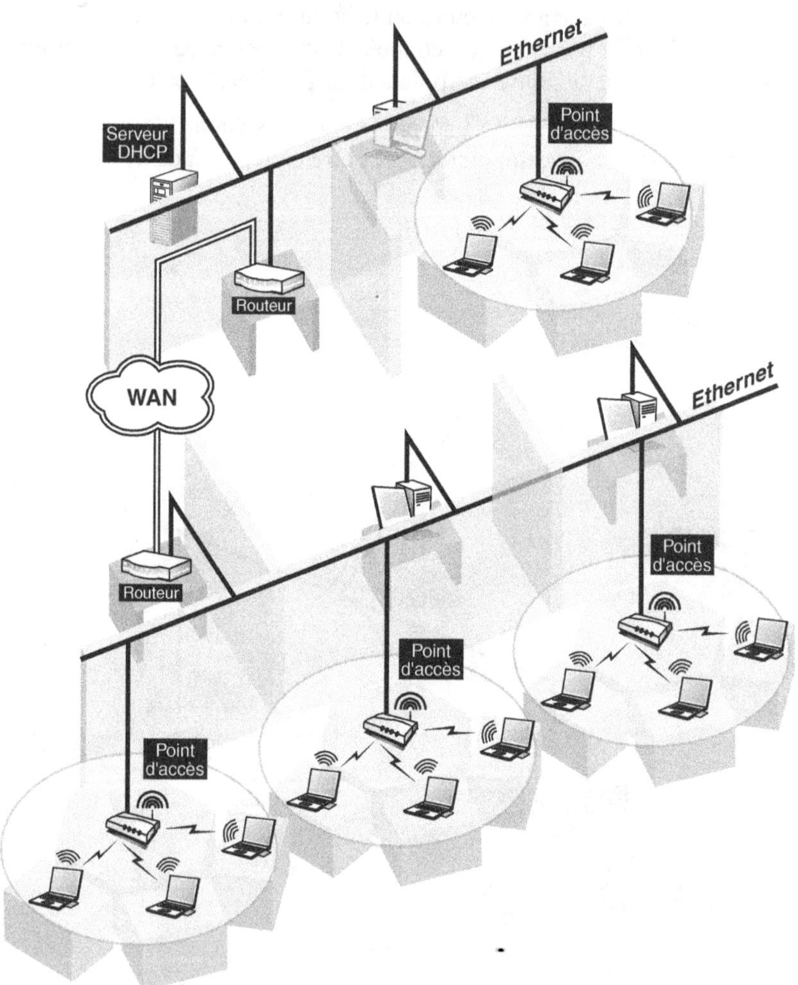

Figure 11.3

Architecture de réseau d'entreprise avec routeurs incorporant des réseaux Wi-Fi

Choix du standard

Comme expliqué tout au long de cet ouvrage, Wi-Fi est une certification qui correspond à trois standards différents, 802.11b, 802.11a et 802.11g. 802.11b et 802.11g, qui est compatible avec 802.11b, évoluent tous deux dans la bande des 2,4 GHz, avec des vitesses de transmission respectives comprises entre 1 et 11 Mbit/s et 1 et 54 Mbit/s. 802.11a n'est compatible ni avec 802.11b ni avec 802.11g car il évolue dans une bande de fréquences différente, celle des 5 GHz. 802.11a propose des vitesses de transmission comprises entre 6 et 54 Mbit/s et est donc comparable à 802.11g.

Si, pour un réseau domestique, le choix se porte clairement sur 802.11g, il n'en va pas de même pour les réseaux d'entreprise.

802.11g partage la même bande de fréquences que 802.11b, avec lequel il est compatible, mais avec des vitesses de transmission supérieures. L'encombrement de la bande ISM et son plan fréquentiel assez complexe *(voir le chapitre 8)* sont ses points faibles. 802.11a propose un plan fréquentiel extrêmement simple, avec des vitesses comparables à celles de 802.11g, dans une bande libre de toutes interférences, contrairement à 802.11b et 802.11g

802.11g correspond cependant le plus souvent à la meilleure solution. Le parc actuel des terminaux utilise à plus de 90 p. 100 le standard 802.11b. 802.11g étant compatible avec 802.11b, son intégration dans un réseau d'entreprise existant n'engendre aucun problème de compatibilité. À l'inverse, le taux d'occupation de 802.11a comparé à celui de 802.11b est extrêmement faible, ne dépassant pas 5 p. 100. Le passage total à 802.11a exige le changement de toutes les cartes Wi-Fi équipant les terminaux, ce qui implique un coût non négligeable, le prix de revient des équipements 802.11a étant deux à trois fois plus élevé que celui des mêmes équipements 802.11g.

Si 802.11g peut apparaître comme le meilleur choix, certains peuvent estimer que ce standard n'est pas tout à fait mûr, qu'il n'a pas été éprouvé, à la différence de 802.11b, et surtout qu'il n'est pas encore certifié Wi-Fi. Précisons que d'après la plupart des tests qui ont été effectués, toutes les cartes Wi-Fi 802.11b fonctionnent avec des points d'accès 802.11g. Par ailleurs, les points d'accès 802.11g étant plus récents, ils proposent davantage de fonctionnalités, notamment en terme de sécurité, que les points d'accès 802.11b, déjà vieillissants. La certification Wi-Fi, qui garantit l'interopérabilité entre les équipements, n'est pas un réel problème pour équiper son réseau. Il suffit que l'entreprise ou le prestataire qui a en charge cette installation choisisse un unique constructeur pour les cartes Wi-Fi et les points d'accès associés.

Si l'entreprise possède déjà un parc 802.11b installé et que le réseau Wi-Fi convienne amplement à ses besoins, autant attendre 802.11n, la future évolution de Wi-Fi. Si en revanche elle souhaite se doter de fonctionnalités que ne propose pas son réseau, comme la téléphonie IP Wi-Fi, ou renforcer ses politiques de sécurité, il est préférable de choisir un matériel 802.11g, compatible 802.11b.

Les équipements multistandards sont une autre solution. Malgré la démocratisation en cours de ces équipements, leur coût reste cependant assez élevé. Presque tous les constructeurs proposent ce type de matériel.

Les technologies Wi-Fi évoluent tous les deux à trois ans. Cette évolution doit être anticipée afin de contrôler les investissements. 802.11n, qui propose un débit égal ou supérieur à Ethernet 100, verra le jour d'ici un à deux ans. Comme ce standard sera compatible avec 802.11a et 802.11g, des points d'accès et des cartes multistandards 802.11n, 802.11g et 802.11a seront disponibles dès sa commercialisation. D'ici à 2008, le parc Wi-Fi devrait être complètement fondé sur 802.11n.

Choix des équipements

Certains des critères de choix des équipements décrits au chapitre précédent peuvent être repris tels quels dans le cas d'une entreprise, notamment ceux concernant le nombre de canaux disponibles, la puissance du point d'accès et des cartes et la possibilité de faire varier cette puissance.

Contrairement à un réseau domestique, un réseau d'entreprise possède généralement un pare-feu, ou firewall, un ou des serveurs DHCP, un accès Internet, voire un NAT. Si le réseau n'utilise pas ou ne possède pas ces fonctionnalités, l'utilisation d'un point d'accès ou d'une passerelle les incorporant est fortement recommandée.

D'autres protocoles revêtent une importance capitale dans le cadre d'une utilisation en entreprise. Par exemple, les architectes réseau d'une entreprise ont un besoin constant d'informations sur l'état du réseau de façon à appréhender et résoudre tout problème. Le monitoring est pour eux une fonction essentielle que doit fournir un point d'accès.

Outre ces diverses fonctionnalités, la qualité de service et la gestion de la mobilité sont indispensables, notamment pour la téléphonie Wi-Fi, ainsi que l'Ethernet alimenté et, bien sûr, la sécurité, élément crucial de tout réseau d'entreprise.

Qualité de service

L'intégration de la qualité de service, ou QoS (Quality of Service), dans Wi-Fi par le biais du standard 802.11e sera d'ici peu une autre fonctionnalité critique. Avec la QoS, Wi-Fi pourra offrir des applications de voix et de vidéo permettant, par exemple, à une entreprise de faire passer ses communications téléphoniques *via* Wi-Fi. La QoS ne peut toutefois être supportée par Wi-Fi que par le biais de cartes et de points d'accès supportant cette fonctionnalité.

Certains points d'accès et téléphones IP Wi-Fi supportent déjà une préversion de 802.11e. Bien que la finalisation de ce standard ne soit pas prévue avant la fin de 2004, certains constructeurs, comme Cisco Systems et Symbol, se sont mis d'accord pour en proposer une même préversion afin de garantir une certaine interopérabilité. Cette compatibilité doit cependant être vérifiée avant d'installer une solution de téléphonie IP Wi-Fi.

Gestion de la mobilité

Une autre caractéristique importante d'un réseau d'entreprise est la gestion de la mobilité de l'utilisateur. Dans le standard dont est issu Wi-Fi, aucun mécanisme n'implémente une telle fonctionnalité. Lorsqu'un utilisateur se déplace d'une cellule à une autre, sa communication est coupée, et toute transmission en cours doit être renouvelée.

Avec l'arrivée prochaine de la QoS dans les environnements Wi-Fi, des services de voix, comme la téléphonie IP, et de vidéo seront disponibles. La continuité de ces services ne pourra toutefois être assurée qu'à deux conditions : que toutes les cellules se recouvrent, permettant à l'utilisateur de ne pas sortir du réseau, et qu'un protocole de mobilité soit implémenté dans le réseau.

Presque tous les constructeurs proposent des protocoles propriétaires permettant de gérer la mobilité en attendant la finalisation du standard 802.11f.

PoE, l'Ethernet alimenté

Bien que Wi-Fi soit un réseau sans fil, les points d'accès demeurent connectés à des réseaux fixes, tels qu'Ethernet ou des modems d'accès à Internet, et au courant électrique par le biais de câbles. La technologie PoE (Power over Ethernet), ou Ethernet alimenté, permet de s'affranchir de cette dernière contrainte.

Le comité 802 a défini le standard 802.3af pour standardiser l'alimentation des équipements par le biais de câbles Ethernet. Grâce à ce standard, il n'existe plus aucune contrainte d'alimentation électrique, et un équipement supportant ce standard peut être installé partout où des prises Ethernet RJ-45 sont présentes.

Figure 11.4

Installation d'un boîtier PoE 802.3af dans un réseau Ethernet

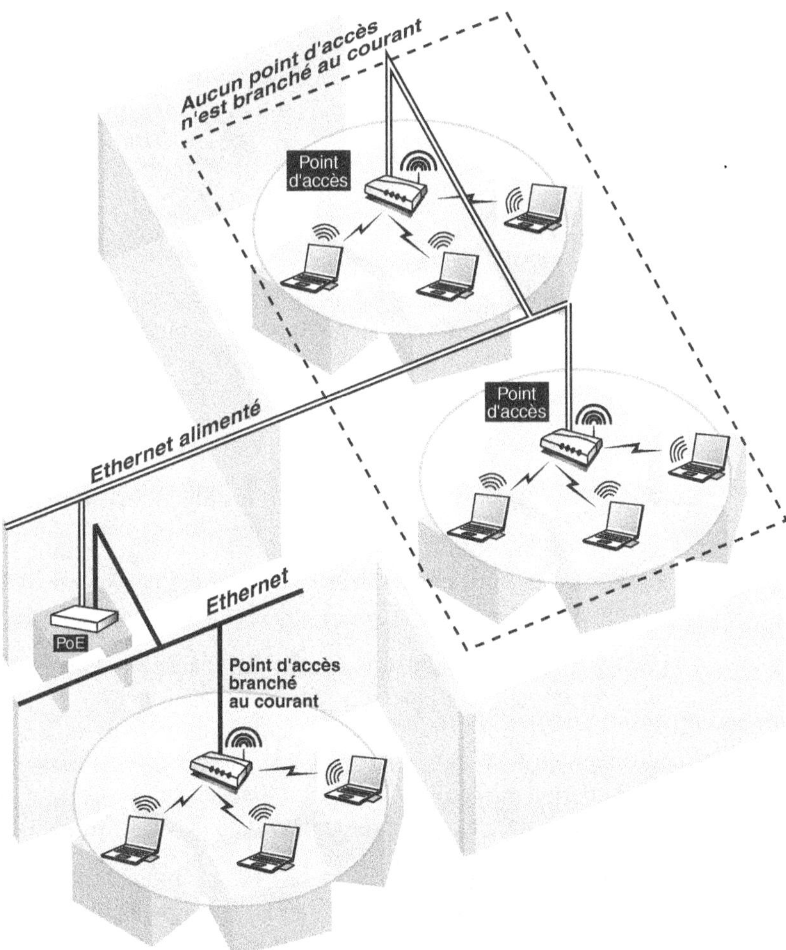

Un câble Ethernet est constitué de quatre paires de fils. Dans le cas des câbles Ethernet de catégorie 5, seules deux paires sont utilisées pour les transmissions, les deux autres n'étant pas utilisées. 802.3af se focalise sur ces deux paires non utilisées pour faire passer le courant à faible puissance afin de ne pas influer sur les deux autres paires.

L'IEEE n'est pas le seul organisme de standardisation à proposer une telle technologie. De nombreux constructeurs, comme Cisco Systems, proposent leur propre standard, hélas incompatible avec 802.3af.

La technologie 802.3af ne demande qu'un boîtier PoE connecté au réseau et des équipements compatibles PoE, comme illustré à la figure 11.4. Le courant étant transmis à faible puissance, l'affaiblissement sur la distance est assez important. Il est donc nécessaire de placer d'autres boîtiers PoE tous les 100 m environ. Un boîtier PoE ne peut alimenter qu'un certain nombre d'équipements. Ce nombre dépendant des offres des constructeurs, il est à vérifier avant tout achat.

L'avantage de PoE est évidemment de faciliter l'installation des points d'accès, car il est plus facile de tirer un câble Ethernet qu'un câble électrique. Cette solution n'est d'ailleurs pas seulement valable pour Wi-Fi. Elle trouve un marché dans toutes les solutions de téléphonie IP, où le combiné téléphonique IP est connecté au réseau et alimenté par la prise Ethernet.

Choix de l'architecture

Il existe actuellement deux types d'architecture pour les réseaux Wi-Fi d'entreprise, l'architecture centralisée et l'architecture distribuée.

Dans l'architecture centralisée, toute l'intelligence est située dans un contrôleur, qui prend en charge la totalité du réseau Wi-Fi. Tous les points d'accès sont alors connectés *via* le réseau Ethernet de l'entreprise à ce serveur central.

Le contrôleur implémente généralement les fonctionnalités suivantes :

- **Gestion de la mobilité.** La gestion de la mobilité résultant d'un accord entre points d'accès, cet accord est géré automatiquement par le contrôleur. Cette gestion ne peut se faire que si les cellules Wi-Fi utilisent le même standard.
- **Configuration automatique.** Tout point d'accès qui se connecte par le biais du réseau Ethernet est automatiquement configuré en fonction de la configuration par défaut définie par l'administrateur. Cette configuration facilite l'installation d'un vaste réseau Wi-Fi comportant de nombreux points d'accès. Il est toutefois possible d'affecter une configuration particulière à un point d'accès donné. Cette solution facilite l'affectation des canaux, qui est assez problématique dans 802.11b et 802.11g.
- **Migration.** Le contrôleur n'est pas lié à un standard donné et peut configurer des points d'accès de standards différents. Il s'agit d'un bon choix pour commencer une migration partielle de points d'accès Wi-Fi ou pour utiliser un réseau Wi-Fi multistandard.

- **Équilibrage de charge.** Un point d'accès peut supporter la connexion d'une trentaine de stations. Pour éviter toute surcharge du réseau, l'administrateur peut définir un nombre maximal de connexion afin d'offrir un débit convenable à chaque utilisateur.
- **Sécurité.** Le contrôleur peut faire office de serveur d'authentification et permettre la génération dynamique de clés afin de prévenir tout type d'attaque. Le contrôleur peut aussi authentifier chaque point d'accès qui s'y connecte. Cela permet de prévenir toute tentative de connexion au réseau d'un point d'accès pirate.

Un contrôleur ne peut accepter qu'un nombre limité de point d'accès. Généralement, il en supporte une dizaine, voire une vingtaine dans certains cas, tout standard confondu.

Comme tout équipement réseau, le contrôleur doit être mis à jour à chaque nouvelle version du firmware d'un équipement destinée à corriger bogues et failles.

Une architecture centralisée Wi-Fi avec boîtier PoE est illustrée à la figure 11.5.

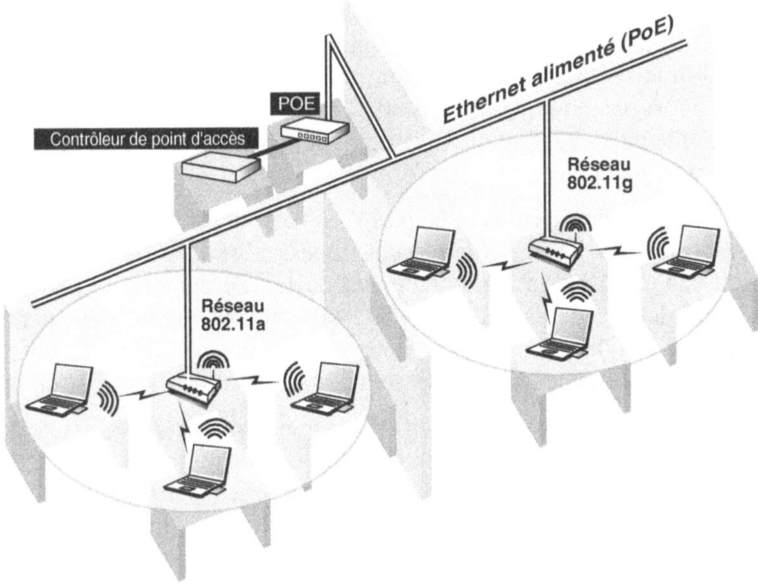

Figure 11.5
Architecture centralisée d'un réseau Wi-Fi

La configuration d'un contrôleur est relativement intuitive et s'effectue généralement par le biais d'une simple page Web.

Les fonctionnalités proposées par le contrôleur ne sont pas standardisées et dépendent des solutions propriétaires de chaque constructeur. Compte tenu de ce manque de standardisation, un contrôleur de marque X ne peut configurer les points d'accès d'un constructeur Y ou Z. Le réseau doit donc être constitué de points d'accès et du contrôleur associé issus du même constructeur.

Dans l'architecture distribuée, l'intelligence est située dans les points d'accès. Chaque point d'accès comporte toutes les fonctionnalités nécessaires détaillées précédemment pour l'architecture centralisée. La configuration peut s'effectuer par le biais d'un logiciel propriétaire.

Le choix de l'une ou l'autre de ces architectures dépend des besoins de l'entreprise ainsi que des coûts engendrés. L'architecture centralisée, reposant sur l'utilisation d'un boîtier dédié, est toutefois souvent préférée à une solution purement logicielle, bien qu'elle soit plus coûteuse.

Liaisons directives Wi-Fi

Les liaisons directives sont de plus en plus souvent utilisées dans les entreprises dont le site comporte plusieurs bâtiments. Ce nouveau moyen de communication intersite assure des transmissions allant d'une centaine de mètres à plusieurs kilomètres. Au lieu d'un point d'accès, ces liaisons utilisent un pont Wi-Fi.

Un pont Wi-Fi joue le même rôle qu'un pont Ethernet. Connecté au réseau Ethernet, le pont transforme les trames Ethernet en trames 802.11, lesquelles sont transmises sur l'interface air. À réception, les trames 802.11 sont transformées en trames Ethernet. Pour établir une telle liaison, il faut disposer de deux ponts, équipés d'antennes directionnelles de type Yagi ou parabole.

La rapide adoption des liaisons directives Wi-Fi a pour origine leur coût beaucoup moins élevé que celui des liaisons filaires classiques. L'installation de cette solution n'est cependant pas toujours simple, notamment du fait de contraintes réglementaires assez strictes. Seuls les standards 802.11b et 802.11g peuvent être utilisés pour cela, et encore sous certaines conditions, 802.11a étant interdit en extérieur. Le chapitre 7 détaille l'ensemble des contraintes à respecter lors de l'installation d'une liaison directive.

Dans ce type de liaison, le débit est un critère important, ne serait-ce que pour éviter tout goulet d'étranglement dans le réseau. Ce débit est fonction de la distance entre les bâtiments et de la directivité de l'antenne. Plus la distance est grande, plus le débit est faible. Il en va de même de la directivité. On peut aisément atteindre un débit utile de 5 Mbit/s sur plus de 500 m avec une antenne de type parabole tout en respectant la réglementation.

Les liaisons directives sans fil extérieures sont sensibles aux intempéries, telles que pluie, neige et brouillard, qui peuvent diminuer le débit. Cette baisse de performance reste cependant le plus souvent négligeable, ne dépassant guère 5 p. 100.

En plus de ces quelques contraintes d'installation, s'ajoute le problème de la sécurité. Une liaison directive dépasse le cadre de l'entreprise et étend la zone de couverture du réseau vers l'extérieur, augmentant d'autant le risque d'attaque. Dans un tel déploiement, la sécurité doit donc être accrue, et tous les mécanismes de sécurité disponibles, notamment les VPN, doivent être pris en compte.

Paramétrage de la sécurité

Dans un réseau d'entreprise, la sécurité est un critère essentiel car les données échangées sont considérées comme critiques, ce qui n'est généralement pas le cas dans un réseau domestique.

Les solutions proposées par Wi-Fi pour les réseaux domestiques, comme le WEP (Wired Equivalent Privacy), sont à éviter. Mieux vaut se tourner vers l'architecture 802.1x pour la partie authentification, en utilisant des méthodes reposant que sur une authentification mutuelle, comme EAP-TLS, EAP-TTLS ou PEAP. Pour la confidentialité des données, TKIP (Temporal Key Integrity Protocol) est la solution la plus fiable actuellement. Le couple TKIP-802.1x forme la base de la certification WPA (Wi-Fi Protected Access).

Certains équipements utilisent des mécanismes du standard 802.11i, bien que ce dernier ne soit pas encore finalisé. C'est le cas de l'algorithme de chiffrement AES et du mécanisme PSK (Pre Shared Key). La prochaine certification WPA2 supportera pleinement 802.11i en s'appuyant sur l'utilisation conjointe de TKIP, 802.1x et AES.

Quoique largement perfectibles, ces mécanismes offrent une architecture de sécurité assez robuste. Il est possible de sécuriser davantage un réseau Wi-Fi en recourant à des mécanismes supplémentaires, tels que ceux qui existent déjà dans les réseaux filaires. Le mécanisme le plus fiable est fourni par les VPN, ou réseaux privés virtuels. Lorsqu'une telle solution est utilisée, il faut vérifier que le point d'accès permet d'écouler ce type de trafic, ce qui n'est pas toujours le cas.

Avant tout choix d'une solution, il faut avoir à l'esprit que pour qu'un système de sécurité fonctionne, notamment ceux proposés pour Wi-Fi, il importe de vérifier que les cartes Wi-Fi équipant les terminaux comme les points d'accès supportent les mêmes mécanismes.

Il convient ensuite de s'assurer de la bonne implantation des points d'accès. Leur zone de couverture ne devant pas dépasser le périmètre de l'entreprise, il faut, pour en minimiser la portée, disposer de points d'accès permettant de faire varier soit la puissance du signal, soit le débit, soit les deux. Il n'est pas moins important d'éviter le placement de points d'accès près des accès extérieurs.

Topologies de sécurité

Il existe des moyens radicaux pour sécuriser un réseau Wi-Fi d'entreprise, par exemple en l'installant entièrement à l'extérieur du réseau de l'entreprise ou en sécurisant l'accès entre la partie Wi-Fi et le reste du réseau.

La figure 11.6 illustre la première solution. L'installation d'un réseau Wi-Fi à l'extérieur du réseau de l'entreprise est généralement coûteuse, que ce soit en temps ou en achat de matériels. L'entreprise se retrouve de surcroît avec deux réseaux à gérer et donc deux connexions Internet, deux serveurs DHCP, etc., dont l'administration demande évidemment plus de temps.

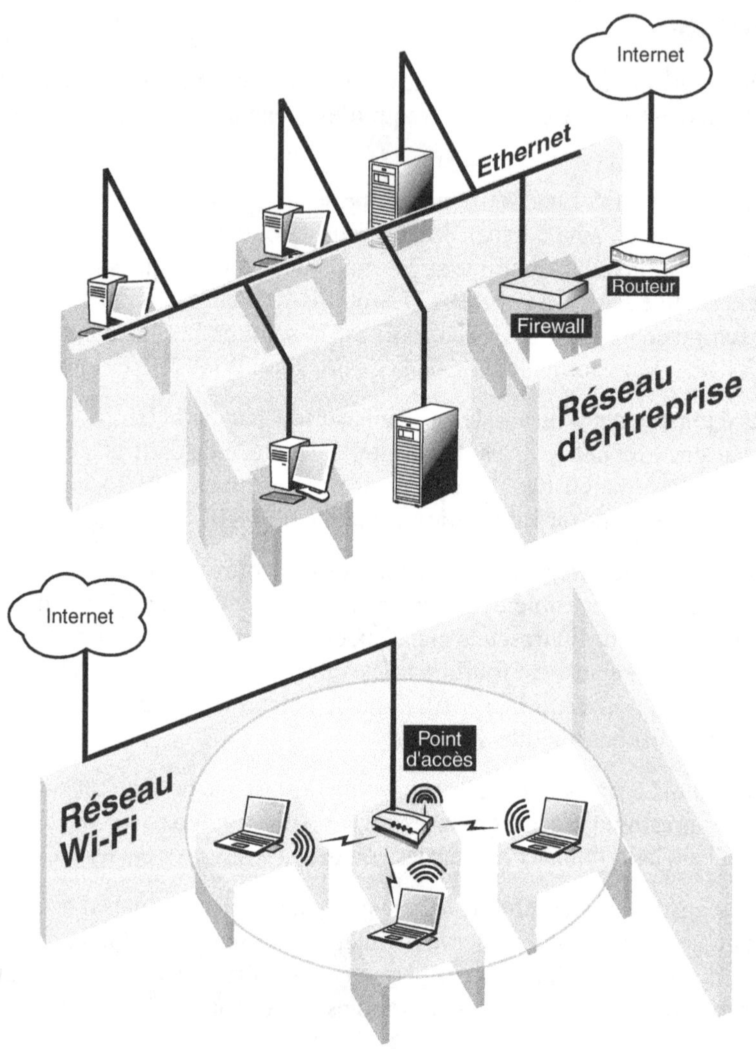

Figure 11.6

Exemple d'architecture de réseau Wi-Fi non connecté au réseau d'entreprise

Dans la seconde solution, illustrée à la figure 11.7, la connexion entre le réseau Wi-Fi et le réseau de l'entreprise est sécurisée de la même manière qu'une connexion Internet, par l'intermédiaire d'un firewall.

Cette dernière topologie correspond à la plupart des cas d'extension d'un réseau Ethernet par le biais d'un réseau Wi-Fi. Cette séparation peut être physique, comme à la figure 11.7, ou virtuelle, en cas d'utilisation de réseaux locaux virtuels, ou VLAN.

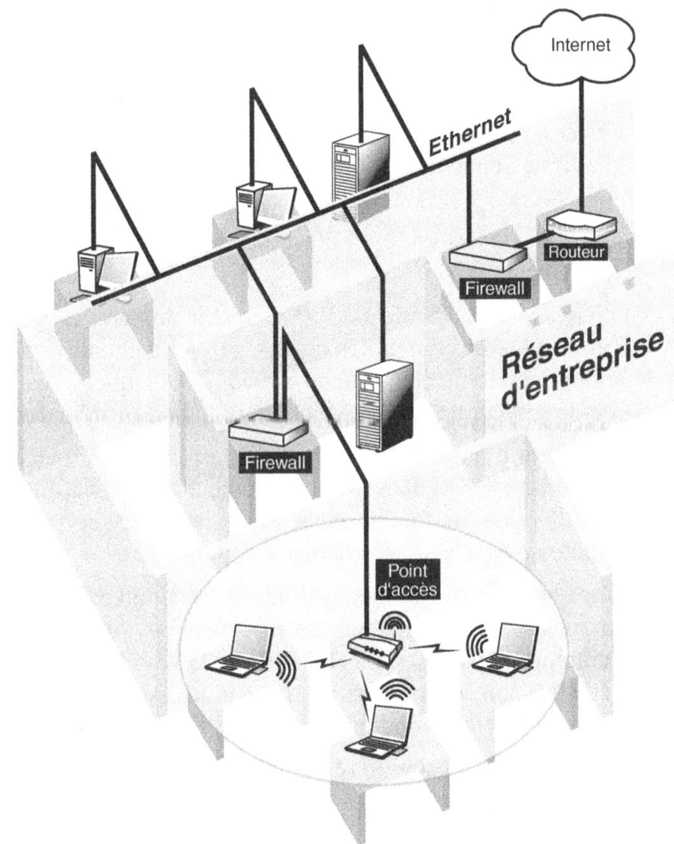

Figure 11.7
Architecture d'un réseau Wi-Fi connecté au réseau d'entreprise par l'intermédiaire d'un firewall

Configuration de la sécurité

La base de la sécurité d'un réseau d'entreprise repose avant tout sur la collecte d'informations et le monitoring, qui permet de déterminer l'origine d'une attaque. Le point d'accès doit donc fournir toutes les informations concernant, les connexions, déconnexions, authentification, etc., de n'importe quelle station du réseau Wi-Fi.

Comme dans le cadre d'un réseau domestique, la configuration du point d'accès doit être sécurisée au moyen des quelques fonctionnalités et règles suivantes :

- Modifier les SSID par défaut des points d'accès et éviter d'utiliser des SSID vides ou « any », qui permettent la connexion automatique de toute station au réseau.
- Fermer le réseau afin d'éviter que le SSID ne soit disponible en clair sur le réseau.
- Ne pas utiliser le WEP (Wired Equivalent Privacy), ou, à tout le moins, l'utiliser avec des clés de longueur maximale, c'est-à-dire sur 128 bits (104 bits réels).
- Utiliser l'ACL (Access Control List) afin d'interdire l'accès à toute personne dont la carte Wi-Fi ne figure pas dans la liste.

WPA (Wi-Fi Protected Access)

WPA est une certification définissant des mécanismes de sécurité fiables et robustes dans les environnements Wi-Fi. WPA repose principalement sur TKIP pour le chiffrement des données et 802.1x pour l'architecture d'authentification. Ces deux mécanismes sont détaillés au chapitre 4.

TKIP (Temporal Key Integrity Protocol) correspond à une évolution du WEP qui corrige la plupart de ses failles. Ce protocole est désormais implémenté dans presque tous les équipements Wi-Fi.

Fondé sur le protocole EAP (Extensible Authentication Protocol), 802.1x est une solution de plus en plus utilisée pour gérer l'authentification des utilisateurs. Ce standard définit une architecture client-serveur dans laquelle le client est la station du réseau Wi-Fi et le serveur un serveur d'authentification installé dans le réseau.

Le serveur d'authentification peut être n'importe quel serveur fonctionnant sur EAP. Le plus utilisé est RADIUS (Remote Authentication Dial-In User Server). Il existe une solution RADIUS gratuite fonctionnant sous Linux. Ce serveur, appelé freeradius, est disponible à l'adresse *http://www.freeradius.org*.

Parmi les diverses méthodes d'authentification existantes, seules celles qui sont fondées sur une authentification mutuelle peuvent être prises en compte dans le cadre d'un réseau d'entreprise, par exemple EAP-TLS, EAP-TTLS, PEAP ou encore LEAP. Toutes ces méthodes sont supportées par freeradius. Avant de les adopter, il convient toutefois de s'assurer que le point d'accès et les cartes les supportent.

La figure 11.8 illustre un réseau d'entreprise utilisant 802.1x pour l'authentification.

Le standard 802.11i devrait être finalisé d'ici à fin 2004. Il repose sur l'architecture 802.1x pour l'authentification ainsi que sur TKIP et un nouvel algorithme appelé AES pour le chiffrement. Les solutions de sécurité actuelles seront en partie compatibles avec les équipements qui supporteront 802.11i et permettront une migration progressive vers ce dernier.

La prochaine certification WPA, appelée WPA2, nécessitera l'utilisation de 802.11i pour la mise en place d'une solution de sécurité robuste.

802.11i supporte de nombreux autres mécanismes de sécurité, notamment le PSK (Pre Shared Key), que l'on retrouve dans beaucoup d'équipements actuels, et qui est comparable au WEP mais en s'appuyant sur AES. Comme le WEP, ce mécanisme définit une seule et unique clé secrète partagée. Bien qu'AES soit utilisé dans le PSK, ce dernier peut être potentiellement cassé et n'est donc pas à conseiller dans un réseau d'entreprise.

AES-CCM est une nouvelle méthode de chiffrement fondée sur l'algorithme de chiffrement AES défini dans 802.11i. Malgré AES, la solution 802.11i n'a pas non plus la réputation d'une solution fiable, et son avenir est loin d'être clair.

Les mécanismes de sécurité proposés par l'ensemble des solutions Wi-Fi n'étant pas, loin s'en faut, infaillibles, il faut être conscient qu'ils ne garantissent pas une sécurité parfaite, en dépit des efforts déployés par le comité IEEE 802. Il faut donc recourir à d'autres mécanismes, éprouvés ceux-là dans les réseaux filaires. Les sections qui suivent récapitulent les plus importants d'entre eux.

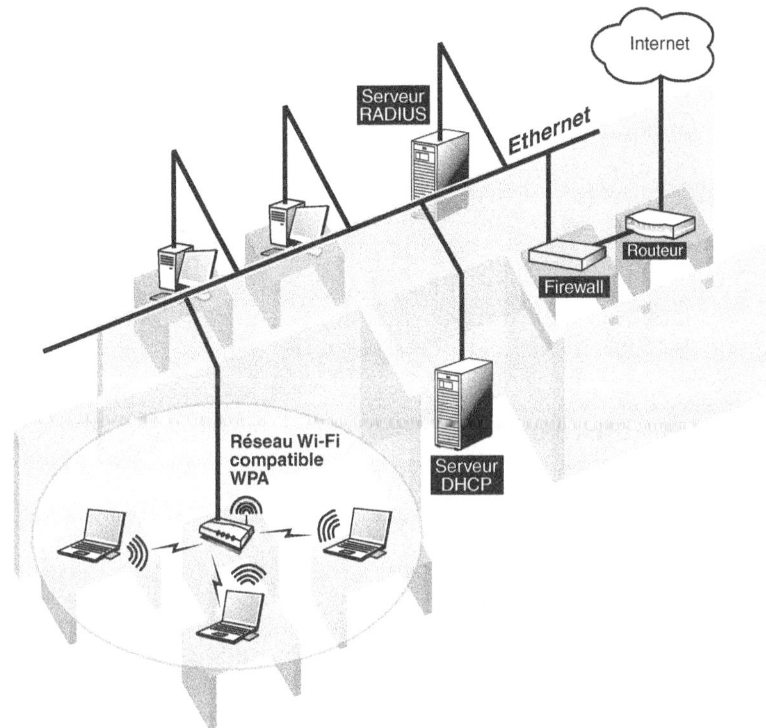

Figure 11.8
Architecture d'un réseau d'entreprise utilisant 802.1x comme protocole d'authentification

VLAN (Virtual LAN)

Comme son nom l'indique, un VLAN (Virtual LAN) permet de définir des réseaux locaux virtuels. Cette technologie existe depuis plusieurs années dans les réseaux Ethernet sous le standard 802.1q. Une même connexion Ethernet peut ainsi abriter plusieurs réseaux locaux virtuels.

La plupart des switch d'entreprise proposent cette solution, qui est à considérer lorsqu'on souhaite greffer un réseau Wi-Fi à un réseau Ethernet existant. En créant deux réseaux locaux virtuels, l'un pour le réseau Ethernet et l'autre dédié à Wi-Fi, on aboutit à une topologie identique à celle illustrée à la figure 11.7, qui sépare les deux réseaux par un firewall.

Le VLAN Wi-Fi repose sur l'utilisation de multiples SSID, dont chacun définit une configuration particulière. Bien qu'en plein développement dans les réseaux Wi-Fi, cette solution n'est pas encore standardisée pour ces derniers.

Les réseaux privés virtuels (VPN)

Un VPN (Virtual Private Network) représente aujourd'hui la manière la plus fiable de sécuriser un réseau Wi-Fi d'entreprise. Un VPN est un réseau privé qui permet de sécuriser ce point faible de tout réseau hertzien qu'est la liaison radio. Il s'appuie pour cela sur une architecture client-serveur, dans laquelle le client est la station Wi-Fi et le serveur une machine dédiée.

Cette solution est expliquée en détail au chapitre 10. FreeS/WAN est la solution VPN Open Source de référence *(http://www.freeswan.org)*.

Installation et configuration des points d'accès

Dans une entreprise, il n'est pas évident de définir un emplacement idéal pour un point d'accès, la zone de couverture de ce dernier étant pratiquement impossible à prédire. La difficulté à déterminer la zone de couverture est liée aux propriétés physiques de la propagation des ondes radio.

L'installation d'un réseau Wi-Fi d'entreprise doit respecter la politique de l'entreprise concernant les zones à couvrir et donc la topologie du réseau.

Comme expliqué au chapitre 8, il existe trois types d'architecture cellulaire dans les réseaux Wi-Fi :

- **Cellules disjointes.** N'engendre aucun problème d'affectation de canal, étant donné que les cellules ne se voient pas, mais au prix d'une mise en œuvre difficile.
- **Cellules partiellement recouvertes.** Permet de densifier le réseau, à condition que les canaux soient bien affectés. Cette topologie est à utiliser si l'entreprise compte adopter une solution de téléphonie IP Wi-Fi.
- **Cellules recouvertes.** Toutes les cellules se recouvrant, une bonne affectation des canaux est là aussi nécessaire. Cette topologie est utile pour de grandes salles de réunion, pouvant rassembler une quarantaine de personnes.

Une bonne solution consisterait à utiliser un logiciel de simulation permettant, grâce au plan du site, d'en connaître les contraintes, telles que épaisseur et type de mur, de fenêtre, etc. Ces logiciels ne prennent généralement en compte que la structure des bâtiments et non l'environnement, constitué de meubles mais aussi d'endroits sujets à d'importants flux de personnes, le corps humain étant un redoutable obstacle à la transmission des ondes radio. Ce type de logiciel est tout de même assez cher, son prix avoisinant les 5 000 euros.

La solution la plus simple reste la méthode empirique, qui consiste à essayer toutes les combinaisons possibles en plaçant le point d'accès à un endroit donné et en testant avec un ordinateur portable ou un PDA équipé d'une carte Wi-Fi la zone de couverture. Dans tous les cas, les murs porteurs, portes coupe-feu et cages d'ascenseur sont à proscrire, et une position en hauteur est à privilégier.

La zone de couverture peut être limitée en utilisant des points d'accès permettant de faire varier la puissance du signal ou en élevant leur débit. Si cela permet théoriquement de diminuer la zone de couverture, il faut néanmoins s'assurer que celle-ci est effective. La configuration d'une puissance de signal minimale, de 1 à 5 mW, ne se traduit, chez certains points d'accès, que par une baisse de la taille de la cellule de l'ordre de 5 à 10 p. 100, au lieu des 50 p. 100 attendus.

Pour une meilleure sécurité, mieux vaut éviter de placer le point d'accès prés d'un accès vers l'extérieur, comme les fenêtres, sorties de secours ou portes d'entrée de bâtiment. Cela empêche le signal de se propager, diminuant par-là même le risque d'attaque extérieure.

Pour faciliter l'installation des points d'accès, la technologie PoE est recommandée. En éliminant la contrainte de la prise électrique, cela facilite grandement l'installation, au prix, il est vrai, d'un coût supplémentaire.

Configuration des points d'accès

Nous avons vu au chapitre précédent que la configuration d'un point d'accès domestique pouvait se faire aussi bien en sans-fil qu'en filaire. Dans le cas d'un réseau d'entreprise, la configuration ne peut s'effectuer que de manière filaire, l'administrateur du réseau devant être connecté au réseau Ethernet pour configurer le point d'accès.

Cela limite les risques de modification des paramètres du point d'accès par une personne malveillante extérieure à l'entreprise. Ce critère de sécurité est à vérifier auprès du constructeur, qui, dans la plupart des cas, ne le stipule pas dans la fiche technique du point d'accès.

Configuration du point d'accès Aironet 350 de Cisco Systems

L'Aironet est un point d'accès essentiellement conçu pour une utilisation dans un réseau local d'entreprise. Il peut certes être utilisé dans un environnement domestique, mais il ne supporte pas, à la différence de l'AirPort d'Apple, le DHCP ni le NAT.

Pour préserver la sécurité du réseau Wi-Fi, la configuration de l'Aironet ne peut être effectuée que de manière filaire et donc par une station connectée au même réseau Ethernet que le point d'accès. Aucune station Wi-Fi ne peut configurer ce point d'accès, même si elle dispose des paramètres réseau corrects.

Le principal avantage de ce point d'accès est qu'il permet de configurer précisément l'ensemble des paramètres sans fil.

Les principales étapes de la configuration du point d'accès Aironet 350 sont les suivantes :

1. La première partie de la configuration consiste à assigner une adresse IP au point d'accès. Si le réseau dans lequel le point d'accès est installé possède son propre serveur DHCP, ce dernier lui alloue directement une adresse IP, comme illustré à la figure 11.9.

2. Si le réseau ne possède pas d'adresse IP, il faut en assigner une au point d'accès. Pour cela, Cisco fournit un outil, nommé IPSU, inclus dans le CD-ROM livré avec le point d'accès *(voir figure 11.10)*. Cet outil permet d'assigner une adresse IP au point d'accès (Set Parameters). Il suffit pour cela de renseigner l'adresse MAC (indiquée sous le point d'accès), l'adresse IP et le SSID voulus. La machine qui configure le point d'accès doit posséder la même adresse réseau que le point d'accès pour pouvoir communiquer avec ce dernier.

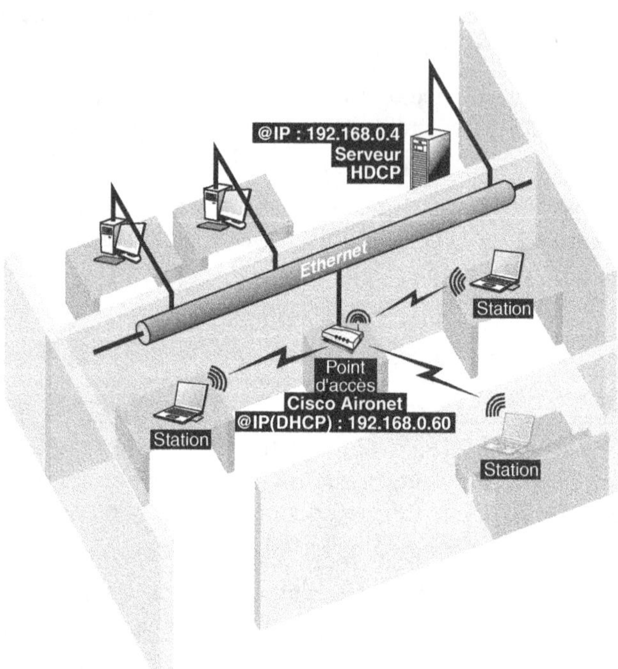

Figure 11.9
Adresse IP du point d'accès fournie par le réseau

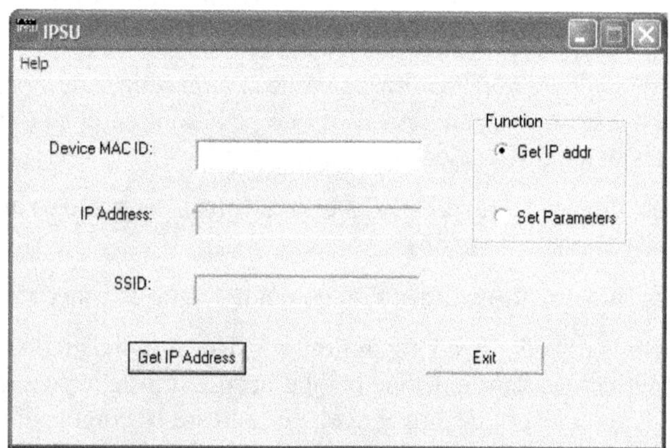

Figure 11.10
Logiciel de configuration IPSU de l'Aironet

3. L'adresse IP choisie pour le point d'accès doit avoir la même adresse de sous-réseau que la machine à laquelle il est connecté, soit 192.168.0.*x*, avec *x* compris entre 2 et 254.

> **Paramètres par défaut de l'Aironet 350**
> L'adresse IP par défaut du point d'accès est **10.0.0.1** et le SSID par défaut **tsunami**.

4. Si la configuration est effectuée par l'intermédiaire d'une machine directement connectée au point d'accès Aironet, l'utilisation d'un câble RJ-45 croisé est nécessaire, car seul ce type de câble permet de faire communiquer deux machines connectées entre elles, comme illustré à la figure 11.11. Ce point d'accès ne peut être configuré que par le biais de son interface filaire. Toute configuration par l'interface sans fil, c'est-à-dire par un terminal Wi-Fi, est impossible.

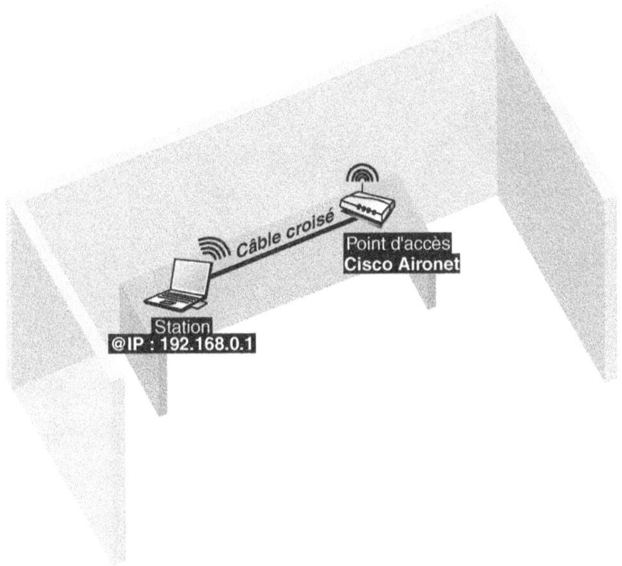

Figure 11.11
Accès et configuration du point d'accès par l'intermédiaire d'un câble croisé

5. L'outil IPSU permet aussi de fournir l'adresse IP donnée par le serveur DHCP d'un réseau qui en possède une par l'intermédiaire de la fonction Get IP addr illustrée à la figure 11.10. L'adresse MAC du point d'accès doit alors être renseignée dans le champ correspondant.

6. Contrairement à l'AirPort, qui nécessite un programme dédié pour configurer le point d'accès, l'Aironet ne demande qu'un navigateur Web. Il suffit de saisir dans la zone d'adresse de ce dernier l'adresse IP de la machine, ici *http://10.0.0.1*, c'est-à-dire l'adresse IP par défaut, pour accéder à la configuration de la machine.
7. La fenêtre de configuration express (Express Setup) s'affiche alors comme illustré à la figure 11.12. Cette fenêtre donne des informations sur le SSID, l'adresse MAC du point d'accès, son adresse IP, etc. Elle permet en outre d'optimiser le point d'accès en fonction du débit ou de la zone de couverture.

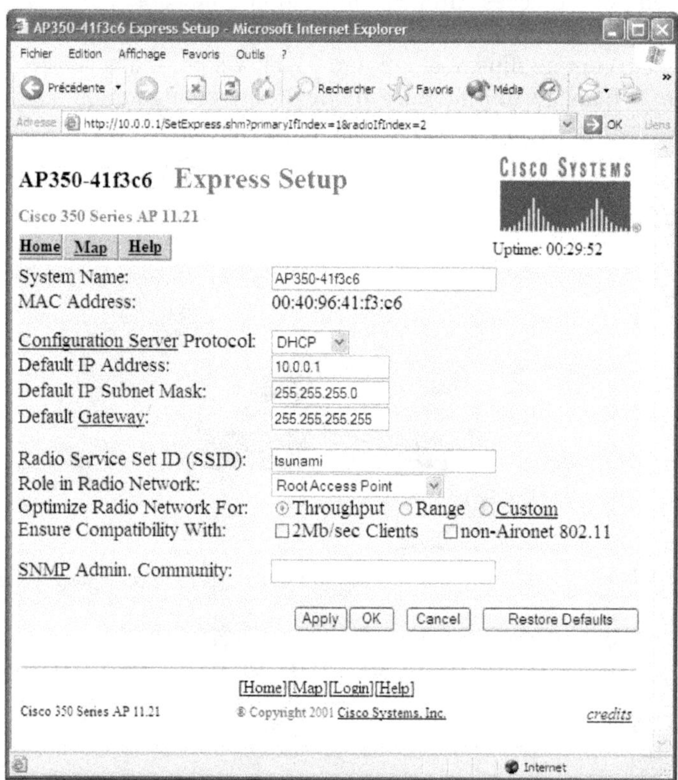

Figure 11.12

Configuration express

8. Une configuration optimisée des différents paramètres radio est possible par le biais de la case à cocher Custom *(voir figure 11.12)*. La page AP Radio Hardware s'affiche alors comme illustré à la figure 11.13.

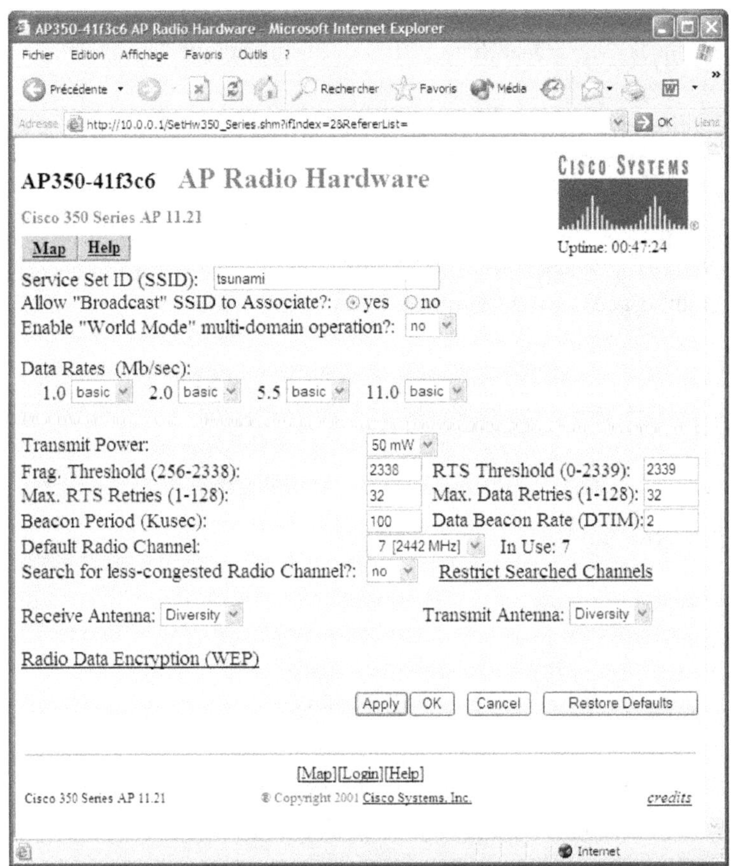

Figure 11.13

Configuration de l'interface radio du point d'accès

Cette page permet de configurer de manière plus précise la partie Wi-Fi du point d'accès. Il est notamment possible d'y définir :

- Le SSID, ou nom de réseau, et d'autoriser ou non sa transmission en clair (Broadcast SSID).
- Les débits (Data Rates) qui seront utilisés par les stations. Si plusieurs débits sont disponibles, la station peut modifier son débit en fonction de la qualité du signal radio.
- La puissance de transmission (Transmit Power), ce qui peut s'avérer utile si vous souhaitez utiliser les canaux limités à une puissance de 10 mW en France. Si l'on garde à l'esprit que plus la puissance est faible, moins la couverture du réseau par le point d'accès est importante, cette option permet de faire varier la zone de couverture.
- Les différentes valeurs seuils de taille des trames, qui, lorsqu'elles sont dépassées, déclenchent les mécanismes de fragmentation (Frag. Threshold) et de réservation RTS/CTS (RTS Threshold). Ces valeurs seuils sont exprimées en octet.

– Le nombre de retransmissions aussi bien pour les RTS (Max. RTS Retries) que pour les données (Max. Data Retries). Passé le seuil indiqué, les données sont définitivement perdues.

– La période de transmission (Beacon Period) des trames balises (Beacon Frames) ainsi que leur débit (Data Beacon Rate), sachant que plus le débit est faible, plus la portée est importante.

– Le canal de transmission (Default Radio Channel) en cours d'utilisation (In Use: 7). Le paramètre Restrict Searched Channels permet d'identifier les canaux disponibles du point d'accès, comme illustré à la figure 11.14.

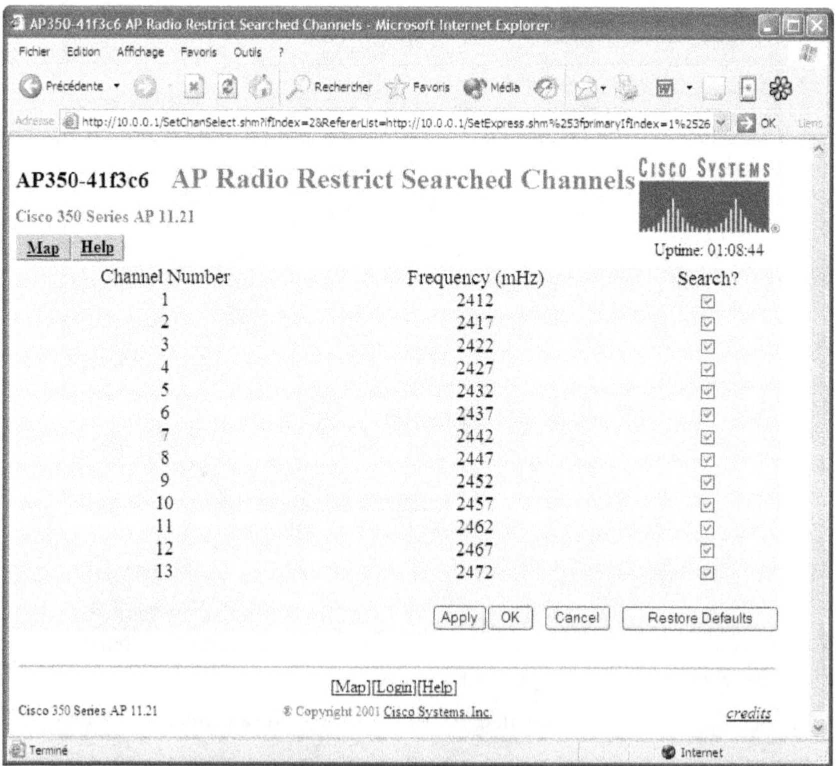

Figure 11.14
Liste des canaux disponibles au niveau du point d'accès

– Les antennes d'émission et de réception (Receive Antenna et Transmit Antenna), puisque le point d'accès Aironet possède deux antennes amovibles. Généralement, ces deux options sont mises en mode automatique.

– Les paramètres du WEP (Radio Data Encryption).

9. Pour l'authentification, différents choix sont possibles, comme illustré à la figure 11.15 : Open, ou pas d'authentification, Shared, qui demande l'utilisation d'une clé, et Network-EAP, qui permet d'utiliser 802.1x pour l'authentification, ce point d'accès étant compatible avec ce standard. Quatre clés de longueur différente (40 ou 128 bits) peuvent être définies. Les valeurs de ces clés doivent être inscrites sous forme hexadécimale.

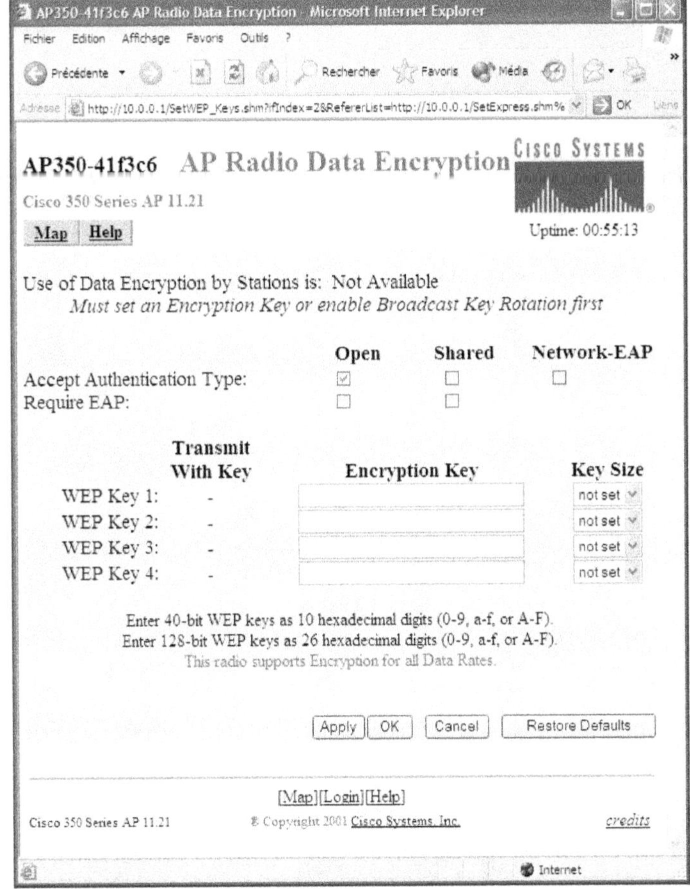

Figure 11.15
Configuration des paramètres WEP

Informations sur le réseau

Au bas de chaque page Web, diverses catégories de boutons donnent accès à des informations sur le réseau :

- Map permet de connaître l'arborescence complète du programme de configuration et d'autres informations sur le réseau, comme illustré à la figure 11.16.

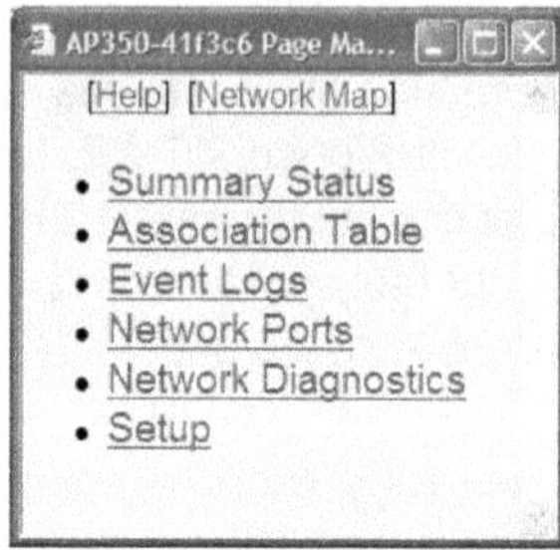

Figure 11.16
L'outil de configuration des points d'accès Aironet

- Network Map indique les équipements connectés (point d'accès, pont, station cliente, etc.).
- Summary Status permet de s'informer sur l'architecture du réseau, les derniers événements et les adresses IP et MAC du point d'accès *(voir figure 11.17).*

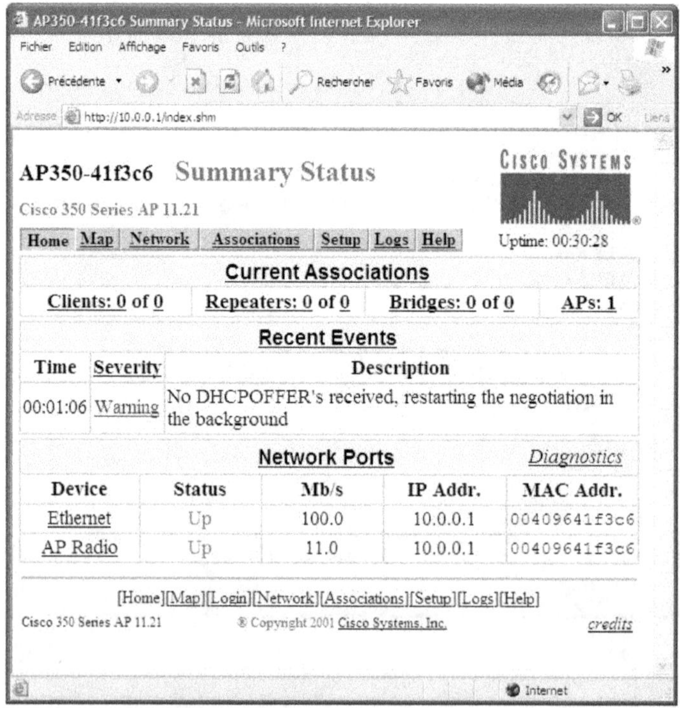

Figure 11.17
Monitoring du point d'accès

- Association Table définit les équipements réseau disponibles ainsi que leurs caractéristiques (adresse IP, MAC, etc.). Ces dernières peuvent être modifiées dans *additional display filters (voir figure 11.18).*

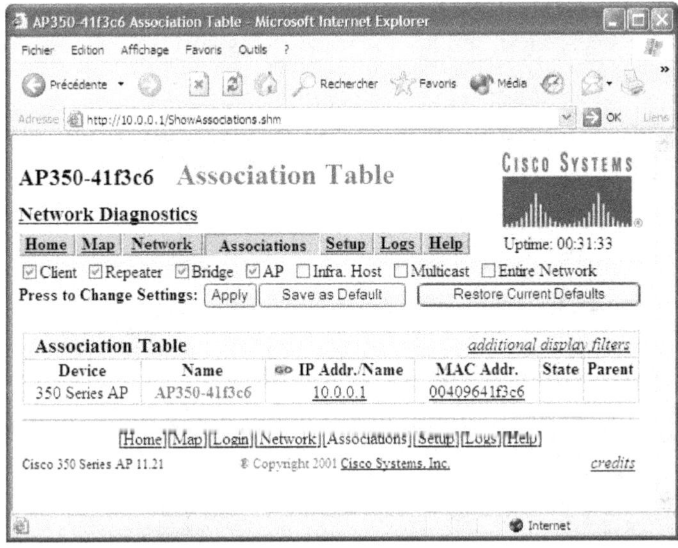

Figure 11.18

Table d'association

- Event Logs renseigne sur les différents événements survenus sur le point d'accès, comme illustré à la figure 11.19.

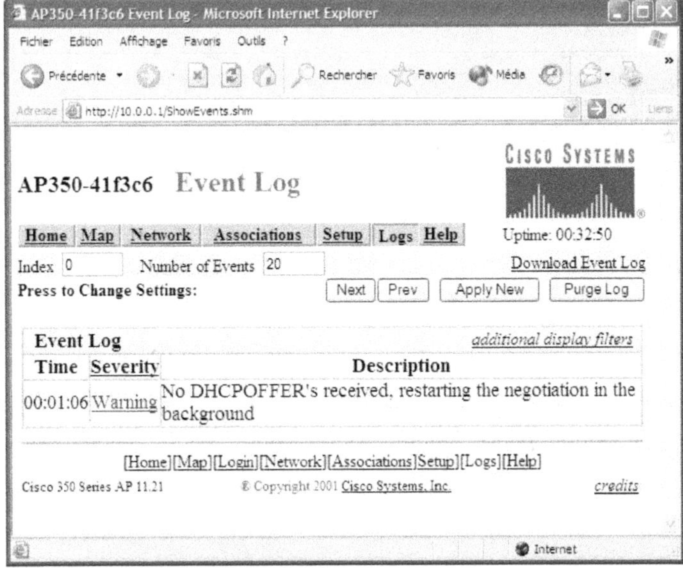

Figure 11.19

Journal d'événements

- Network Ports donne des informations sur le trafic en cours (type de paquet, nombre d'octets envoyés, etc.) sur les interfaces sans fil et filaire du point d'accès *(voir figure 11.20).*

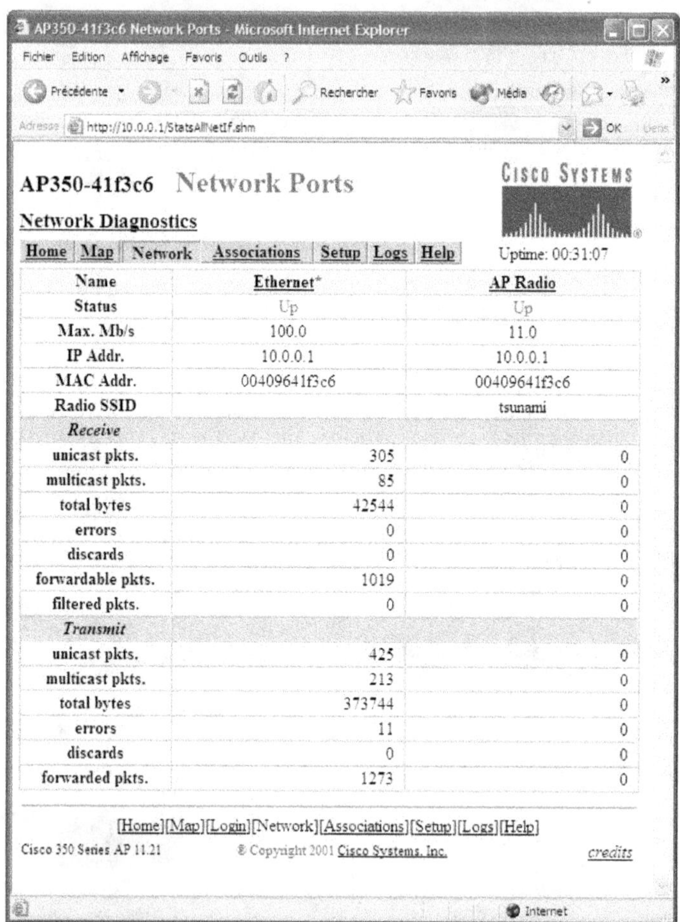

Name	Ethernet*	AP Radio
Status	Up	Up
Max. Mb/s	100.0	11.0
IP Addr.	10.0.0.1	10.0.0.1
MAC Addr.	00409641f3c6	00409641f3c6
Radio SSID		tsunami
Receive		
unicast pkts.	305	0
multicast pkts.	85	0
total bytes	42544	0
errors	0	0
discards	0	0
forwardable pkts.	1019	0
filtered pkts.	0	0
Transmit		
unicast pkts.	425	0
multicast pkts.	213	0
total bytes	373744	0
errors	11	0
discards	0	0
forwarded pkts.	1273	0

Figure 11.20

Informations sur le trafic réseau

- Network Diagnostics permet d'établir un diagnostic de la qualité du lien radio du point d'accès *(voir figure 11.21).*

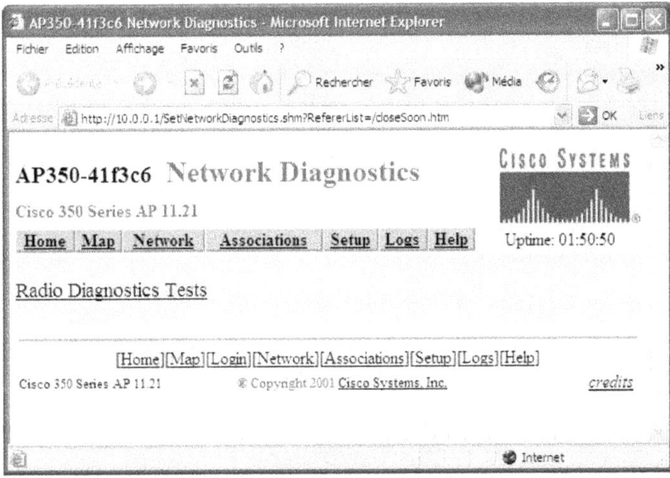

Figure 11.21
Diagnostic du réseau

- Le lien Radio Diagnostic Tests permet de connaître la qualité du lien radio du support physique (Carrier Busy), ainsi que le niveau du bruit ambiant (Noise Value), comme illustré à la figure 11.22. La réactualisation par le biais de la touche F5 de la page affichée dans le navigateur permet de connaître en temps réel l'évolution de la qualité du lien radio.

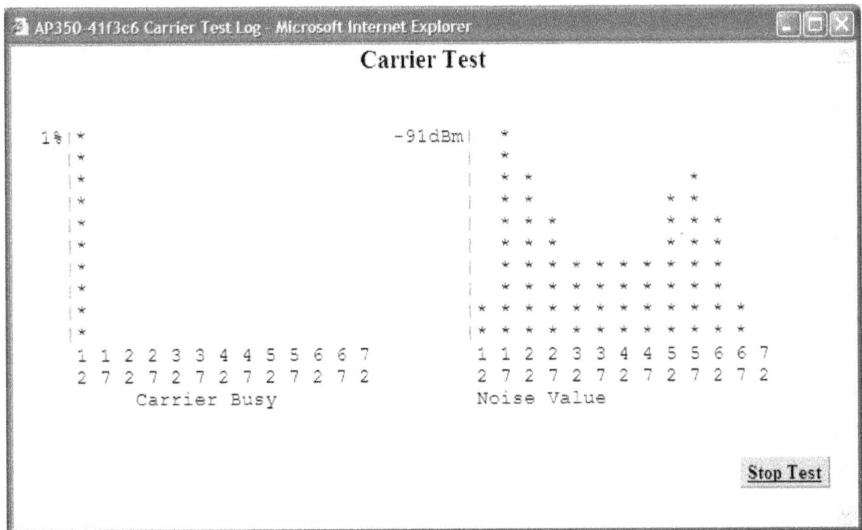

Figure 11.22
Test du lien radio

- Setup permet de définir divers paramètres afin de mieux configurer l'interface réseau, ainsi que différents services et ports de connexion pour les interfaces réseau, grâce à l'utilisation de filtres, comme illustré à la figure 11.23.

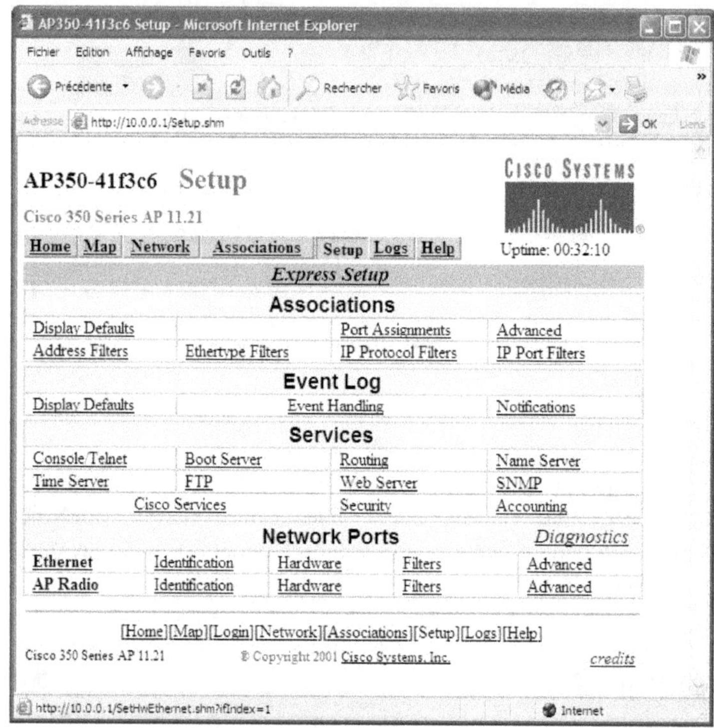

Figure 11.23
Configuration avancée

- Help redirige vers le site Web de Cisco Systems pour accéder à son aide en ligne.

Affectation des canaux

Contrairement à un réseau domestique, la topologie d'un réseau d'entreprise comprend généralement plusieurs points d'accès et non un seul.

Comme expliqué précédemment, 802.11b et 802.11g fonctionnent en utilisant un canal de transmission situé dans la bande ISM. Le choix de ce canal est beaucoup plus difficile à effectuer pour un réseau composé de multiples points d'accès que pour un réseau domestique. Le fait d'utiliser plusieurs points d'accès pose des problèmes à la fois de topologie du réseau et d'affectation du canal de transmission pour chacune des cellules du réseau.

L'affectation des canaux étant traitée en détail au chapitre 8, nous n'y revenons pas ici. Disons, en résumé, qu'elle dépend essentiellement du nombre de canaux disponibles dans les équipements. Dans 802.11b et 802.11g, 13 canaux sont disponibles, mais certains équipements ne disposent que de 4 canaux, correspondant à la précédente réglementation.

Plus le nombre de canaux est important, plus il est aisé de former des réseaux Wi-Fi complexes, aux cellules recouvertes. La difficulté du plan fréquentiel vient du faible nombre de canaux à affecter. Dans le cas d'une topologie où toutes les cellules sont recouvertes, seules 3 ou 4 cellules peuvent être configurées avec des canaux différents pour cohabiter sans interférence.

Il est certes toujours possible d'affecter un même canal de transmission ou des canaux proches, par exemple 10 et 11 ou 10 et 13, à tous les points d'accès, mais des interférences surviennent alors dans toutes les zones de recouvrement des cellules, entraînant des erreurs dans les transmissions, des déconnexions intempestives et un affaiblissement des performances du réseau.

Comme dans le cas des réseaux domestiques, il est possible que un ou plusieurs réseaux Wi-Fi émettent à proximité de l'entreprise et que leur zone de couverture s'étende sur le site de cette dernière et en perturbent le fonctionnement. Le seul moyen d'identifier de tels réseaux consiste à utiliser le logiciel Netstumbler décrit précédemment. Même si ce logiciel ne permet pas de voir tous les réseaux Wi-Fi, notamment les réseaux dit fermés, il aide à l'affectation des canaux dans les points d'accès du réseau afin d'éviter toute interférence avec les autres réseaux Wi-Fi.

Contrairement à 802.11b et 802.11g, 802.11a ne possède pas de plan fréquentiel complexe. Huit canaux sont disponibles dans 802.11a, et il est possible d'utiliser les huit canaux à la fois sans risque d'interférence dans un même environnement.

La téléphonie IP Wi-Fi

La téléphonie IP est un marché en forte croissance, aussi bien Outre-Atlantique qu'en Europe, de plus en plus d'entreprises y ayant recours pour leurs communications téléphoniques, que ce soit avec des combinés fixes ou Wi-Fi. En plus des économies de la téléphonie IP par rapport à la téléphonie classique, l'avantage apporté par Wi-Fi est la mobilité.

Pour faire passer de la voix, un certain nombre des contraintes exposées au chapitre 6 doivent être respectées, notamment le délai entre l'envoi et la réception d'un paquet, qui doit être inférieur à 150 ms. Or Wi-Fi définit un mécanisme d'accès sans priorité, dans lequel toutes les stations ont la même probabilité d'envoyer tout type de donnée, ce qui ne permet pas de respecter les contraintes de la téléphonie. Le standard 802.11e a été développé pour instaurer un nouveau mécanisme d'accès au support, fondé sur des classes de trafic à niveaux de priorité permettant de faire passer la parole téléphonique avant tout autre trafic.

Même si 802.11e n'est pas encore finalisé, certains constructeurs tels que Cisco et Symbol proposent une solution de téléphonie IP Wi-Fi interopérable reposant sur un préversion de ce standard.

La gestion de la mobilité, souvent appelée à tord roaming, alors que le terme approprié est handover, permet de conserver la communication lors d'un déplacement entre deux cellules. Wi-Fi ne définissant pas un tel mécanisme, le déplacement intercellulaire se traduit par une coupure de la communication. Le standard 802.11f implémentera ce mécanisme quand il sera finalisé. En attendant, différents constructeurs proposent ce type de gestion de manière propriétaire.

La sécurité est évidemment un critère fondamental de la téléphonie IP Wi-Fi. Sans mécanisme de sécurité, l'écoute du réseau Wi-Fi permet de capter les conversations téléphoniques avec une facilité déconcertante. Il est donc nécessaire d'utiliser des mécanismes d'authentification, comme EAP-TLS ou LEAP, fondés sur l'architecture 802.1x, et de chiffrement, comme TKIP ou AES.

La gestion de la consommation d'énergie est un dernier critère important. Wi-Fi n'a jamais été conçu pour une faible consommation des batteries. Les premiers téléphones IP Wi-Fi ne tenaient qu'une heure au grand maximum en communication et quelques heures en veille. La gestion de l'énergie a donc dû être améliorée, grâce notamment à des composants Wi-Fi adaptés.

La plupart de ces critères sont maintenant respectés par les différents constructeurs. Une solution de téléphonie IP Wi-Fi se traduit aujourd'hui par l'utilisation de points d'accès et de téléphones IP Wi-Fi compatibles 802.11e, avec gestion de la mobilité, faible consommation d'énergie et un ensemble de mécanismes de sécurité. Pour faire fonctionner le tout, l'entreprise doit être équipée soit d'un PABX-IP soit d'une passerelle IP connectée à un PABX.

La téléphonie IP Wi-Fi est un nouveau marché. À ce titre, le prix des équipements est assez important, jusqu'à 600 euros pour un téléphone Wi-Fi et 800 euros pour un point d'accès incorporant toutes les fonctionnalités requises. Ces prix de revient élevés ne font pas de la téléphonie IP Wi-Fi un concurrent sérieux des solutions de téléphonie de type DECT, du moins jusqu'à la forte baisse des prix attendue.

Exemple de mise en place d'un réseau Wi-Fi dans une petite entreprise

Cette section illustre par l'exemple la mise en place d'un réseau Wi-Fi dans une petite entreprise.

Cette société possède deux emplacements de bureaux situés à 100 m l'un de l'autre. Les dimensions de ces bureaux sont indiquées, en mètre, à la figure 11.24.

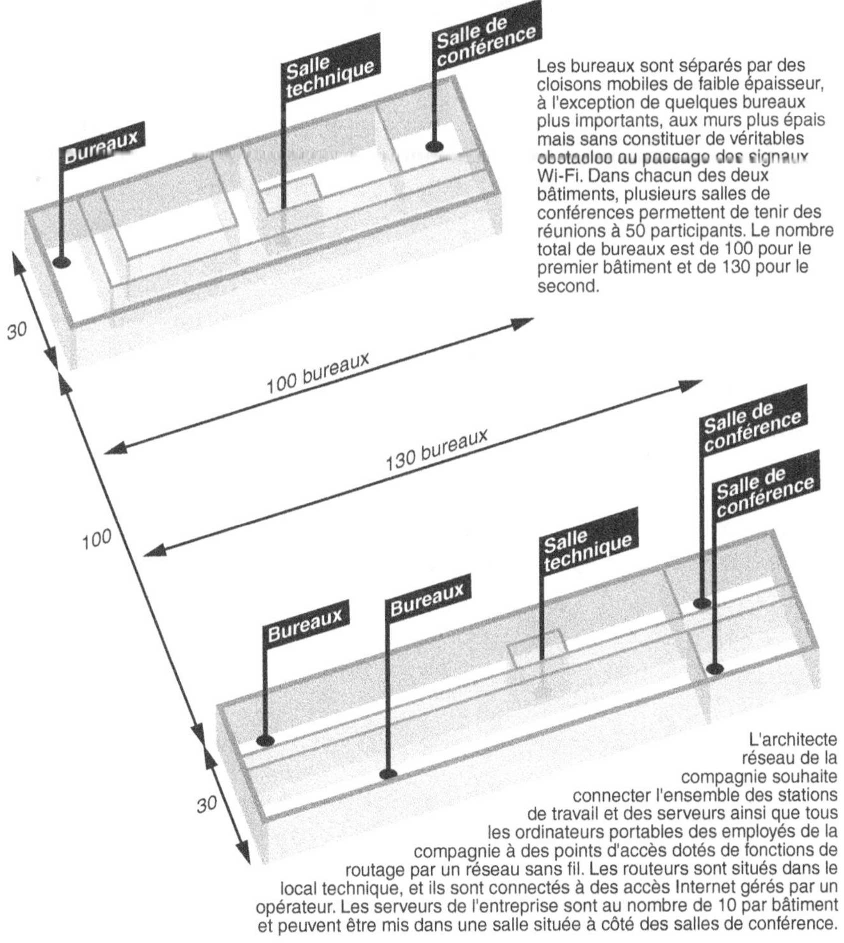

Figure 11.24
Plan du réseau d'entreprise

Le cahier des charges du réseau

L'architecte réseau doit tenir compte du débit par utilisateur, qui doit être assez élevé, et de la sécurité, également importante puisque la société fait transiter sur son réseau des données confidentielles. Il faut en outre pouvoir passer d'un bâtiment à l'autre sans coupure de la communication. L'adressage doit être de type IP et l'ensemble du réseau pouvoir être géré automatiquement.

Un point important concerne la connexion entre les deux bâtiments, qui doit utiliser l'ensemble Wi-Fi. Enfin, l'architecte réseau doit être capable de prendre en charge rapidement une augmentation de la puissance du réseau pour faire face à des demandes de débit croissantes au fil des années.

Un équipement de gestion et de contrôle doit être présent dans chaque bâtiment. Cet équipement doit de surcroît être susceptible de jouer le rôle de routeur. La plupart des équipementiers proposent de telles stations de gestion et de contrôle, comme Enterasys Networks, avec RoamAbout R2, Symbol, avec Mobius Axon Wireless Switch, Cisco Systems, avec Access Switch, et Avaya, avec Avaya Wireless AP-3. Ces équipements ont pour mission de gérer les accès des utilisateurs Wi-Fi et d'interconnecter les points d'accès. Associés à ces stations de contrôle, il faut évidemment des points d'accès auxquels les stations de base se raccordent.

Mise en œuvre du réseau

Plusieurs solutions sont envisageables pour réaliser un tel réseau d'entreprise, mais nous n'en présentons ici qu'une seule. Ce réseau sans fil est réalisable avec une sécurité suffisante pour faire transiter des données importantes.

La figure 11.25 illustre les emplacements des points d'accès. Les points d'accès 802.11g sont au nombre de 4 dans le premier bâtiment et de 6 dans le second. Il y a également un point d'accès 802.11a dans chaque bâtiment

Débit et capacité

Cet exemple met en œuvre deux réseaux, un réseau 802.11g pour la connexion des portables des employés de l'entreprise et un réseau 802.11a pour desservir les salles de conférence et les serveurs. Les points d'accès 802.11g sont équipés de deux cartes offrant un débit total de deux fois 54 Mbit/s. Pour le premier bâtiment, cela donne 432 Mbit/s, soit un débit réel de l'ordre de 160 Mbit/s.

Ce débit permet à chacun des 100 utilisateurs de disposer de 1,6 Mbit/s en moyenne, ce qui est largement suffisant pour une utilisation de bon niveau sur Internet. Dans les faits, il n'existe qu'une très faible probabilité que tous les employés utilisent leur portable pour effectuer une transmission de fichier en même temps. On peut donc considérer que cette architecture est suffisante dans le cadre de notre étude. Il est cependant possible d'augmenter le débit en densifiant le nombre de points d'accès.

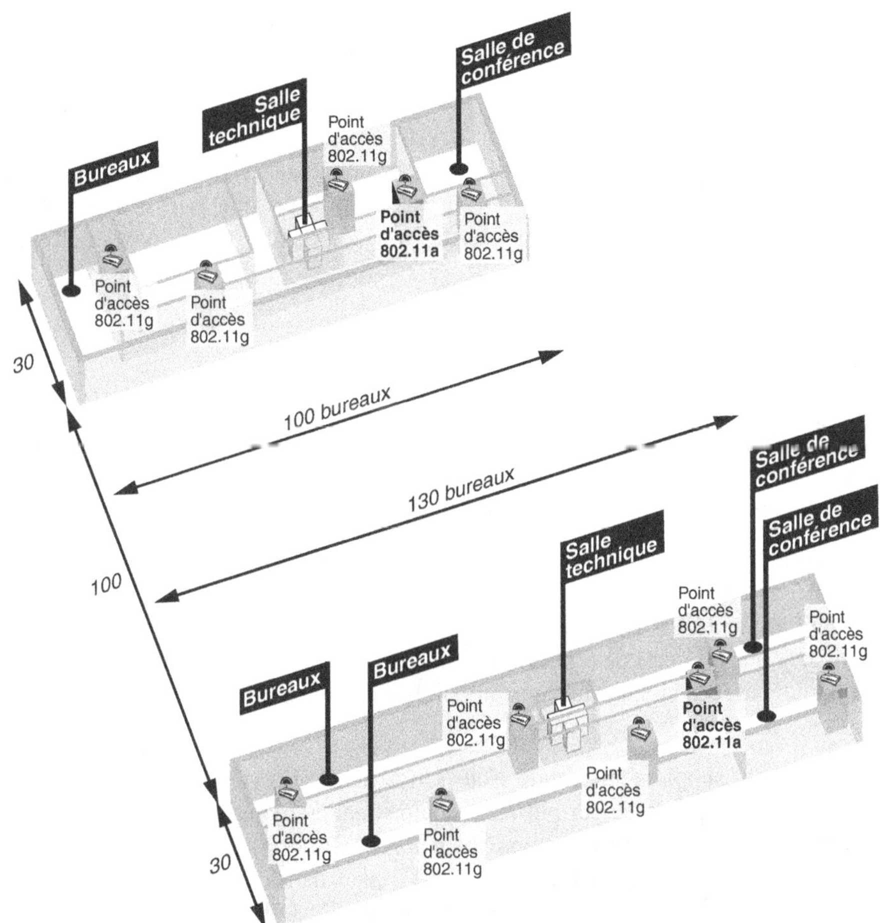

Figure 11.25
Emplacement des points d'accès

Les points d'accès 802.11a comportent également deux cartes, ce qui autorise un débit total brut de 108 Mbit/s par point d'accès. Cette capacité permet de connecter les 10 serveurs et les 50 utilisateurs des salles de conférence lorsqu'elles sont pleines. Chaque point d'accès 802.11a offre un débit total réel d'approximativement 40 Mbit/s, qui pourrait se répartir en 20 Mbit/s pour les équipements de type serveur et 20 Mbit/s à se partager entre les utilisateurs des salles de conférence. Il est donc réaliste d'installer dans les salles de conférence des équipements vidéo alimentés par le réseau 802.11a.

Canaux et antennes

Les équipements Wi-Fi utilisent les canaux 1 et 9 et 5 et 13. Les interférences sont donc très faibles et les débits annoncés atteints.

Pour les points d'accès 802.11a, les fréquences peuvent être choisies parmi les huit disponibles, ce qui laisse une importante marge de manœuvre pour augmenter le débit en cas de besoin.

Les deux bâtiments sont reliés par des antennes directives, ce qui ne pose pas de problème pour un environnement 802.11g sur une distance de 100 m. Cette liaison peut remplacer avantageusement une liaison louée utilisant une infrastructure souterraine. Comme le faisceau n'est pas partagé, un débit de près de 10 Mbit/s peut être atteint sur cette liaison.

Les différents points d'accès sont reliés au routeur-contrôleur par une infrastructure de type Ethernet à 100 Mbit/s.

Sécurité

Les solutions de sécurité proposées par les équipementiers s'appuient toutes sur TKIP et la modification dynamique des clés de chiffrement.

La longueur de ces clés varie suivant les équipementiers. En dessous de 128 bits, il est possible de casser la clé en moins de quinze minutes avec le plus puissant ordinateur disponible sur le marché. Pour s'assurer que la clé ne soit pas cassée, il suffit de la remplacer dans un laps de temps inférieur à dix minutes. C'est ce que permettent de faire les points d'accès supportant le protocole EAP (Extensible Authentication Protocol) et l'architecture 802.1x.

Des méthodes supplémentaires de sécurisation de l'accès peuvent être ajoutées. Kerberos est une solution proposée par plusieurs équipementiers pour authentifier les clients. Cisco Systems propose un protocole propriétaire, appelé Cisco Wireless Security Suite. Ce protocole utilise également le standard 802.1x EAP, mais dans une forme légèrement différente, appelée EAP Cisco Wireless. Ce protocole recourt à RADIUS pour authentifier les clients et distribue les clés de façon sécurisée et à une vitesse adaptée au besoin de sécurité.

Autres fonctionnalités

Les problèmes de handovers sont résolus chez pratiquement tous les équipementiers, qui proposent des mécanismes permettant de rechercher la fréquence ayant la puissance la plus forte et de se connecter à l'antenne associée.

La plupart des systèmes de contrôle centralisé utilisent le protocole DHCP pour distribuer des adresses Internet. De cette façon, lors des changements de point d'accès, l'adresse IP obtenue lors de la première connexion par l'intermédiaire de DHCP est réutilisée lors du handover.

Tous les équipementiers proposent des logiciels de gestion. Le protocole de gestion utilisé se fonde la plupart du temps sur SNMP (Simple Network Management Protocol) pour gérer les accès, la configuration, les pannes, ainsi que les procédures de découverte automatique des points d'accès et de diagnostic des pannes.

Les extensions permettant d'augmenter le débit consistent soit à densifier le nombre de points d'accès, soit à augmenter le nombre de cartes Wi-Fi dans chaque point d'accès. Les solutions peuvent se superposer.

En conclusion, seul le problème du coût global pourrait encore pousser les architectes réseau à préférer les installations câblées aux solutions sans fil de type Wi-Fi. Pourtant, de nombreux calculs montrent que, dans un environnement difficile, où le câblage peut revenir à près de 1 000 euros par prise, le sans-fil est largement compétitif.

12

Perspectives

Les réseaux de mobiles de troisième génération, comme l'UMTS (Universal Mobile Telecommunications System) ou le cdma2000, sont capables d'assurer le transport de la parole téléphonique. Ils risquent en revanche d'avoir du mal à prendre en charge facilement et à un prix acceptable la vidéo et les applications multimédias du fait d'une allocation trop faible d'une partie du spectre de fréquences par rapport à la taille des cellules visées.

La densification des cellules de troisième génération pourrait être une solution permettant une bonne réutilisation des fréquences. Cette densification sera cependant difficile à obtenir si le prix des stations de base ne baisse pas dans des proportions très importantes, ce qui ne sera pas aisé étant donné la complexité du système.

Les points d'accès Wi-Fi représentent une solution prometteuse pour accéder aux hauts débits à des coûts relativement bas mais au détriment de la signalisation et de la synchronisation et donc globalement du contrôle du système. La solution qui se profile du côté des réseaux sans fil est l'augmentation très importante des débits sans trop complexifier le système global.

La quatrième génération de réseaux de mobiles devrait donc provenir des propositions actuelles d'extension des réseaux Wi-Fi. Ces extensions sont issues des avancées des groupes de travail 802 de l'IEEE sur les réseaux PAN (Personal Area Network), LAN (Local Area Network) et MAN (Metropolitan Area Network).

Les directions de recherche sont nombreuses, et nous n'en citerons que quelques-unes avant d'aborder les trois principaux produits qui pourraient être à l'origine de la future génération de réseaux sans fil et s'implanter comme la base de la quatrième génération.

Parmi les améliorations attendues, citons notamment la signalisation, les économies d'énergie, les antennes intelligentes et l'augmentation de la capacité spectrale, c'est-à-dire du nombre d'informations transmises par Hertz et par seconde.

L'IETF étudie une signalisation unifiée dans le groupe NSIS (Next Step in IP Signalling), qui pourrait devenir le futur système de signalisation des réseaux Wi-Fi.

Les économies d'énergie ne sont pas moins capitales dans les réseaux sans fil pour exploiter les applications multimédias. Pour le moment, elles n'ont pas été complètement étudiées, et Wi-Fi reste un réseau qui demande une assez forte énergie pour alimenter les cartes coupleurs et utiliser les applications multimédias. Le fait de s'affranchir des câbles de transmission ne devrait pas avoir pour contrepartie l'obligation d'utiliser des câbles électriques. De nombreuses propositions sont en cours pour arriver à une meilleure utilisation de l'énergie électrique en ne rendant la carte de communication active que durant des laps de temps fortement raccourcis et prévus à l'avance.

Les antennes intelligentes, ou *smart antennas,* sont capables de distinguer les signaux hertziens d'une façon beaucoup plus sensible que les antennes actuelles. L'interprétation intelligente de ces signaux permet de corriger de nombreux défauts et, par contre-coup, d'augmenter les débits et d'améliorer la qualité de la transmission.

Globalement, les recherches se dirigent vers une meilleure efficacité spectrale pour atteindre et dépasser largement les 100 Mbit/s, voire le gigabit par seconde, autour d'un seul point d'accès. On dépasse dès maintenant le débit de 1 bit par Hertz et par seconde.

Les sections qui suivent présentent les extensions en cours dans les réseaux Wi-Fi ainsi que les trois grands standards en cours de développement, qui devraient succéder au monde Wi-Fi actuel.

Les extensions de Wi-Fi en cours d'étude

Les réseaux Wi-Fi vont beaucoup évoluer dans les années qui viennent. Nous avons déjà présenté plusieurs de ces évolutions, qu'elles concernent l'adoption d'un standard pour la qualité de service (802.11e), l'augmentation des débits dans la bande des 2,4 GHz (802.11g) ou le support d'une sécurité renforcée (802.11i).

D'autres études sont menées sur des produits dérivés de Wi-Fi ou de futurs produits, qui ne seront peut-être pas normalisés. Dans cette catégorie, on peut placer les produits Wi-Fi 802.11g ou 802.11a en mode Turbo, qui se proposent comme une extension de Wi-Fi au débit de 72 Mbit/s, voire 108 Mbit/s.

Une autre extension fortement attendue concerne la portée des réseaux Wi-Fi. Comme nous l'avons vu au cours des chapitres précédents, en fonction de la distance, le débit se dégrade de façon importante en Wi-Fi et encore plus avec 802.11a, sur la bande des 5 GHz. Au lieu d'augmenter la vitesse de transmission des cartes Wi-Fi, cette extension vise à améliorer la portée de la communication entre la carte et le point d'accès pour atteindre plusieurs centaines de mètres pour 802.11g (bande des 2,4 GHz) et une centaine de mètres pour 802.11a (bande des 5 GHz).

La figure 12.1 illustre les extensions en cours des réseaux Wi-Fi en les resituant dans le contexte des autres technologies de réseau sans fil.

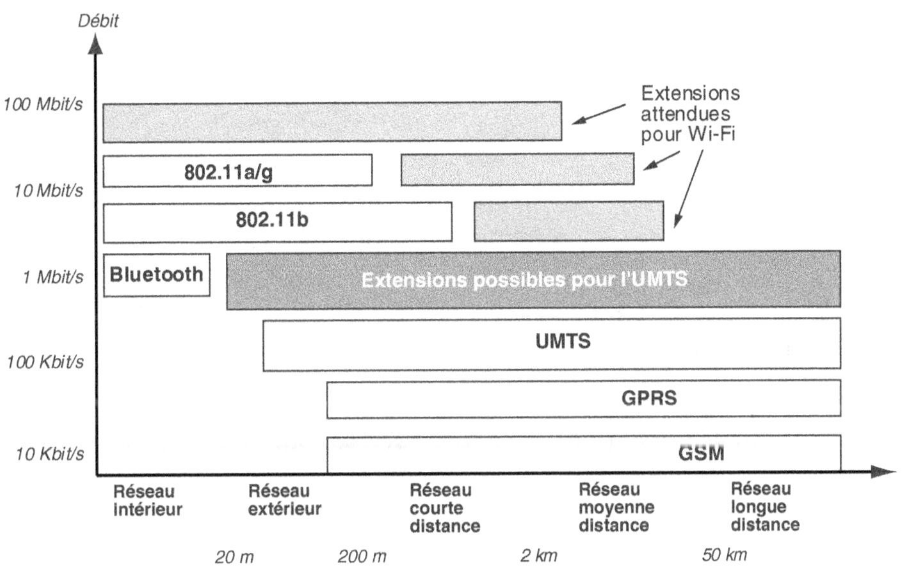

Figure 12.1
Comparaison des techniques sans fil et extensions attendues de Wi-Fi

Dans une autre direction, se développent des liaisons point-à-point longue distance réalisées par une succession de liaisons point-à-point intermédiaires. Les liaisons point-à-point intermédiaires sont effectuées à l'aide d'antennes directives. Ces liaisons intermédiaires sont reliées entre elles par des nœuds relais composés de deux antennes, une de réception et une d'émission. Plusieurs liaisons à 11 Mbit/s ont ainsi été réalisées sur plus de 200 km de distance à des coûts modiques comparés à la location d'une connexion terrestre de même débit. Cette solution n'est toutefois pas toujours autorisée, et il importe de vérifier la réglementation locale avant tout déploiement.

Une autre proposition très intéressante concerne la mise en commun, dans la bande des 5 GHz, de plusieurs fréquences simultanément pour obtenir un canal à la bande passante beaucoup plus importante. Sur les huit canaux potentiellement utilisables dans le standard 802.11a, il serait possible d'en regrouper trois pour obtenir un canal à 155 Mbit/s. Au moins 100 Mbit/s seraient facilement disponibles sur ce canal, avec une portée de quelques dizaines de mètres.

On voit que l'environnement Wi-Fi fait valoir de nombreux atouts et que nous n'en sommes aujourd'hui qu'aux prémices de son essor. De très grands opérateurs Wi-Fi devraient naître dans les années qui viennent, pour peu qu'une dérégulation importante accompagne cet essor.

Avant d'entrer plus en détail dans les futurs produits plus ou moins compatibles Wi-Fi, nous avons représenté à la figure 12.2 les différents produits présents ou futurs en fonction de leur débit et de leur complexité.

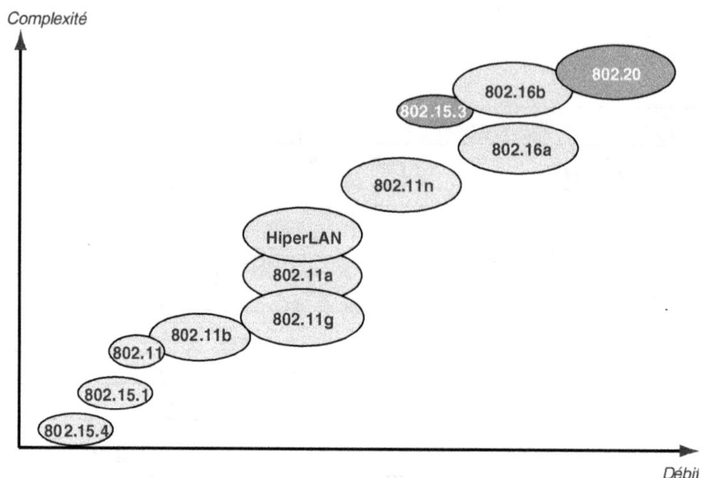

Figure 12.2
Classification des réseaux sans fil

On retrouve sur cette figure les produits du groupe de travail 802.15 concernant les réseaux personnels de petite taille. Le standard 802.15.1, appelé Bluetooth, est largement utilisé aujourd'hui dans les connexions entre les différents terminaux d'un même utilisateur : PC, PDA, téléphone portable, etc.

Devenu un classique dans les réseaux personnels, ce standard a l'avantage de consommer peu d'énergie en contrepartie d'une faible puissance, le débit maximal dépassant à peine 700 Kbit/s. Le standard 802.15.4 est encore moins cher mais également moins puissant. Baptisé LR-WPAN (Low Rate Wireless Personal Area Network), mais plus connu sous le nom de ZigBee, il a été développé pour être utilisé dans la domotique bas débit. Son débit est de 20 Kbit/s dans la bande des 868 MHz, de 40 Kbit/s dans celle des 915 MHz et de 250 Kbit/s pour les 2,4 GHz (la bande de 802.11b et 802.11g). Ce standard devrait être utilisé par les fabricants de jouets commandés ou communicants. La section suivante se penche sur le standard 802.15.3 correspondant à l'UWB (Ultra Wide Band), que l'on peut considérer comme concurrent de Wi-Fi.

Les standards 802.16 s'adressent au monde métropolitain, leur couverture étant beaucoup plus importante que celle de Wi-Fi. Dans le cadre de la standardisation 802.16a, concernant les fréquences de 2 à 11 GHz, la distance entre stations et point d'accès peut atteindre la dizaine de kilomètres avec un débit de 75 Mbit/s. Les clients se partagent une même bande de fréquences par des accès temporels. En d'autres termes, le temps est découpé en tranches, et chaque utilisateur accède à la fréquence durant sa tranche de temps.

Le standard 802.16 de base concerne les fréquences plus élevées, situées au-dessus de 11 GHz. La solution consiste à placer des liaisons directionnelles entre l'antenne centrale de l'opérateur et l'antenne de ses clients. Les antennes doivent être en vue directe. Les débits sont encore beaucoup plus importants, mais la portée est moindre, de l'ordre de deux kilomètres au maximum. De fortes chutes de débit peuvent être enregistrées en cas de brouillard dense ou de très forte pluie.

En cours de gestation, le standard 802.20 est certainement le plus prometteur. Son objectif est d'intégrer les meilleures fonctionnalités provenant du monde des télécommunications, et plus spécifiquement de l'UMTS, et de les inclure dans un environnement Wi-Fi à très haut débit. Ce standard ambitieux pourrait être compatible avec Wi-Fi. Nous en examinons quelques éléments dans ce chapitre.

Le standard HiperLAN ne provient pas de l'IEEE mais de l'ETSI (European Telecommunications Standards Institute). Il est assez similaire à 802.11a mais avec de nombreuses propriétés supplémentaires pour la gestion et le contrôle du réseau. Ce standard est apparu avant 802.11a, et l'on peut dire que ce dernier s'est inspiré d'HiperLAN.

HiperLAN est beaucoup plus complexe que les standards Wi-Fi du point de vue de la technique d'accès, du choix de la fréquence et du contrôle de la puissance. Ces deux dernières propriétés n'existent pas dans Wi-Fi. De plus, le standard HiperLAN utilise l'ATM dans les couches supérieures au lieu d'Ethernet. Ce choix l'a desservi étant donné la baisse de popularité de l'ATM sur le réseau d'accès et la forte croissance du monde Ethernet par le biais du comité 802 et du MEF (Metropolitan Ethernet Forum).

802.15.3, ou UWB

La première solution proposée pour augmenter les débits des réseaux sans fil est étudiée par le groupe de travail 802.15.3, chargé des réseaux à courte portée, ou PAN (Personal Area Network).

L'augmentation des débits est apportée par une densification des points d'accès puisque la portée du système est d'une vingtaine de mètres. L'augmentation du débit est considérable, puisque les trois propositions en compétition dépassent toutes le gigabit par seconde.

L'originalité de cette solution UWB (Ultra Wide Band) réside dans l'utilisation d'une très large bande passante mais à un niveau de puissance qui reste inférieur au bruit ambiant. Cela permet d'utiliser quasiment toutes les fréquences disponibles, même celles réservées à l'aviation civile et aux militaires. Seules les fréquences situées autour de celles du GPS ne sont pas utilisables, afin de ne pas perturber les terminaux GPS, particulièrement sensibles.

La figure 12.3 illustre la puissance disponible pour la solution UWB réglementée par les États-Unis.

L'utilisation des fréquences comprises entre 3,1 et 10,7 GHz est possible à une puissance de moins de 40 dB, c'est-à-dire en dessous du bruit ambiant. On peut utiliser les fréquences supérieures à 10,6 GHz et inférieures à 3,1 GHz à condition de diminuer fortement la puissance du signal dans ces parties du spectre, ce qui finalement n'est pas rentable.

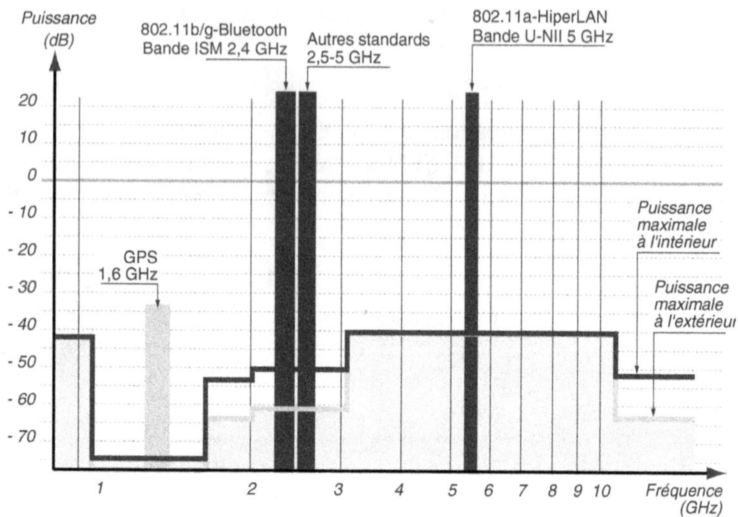

Figure 12.3
Les fréquences de l'UWB (Source Wisair Ltd)

La figure illustre également les puissances maximales autorisées à l'intérieur et à l'extérieur.

Si l'on souhaite utiliser une technique UWB dans les fréquences du GPS, il faut baisser la puissance à un niveau extrêmement bas, de moins de 80 dB. Ainsi, les différents produits UWB peuvent, sans y être obligés, utiliser des parties de la bande passante, qui est de 7,5 GHz.

La puissance a beau être extrêmement faible, la largeur de la bande passante autorise des débits de plusieurs centaines de mégabits par seconde.

La figure 12.4 illustre la structure de la trame adoptée par le groupe de travail 802.15.3. Fondée sur une méthode d'accès temporelle, la longueur de la trame est exprimée en temps et correspond classiquement à 125 μs. La première zone (à gauche) contient les informations de gestion du réseau, tandis que la seconde sert au transport des données utilisateur.

Figure 12.4
La trame UWB

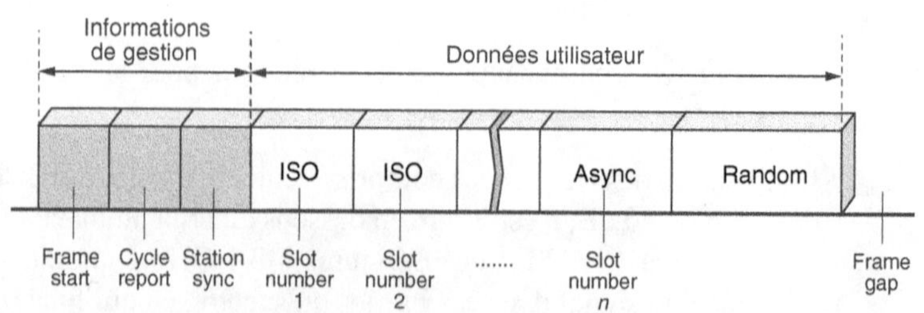

La zone de gestion du réseau démarre par un préambule classique pour déterminer le début de la trame. Vient ensuite la longueur du cycle correspondant à l'émission d'une trame pour se terminer par un champ indiquant les éléments de synchronisation des différentes stations. La zone de données commence par les tranches dévolues aux stations synchrones dans lesquelles les paquets synchrones des utilisateurs sont introduits. Les champs qui terminent cette zone de données sont dédiés aux applications asynchrones. Les stations asynchrones accèdent d'une façon égalitaire à l'ensemble des champs asynchrones.

Dans cette solution, l'intégration synchrone-asynchrone n'est pas du tout traitée de la même façon que dans Wi-Fi, où aucun élément de synchronisation n'est disponible. Wi-Fi ne transporte que des paquets asynchrones, si bien que l'information interne doit être resynchronisée pour les flux qui possèdent des points de synchronisation.

802.11n

Le débit maximal atteint jusqu'à présent par un produit Wi-Fi est de 108 Mbit/s, c'est-à-dire le double des standards 802.11a et 802.11g. Ce débit est obtenu en augmentant la densité d'élément binaires émis. Les progrès technologiques sont tels dans le domaine de la transmission radio qu'il est aujourd'hui possible d'améliorer très fortement ce débit. L'objectif du groupe 802.11n est de mettre assez rapidement sur le marché des produits Wi-Fi à 250 voir 320 Mbit/s.

Avant de créer un groupe de travail officiel, un premier ensemble d'experts, le High Throughput Study Group, a travaillé pendant un an pour étudier la faisabilité d'un réseau Wi-Fi atteignant cette vitesse de transfert. Devant la réponse positive des experts, la décision a été prise de constituer un groupe officiel, qui doit rendre le standard dans un délai assez bref (fin 2005 ou début 2006).

L'objectif de ce nouveau standard est triple :

- Apporter des modifications aux niveaux MAC et PHY de telle sorte que le débit dépasse les 100 Mbit/s pour atteindre au mieux 320 Mbit/s.
- Améliorer très fortement le débit utile du système au niveau de l'application afin d'obtenir une centaine de mégabits par seconde.
- Rester compatible avec 802.11a et 802.11g.

On comprend bien les premier et dernier objectifs. Le second n'est pas moins clair si l'on se souvient des débits réels désastreux des premiers réseaux Wi-Fi : 5 à 6 Mbit/s au mieux dans le cas de 802.11b et quelque 20 Mbit/s pour 802.11a et 802.11g. Nous avons également vu à différentes reprises que le trafic pouvait s'effondrer si des clients s'éloignaient ou entraient dans une zone d'interférences importantes. L'objectif de ce nouveau standard 802.11n est de proposer une vitesse de transfert effective supérieure à 100 Mbit/s.

802.11n pourrait marquer un tournant dans la compatibilité des produits puisqu'elle devrait inclure le standard 802.11i sur la sécurité et la confidentialité du transport des données sur l'interface radio. Le standard 802.11i sur la sécurité de la transmission n'étant pas complètement compatible avec la génération d'aujourd'hui, notamment avec l'utilisation d'AES, l'augmentation forte de la vitesse sera l'occasion d'inciter les utilisateurs à changer complètement leur infrastructure de réseau sans fil.

Le standard 802.11e permettant de proposer une qualité de service autour d'une technologie de type DiffServ sera également inclus dans 802.11n. Cette intégration permettra de donner des priorités aux différents flux qui traversent le réseau sans fil.

802.11n devrait enfin inclure en natif la possibilité de gérer la mobilité en intégrant le standard 802.11f. D'un réseau sans fil, on pourra passer à un réseau de mobiles, même si la gestion de la mobilité ne se fera qu'à des vitesses faibles, de type piéton.

Le standard 802.11n ne sera sûrement pas la dernière extension du point de vue de la vitesse de transfert. Nous avons représenté à la figure 12.5 l'augmentation des capacités de transfert des standards 802.11 depuis le premier. Les progrès n'ayant aucune raison de cesser dans les années qui viennent, il faut s'attendre à de nouvelles avancées en parallèle de 802.11n.

Figure 12.5

Augmentation des performances des réseaux 802.11

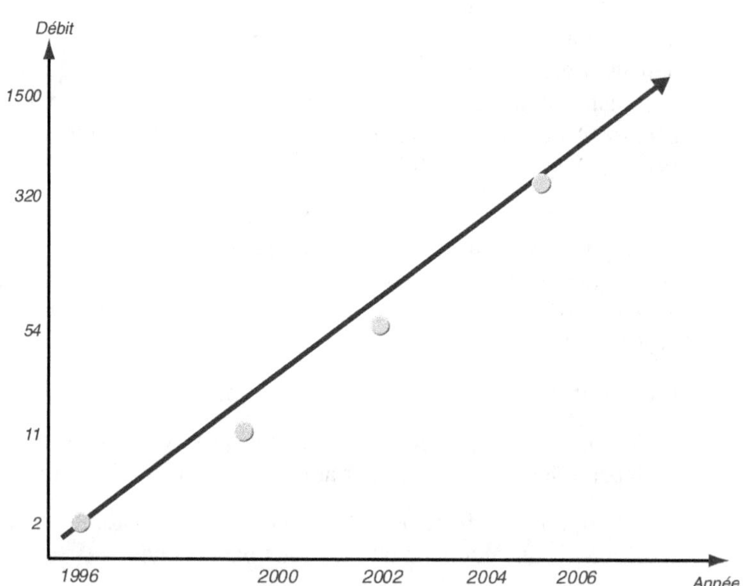

802.20

L'objectif du standard 802.20, ou MBWA (Mobile Broadband Wireless Access), est de conserver un système simple comme Wi-Fi mais de le contrôler beaucoup mieux et de permettre des handovers, ou déplacements intercellulaires, à haute vitesse.

Ses objectifs sont les suivants :

- Donner au moins 1 Mbit/s à chaque utilisateur. Si le réseau ne peut fournir le débit demandé, la communication est refusée. Il est évident que l'objectif n'est pas de refuser des clients mais de garantir un débit suffisant pour accepter un nombre très important de clients.

- Permettre les handovers jusqu'à une vitesse de 250 km/h. Cette fonction de handover n'est permise actuellement que jusqu'à une vitesse d'une dizaine de kilomètres/heure dans les différentes versions de Wi-Fi.
- Réaliser de grandes cellules, d'une taille située entre 1 et 2 km. La fréquence utilisée reste en dessous des 3,5 GHz pour permettre cette diffusion sur l'interface radio.

Le réseau MBWA est inspiré d'Internet et non des télécoms. Il ressemble à Wi-Fi puisque les trames de base sont compatibles Ethernet. Les différences essentielles résident dans une architecture beaucoup plus complète que celle de Wi-Fi puisqu'elle remonte jusqu'au niveau applicatif et qu'elle prend en compte directement une architecture IP, tous les protocoles utilisés dérivant du monde IP.

La figure 12.6 illustre l'architecture d'un réseau MBWA comparée à celle d'un réseau de mobiles de troisième génération, celui proposé par le 3GPP2. Ce groupe s'occupe du

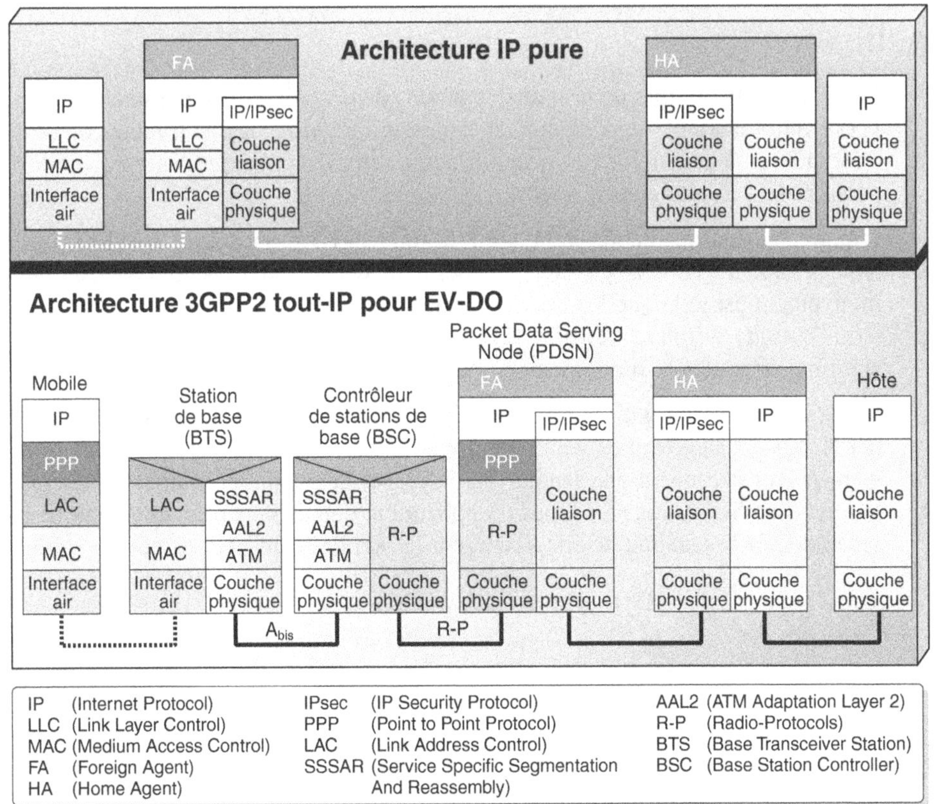

Figure 12.6

Architecture comparée d'un réseau 802.20 et du 3GPP2 (cdma2000)

développement des normes concurrentes de l'UMTS, elle-même étant promue par le groupement 3GPP, c'est-à-dire essentiellement le cdma2000 américain. L'architecture 802.20 est entièrement IP. La mobilité est gérée par des Foreign Agent (FA) et des Home Agent (HA). La sécurité sur le réseau cœur, ou core network, est gérée par IPsec, un autre protocole du monde IP.

La version du cdma2000 représentée est l'EV-DO (EVolution Data Only), compatible IP. On voit la complexité de l'accumulation protocolaire des différents niveaux. Cette complexité provient de la nécessité de garder, pour des raisons de compatibilité, tout un ensemble de protocoles implantés dans les réseaux actuels, comme l'ATM.

Ce réseau 802.20 fait partie des réseaux Ethernet hertziens. Ce sera un réseau d'accès à très haut débit. Un de ses objectifs est de réaliser un réseau complet pour les opérateurs de hotspots, avec une garantie de qualité de service, une sécurité adaptée à la demande des utilisateurs et la possibilité de réaliser des handovers pour se déplacer tout en gardant la communication. Un contrôle de puissance et le choix de la fréquence seront effectués sur les transmissions, ce qui n'existe pas dans le monde Wi-Fi.

Conclusion

Les réseaux Wi-Fi que nous avons examinés dans ce livre forment une avancée décisive vers l'Internet ambiant, pour donner la possibilité à tous les internautes de se connecter en tout lieu, tout le temps et avec un débit suffisant pour que les applications Internet puissent se dérouler correctement.

L'augmentation des débits indiquée à la figure 12.5 montre que le Wi-Fi du début des années 2000 n'est qu'un passage vers des débits beaucoup plus importants. L'ampleur du mouvement est telle que l'on peut affirmer que l'ère du Wi-Fi laissera des traces à long terme puisque la compatibilité Wi-Fi devrait s'imposer comme un moyen de communication simple pour tout type d'équipement, pas nécessairement lié au monde des réseaux.

Les réseaux Wi-Fi représentent aussi une révolution pour les applications à destination des terminaux sans fil. Les premières applications de données de type WAP n'ont pu vraiment percer à cause d'une lenteur désespérante des communications hertziennes. Wi-Fi permet d'envisager tous les types d'application, depuis la parole téléphonique jusqu'à la vidéo de très bonne qualité en passant par les applications peer-to-peer.

Annexe

Sites Web

Organismes de standardisation	
IEEE	http://www.ieee.org http://ieee802.org/11/ pour les standards 802.11
ETSI	http://www.etsi.org/
IETF	http://www.ietf.org
Wi-Fi Alliance	http://www.wi-fi.org Consortium à l'origine du standard d'interopérabilité Wi-Fi
Sites portails sur Wi-Fi et les technologies sans fil	
Wireless DevCenter	http://www.oreillynet.com/wireless/ Le site portail d'O'Reilly sur les technologies sans fil
802.11b Networking News	http://80211b.weblogger.com/ Site d'information sur la technologie 802.11b et ses applications
802.11 Planet	http://www.80211-planet.com/ Site portail sur les technologies et les produits 802.11
Netstumbler	http://www.netstumbler.com/ Site d'information sur Wi-Fi et le wardriving
Fondation Internet nouvelle génération	http://www.fing.org/index.php?portail=1086 Nombreux articles sur les enjeux de Wi-Fi sur le site de la FING (Fondation Internet nouvelle génération)

Réseaux Wi-Fi communautaires	
Paris Sansfil	http://www.paris-sansfil.info/
France Wireless	http://www.wireless-fr.org/
Nantes Wireless	http://www.nantes-wireless.org
Wifi Montauban	http://ouifi.free.fr/
Ozone Paris	http://www.ozoneparis.net/
FreeNetworks.org	http://www.freenetworks.org/
802.11 Central	http://www.80211central.com/
Seattle Wireless	http://www.seattlewireless.net/
Personal Telco	http://www.personaltelco.net/i
Utilitaires Wi-Fi	
Netstumbler	http://www.netstumbler.com/
Airsnort	http://airsnort.shmoo.com
Kismet	http://www.kismetwireless.net/
AP Grapher	http://www.chimoosoft.com/apgrapher.html
AP Radar	http://apradar.sourceforge.net/
Air Traf	http://the.taoofmac.com/space/AirTraf
Air Magnet	http://www.airmagnet.com/
HostAP	http://hostap.epitest.fi/
TCPDump	http://www.tcpdump.org/
Ethereal	http://www.ethereal.com/
Packetyzer	http://www.packetyzer.com/
EtherPeek	http://www.wildpackets.com/
Réglementation	
Textes officiels sur Wi-Fi	http://www.telecom.gouv.fr/telecom/car_lanwifi.htm
ART	http://www.art-telecom.fr/communiques/communiques/2003/c220703.htm

Standards 802.11 WLAN

IEEE 802.11a	Définition d'une nouvelle couche physique : jusqu'à 54 Mbit/s dans la bande U-NII
IEEE 802.11b	Définition d'une nouvelle couche physique : jusqu'à 11 Mbit/s dans la bande ISM
IEEE 802.11c	Incorporation des fonctionnalités de 802.1d
IEEE 802.11d	Travaux sur la couche physique permettant d'étendre l'utilisation de 802.11 dans de nouveaux pays
IEEE 802.11e	Travaux sur la QoS (qualité de service)
IEEE 802.11f	Définition de l'interopérabilité entre les points d'accès au moyen d'un protocole de gestion des handovers, IAPP (Inter-Access Point Protocol)
IEEE 802.11g	Définition d'une nouvelle couche physique : jusqu'à 54 Mbit/s dans la bande ISM
IEEE 802.11h	Harmonisation de 802.11a avec la réglementation européenne

IEEE 802.11i	Amélioration des mécanismes de sécurité
IEEE 802.11j	Harmonisation de 802.11a avec la réglementation japonaise pour la bande comprise entre 4,9 et 5,25 GHz
IEEE 802.11k	RRM (Radio Resource Measurement), une fonctionnalité facilitant la gestion des terminaux (localisation et configuration) par le biais des informations radio fournies par les équipements du réseau sans fil
IEEE 802.11m	Amélioration du standard IEEE 802.11 et des amendements finalisés
IEEE 802.11n	Définition d'une nouvelle couche physique, avec un débit utile de 100 Mbit/s

Produits

2WIRE	http://www.2wire.com/
3com	http://www.3com.com/
Accton	http://www.accton.com/
Acrowave	http://www.acrowave.com/
Actiontec	http://www.actiontec.com/
ADMtek	http://www.admtek.com.tw/
agere systems	http://www.orinocowireless.com/ Commercialise les produits Orinoco. Rachetée en 2002 par Proxim.
Allied Telesis	http://www.allied-telesis.co.jp/
AMBIT	http://www.ambit.com.tw/
Apple	http://www.apple.com/airport/
ARESCOM	http://www.arescom.com/
ASKEY	http://www.askey.com/
ASUS	http://www.asus.com/

ATMEL	http://www.atmel.com/atmel/ad/weca.htm/
AVAYA	http://www1.avaya.com/enterprise/
BenQ	http://www.benq.com.tw/
BROADCOM	http://www.broadcom.com/
BroMax	http://www.bromax.com.tw/
Melco Inc., BUFFALO	http://www.melcoinc.co.jp/
PLEXUSCOM	http://www.plexuscom.tw/
CIRRUS LOGIC	http://www.cirrus.cpm/
CISCO SYSTEMS	http://www.cisco.com/
Colubris Networks	http://www.colubris.com/
CREWAVE	http://www.crewave.com/
BE DIRECT DELL www.dell.com	http://www.dell.com/
	http://www.dninetworks.com/
D-Link	http://www.dlink.com/products/DigitalHome/wireless/
EMTAC	http://www.emtac.com/
ENTERASYS NETWORKS	http://www.enterasys.com/products/
Epson Epson America Inc.	http://www.epson.com/
Fine Fine Digital	http://www.finedigital.com/

FUJITSU	http://www.fujitsu.com/
Gateway	http://www.gateway.com/
Gemtek	http://www.gemteck.com/
GLOBAL SUN TECH	http://www.globalsuntech.com/
hp	http://www.compaq.com/products/wireless/wlan/index.html/ http://www.hp.com/
HITACHI Inspire the Next	http://www.hitachi.com/
IBM	http://www.ibm.com/
intel	http://www.xircom.com/ http://www.intel.com/network/connectivity/
Intermec	http://home.intermec.com/
intersil	http://www.intersil.com/
Inventec Appliances	http://www.iac.com.tw/
ipone	http://www.ipone.co.kr/
KYOCERA	http://kyocera.com/
LANCOM	http://www.lancom.no/
LANTECH	http://www.lantech.com.tw/
LG	http://www.lg.co.kr/
LINKSYS	http://www.linksys.com/
MiTAC	http://www.mitac.com/

MITSUMI	http://www.mitsumi.com/
MMC Technology	http://www.mmctech.com/
NEC	http://www.nec-global.com/
NETGEAR	http://www.netgear.com/
NextComm	http://www.nextcomminc.com/
NOKIA	http://www.nokia.com/
NOVA Technology	http://novatechnology.co.kr/
NTT	http://www.ntt-me.co.jp/
OTC Wireless	http://www.otcwireless.com/
PHILIPS	http://www.components.philips.com/
PCi	http://www.planex.co.jp/
proxim	http://www.proxim.com/
PSION TEKLOGIX	http://partners.psionteklogix.com/ptxcms/core.asp/
Quanta Computer Inc.	http://www.quantatw.com/
RF TNC	http://www.rftnc.com/
SAMSUNG ELECTRO-MECHANICS	http://www.magiclan.com/
SAGEM	http://www.sagem.com/
EPSON Seiko - Epson Corp.	http://www.epson.co.jp/

SENAO	http://www.senao.com/
SHARP	http://www.sharp.co.jp/
SIEMENS	http://www.siemens.ch/fr/
SMC Networks	http://www.smc.com/
SONY	http://www.sonystyle.com/
symbol	http://www.symbol.com/products/wireless/
TECOM	http://www.tecom.com.tw/
THOMSON	http://www.thomson-multimedia.com/
TOKO	http://www.toko.com/
TOSHIBA	http://www.csd.toshiba.com/
TROY Wireless	http://www.troygroup.com/wireless/products/wireless/
USI®	http://www.usi.com.tw/
wistron	http://www.wneweb.com/
YAMAHA	http://www.yamaha.co.jp/
Z-Com	http://www.zcom.com.tw/product/product12.htm/

Références

Livre complet sur les réseaux de mobiles et les réseaux sans fil :

K. Al Agha, G. Pujolle, G. Vivier – *Réseaux de mobiles et réseaux sans fil,* Eyrolles, 2001

Un livre simple permettant de comprendre les problématiques d'installation d'un réseau Wi-Fi :

A. Chauvin Hameau – *Wi-Fi, maîtriser le réseau sans fil,* ENI Eds, 2003

Livre intéressant par sa présentation très pédagogique des réseaux Wi-Fi :

H. Davis, R. Mansfield – *The Wi-Fi Experience: Everyone's Guide to 802.11b Wireless Networking,* Que, 2001

Un excellent livre sur les applications que l'on peut mettre en place sur les réseaux sans fil :

A. Dorman – *The Essential Guide to Wireless Communications Applications,* Prentice Hall, 2002

Encore un livre sur la sécurité mais qui s'attache plus à WPA et 802.11i :

J. Edney, W. A. Arbaugh – *Real 802.11 Security: Wi-Fi Protected Access and 802.11,* Addison Wesley, 2003

Un livre qui se démarque par la façon de présenter les réseaux sans fil en examinant le problème de la mise en place de ces réseaux dans une communauté d'intérêt :

R. Flickenger – *Building Wireless Community Networks,* O'Reilly, 2001

Un livre très didactique sur les réseaux 802.11 :

M. S. Gast – *802.11 Wireless Networks: The Definitive Guide,* O'Reilly, 2002

Livre très pratique est axé sur la configuration et l'installation des réseaux Wi-Fi :

T. Gee – *Montez votre réseau sans fil Wi-Fi,* Micro Application, 2003

Excellente introduction aux réseaux Wi-Fi :

J. La Rocca – *802.11 Demystified: Wi-Fi Made Easy,* McGraw-Hill, 2002

La sécurité est un problème capital des réseaux sans fil. Pour un lecteur intéressé plus spécifiquement par ce domaine, ce livre devrait être bien perçu :

M. Maxim, D. Pollino – *Wireless Security,* Osborne McGraw-Hill, 2002

La référence en français des réseaux sans fil IEEE 802.11, HiperLAN et Bluetooth :

P. Mühlethaler, *802.11 et les réseaux sans fil,* Eyrolles, 2002

Un autre excellent livre sur la sécurité dans les réseaux sans fil :

R. K. Nichols, P. C. Lekkas – *Wireless Security: Models, Threats, and Solutions,* McGraw-Hill, 2001

L'IEEE, qui gère les groupes de travail sur la standardisation du sans-fil, publie un bon livre technique sur le 802.11 :

B. O'Hara, A. Petrick – *The IEEE 802.11 Handbook: a Designer's Companion,* IEEE Press, 1999

Un livre proposant des études de cas diverses et variées :

M. OUTMESGUINE – *Wi-Fi Toys: 17 Cool Wireless Projects for Home, Office, and Entertainment.* John Wiley & Sons, 2003

Excellente approche, présentant les grands principes des technologies sans fil :

K. PAHLAVAN, P. KRISHNAMURTHY – *Principles of Wireless Networks: a Unified Approach,* Prentice Hall, 2001

Le livre de référence sur les réseaux ad-hoc :

C. PERKINS – *Ad Hoc Networking,* Addison Wesley, 2000

Un livre consacré aux communications personnelles dans un environnement sans fil :

R. PRASAD, *Universal Wireless Personal Communications,* Artech House, 1998

Très bon livre d'introduction aux réseaux sans fil :

T. S. RAPPAPORT, *Wireless Communications Principles and Practice,* Prentice Hall, 2001

Un livre court mais complet sur la mise en place de réseaux Wi-Fi :

J. REYNOLDS – *Going Wi-Fi: A Practical Guide to Planning and Building an 802.11 Networks,* CMP Books 2003

Une très bonne introduction à la mise en place de réseaux Wi-Fi :

K. ROEDER, F. D JR. OHRTMAN — *Wi-Fi Handbook: Building 802.11b Wireless Networks*, McGraw-Hill, 2003

Un livre qui décrit pas à pas la configuration et l'installation d'un réseau Wi-Fi sous différents systèmes d'exploitation :

J. ROSS – *The Book of Wi-Fi: Install, Configure, and Use 802.11b Wireless Networking,* No Starch Press, 2003

Un livre pour ceux qui veulent creuser les détails des réseaux sans fil :

C. W. SAYRE – *Complete Wireless Design,* McGraw-Hill, 2001

Ce livre traite de manière simple de l'installation comme de la configuration d'un réseau Wi-Fi :

T. SCHWARTZ – *Réseaux Wi-Fi,* Micro Application, 2003

Un des nombreux livres de Stallings. Toujours très pédagogique et complet :

W. STALLINGS – *Wireless Communications & Networks,* Prentice Hall, 2001

Livre complet sur les réseaux ad-hoc. Pour tous ceux qui souhaitent entrer dans les détails des protocoles de routage :

C. K. TOH – *Ad Hoc Mobile Wireless Networks: Protocols and Systems,* Prentice Hall, 2001

Excellent livre, qui introduit surtout les réseaux sans fil de la boucle locale :

W. WEBB – *Introduction to Wireless Local Loop,* Artech House, 2000

Index

Numeriques

D

U

V

W

Y

Z

www.ingramcontent.com/pod-product-compliance
Lightning Source LLC
Chambersburg PA
CBHW080646220326
41598CB00033B/5129